本书为2016年度教育部人文社科重大委托项目"县级政府绿色治理体系构建与质量测评研究"（项目批准号：16JZDW019）的结项成果。

县级政府绿色治理
体系构建与质量测评

史云贵　著

The System Construction and Quality Evaluation of
Green Governance in County Government

中国社会科学出版社

图书在版编目（CIP）数据

县级政府绿色治理体系构建与质量测评／史云贵著．—北京：中国社会
科学出版社，2021.3
ISBN 978 - 7 - 5203 - 7431 - 6

Ⅰ.①县…　Ⅱ.①史…　Ⅲ.①县—地方政府—环境综合整治—
研究—中国　Ⅳ.①X321.2

中国版本图书馆 CIP 数据核字（2020）第 205020 号

出 版 人	赵剑英
责任编辑	王　琪
责任校对	冯英爽
责任印制	王　超

出　　版	中国社会科学出版社
社　　址	北京鼓楼西大街甲 158 号
邮　　编	100720
网　　址	http://www.csspw.cn
发 行 部	010 - 84083685
门 市 部	010 - 84029450
经　　销	新华书店及其他书店

印　　刷	北京明恒达印务有限公司
装　　订	廊坊市广阳区广增装订厂
版　　次	2021 年 3 月第 1 版
印　　次	2021 年 3 月第 1 次印刷

开　　本	710×1000　1/16
印　　张	26
字　　数	426 千字
定　　价	139.00 元

序

国家治理或政府治理本无颜色，却由于治理中的价值选择而被添加上了"色彩"。对于今天中国的国家治理或政府治理来说，谈及通过价值选择而被赋予的颜色，绿色无疑是最突出和最亮丽的颜色。具有绿色内涵的治理，不仅体现着特定的价值追求，也是对人民美好生活需要的恰当回应。然而，这毕竟是由于特定的治理理念而形成的一种治理形态，蕴含着人们对治理结果的某种期盼，其在实践中如何推进，如何构建起有效的治理机制，以及如何对治理效果进行测评，都是有待研究和阐发的问题。

史云贵教授为国内较早关注绿色治理问题的学者，对此进行了持续的研究。《县级政府绿色治理体系构建与质量测评》一书，是他对县级政府绿色治理进行研究所取得的成果。该成果从目标引领、体系构建、机制运行、政策推动、文化培育、质量测评六个维度，对县域绿色治理进行了全面而深入的研究，提出了一系列有见地的看法。

人民美好生活需要是县级政府绿色治理的目标引领和需求动机。我国以人民为中心的各级党委、政府始终把实现人民美好生活作为自己的职责和使命。县级政府绿色治理的根本目标就是不断满足县域人民美好生活需要。人民美好生活需要是县级政府绿色治理的目标引领，也是县级政府绿色治理的动力需求。作为根本目标的人民美好生活应是历史的、现实的和具体的。当前中国特色社会主义进入新时代，县域人民美好生活的诸要素汇聚在县域公园城市的构成要素之中。因而，县域公园城市就成为县级政府以绿色治理实现县域人民美好生活的重要环节和现实目标。作为目标引导和动力需求的人民美好生活需要贯穿于县级政府绿色治理的全部过程之中。

县级政府绿色治理体系是县级政府绿色治理的载体。体系是要素按照一定的规则形成的制度化网络。县级政府绿色治理体系是县级政府绿色治理能力的基础和前提。县级政府绿色治理体系是由县级党委和政府、县域企业组织、县域社会组织、县域公众等治理主体在绿色治理理念引导下，遵循共建共治共享的逻辑理路，形成的县域绿色治理要素共同体。县级政府绿色治理体系的价值和生命在于运行。县级政府绿色治理体系运行必须借助一定的载体，而机制则是推动体系运行的最好载体。

县级政府绿色治理机制是县级政府绿色治理体系运行的载体和工具。县级政府绿色治理体系和绿色治理机制之间既存在整体与部分的关系，也存在二者间有机衔接和良性互动的关系。二者互动的能力和水平在很大程度上影响着县级政府绿色治理质量。作为县级政府绿色治理体系运行的链条，每一个县级政府绿色治理机制都发挥着不可或缺的作用。实际上，县级政府绿色治理体系的良性运行更需要相关绿色治理机制在发挥各自作用的同时，链接成绿色治理机制谱系，形成绿色治理机制运行合力，以更好地发挥绿色治理机制整体性运行效能，进而与时俱进地提升县级政府绿色治理质量。

作为县级政府绿色治理的基本工具，县级政府绿色政策和绿色政策体系凝聚并彰显着县域人民美好生活的愿景。本书从县级政府绿色政策的运行目标、运行动力、运行机制与运行路径四个维度，加快县级政府绿色政策高质量运行，进而加快县级政府以县域公园城市实现县域人民美好生活的时代步伐。

县级政府绿色治理文化是县级政府绿色治理体系运行的底蕴。文化与治理不可分，任何治理都是基于一定文化的治理，而任何文化也都需要借助各种治理行为得以彰显。本书认为，县域绿色文化要素的有机融合就形成了县级政府绿色治理文化体系。县级政府绿色治理文化体系运行有其目标引领、运行场域、运行机理。县级政府绿色治理文化，以实现县域人民美好生活为目标，以"中国梦"为时代符号，以绿色公共文化能量场为时代场域，遵循"输入机制—动力机制—交往机制—整合机制—输出机制—反馈机制"的机制谱系良性运行。

科学构建和完善县级政府绿色治理质量评价指标体系，是进一步推进县域绿色治理，不断提升县级政府绿色治理质量，不断满足人民美好生活需要的重要内容和关键环节。科学运行县级政府绿色治理质量评价指标体系，以评促建，可以不断发现县级政府绿色治理中的问题和短板，在不断完善和科学运行县级政府绿色治理指标体系中，与时俱进地提升县级政府绿色治理质量，加快以公园城市推进县域人民美好生活实现的时代步伐。

总体上看，本成果以县域人民美好生活为目标引领，以基于绿色底蕴的县域公园城市为现实目标，以"构建和完善县级政府绿色治理体系"为关键点，以"构建和完善县级政府绿色治理机制谱系""构建和完善县级政府绿色政策体系"为着力点，以"培育县级政府绿色治理文化"为支撑点，以"构建和完善县级政府绿色治理质量评估指标体系"为突破口，讲述了一个中国特色县级政府绿色治理的故事，从理论上搭建了一个"县级治理绿色体系与质量测评"的研究框架和运行体系，凸显了县级政府绿色治理体系和绿色治理能力现代化在国家治理体系和治理能力现代化中的地位。

中国特色的绿色治理方兴未艾，这方面的研究大有可为，期待作者在此领域的研究中再有新的突破和新的贡献。

谨以此为序，并向作者致贺！

周　平

2020 年 8 月 22 日于云南大学

目　　录

绪　　论

党的十八大报告将生态文明建设上升至前所未有的战略高度，强调了生态文明建设在"五位一体"总体布局中的特殊地位。党的十八届五中全会进一步将"绿色"作为"十三五"规划建议的"新发展理念"之一，绿色发展成为全面推进生态文明建设的必然选择。绿色发展理念的诞生，引发了治理话语体系的重塑。为此，绿色发展必须跳出传统经济发展观的窠臼，重构有别于既往发展模式的绿色生态观。这就需要推动"发展的绿色化"迈向"治理的绿色化"，实现"经济的绿色发展"向"广义的绿色治理"转变。

迈入新时代，我国社会主要矛盾业已发生了根本性转变。如何更好地满足人民对美好生活的向往，着力破解发展不平衡、不充分的突出问题，成为横亘在"质量强国"道路上的路障。绿色治理是回应新时代"新矛盾"的创新思路，县级政府是我国最具有完整权能的基层组织，是以绿色治理创新推动绿色发展新理念落地生根，实现经济、政治、社会、文化、生态高质量发展的基础性和关键性环节。绿色治理作为治理发展的新趋势，是提升县级政府绿色治理质量的必然选择，是不断增强县域人民群众的幸福感、获得感、安全感的重要载体，也是构筑同呼吸、共命运的绿色治理共同体的中国方案。

一　问题的提出

作为国家治理与社会治理的枢纽与重要节点，县级政府治理是国家治理体系的重要基础和关键环节。在当前政府治理实践中，县级政府还在一定程度上存在以 GDP 为中心的治理导向，治理能力不足、治理体系不健全、治理机制僵化等现实问题，也严重制约着县级政府治理现代化的实现效度。党的十八届五中全会提出了包括"绿色发展"在内的新发展理念，实施了一系列"绿色行政"活动，为破解当前县级政府治理的困境提供了鲜明的价值引领与实践指向。遵循绿色发展、高质量发展的基本要求，将国家治理体系和治理能力现代化推向纵深，迫切需要以县级政府绿色治理现代化引领地方治理现代化。当前推进国家治理现代化的关键点是构建和完善县级政府绿色治理体系，着力点是建立和健全县级政府绿色治理机制，突破口是以县级政府绿色治理质量测评体系为指挥棒，推动县域绿色公共政策优化落地、绿色治理文化深入人心，最终实现县域全方位的"绿色化"，以县域公园城市为依归，引领县域社会高质量发展，切实满足广大县域群众对美好生活的向往与追求。

（一）绿色治理是新时代政府治理对人民美好生活需要的必然回应

习近平总书记在党的十九大报告中明确指出，不断满足人民日益增长的美好生活需要贯穿于社会主义现代化建设之中。人民美好生活既彰显着党和政府"以人民为中心"、切实增进人民福祉的最高价值准则，又承载着广大人民群众对美好生活愿景的无限向往与期许。经过多年艰苦卓绝的持续奋斗，我国已经全面建成了总体小康社会，人民对美好生活的追求早已不再囿于物质文化需要，而是提出了更高品质、更广范围、更多方位的要求，人们期待经济发展更有活力、各项改革更有实效、社会环境更加公平、更多享受改革发展带来的实惠。可见，人民美好生活是一种具有可及性的高质量生活。具言之，在国家治理话语体系中，究竟何种治理形态才能成为实现人民美好生活的实践模式呢？本书认为，在绿色发展的共治时代，绿色治理为该问题的解决提供了一种可行方案。绿色既涵盖"绿水青山就是金山银山"的生态价值理念，更谱写着积极、健康、孕育着活力与希望的人民美好生活的底色。绿色治理耦合于人民美好生活的深层意蕴，对绿色治理系统全面的阐释必然助力人民美好生活的追寻。由此可见，必须以绿色治理推动高质量发展，通过构建和完善绿色治理"体系—机制—政策—文化—质量"的多元子系统，使绿色治理真正运转起来，从而努力实现人民美好生活向往，进而在全球绿色治理中发出中国声音。

（二）绿色治理研究为"发展—治理"的新话语转向提供了契机

相较于传统的粗放型的经济增长模式，"绿色发展"继承和深化了"可持续发展"和"科学发展"等发展理念，摒弃和颠覆了"唯 GDP 论"经济发展方式，是在经济高速增长向高质量发展转型期形成的一种新型发展模式。绿色发展以绿色理念引领社会主流价值观，将"绿色化"全方位融入人们的生产生活方式，它实质上是一种经济社会发展模式的创新与变革，旨在实现经济发展过程与结果的生态化和绿色化。绿色从最初指代一种颜色，上升为一种发展理念，绿色发展可以看作对一系列绿色理念、思想与战略的凝练与升华。绿色发展的实施蕴藏着绿色治理的行动逻辑。随着改革的不断深化，绿色发展所关涉的不仅停留在生产生活层面，还会带动经济、政治、社会、文化、生态等层面根本性的转向。换言之，绿色发展早已超越了狭隘的经济发展"绿色化"的范畴，而是将"绿色化"嵌入"五位一体"的总体布局，推动"政治—经济—文化—社会—生态"全方位、全过程的绿色跨越。这一转变高度契合当前从"发展"向"治理"的话语体系的过渡，具体呈现为从狭义的经济绿色发展向广义的绿色治理的嬗变。

（三）提升政府绿色治理能力是实现国家治理现代化的必然选择

党的十八届三中全会首次明确提出"国家治理"的概念并初步形成了中国特色的国家治理话语体系。党的十八届五中全会将"绿色发展"纳入五大发展理念之中，为绿色低碳健康的经济发展模式指明了方向。由此可见，"国家治理"与"绿色发展"话语体系的形成，为绿色治理的诞生奠定了坚实的政策基础，为构建中国特色的绿色治理体系，拓展绿色治理的广度和深度，进而实现人民群众对于"生产发展、生活富裕、生态良好"的美好生活期待提供了行之有效的话语供给。中国特色社会主义进入新时代，"绿色治理"作为国家治理体系和治理能力现代化的重要议题和关键环节，日益得到国际社会的普遍认同和高度赞誉。实现国家治理现代化离不开有效的政府治理，脱离政府主导空谈国家治理体系和治理能力现代化是毫无意义的。作为公权力的核心，有效的政府治理是推动国家治理不断扩展深化的关键抓手。换言之，在新时代高质量发展的背景下，绿色治理是加快国家治理现代化进程的核心议题和重要路径，而政府治理又是提升国家治理能力与水平的着力点与突破口。由此，政府绿色治理是一种适应新时代发展要求的政府治理的新模式，不断助力推动国家治理体系和治理能力的现代化。

（四）县级政府绿色治理是政府绿色治理的题中应有之义

政府绿色治理回应了新时代人民对政府治理的新要求，迫切需要各级政府以绿色治理不断满足人民美好生活需要。在实践中，县级政府作为具有完整政府职能的基层组织，在国家权力体系中一直承担着"上传下达"的关键作用。县级政权与其他层级的政府组织"职责同构"，其特殊之处在于它是我国行政体制中拥有完整结构和功能的最基层的单元，肩负着县域经济社会稳定发展的重任。县级政府比任何层级的政府都更为直接面对日趋复杂的政府治理的矛盾与问题。绿色治理是破解政府治理难题，消解社会不稳定、不和谐因素的可行路径。政府作为绿色治理的主导者，应加快转变政府职能，切实提升服务质量，不断增强治理实效。县级政府以绿色治理为抓手既为推动我国经济社会高质量发展奠定坚实基础，又可以通过基层政权的微调节，防范化解重大风险，将矛盾消解于基层治理之中，让人民群众成为县级政府绿色治理的最大受益者，进一步提升基层治理的能力与水平。可见，县级政府作为拥有完整政府权能的基层政府，是以政府绿色治理实现县域全方位、多层次的高质量发展，进而不断满足人民美好生活需要的基础性和关键性治理环节。

（五）县域公园城市为县级政府以绿色治理实现人民美好生活提供了理性目标和现实路径

早在 1000 多年前，古希腊的亚里士多德就在其《政治学》中提出了"城市让生活更美好"的命题。该命题一直激励着人们寻找理想城市形态以实现美好生活。纵观世界城市的形态变迁，无论是霍华德对于"田园城市"的美好构想，还是 20 世纪末生态城市建设风起云涌，直至 21 世纪初代表自然、健康和活力的绿色城市的规划设计，无不彰显着人们对于美好城市形态的不懈追求。然而，这些城市形态却难以充分体现一个理想的城市形态所应包容的多元价值内涵。[①] 在国家治理话语体系中，公园城市的

---

① 史云贵、刘晓君：《绿色治理：走向公园城市的理性路径》，《四川大学学报》（社会科学版）2019 年第 3 期。

建构不仅是为了描绘城市发展的生态底色，更是为了推动人们的生产、生活、消费方式实现全面的"绿色化"转型。公园城市是为满足人民群众美好生活期许的城市空间生命共同体，这一理念耦合于"绿色治理"的精神意蕴。这是因为，绿色治理是推动公园城市建设的必由之路，绿色治理以满足人民美好生活需要为基本导向，力求实现"政治—经济—文化—社会—生态"向高质量发展迈进。县域是实现经济、政治、社会、文化、生态等全方位"绿化"最重要的单元，是城乡融合的契合点，是美丽乡村与美好城市的交汇点。不言而喻，打造县域公园城市对于以公园城市建设推进城乡充分融合，加快以绿色治理推进国家治理体系和治理能力现代化有着重要的理论和现实意义。因而，公园城市不仅是新时代全面贯彻新发展理念下城市治理的高级形态，也是政府绿色治理的理性目标与实现载体。

二　国内外研究述评

在对国内外相关文献进行大量梳理的基础上，本书认为，从总体上讲，国内外学者对我国"县级政府绿色治理体系构建与质量测评"的直接研究成果还比较缺乏。但是，与本书主题相关的绿色发展、环境治理、生态治理、绿色政治、绿色行政、社会质量等方面的间接成果还是比较丰富的。也就是说，学术界与本书相关性研究成果主要集中在绿色发展、生态治理、绿色政治、绿色政府、社会质量等研究方面。与本书直接相关的学术研究成果较少，尤其是针对县级政府绿色治理体系、绿色治理机制、绿色治理文化、绿色治理质量测评等方面的研究成果就更加匮乏了。尽管如此，国内外学术界前期的相关研究成果还是能够为本书的深入研究提供一些启发和借鉴。

（一）国外文献综述

国外学者对绿色治理主题的关注和研究起步较早，取得了一定的研究成果。国外学术界从环境保护运动到绿色政治，从绿色政治到绿色行政再到绿色治理的理论与实践研究，为中国特色绿色发展与绿色治理研究提供了思想启迪和路径创新。20 世纪 60 年代，绿色运动席卷西方国家，绿色理念在丰富发展中逐渐获得了社会主体的认同。70 年代，"绿党"活跃于西方国家的政治舞台，在政治领域掀起了一股绿色政治的思潮，逐渐汇聚成一股不容忽视的政治力量。80 年代，高兹、福斯特等生态马克思主义学者成为绿色政治理论研究的代表。生态马克思主义学者认为，生态环境问题的根源在于资本主义制度本身，只有批判和改变资本主义制度才能解决生态环境问题，最终的解决办法就是建立新的社会制度，从而实现人与人、人与自然、人与社会的绿色发展。90 年代，兴起于美国的生态正义运动，进一步推动了绿色理念的实践转向。21 世纪是生态环境加剧恶化的时代。人类赖以生存的环境不断恶化，促使了绿色发展理念的成熟，绿色理念已成为 21 世纪人类普遍关注的主题。

西方国家关于绿色治理及其密切相关的专著主要有：Rachel Carson（2014）的《寂静的春天》（*Silent Spring*）；John R. McNeill（2013）的《阳光下的新事物：世纪世界环境史》（*Something New Under the Sun: An Environmental History of the Twentieth-Century World*）；Rogers P. P.（2008）的《可持续发展导论》（*An Introduction to Sustainable Development*）；David Pierce（1989）的《绿色经济蓝皮书》（*Blue Book of Green Economy*）；T. Velte（2009）的《绿色 IT：绿色环保与利益双赢》（*Green IT: Reduce Your Information System's Environmental Impact While Adding to the Bottom Line*）；Makower T.（2008）的《绿色经济策略：新世纪企业的机遇和挑战》（*Strategies for the Green Economy: Opportunities and Challenges in the New World of Business*）；John B. Cobb（2015）的《21 世纪生态经济学》（*For the Common Good: Redirecting the Economy Toward Community, the Environment, and a Sustainable Future*）；罗马俱乐部（1997）的研究报告《增长的极限》（*Limits to Growth*）；Saral Sarkar（2008）的《生态社会主义还是生态资本主义》（*Ecological Socialism or Ecological Capitalism*）；Michael Martine（2012）的《全球视野下的环境管治：生态与政治现代化的新方法》（*Environmental Governance in Global Perspective: New Approaches to Ecological and Political Modernisation*）；John S. Dryzek（2008）的《地球政治学：环境话语》（*The Politics of the Earth: Environmental Discourses*）；Inge Kaul 等（2006）的《全球化之道——全球公共产品的提供与管理》（*Path of Globalization-Global Public Goods Provision and Management*）；等等。

　　国外除了上述绿色治理的相关专著外，课题组于 2020 年 5 月 31 日在 Web of Knowledge TM 核心合集（以下简称 WOS）数据库中，以绿色治理所涉及的主要关键词进行组配检索，即 Green Governance＊，以 2000—2020 年为时间条件，检索地址条件不含中国，共获得外文文献 2126 篇。

　　统计分析表明，2000—2020 年国外有关绿色治理的研究文献整体呈现上升态势，2019 年发文量就有 381 篇，达到了历年最高值。如图绪 - 1 所示。

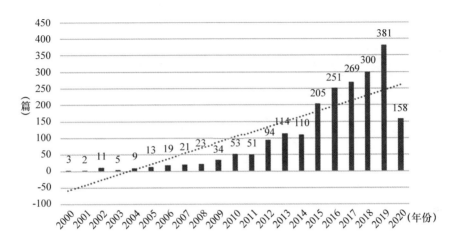

图绪 - 1　2000—2020 年国外研究文献年度分布

　　2126 篇研究文献包括 5229 位作者（人均 0.41 篇），发文量 5 篇及以上的作者共计 47 位，7 篇及以上的作者共计 23 位，10 篇及以上的作者共计 3 位。综合分析可知，高发文量作者多为合作作者，如以 Angelstam P、Haase D、Kronenberg J 和 Andersson E 等为代表的德国研究者合作发文 14 篇，他们从生态治理的视角，对南非、瑞典、立陶宛以及欧洲波罗的海等地区的生态可持续性发展进行综合性的评价，并结合当地生态环境的历史变化，确定恢复生态系统的基准，以期找寻当地生态系统治理和评价方面的差距，从而提出具有针对性的治理措施。以 Potoski M. 和 Prakash A. 为代表的美国研究者共计发文 8 篇，他们关注的重点在于环境治理问题中的合作与冲突，研究中力求找出影响本土、跨区域、国家间环境合作治理的分歧所在和关键性因素，从而缓解环境治理中的冲突与矛盾。以 Barthel S. 为代表的瑞典研究者共计发文 7 篇，他们从城市生态学的视角，重点关注城市生态系统中的绿地、园林、大学校园等绿色基础设施建设，以及市民参与绿色生态治理的意愿、积极性等。由此可见，欧洲和北美地区的研究者是该领域的核心研究力量。国外研究绿色治理的作者力量分布如图绪－2 所示。

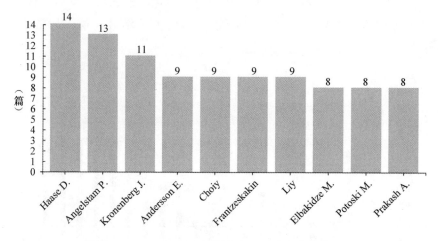

图绪－2　2000—2020 年国外研究文献作者力量分布

从 WOS 提供的研究方向统计分析来看，2126 篇研究文献共涉及 78 个研究方向，发文量 10 篇及以上的研究方向共计 32 个，30 篇及以上的研究方向共计 22 个，60 篇及以上的研究方向共计 14 个，100 篇及以上的研究方向共计 9 个。100 篇及以上的 9 个研究方向或领域分别为：生态环境科学（1009 篇）、企业经济学（367 篇）、科学技术其他主题（339 篇）、地理学（242 篇）、公共管理学（234 篇）、工程学（198 篇）、城市研究（173 篇）、行政法（171 篇）、发展研究（113 篇）（见表绪－1）。可见，国外生态环境科学、企业经济学、地理学和公共管理学等方面的学者是研究绿色治理的核心力量，在绿色治理话语体系中占据绝对优势。2126 篇研究文献的发文作者涉及 106 个国家和地区，发文量在 10 篇及以上的国家有 41 个，30 篇及以上的国家有 25 个，70 篇及以上的国家有 12 个，100 篇及以上的国家有 8 个。其中，发文量 100 篇及以上的国家和地区分别为：美国（415 篇）、英国（302 篇）、荷兰（193 篇）、德国（158 篇）、瑞典（146 篇）、澳大利亚（143 篇）、加拿大（139 篇）。可见，美国、英国、荷兰等西方国家是绿色治理领域的高发文量国家。从近期的相关研究成果来看，美国相关研究文献主要集中在后工业城市中的绿色基础设施治理、绿色社区的构建、对绿色经济发展的阐释等方面；英国相关研究文献主要集中在绿色工业化治理、绿色发展与智能可持续发展、绿色公共领域等方面；荷兰相关研究文献主要集中在城市森林治理、城市可持续发展、城市生态治理的技术手段等方面。

表绪-1　　　　　　2000—2020 年国外研究文献主要研究方向分布

研究方向	发文数量（篇）	研究方向	发文数量（篇）
生态环境科学（ENVIRONMENTAL SCIENCES ECOLOGY）	1009	行政法（GOVERNMENT LAW）	171
企业经济学（BUSINESS ECONOMICS）	367	发展研究（DEVELOPMENT STUDIES）	113
科学技术其他主题（SCIENCE TECHNOLOGY OTHER TOPICS）	339	社会科学其他主题（SOCIAL SCIENCES OTHER TOPICS）	91
地理学（GEOGRAPHY）	242	能源研究（ENERGY FUELS）	75
公共管理学（PUBLIC ADMINISTRATION）	234	林业研究（FORESTRY）	75
工程学（ENGINEERING）	198	国际关系（INTERNATIONAL RELATIONS）	61
城市研究（URBAN STUDIES）	173	水资源研究（WATER RESOURCES）	60

根据对相关文献的梳理与计量分析，不难知道，国外关于绿色治理的相关研究成果多围绕着绿色治理的基本概念和框架、绿色政治、绿色政府（行政）、环境（生态）治理等主题展开。

1. 关于绿色治理概念与内涵的总结提炼

国外学者对于绿色治理的界定主要围绕环境治理、生态治理、绿色政府政策等方面展开。如 Hempel Lamont 认为，"绿色"并不仅仅是一个颜色的指代词，而是一种可持续的经济发展方式的象征，绿色治理应将节能减排、环境友好作为其奋斗目标。① Bae Jungah 也从可持续发展的视角解读绿色治理，他认为实现绿色治理必须依靠政府与非政府组织搭建起多元主体协同治理的平台。② B. H. Weston 认为应跳出"人类中心主义"的思维误区，必须通过法律手段来遏制不负责任的市场行为，绿色治理是将生态权利还给自然，合理划分人类权利与自然权利的理性路径。③ L. C. Paddock 强调，要想实现政府绿色治理的目标，必须以绿色价值为导向来解决环境问题，政府要与企业等绿色治理主体密切合作，而非占据绝对的主导地位，通过行政命令等方式监督治理过程。④ G. B. Doern 以加拿大为例，探究了政府部门绿色政策执行网络，认为绿色治理是推动经济健康发展的有力工具，地方政府部门往往通过将宏观的绿色经济政策分解为具有可操作性的具体行动，来使得经济发展保持可持续的良性发展状态。⑤ Stephanie S. Pane Haden 等在对绿色治理概念进行回顾分析的基础上，认为组织要实现绿色治理，必须将自身的发展目标与国家的生态环境战略相契合，在担负必要的社会责任基础上，引导全社会形成绿色的生产方式、生活方式和消费方式。⑥ Babacar Dieng 等认为绿色治理是实现资源环境可持续发展的一种创新路径，政府部门能够通过绿色治理实现资源环境的合理开发、循环利用，缓解自然资源匮乏的局面。⑦ 可见，国外关于绿色治理概念内涵的研究大多停留在如何协调经济发展与环境保护的关系、实现人与自然和

① Hempel Lamont, "Conceptual and Analytical Challenges in Building Sustainable Communities", Chapter 2 in Daniel Mazmanian and Michael Kraft, eds., *Toward Sustainable Communities: Transition and Transformations in Environmental Policy*, Cambridge, MA: MIT Press, 2009, pp. 33 – 62.

② Bae Jungah, *Green Governance Innovation: The Institutional Political Market for Energy Sustainable Communities*, The Florida State University, ProQuest Dissertations Publishing, No. 1, 2012, pp. 3·– 24.

③ B. H. Weston, D. Bollier, *Green Governance: Ecological Survival, Human Rights, and the Law of the Commons*, Cambridge University Press, New York, No. 2, 2013, pp. 108 – 131.

④ L. C. Paddock, "Green Governance: Building the Competencies Necessary for Effective Environmental Management", *Social Science Electronic Publishing*, Vol. 14, No. 1, 2008, pp. 7 – 44.

⑤ G. B. Doern, "From Sectoral to Macro Green Governance: The Canadian Department of the Environment as an Aspiring Central Agency", *Governance*, Vol. 6, No. 2, 2005, pp. 172 – 193.

⑥ Stephanie S. Pane Haden, Oyler Jennifer D., Humphreys John H., "Historical, Practical, and Theoretical Perspectives on Green Management: An Exploratory Analysis", *Management Decision*, Vol. 47, No. 7, 2009, pp. 1041 – 1055.

⑦ Babacar Dieng, Pesqueux Yvon, "On 'Green Governance'", *International Journal of Sustainable Development*, Vol. 20, No. 1, 2017, pp. 111 – 123.

谐发展的层面上，尽管这与新时代绿色治理的内涵相去甚远，还远未跳脱环境治理与生态治理的局限，但这些研究成果依然为我们开展绿色治理研究提供了重要的价值参考。

2. 关于环境（生态）治理的研究

国外学者在环境（生态）治理方面的研究非常广泛且日趋成熟，主要围绕多元主体之间协同共治、环境治理的跨区域合作、不同主体在环境治理中所承担的角色与责任等方面展开。值得注意的是，西方社会环境治理之所以能达成平等的"公私合作伙伴关系"，与其市民社会的成熟以及社会组织的相对独立性密切相关。M. C. Lemos 等强调面对日渐严峻的环境问题，应调整过去分散治理的模式，加强与市场、个人等多元主体的合作，协同不同区域、不同国家的公私治理主体共同努力，这将是解决环境问题的理性治理模式。① K. Soma 等认为在互联网技术飞速发展的时代，公民这一主体在环境治理中所发挥的作用越来越突出，有效的公民参与大大提升了公民的环境治理能力，政府部门也将公民看作环境治理中潜在的合作伙伴。② Luigi Pellizzoni 详细论述了不同主体在环境治理中所承担的责任，明确划分多元治理主体的职责是推动环境协同治理的前提，也是主体之间取得相互信任的关键。③ D. Armitage 等发现政府部门早已不再是环境治理中最重要的主体，当前的环境治理实践吸引了众多以社会、企业等为代表的社会组织和经济组织的关注，他们在治理过程中所发挥的作用不可低估。④ H. Bulkeley 以不同国家如何开展城市气候治理为例，发现不同国家、不同地方的环境治理主体结构对于解决城市气候问题产生了迥异的影响，他认为具有竞争性的环境治理主体结构

---

① M. C. Lemos, A. Agrawal, "Environmental Governance", *Environment and Resources*, Vol. 31, No. 31, 2006, pp. 475 – 497.

② K. Soma, M. C. Onwezen, I. E. Salverda, et al., "Roles of Citizens in Environmental Governance in the Information Age—Four Theoretical Perspectives", *Current Opinion in Environmental Sustainability*, Vol. 18, 2016, pp. 122 – 130.

③ Luigi Pellizzoni, "Responsibility and Environmental Governance", *Environmental Politics*, Vol. 13, No. 3, 2004, pp. 541 – 565.

④ D. Armitage, R. D. Loě, R. Plummer, "Environmental Governance and Its Implications for Conservation Practice", *Conservation Letters*, Vol. 5, No. 4, 2012, pp. 245 – 255.

对于加快推进生态治理进程更有助益。①

3. 关于绿色政治的研究

国外绿色政治研究强调人与自然是相互依赖、和谐共生的，人类的政治设计与制度供给应高度重视自然界的多样性、相互依赖性、永续性等特征，这样才能保证"生物圈的平等主义"，从而构建起一个可持续发展的健康社会。西方学者总体上肯定了绿色政治的研究价值。如 G. Smith 从协商民主的视角出发，认为公民自发参与民主政治活动、公民的投票选举等都是一种绿色民主形式，这些绿色政治改革深刻影响着政府机构的运作过程，并不断推动着绿色政治的发展。② 也有一些西方学者对绿色政治持有审慎的态度，并对当前绿色治理的理论和实践进行反思性批判。C. Hunold认为绿色政治理论是特定的时代背景下诞生的一种政治思想，并且在生态议题的基础上发展出了众多如绿色民主、女权运动等政治目标；然而，绿色政治思想具有一定程度的空想性，这必然会使政治家们对其可行性和现实性提出严重质疑。③ J. Barry 反思批判了以"深—浅"划分绿色政治的理论，绿色政治是在反思全球环境危机过程中诞生的一种政治思潮，并在绿党的推动下逐渐成为欧洲政治舞台上的一股不可小觑的力量，它在不断发展的过程中分化成"深绿"和"浅绿"两大阵营，单纯地以"深"和"浅"来衡量绿色政治理念及其运动，必然会使人们难以全面把握绿色政治的思想价值，从"深绿"向"浅绿"的转向实际上是从绿色价值理念向具体政策绿化的转变，从而使得绿色政治理念更具有可操作性。④ R. Eckersley 从实现阶级利益的视角出发，认为绿色政治运动的发起者主要源于新兴中产阶级，他们通过广泛参与绿色运动来达成其利益诉求，绿色运动已经成为中产阶级实现政治目标和阶级利益的一种重要工具。⑤ 综上

---

① H. Bulkeley, "Reconfiguring Environmental Governance: Towards a Politics of Scales and Networks", *Political Geography*, Vol. 24, No. 8, 2005, pp. 875 – 902.

② G. Smith, "Taking Deliberation Seriously: Green Politics and Institutional Design", *Environmental Politics*, Vol. 10, No. 10, 2001, pp. 72 – 93.

③ C. Hunold, J. S. Dryzek, "Green Political Theory and the State: Context is Everything", *Global Environmental Politics*, Vol. 2, No. 3, 2002, pp. 17 – 39.

④ J. Barry, "The Limits of the Shallow and the Deep: Green Politics, Philosophy, and Praxis", *Environmental Politics*, Vol. 3, No. 3, 1994, pp. 369 – 394.

⑤ R. Eckersley, "Green Politics and the New Class: Selfishness or Virtue?", *Political Studies*, Vol. 37, No. 2, 2006, pp. 205 – 223.

所述，国外关于绿色政治的探讨与批判，对新兴中产阶级绿色运动的关注以及绿色政治中绿色民主的研究等，都将为我国县级政府绿色治理研究提供重要的理论支撑与研究参考。

4. 关于绿色政府（行政）的研究

随着西方工业社会的高速发展，环境问题日益成为各国普遍关注的重大难题。伴随西方国家政府对生态问题的认真反思与积极应对，绿色政府（行政）便应运而生了。以加拿大、英国和美国为主的西方国家，基于各国的基本国情，最早将绿色政府理念应用于实践之中。加拿大是最早颁布绿色政府指导计划的国家之一，其在1990年出台的《绿色政府计划》为政府部门环境保护工作的开展提供了政策纲领，要求各级政府要加快绿色政府建设，降低政府运行成本，切实提高工作效率。英国政府则立足于环境教育的出发点，在各级各类学校中普及环保理念与生态价值观，培养学生们养成良好的环境保护意识，这一做法也在学生们之中取得了不错的效果。克林顿执政时期，美国政府开始推行绿色政府计划，并以"总统令"的形式出台了一系列具体的实施政策和建设规划，目的在于减少行政开支，实现人与自然的可持续健康发展。美国的绿色政府行动为全世界范围内的环境保护运动树立了良好典范。如 M. B. Powers 高度支持和认可克林顿政府为实现环境可持续发展所做出的一系列努力，他呼吁美国国会支持打造绿色政府，全面推进绿色行政活动。[1] 日本政府实施了一系列绿色采购计划和购买许多环境友好型产品等措施，推动了政府绿色行政和公众的绿色消费。[2] 无论是国外关于西方"绿党"推动下应运而生的绿色行政理论的总结与研究，还是对西方发达国家绿色政府建设实践的持续关注，都将为我国县级政府绿色治理研究提供重要的理论支撑与实践参考。

综上而言，国外关于绿色治理的研究大都围绕着环境（生态）治理、绿色运动、绿色政治思潮、绿色政府建设等方面展开。可以看出，国外学者关于绿色治理的研究还未脱离"绿色"这一词语的本义，绿色治理的内涵与外延都亟待丰富和发展。然而，不可否认的是，尽管这些研究成果囿于生态环

① M. B. Powers, "A Green Administration in More Ways than One", *Engineering News-Record* (United States), Vol. 230, 1993, p. 4.

② N. Karaki, "Japanese Government Measures Which Promote Environmental Labelling and Green Purchasing", *Material Cycles & Waste Management Research*, Vol. 10, 1999, pp. 185 – 190.

境治理的局限，但其发展的每个阶段都产生了诸多极具参考价值的思想理念和实践经验，对我国县级政府绿色治理研究提供了理论基础与实践支撑。

（二）国内文献综述

国内学者开展绿色治理的相关研究大致始于 20 世纪 50 年代后期，经过几十年的研究发展，目前国内关于绿色治理的直接相关或间接相关的著作已经突破上千本。当前这些著作大多集中在绿色发展、环境治理、生态治理等方面，笔者在"读秀图书搜索"以书名为关键字段的统计分析发现，以"绿色治理"为书名的著作有 4 本，当前有关绿色治理的间接研究主要集中在"绿色发展"（892 本）、"环境治理"（599 本）、"生态治理"（251 本）、"绿色政治"（36 本）、"绿色政府"（9 本）、"绿色行政"（3 本），如图绪 - 3 所示。

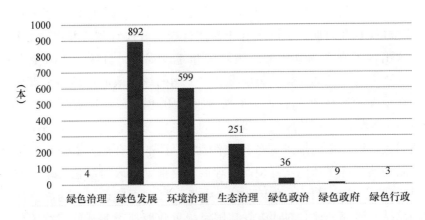

图绪 - 3 国内关于绿色治理相关研究的著作统计

直接冠名为"绿色治理"的著作包括蔺雪春的《绿色治理：全球环境事务与中国可持续发展》、周亚敏的《全球绿色治理》、李维安等的《绿色治理准则与国际规则体系比较》、李克龙等的《绿色经济治理：现代化经济体系建构中的政府治理伦理》，这些与"绿色治理"直接相关的著作为我国县级政府绿色治理研究提供了重要的理论借鉴。

通过"国家社科基金项目数据库"查询可知，与"绿色治理"直接相关的国家社科基金项目共计 7 项，其中一般项目有 3 项，分别是《绿色治理视角下建筑企业联盟的绩效评价与提升路径》《基于社会网络的企业社会责任与绿色治理的关系研究》《全球绿色治理中的公平问题及中国参与的对策研究》；青年项目有 3 项，分别是《基于绿色治理的低碳转型路径及政策组合创新研究》《跨区域绿色治理府际合作中国家权力纵向嵌入机制》《中国特色社会主义经济绿色治理的机制、路径与政策研究》；还有 1 项西部项目是《"一带一路"环境风险防范的绿色治理对策研究》。

　　在"中国知网"通过"高级检索"功能搜索 2000—2020 年，篇名中或含"绿色治理"或含"环境治理"或含"生态治理"或含"绿色发展"的 CSSCI 期刊文献，共计 2066 篇，检索日期为 2020 年 5 月 31 日。其中，篇名中含有"绿色治理"的 CSSCI 期刊文章 35 篇；篇名中含有"绿色发展"的 CSSCI 期刊文章 924 篇；篇名中含有"生态治理"的 CSSCI 期刊文章 248 篇；篇名中含有"环境治理"的 CSSCI 期刊文章 872 篇。总体而言，2000—2020 年国内有关绿色治理的相关研究文献整体呈现上升态势，2019 年发文量达到了井喷的 313 篇，预计 2020 年发文量会超过前高，如图绪 -4 所示。

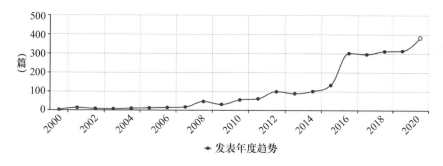

图绪 -4　2000—2020 年国内研究文献趋势

　　此外，通过"绿色治理"文献的关键词共现网络可以看出，与"绿色治理"密切相关的关键词聚类主要是"绿色发展""治理理念""生态环境""生态文明""经济发展""绿色政治""绿色行政"等，如图绪 -5 所示。

　　通过对"绿色治理"相关文献的计量分析发现，国内学者关于绿色治理的直接研究凤毛麟角，但相关研究成果却较为丰富，主要涉及绿色发展、生态环境治理、生态文明、绿色政府/行政等研究领域，在一定程度上难以为县级政府绿色治理研究提供强有力的理论支撑。鉴于国内县级政府绿色治理的文献主要散见于绿色发展、生态（环境）治理、绿色政治、

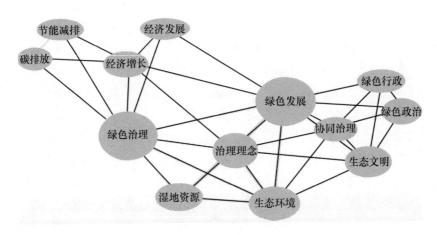

图绪－5　"绿色治理"文献关键词共现网络

绿色政府（行政）等相关文献之中，因此，我们主要以 2000—2020 年的相关论文为基础，从绿色治理的概念内涵、绿色发展等五个维度对相关文献进行梳理评述。

1. 关于绿色治理概念内涵研究

截止到 2020 年 5 月 31 日，在 CNKI 数据库中搜索发现，篇名中含有"绿色治理"的 CSSCI 期刊文章仅有 35 篇。代表性的研究者有刘治彦、余潇枫、周亚敏、张敏、杨立华、刘宏福、张博、翟坤周、苑琳、廖小东、李维安、陶克涛、史云贵等。

刘治彦（2017）认为，党的十八大以来，以习近平同志为核心的党中央将生态文明建设纳入"五位一体"总体布局，绿色治理成为中国特色社会主义理论的重要组成部分，并取得了良好的治理成效。余潇枫、周亚敏等（2019）集中研究国际绿色治理问题，认为绿色治理有助于推进国际社会合作共赢，实现"绿色正义"。张敏（2015）认为，作为第一次工业革命的先驱，英国饱受环境恶化的影响，为了缓解日益严峻的环境问题，英国政府开始意识到在推动经济进步的同时，必须运用各种技术手段开展环境治理，英国政府以绿色治理理念为价值引导，不断探索适合本国的绿色治理路径和绿色治理体系，为世界范围内的绿色治理革命树立了良好典范，也为我国绿色治理提供了一些可借鉴之处。杨立华、刘宏福（2014）在论述绿色治理范式变迁的基础上，提出了实现绿色治理必须构建多元主体协同合作的绿色治理体系，以更好地推进美丽中国建设。张博等（2018）基于绿色治理理念，着眼于探讨经济发展方式的绿色转型，认为地方政府推行绿色治理有其深刻的逻辑，应多措并举深入推进地方绿色治理。翟坤周（2016）主要聚焦于经济绿色治理层面，他认为经济绿色治理的本质是多元行为主体之间经济活动的有机整合，实施经济绿色治理要构建覆盖政府、市场、社会等行为主体协同合作的整合型实施机制。苑琳（2016）、廖小东等（2017）认为，为了适应生态文明建设的要求，必须逐步摆脱工业文明时期的传统环境治理范式，站在绿色治理的高度整体推进生产生活方式的绿色化，进而推动政府治理的绿色转型。李维安等（2020）学者以日本垃圾分类处置为例，在梳理绿色治理演进脉络的基础上，认为当前迫切需要制定绿色治理准则来建立一套具体的绿色治理体系，推动各治理主体的绿色行为，保护生态环境，促进生态文明建设，实现自然与人的包容性发展。陶克涛等（2020）学者以67家重污染的上市公司为例，研究上市公司这一绿色治理的主体应对企业环境污染问题所采取的一系列解决方案，开创了企业绿色治理的新局面。

综上所述，国内学界主要从绿色治理理念的确立、绿色治理范式的变迁、多元协同的绿色治理体系以及绿色治理的实施机制等视角展开论述，这些基础性与概括性的研究成果为本课题研究提供了一些启迪和可借鉴之处。但显而易见的是，从学者们对绿色治理概念内涵的界定可以看出，目前学界对于绿色治理的研究多从宏观层面的理论架构铺陈展开，有关绿色治理的基本构想是否具有实际的可操作性还有待商榷。此外，国内的许多学者在探讨绿色治理之时，仍然囿于环境治理、生态治理或将绿色治理研究限于经济绿色治理的范畴，这些研究成果无论是在绿色治理概念的破解与重塑，还是在研究内容的深度与广度等方面都略显狭隘。近年来，课题组立足于县域，先后在《社会科学研究》《四川大学学报》《改革》《上海行政学院学报》《行政论坛》《中国人民大学学报》《兰州大学学报》等杂志上就绿色治理体系、运行机制、绿色治理文化、公园城市等方面发表了一系列关于绿色治理的论文，并认为绿色治理的目标是打造公园城市、实现人民美好生活的基本路径，从而把绿色治理研究向前推进了一大步。

2. 关于绿色发展的相关研究

中国特色的绿色治理主要源于绿色发展的理论与实践。绿色治理是对

可持续发展与绿色发展等理念的创新、升华与超越，并逐步从经济发展的
"绿色化"向社会治理的"绿色化"转型。国内有关绿色治理的研究成果
都离不开绿色发展这一研究视角。现有关于绿色发展的研究主要从生态文
明建设入手，探讨如何实现经济发展与环境保护之间的协同健康发展。然
而，绿色发展除却应推动经济发展方式向绿色化转型之外，还应考虑从政
治、社会、文化等层面拓展绿色发展的内涵，这就与绿色治理的内涵具有
高度的契合性。因此，详细梳理绿色发展的研究成果，对于我们多视角、
多维度地解读绿色治理的内涵与外延提供了重要的参考。国内学者主要从
绿色发展的内涵、阶段与路径等方面进行探讨。

理解绿色发展理念的内涵，非常有必要区别当下流行的生态观，即
"回归自然"。长期以来，人们存在一种对自然生态的误读，强调回归自然
并非退回到纯粹的自然状态，而是要求人类在改造自然的过程中不能因为
物质财富生产的需要而随意地破坏自然生态环境。绿色发展理念与改造自
然并非两个对立面，坚持绿色发展之路，加强生态文明建设也不需要以牺
牲经济发展作为代价，我们必须科学认识和理解绿色发展的深刻内涵，避
免理念上的误读与实践中的误判。① 绿色发展实质上是一种复合"绿色环
境发展""绿色文化发展""绿色经济发展""绿色政治发展"等多个子系
统的新型发展模式，这些子系统彼此之间既相互独立又相互依存，共同推
动着人与自然、人与社会的共荣共生。② 绿色发展转型作为全球范围内发
展战略的重大调整议题，不仅涉及制度与政策的转换，更涉及政治、经
济、社会、文化等方方面面的转型。绿色发展的转型并没有一条标准化的
路径，目前世界各国的转型之路可以归纳为以"人类中心主义"和"生态
中心主义"为引领的两种推进方案。我国的绿色转型之路也备受世界各国
的瞩目，如何为世界范围的绿色转型提供一种中国视角，促使绿色转型向
更加公正、包容、民主的方向迈进，是中国绿色发展转型的应有之义。由
此看来，绿色发展的内涵与外延十分丰富，它是一个涉及"五位一体"的
系统性的发展过程。其中，绿色环境发展是绿色转型的基础，首要任务即
打造自然生态的绿水青山；绿色经济发展是以生态环境保护为基本前提的
"资源节约、环境友好"的经济发展之路，为人们认识和改造世界提供物

---

① 庄友刚：《准确把握绿色发展理念的科学规定性》，《中国特色社会主义研究》2016 年第 1 期。
② 王玲玲、张艳国：《"绿色发展"内涵探微》，《社会主义研究》2012 年第 5 期。

质基础；绿色政治发展以实现政治生态的风清气正为旨归，为深化绿色改革提供制度保障；绿色文化则是推动绿色发展转型的精神内核，让绿色文化内化于心、外显于行；绿色社会的发展是要引导全社会形成绿色生产、生活、消费方式，从观念、态度、行为层面实现社会的"绿色化"。

　　杨多贵等学者提出，绿色发展是人类文明发展的新形态。迄今为止，人类社会的发展经历了三个阶段：第一阶段称为农业文明时期，自然生态的破坏程度低，社会经济发展也刚刚起步，又谓"黄色文明"阶段；第二阶段是工业文明时期，人类在取得巨大的经济发展成就的同时也付出了惨重的生态代价，也称为"黑色文明"时期；第三阶段是力图实现人与自然和谐共处的生态文明阶段，在经济增长的同时，人们希望与自然生态共生共赢，这是"绿色文明"阶段。[①] 许广月认为，对应人类社会发展出现的四种文明形态，相应地也形成了四种经济发展道路，这四条演化轨迹又可以看作四次"颜色"革命，即从"虚无"到"黄色"到"黑色"直至"绿色"发展的进程，各个发展阶段都内含着发展主体的转变、发展目标的转换以及发展模式和发展过程的变革，尽管人类的发展模式并没有固定的路径，但毋庸置疑，绿色发展是人类社会发展的趋势，是推动国家实现绿色化转型的必由之路。[②]

　　实施绿色发展已成为学界同人的共识。但如何实现绿色发展，专家们却是仁者见仁智者见智。罗文东提出绿色发展是一项涉及思维方式和行为模式的关乎全局的重大变革，首要的是从观念上实现绿色理念的转变，引导人们树立低碳、健康、环保、节约等发展理念，并在这些理念的引导之下开展绿色生活实践，实现绿色生活方式的转型升级。此外，绿色发展离不开各项配套的制度安排，只有将绿色发展上升为国家发展的重大战略，严格贯彻和落实绿色发展政策，才能实现经济社会持续、健康的高质量发展。[③] 戴秀丽认为，绿色发展是对传统经济发展模式的一种创新升级，是推动我国生态文明建设、实现国家治理现代化的关键路径，贯彻落实绿色发展应在理念上倡导绿色主流价值观，形成绿色低碳、环保健康的生产生

---

　　① 杨多贵、高飞鹏：《"绿色"发展道路的理论解析》，《科学管理研究》2006年第5期。

　　② 许广月：《从黑色发展到绿色发展的范式转型》，《西部论坛》2014年第1期。

　　③ 罗文东、张曼：《绿色发展：开创社会主义生态文明新时代》，《当代世界与社会主义》2016年第2期。

活方式，完善生态文明建设的绿色制度和政策，实现人与自然、社会的平衡发展。① 柯伟等认为绿色发展理念的提出源于人类社会所面临的严峻生态危机，自然环境问题是绿色发展亟待解决的首要的、核心的问题，为实现经济发展与环境保护的共生共赢，首先，应从法律层面将生态环境治理纳入法治化的轨道，确立起系统性、完整性、规范性的生态治理法律体系；其次，政府作为生态治理的主导者，应打造多元主体合作共治的协同治理平台，吸引经济主体、社会主体参与生态治理实践；最后，为加快推进生态文明建设，还应从供给侧改革上，如推广绿色信贷、投入生态资本、重视生态消费等方面促进绿色发展落到实处。②

3. 关于"绿色化"的研究

"绿色化"是绿色治理的精神内核，开展绿色治理研究有必要对"绿色化"的起源、内涵、外延、价值等进行系统性的梳理与把握。2015 年 5 月 6 日，中共中央、国务院通过的《关于加快生态文明建设的意见》将"绿色化"上升到国家战略的重要地位，形成了"新五化"的格局。③ 国内学术界掀起了"绿色化"研究的热潮，这一名词逐渐成为国家治理话语体系中的关键概念，成为引领生态文明建设的重要风向标。总结国内有关"绿色化"的研究发现，学者们的研究成果主要集中在"绿色化"的内涵、主要特征与研究范畴等方面。

方兰等认为"绿色化"思想并非凭空产生的，而是在批判继承中西方诸多生态文明思想、在总结我国生态文明实践的基础上提炼升华而来的。"绿色化"是一个蕴含多种内涵、多重维度的关键概念，要求企业"绿色生产"、个人"绿色生活与绿色消费"、政府"绿色行政"。④ 绿色化实质上就是将"绿色"所代表的这种价值追求内化于风俗习惯、思维方式、文化底蕴之中，外化为更具体的绿色实践，使人们形成一种行为的自觉性，从而在全社会范围内推动"绿色生产"，引领"绿色消费"，形成"绿色新风"，并最终成为文明形态标识和发展的显著刻度。从现代化的视角出

---

① 戴秀丽：《我国绿色发展的时代性与实施途径》，《理论视野》2016 年第 5 期。

② 柯伟、毕家豪：《绿色发展理念的生态内涵与实践路径》，《行政论坛》2017 年第 3 期。

③ 《中共中央、国务院关于加快生态文明建设的意见》，《人民日报》2015 年 5 月 6 日第 1 版。

④ 方兰、陈龙：《"绿色化"思想的源流、科学内涵及推进路径》，《陕西师范大学学报》(哲学社会科学版) 2015 年第 5 期。

发，林柏认为"绿色化"是绿色发展转型的基础底色，从字面上看，"绿色"寓意环境保护，而从战略发展的视角看，"绿色化"将我国的生态文明建设推向了新的高度，绿色化作为一种符合生态文明发展要求的重要思想观念，其核心要求是将自然生态的保护融入经济社会发展的全过程中，实现经济发展与生态文明建设的协同发展、繁荣进步。① 绿色化俨然已经成为推动生态文明建设、实现国家治理现代化的内在要求与关键路径。"绿色化"理念的提出耦合于中国特色的"绿色"治理之路，引导全社会从"绿色"理念的革新开始，驱动生产生活方式的"绿色化"转变，培育蕴含低碳、环保、健康、高效精神内核的绿色治理文化，最终将绿色理念融入主流价值观的底色之中，开创生态文明建设的新时代。② 可见，绿色化是一个由"绿色"和"化"组成的复合概念，绿色化中的"绿色"早已突破了颜色指代词的限制，引申为一种健康的价值观念，"化"则表示一种动态过程，意味着将"绿色"的价值观念内化于公民之心、外显于公民之行，从而推动全社会由绿色价值共识凝聚到经济发展、政治文明、文化繁荣、社会建设的全过程的绿色化。③

4. 关于绿色政府（行政）的研究

绿色政府与绿色行政是绿色治理研究的重要内容。绿色政府研究的兴起与世界范围内的生态环境治理密切相关。面对严峻的生态环境危机以及经济转型升级的巨大压力，许多国家将打造绿色政府视为缓解当前局面的有效路径。通过积极调整政府职能，要求政府部门在环境治理中承担起应有的职责，并以政府为主导力量协同多元社会主体肩负绿色责任，共同推进经济社会与环境保护的良性发展。综观国内学者有关绿色政府的研究发现，目前的研究主要集中在绿色政府的基本框架、建设经验、实现路径等方面。

"绿色政府"研究首次出现在克林顿政府时期，绿色政府的构建是从政府自身入手，将科学的绿色理念贯穿到政府行政过程的各个环节之中，引导其他社会主体共同参与生态环境治理的过程，这一绿色行政过程又被称为资源节约、环境友好的行政过程。目前，西方学者主要从政府、企业

---

① 林柏：《探解"绿色化"：定位、内涵与基本路径》，《学习与实践》2015 年第 9 期。
② 冯之浚、刘燕华、金涌等：《中国特色绿色化之路》，《群言》2015 年第 7 期。
③ 黎祖交：《准确把握"绿色化"的科学涵义》，《绿色中国》2015 年第 4 期。

和公众三种主体视角，探索推行绿色经济、打造绿色政府，促进生态问题的解决。绿色政府是通过绿色行政手段，从政府自身的"绿色化"做起，积极履行生态环境保护的职能，实现经济社会的可持续发展。实质上，绿色政府建设是一个系统性的工程，推行绿色政府建设是一场全面而深刻的变革，既要制定科学的符合生态文明建设规律的大政方针，以绿色价值观念潜移默化地影响行政人员的价值取向，又要加强对企业、公众绿色行为的引导，使绿色理念成为全社会的行为自觉。王琦等鉴于我国的绿色政府管理体系还不够成熟，对国内外的绿色政府管理体系的建设进行了系统性的梳理，发现以往的强制性的环境治理模式难以从源头上彻底解决生态危机问题，政府部门在环境治理中不仅要协同多个部门通力合作，还需要引入多元环境治理主体，通过现代环保信息技术的应用，提高政府的环境治理能力。中新天津生态城是地方政府在借鉴国外先进的绿色政府经验的基础上，以"生态、环保、宜居"为目标打造的一个经济发展与环境保护和谐共生的样本，为在更广范围内推行绿色政府建设提供了一个可资借鉴的发展模式。① 薛维然等研究发现日本川崎市成功地从工业污染重镇实现了向"环境建设样板城"的转变，他们认为这一城市发展模式彻底解决了传统"三高"模式带来的弊病，是一种自然生态与人类社会高度融合的新型城市形态，环境样板城的建设亟须政府转变发展理念，必须以绿色理念为指导，将城市发展过程中产生的环境影响降至最低。② 王习元等认为推进绿色政府建设，首要的是以政府绿色文化为抓手，营造积极健康的且为行政人员认同的绿色价值观，以绿色价值观引领政府行为的绿色化。为了监督政府的绿色行为，还需要将涉及生态环境治理的指标纳入政府考核体系，破除先前"唯 GDP"增长的陈旧观念，切实促进政府行政过程的绿色化。③

5. 关于生态（环境）治理的研究

生态环境治理是绿色治理的基础与底色，目前国内不少学者认为，生态治理主要是政府对自然生态环境的治理，将绿色治理局限于生态环境治

---

① 王琦、鞠美庭、张磊等：《绿色政府管理体系的构建思路与实践》，《生态经济》2011 年第 7 期。

② 薛维然、秦铁铮：《从环境建设样板城看绿色政府的理念与制度》，《生态经济》2010 年第 4 期。

③ 王习元等：《我国绿色政府模式研究》，《生态经济》2005 年第 6 期。

理的范畴略显狭隘，但国内学者关于生态治理的多元化的研究取向依然为我们开展绿色治理研究提供了重要的参考与借鉴。

一是政府生态环境治理的研究取向。关于生态环境治理的政府取向主要是突出强调政府在环境治理中所起到的主导作用、关键地位与重要职责。陶火生等认为，环境治理需要政府担负起领导责任，正确地看待经济发展与环境保护之间的辩证关系，将政府绩效考核与环境治理要求联系起来，明确行政主体的环境责任，以严格的问责机制倒逼环境责任的有效落实，从而使得政府官员在环境治理中做出科学合理的决策。① 蔺雪春认为，地方政府是推动生态文明建设的核心责任主体，也是使有关生态建设的顶层战略落地生根的具体执行者。然而，通过对生态文明实践的评估发现，地方政府在环境治理中的主体责任的发挥，与全社会范围内人们对生态危机问题的深刻解读，还存在一定的现实差距，政府部门还需进一步明晰生态治理的职能定位，加大政府环境执法的力度，协同各类市场主体和社会组织采用更为灵活、更为专业、更具针对性的环境治理措施，加快从传统的管制型的环境治理模式向生态文明建设模式的转型升级。②

二是公民社会的研究取向。公民社会取向的研究途径主要基于"社会中心论"的治理理念。这一主张认为传统的政府主导或政府管制的环境治理模式早已不再适应生态文明建设的要求，应重视社会主体和市场主体在生态环境治理中所承担的重要责任。生态治理的公民取向强调国家公权力之外的社会主体，如企业组织、社会组织、公民个体等在生态环境治理中扮演着日渐关键的重要角色。如顾金土认为，由环境问题而引发的环境群体性事件，引发了社会公众对自然生态危机的深刻反思，也激励着各种环保社会组织的培育与成长，环保 NGO 已经成为当前我国环境治理中一股不容忽视的社会力量，它既是公众与政府部门就环境问题沟通的纽带，又激励着越来越多的社会公众参与环保进程中。③ 2015 年，《环境保护公众参与办法》以部门规章的形式确立了公众在环境治理中的重要地位，换言之，在政府主导之下，公众参与环境治理进程成为区别于政府环境管理或

① 陶火生、宁启超：《环境治理中政府领导责任探析》，《长江论坛》2010 年第 4 期。
② 蔺雪春：《地方政府生态文明建设职能评析》，《中国特色社会主义研究》2015 年第 3 期。
③ 顾金土：《环保 NGO 监督机制分析》，《浙江学刊》2008 年第 4 期。

环境管制的重要标志，缺少公众的参与就不能被称为环境"治理"，然而当前公众参与面临参与渠道不畅通、参与程序虚化、政府部门对公众的环境诉求响应迟缓等问题，这就亟须政府部门树立协同治理的合作理念，畅通公众参与的多元渠道，完善公众利益诉求表达的合法化路径。[①] 李砚忠等学者认为，新媒体等传播媒介在环境治理中也占据一席之地，传播媒介因其强大的传播能力和引导能力，在环境治理进程中发挥着重要的舆论监督作用，倒逼政府等相关环境责任主体积极落实环保责任，切实解决环境治理低效的问题。[②]

三是"协同"或"合作网络"的研究途径。国内学者有关生态治理的协同取向意味着对前两种研究取向的折中与调和。这种研究视角认为，生态治理的"政府研究取向"容易忽略公民社会的力量；"公民社会研究取向"虽然高度重视公民组织力量，但却容易低估政府的作用，很难"接地气"。有学者为探索乡村环境治理的有效路径，改善乡村自然生态脏乱差的风貌，系统性地研究了安徽全椒县的"PPP"模式。全椒县在环境治理中改变传统的政府包干的治理模式，通过向企业组织购买服务的方式创新环境治理模式，满足了乡村群众对自然生态山清水秀的美好期望，这一乡村环境治理的长效机制为社会主义美丽乡村建设添砖加瓦，具有重要的推广与借鉴意义。还有学者认为，政府生态治理的主体结构经历了从传统一元管制模式向多元主体协同共治的发展变迁，生态治理中的各主体在治理进程中引领全局，应秉承政府主导、市场主演、社会协作、公众参与及媒体监督的职责定位，统筹协调、协同推进生态治理的建设进程，提升政府生态治理的能力与水平。

（三）国内外研究文献评述

综上所述，国内外学者关于绿色治理的研究成果丰富、研究视角多样、研究方法各异，对于构建中国特色的绿色治理理论体系具有一定的借鉴与指导作用。

---

① 秦鹏、唐道鸿、田亦尧：《环境治理公众参与的主体困境与制度回应》，《重庆大学学报》（社会科学版）2016 年第 4 期。
② 李砚忠、缪仁康：《公共政策执行梗阻的博弈分析及其对策组合——以环境污染治理政策执行为例》，《中共福建省委党校学报》2015 年第 8 期。

一是绿色治理具有承继性，治理理论、绿色政治理论等为县域绿色治理研究的开展提供了强有力的理论支撑。绿色治理并非凭空产生的，而是在继承、批判西方生态思潮，吸收、借鉴"绿色化"和"绿色发展"理念的基础上凝练升华而来的。一方面，治理理论的善治内涵为构建中国特色的绿色治理体系提供了价值导向。善治的基本内涵为破解当前地方政府治理变革的桎梏，推动县级政府更加高效地为人民服务，维护和实现县域人民群众的公共利益提供了现实指引。善治内涵的人民性、法治性、透明性、和谐性等要素体现了县级政府绿色治理的精神内核。另一方面，绿色政治理论的"绿色"价值观为县级政府绿色治理规定了治理的底色。"绿色"早已不仅是一个颜色的指代词，它蕴含着健康、环保、低碳、高效、节约等丰富的精神意蕴，"绿色"的多重含义拓展了县级政府绿色治理中"绿色"含义的范畴。绿色政治理论的生态学视角为县级政府绿色治理提供了新的视野。绿色政治理论认为人的生活与自然界不可分割，人类发展需遵循自然规律，力求实现人与自然的和谐。县级政府绿色治理契合善治理论、绿色政治理论的精神内核，县级政府绿色治理意在在绿色价值观念的引领下，推动县域经济—政治—社会—文化—生态的全面"绿色化"。由此，我们应立足于国家绿色发展战略的大背景，通过对治理理论、绿色政治理论等相关理论的批判、吸收与借鉴，为县级政府绿色治理研究奠定坚实的学理支撑与理论架构。

二是绿色治理的概念内涵在承袭中不断发展完善。作为顺应时代发展潮流而生的新生概念，目前"绿色治理"的内涵界定学术界还未达成一致。绿色治理俨然已经成为全球公共事务治理的大势所趋，它最早源起于19世纪中叶的生态思潮，在绿党的推动下，逐渐发展成为世界范围内不容小觑的政治思潮。首先，绿色思潮与绿色环境运动促进了绿色治理意识的萌发。绿色运动在生态危机的背景下应运而生，这一运动主张实现经济社会与生态保护的平衡发展，并以生态平衡为基础，呼吁解决贫困问题，实现社会公平正义，推行基层民主等。这场生态运动改变着人们对于自然生态的认知与判断，也为绿色治理奠定了基本的价值取向与行为指引。其次，绿色政治运动促进了绿色治理价值的积淀，绿色运动除却其基本的生态主张外，还倡导非暴力、基层民主、女性主义、社会公正、保障人权等十余项政治主张，这些倡议既是绿色运动发展过程中持续深化与演进的理论产物，同时也极大地扩展了绿色治理的内涵与外延，拓展了绿色治理的边界。最后，绿色政府的构建为推动绿色价值理念落地生根提供了重要载体和可靠保障。绿色政府建设最初仅仅是为了解决日益严峻的生态危机问题，政府机构开始意识到必须从自身出发，推行绿色行政，提高行政效率，降低行政成本，实施绿色政策，将对自然生态的危害降至最低限度。随着公共事务的日渐复杂化与精细化，行政人员发现绿色行政手段同样适应于公共治理的需要，绿色政府建设不仅仅是为了缓解环境恶化，更需要从政治、经济、文化、社会层面实现更广范围和更高层次的"绿色化"转型。可见，绿色治理概念的丰富与发展，离不开对绿色政治思潮、绿色政府建设的吸收与借鉴，当前绿色治理早已跳出生态环境治理的桎梏，由单一的自然生态的治理扩展至公共事务的治理，这些都为绿色治理内涵的探讨提供了更具有共识性的认知，为绿色治理理论的构建和完善奠定了基础。

三是多元化的研究视角拓展了绿色治理研究的内涵与外延。从国内外绿色治理的研究成果来看，学者们的研究视角呈现出多元化的状态。多角度的研究为丰富和发展绿色治理理论奠定了深厚的基础。经济绿色治理的视角侧重从经济科学发展的角度来探讨经济社会发展与生态保护的协调性。环境/生态治理的视角主要研究政府以及其他主体对生态环境的治理。绿色政府或绿色行政的视角旨在降低人类活动对自然生态的影响，以绿色行政手段推动政府生态治理的转型升级。这些研究主要从某一单一视角出发开展绿色治理研究，并且大多将绿色治理局限于生态环境治理的研究范畴，具有一定程度的狭隘性。具体如下：

一是研究成果碎片化，理论化程度低。综观国内外学者有关绿色治理的研究成果可以发现，尽管目前相关研究成果节节攀升，呈现出快速增长的势头，但总体来看，与绿色治理直接相关的研究成果仍然不足100篇，并且目前的研究文献多散见于生态环境治理、绿色经济发展、绿色化研究等方面，即便是与绿色治理直接相关的研究，也缺乏针对某一或某些核心问题的集中深入探讨，对于绿色治理的相关研究还未形成体系。此外，当前有关绿色治理的研究成果理论化程度低，国内外学者对绿色治理的概念、绿色治理的基本要素、绿色治理的重点研究内容等尚未达成共识，尽管直接相关的绿色治理研究文献有近100篇，但已有的研究成果多从生态学、政治学、经济学等理论视角展开分析，缺乏核心理论的支撑与印证，影响了绿色治理的理论化程度。

二是绿色治理多囿于环境治理或经济治理的狭隘领域。通过国内外关于绿色治理的研究不难发现，从学术界到实践界的研究成果，大多将绿色治理等同于生态环境治理，实施绿色治理旨在应对环境恶化与生态危机，力求通过传统经济发展模式的绿色化转型，迈向生态文明治理的新时代，这就使得绿色治理仅仅成为生态治理的新表述，并没有突破生态治理的狭隘领域，在一定程度上也限制了学者们对于绿色治理研究的拓展与深化。值得注意的是，目前已有少数学者认为不能将二者简单等同，绿色治理的内涵显然要比生态环境治理的范畴要更广泛、更丰富，但这一观点在学界还未形成统一的共识，也未成为该研究领域的主流观点。本书也基于政治学、公共管理学、社会学等学科视角，力图跳出环境治理的窠臼，通过破解广义的"绿色"价值意涵，推动政治—经济—社会—文化—生态多层次、全过程的绿色化转型。

三是绿色治理研究缺乏县一级政府的研究视角。关于绿色治理的相关研究鲜少从县一级政府视角开展系统性研究，当前研究要么旨在构建宏大的绿色治理的基本框架，缺少以一级政府为单位进行的实证检测，要么停留在普适性的地方政府层面，涉及县级政府绿色治理的研究甚少。而县级政府作为我国行政层级中基层的单元，不仅起着上传下达的重要作用，更是各项政策落地生根的关键所在。县级政府自身具有特殊性，它与省、市级政府在公共事务、政治生态等方面具有较大的差异。没有广大县域的绿色治理，就难以实现国家绿色治理体系与治理能力的现代化。对县级政府展开绿色治理过程研究，不能仅按照或借鉴省级层面甚至国家层面标准。因此，本书结合已有的研究成果与县域实际情况，试图构建起适用于县级政府绿色治理发展与评估的理论体系，以便真实反映县域绿色治理状况。由此可见，对县一级政府绿色治理活动过程开展直接研究尤为重要。

四是绿色治理研究缺乏高屋建瓴的顶层设计。国内外诸多学者对于绿色治理的研究多从狭义的生态环境治理的视角出发，缺乏广义的"五位一体"全面绿色化转型的视角。显然，仅仅将绿色治理的范畴局限于自然生态层面，已经难以满足国家绿色治理现代化的要求，国内部分学者在对"绿色化"和"绿色发展"理念凝练升华的基础上，以广义"绿色"价值的破解为基础，为绿色治理的概念界定提供了一种新思路。但当前学界还尚未对绿色治理的基本概念与框架达成共识，国家层面也缺乏专门针对绿色治理实施的顶层设计和战略目标。本书从广义绿色治理的概念入手，深入解构和挖掘绿色治理的丰富意蕴与关键性要素，力图破解绿色治理实现路径碎片化的现状，从而提出具有前瞻性、系统化、特色化的县域绿色治理实现路径。

课题组认为，基于绿色发展的绿色治理模式是一种"经济发展—政治清明—文化繁荣—社会稳定—生态良好"的新型治理形态。绿色治理是实现人民美好生活的有效路径，而要通过绿色治理实现人们在环境、安全、公平、正义等方面的更高层次的追求，则必须构建绿色治理体系、完善绿色治理机制谱系、提升政府绿色政策制定水平、健全绿色治理文化体系、强化绿色治理质量测评，从而让绿色治理真正运转起来。当前能够实现"人城境业"有机统一的公园城市理念耦合了绿色治理的精神意蕴，是实现人民美好生活的理性目标和可行性路径。公园城市汇聚了经济、政治、社会、文化、生态等全要素、多领域的美好期许，是落实以人民为中心的根本价值取向，顺应高质量发展的必然趋势，也是县级政府绿色治理的理想载体和理性选择。

三　重难点与创新点

（一）本书拟突破的重点

1. 破解绿色治理的基本概念，构建绿色治理的基本分析框架

挖掘绿色治理概念的深层意蕴，构建绿色治理的基本分析框架是本课题开展研究的基本逻辑起点，也是本课题要破解的第一个重点问题。当前学界对绿色治理的研究更多倾向于"生态环境保护""经济绿色发展"等方面，很少有人从政治学、社会学等视角，以超越环境治理的视域来探究治理的"绿色化"问题，也少有人将绿色治理内涵升华到"政治生态""社会生态"的高度。本书将着重破解"绿色"的价值内涵，以"绿色"为基本价值导向，来推动和完善政府治理，从而拓展绿色治理的基本内涵，遵循"绿色治理目标（公园城市）—绿色治理体系—绿色治理机制—绿色治理政策体系—绿色治理文化体系—绿色治理质量"的研究思路，构

建绿色治理的基本分析框架。这样，一方面厘清了绿色治理的相关基本概念，另一方面也避免了已有研究成果的内涵解读不全、内在逻辑性不足、体系化不够等缺陷，有利于丰富中国特色绿色治理理论体系。

2. 县级政府绿色治理体系的构成要素及构建路径

构建和完善县级政府绿色治理体系，必须明确绿色治理体系的构成要素，并以此为基础，研究通过何种路径建构中国特色县级政府绿色治理体系。换言之，要科学构建中国特色县级政府绿色治理体系，就必须弄清楚中国特色县级政府绿色治理体系是什么，然后在此基础上研究如何去建构、评估与运行。通过治理理论、绿色政治理论以及政治生态理论等的运用，构建"要素—运行—评估"的体系结构分析框架，明确县级政府绿色治理体系的概念、特征、构成要素与运行逻辑，并将这一绿色治理体系运用于县域绿色治理的实践之中，验证体系构建的科学性与合理性，从而对先前构建的县级政府绿色治理体系进行修正，使绿色治理体系更加科学、有效、可行。由此可见，明确县级政府绿色治理体系的构成要素，科学构建中国特色县级政府绿色治理体系，无疑是本书必须解决的第二个重点问题。

3. 县级政府绿色治理机制内容及其路径创新

绿色治理机制是让绿色治理体系运转起来的动力链条。绿色治理机制谱系犹如一组流畅的乐章，将看似杂乱无章的多元机制整合起来，形成有序运转的"绿色治理机制谱系"，进而实现绿色治理体系的效能。为此，必须要明确，绿色治理机制究竟有哪些？这些绿色治理机制与绿色治理体系有什么内在关系？各运行机制间的内在关系如何？这些运行机制是如何有效支撑县级政府绿色治理体系有效运转的？对上述问题的解决过程，也就是明确"我国绿色治理机制的构成要素"以及"如何建构的过程"。本书将在县级政府绿色治理体系构建与完善的基础上，确定绿色治理机制的内涵、特征及其与县级政府绿色治理体系的关系，采用治理机制的"五要素说"将县级政府绿色治理机制概括为目标、主体、动力、场域、方法五大基本要素，并从谱系分类的视角分析县域治理机制谱系的主要内容，建构县级政府绿色治理机制谱系，并着力破解绿色治理机制间的有机衔接和良性互动问题，进一步促进县级政府绿色治理体系的有效运行。由此可见，中国特色绿色治理机制及其路径创新是本书在研究中无法回避的第三个重点问题。

4. 县级政府绿色治理文化体系构建与路径创新

绿色治理文化是中国特色绿色治理理论与实践发展的重要推动力。作为绿色治理的重要内容与路径选择，如何创新县级政府绿色治理文化是本课题研究的重点所在。县级政府绿色治理文化为何？以何种理论与方法来探究县级政府绿色治理文化？县级政府绿色治理文化有何生成情境和核心要素？如何构建绿色治理文化体系？如何使县级政府绿色治理文化体系真正运转起来？本书认为探究县级政府绿色治理文化，能够透视我国绿色治理文化建设的真实状况，从而为绿色治理文化创新提供重要的经验支撑。本书梳理了县级政府绿色治理文化的生成情境，厘清了治理与文化的逻辑属性，破解了绿色治理文化体系的核心要素，构建起以县域绿色政治文化为关键点、以县域绿色行政文化为着力点、以县域绿色企业文化为突破点、以县域绿色公民文化为动力、以县域公园城市为空间载体的县级政府绿色治理文化体系，通过建构县级政府绿色治理文化核心价值体系、县级政府绿色治理文化符号、县级政府绿色治理文化运行机制来实现县级政府绿色治理文化体系的良性运行。由此可见，建构县级政府绿色治理文化体系无疑是本书必须突破的第四个重点问题。

(二) 本书拟突破的难点

1. 如何实现县级政府绿色治理体系与绿色治理机制有机衔接和良性互动

厘清县级政府绿色治理体系与绿色治理机制的内在关系，实现二者的良性互动是本书研究中的核心与难点所在。绿色治理体系与绿色治理机制内在关系如何？如何实现绿色治理体系与绿色治理机制的有机衔接和良性互动？在绿色治理体系与绿色治理机制互动中，如何彰显中国特色？这些都是本书必须回应的难点。由此可见，实现中国特色绿色治理体系与绿色治理机制的有机衔接和良性互动，是本书必须突破的难点问题之一。

2. 如何以绿色治理质量评价指标体系的构建与评估来推动县级政府绿色治理体系与绿色治理机制的良性互动

在知识梳理、反思批判的基础上，本书将提炼出"县级政府绿色治理质量"概念，并从破解概念构成要素出发，建构县级政府绿色治理质量评估指标体系。如何以县级政府绿色治理质量评估来推动我国县级政府绿色治理体系和绿色治理机制的良性互动与持续运行，是本书的一个亮点，也是难点。本书力图打破传统强调规范构建研究的窠臼，倡导以规范与实证相结合的方法来构建和完善中国特色县级政府绿色治理体系与绿色治理机制。因此，如何破解中国特色绿色治理质量的内涵，设计出既强调绿色治理结果，又强调绿色治理能力，更强调绿色治理过程的绿色治理质量评估指标体系，既能推动绿色治理体系与绿色治理机制的构建和完善，又能实现指标体系自身的不断优化，从而实现绿色治理质量评估指标体系与绿色治理体系和绿色治理机制的良性互动，这既是本书与众不同的构想，更体现了著者精益求精的决心。因此，以绿色治理质量评估推进我国县级政府绿色治理体系与绿色治理机制的构建和完善，应是本书研究的第二个难点问题。

3. 如何推动县级政府绿色治理文化体系的良性运行

县级政府绿色治理文化是县级政府绿色治理实践的抽象概括，为县域绿色治理提供了价值引领、道德约束、理论支撑、行为规范以及精神动力。县级政府绿色治理文化体系的构建是对县域绿色价值理念的高度凝练，不仅贯穿于县域绿色治理活动的全过程，更承载着县域广大人民群众的美好生活愿望和期许。那么，如何让县级政府绿色治理文化真正实现内化于心、外显于行？县级政府绿色治理文化体系的运行场域、运行载体为何？实现县级政府绿色治理文化体系良性运行需要哪些运行机制？这些机制如何推动不同县级政府绿色治理文化要素之间的生态联动？因此，对于这些关键性问题的阐释与解答，既是本书必须面对的重点问题，同时也是难点问题。

4. 如何提出高质量的政策建议和决策咨询报告，以充分发挥智力支持和决策参考的作用

本书通过深入研究当前我国县级政府绿色治理的现状与障碍，系统探索了我国当前需要"构建一个什么样的绿色治理体系""怎样构建县级政府绿色治理体系""如何构建和完善县级政府绿色治理机制""如何创新县级政府绿色治理文化体系""如何建构县级政府绿色政策体系""县域绿色治理的终极目标是什么"等问题，并由此提出一系列的制度设计、实施方略与路径创新。著者遵循"问题意识"的原则，在广泛调查研究的基

础上，力图有效回应党委和政府对这个重大问题的关切，尽快回应社会和公众对该问题的质疑。因此，如何以高质量的政策建议和决策咨询回应党委、政府和社会的迫切需求，推动县域走向城乡高度融合的公园城市，提供理论支撑、智力支持和决策参考，这就成为本书必须要解决的第四个难点问题。

（三）本书的创新点

绿色治理是当前国家治理现代化背景下的热门研究领域。著者在破解绿色治理概念、特征的基础上，从宏观学理分析与严谨量化分析的双重视角来创新县级政府绿色治理研究。本书的创新点归纳总结为以下三个方面。

1. 视角创新

著者结合我国当前县域绿色治理实践，在治理理论、绿色政治理论、社会质量理论、全面质量管理理论的指导下展开系统而全面的研究。本书主要有以下三大视角创新：一是绿色治理研究的"县级政府"视角。综观国内外的研究文献，关于绿色治理的研究视角主要从宏观与中观的视角进行探讨，如从宏观视角探究绿色治理政策的变迁与演进，从中观的视角探究某一省或市绿色治理的政策、公众参与、绩效评价等，但是很少有研究成果从县级政府这一研究视角来探究县级政府绿色治理。因此，著者在参考、借鉴国内外已有研究成果破解广义绿色治理概念的基础上，着重探究县级政府绿色治理的一系列基本问题，从而能够更好地将理论与实践有机结合起来，使得绿色治理研究真正落地生根。二是以"质量评估"视角探究县级政府绿色治理。当前有关绿色治理的研究缺乏县域视角，那么，从质量评估视角对县域绿色治理实践进行实证检测的直接或间接研究还尚未出现。著者结合我国县域绿色治理的具体实践，着力破解绿色治理质量的概念，在全面质量管理理论的指导下，以绩效棱柱模型为主要框架构建了针对县级政府的绿色治理质量评估指标体系，丰富和发展了"质量评估"的研究视角。三是以"县域公园城市"视角探究县级政府绿色治理。当前国内外诸多学者对于绿色治理的研究普遍缺乏高屋建瓴的顶层设计，鲜有研究成果阐明县级政府绿色治理的目标为何？县域绿色治理的实践场域为何？著者以实现县域人民美好生活为价值指引，认为公园城市承载着"让生活更美好"的目标，建设县域公园城市是共筑城乡美好生活的目标指引和实践场域。县域公园城市是建立在公园城市基础之上的城市发展最新理论成果，是在乡村振兴战略的背景下，推动实现城乡融合、和谐发展，以满足包括县域人民在内的最广大人民对美好生活需要的高级形态。因此，以"县域公园城市"视角观照绿色治理研究，不仅为县域绿色治理提供了目标指引，促进传统治理模式向绿色治理转变，更为县域绿色治理实践提供了理想载体。

2. 观点创新

本书撰写基于"总—分—总"的研究思路，以"绿色治理内涵—绿色治理目标—绿色治理体系—绿色治理机制—绿色治理政策—绿色治理文化—绿色治理质量"为逻辑主线，课题内容包罗万象又密切相关，贡献了诸多创新性的观点。

一是明确界定绿色治理的概念内涵是本书撰写的出发点。绿色治理作为本书首要破解的关键概念，在此之前，学者们从不同的角度对绿色治理进行了解读，有的学者从系统论的视角，将绿色治理界定为由政府—社会—市场多元子系统构成的治理架构；也有学者从自然生态的视角出发，认为绿色治理是以建设生态文明、实现绿色可持续发展为目标的公共事务性活动。本书更倾向于从绿色意蕴与治理内涵相结合的视角对这一概念进行廓清，即绿色治理是以绿色价值理念为引领，多元治理主体协同共治公共事务，以实现"经济—政治—文化—社会—生态"平衡发展的活动或活动过程。

二是打造县域公园城市是县域绿色治理的理性目标，也是县域绿色治理的实践载体。对公园城市的总体性研究突出强调了城市的生态价值、生活价值与生产价值，突出了城市的空间功能、价值功能，却在很大程度上忽略了县域对于建设公园城市所具有的功能价值。县域绿色治理的最终目标是实现县域人民美好生活，但也需要一种更为明确的目标作为引领。而县域公园城市暗含了经济绿色低碳、治理多元共治、文化繁荣创新、社会健康和谐、生态绿水青山、城乡均衡发展等多元价值要素，这与县域绿色治理所追求的生产、生活、生态高度融合的目标不谋而合。而县域绿色治理涉及县域的经济、政治、社会、文化、生态等方方面面的均衡发展。县域公园城市为县域绿色治理的实现提供了具体的实践场域，是推动县域全要素迈向绿色化，推进城乡融合、践行美丽中国的理想载体。

三是完善一个中国特色的县域绿色治理机制谱系是推动县级政府绿色治理体系良性运行的关键点。语言谱系是县级政府绿色治理机制类型学分析的理想参照。语言谱系的视角给县级政府绿色治理机制的分类带来了有益启示，基于语音、词汇、语法规则之间的对应关系，以谱系树的形式确立了县级政府绿色治理机制谱系对应于语言谱系中亲属关系的分类依据，遵循"要素—功能—过程"理路破解绿色治理机制所包含的"目标—动力—主体—方法—场域"五大要素，从而构建起一个有机协调的县域绿色治理机制谱系。这一谱系将看似杂乱无章的绿色治理机制整合起来，形成有序运转的绿色治理机制谱系，从而实现绿色治理机制间的有机衔接和良性互动，也为县级政府绿色治理体系的有效运行提供了重要支撑。

四是绿色治理质量评估是检验县域绿色治理目标实现的试金石。县域绿色治理是一项系统性工程，囊括了公园城市理性目标、绿色治理体系、绿色治理机制、绿色政策以及绿色治理文化，目的是要实现经济、社会、生态的全面绿色发展，推动实现县域公园城市目标。而这一重要目标的实现，关键落脚点在于推动县级政府绿色治理质量的评估。本书参考、借鉴国际标准化组织（ISO）对于质量概念的界定，将"绿色治理质量"明确为绿色治理过程及结果中的固有特性满足绿色价值要求、公众以及其他利益相关方需求的程度，并在此基础上构建了一套有效、科学、实用的评估指标体系，从经济、政治、文化、社会、生态等多元维度来评估县级政府绿色治理的基本绩效与公园城市目标的实现程度，进而不断提升县域绿色治理能力。

3. 成果创新

综观国内外关于县级政府绿色治理体系与质量测评的研究成果可以发现，它们多存在针对性不强、视野狭隘、应用价值低、系统性不足等问题，造成已有的研究成果质量不高。著者突破已有研究存在的瓶颈，贡献了以下创新性成果。

一是构建和完善一个县级政府绿色治理体系。县域绿色治理作为国家治理的重要组成部分，同样面临着制度化、规范化和程序化的难题，需要对其进行体系化构建以规范其治理行为。科学构建县级政府绿色治理体系，是在解构国家治理体系和政府治理体系构成要素的基础上展开的系统性研究，并在此基础上把握各构成要素的逻辑关系，进而构建和完善包含主体子系统、制度子系统、监控子系统、信息子系统、智库子系统、决策子系统和环境子系统为关键要素的县级政府绿色治理体系。

　　二是构建和完善一套县级政府绿色治理机制谱系。县级政府绿色治理体系需要通过自身的不断完善来实现对国家治理体系和治理能力现代化的有效支撑。这就意味着，要把县级政府绿色治理体系的各要素借助具体治理机制整合起来才能发挥特定功能。健全和完善绿色治理机制是让绿色治理理念落地生根，推动绿色治理体系有效运转的重要保障。著者参考借鉴了类型学的分析方法，遵循"要素—功能"的逻辑，构建起包括"目标—驱动—合作—优化—控制"五大功能模块的县级政府绿色治理机制谱系，从而实现绿色治理诸机制间、绿色治理机制与体系间协调运转和良性互动，从而有效提升县级政府绿色治理质量。

　　三是构建和完善一套县级政府绿色治理文化体系。县级政府绿色治理文化是对县级政府绿色治理的抽象概括，它在有形和无形中决定着县级政府绿色治理主体的行为以及县级政府绿色治理的取向。这就需要在县域塑造良好的绿色治理文化氛围，全面提升绿色治理多元主体的文化素养，把绿色价值观念凝结成人民群众共同的价值追求。本书结合文化要素理论和治理文化要素理论，破解县级政府绿色治理文化的构成要素，在县域这一特定的时空情境中，构建起包含县域绿色政治文化、县域绿色行政文化、县域绿色企业文化、县域绿色公民文化等的多元文化体系，真正让绿色治理文化贯穿于县域绿色治理的各方面、全过程，做到内化于公民之心、外显于公民之行。

　　四是构建和完善一套县级政府绿色政策体系。绿色政策作为县级政府绿色治理的重要工具和手段，是以广义的绿色内涵和价值理念来指导公共政策向绿色化转型。本书在对县级政府绿色政策体系进行概念内涵分解的基础上，遵循"政策体系—绿色政策体系—县级政府绿色政策体系"的分析进路，得出县级政府绿色政策体系的构成要素，构建起政策系统构成要素下"政策主体—政策客体—政策环境"以及国家治理体系构成要素下的"经济政策—政治政策—社会政策—文化政策—生态政策"复合的县级政府绿色政策体系。借助县级政府绿色政策调节经济、社会与环境之间的关系，确保县级政府绿色治理政策切合县域绿色治理目标，满足县域人民美好生活的要求。

　　五是构建和完善一套县级政府绿色治理质量评估指标体系。国内外关于绿色治理质量评估的相关研究主要有两种倾向：一是关于绿色治理评估规范研究主要停留在评而不估的状态，没有实际可操作性价值；二是有实际评估的研究主要为环境治理的绩效评估，且仅注重结果评估，并不科学与系统。本书不囿于环境治理或生态治理绩效评估的窠臼，参考、借鉴有关社会质量的研究成果，运用绩效棱柱模型确立县级政府绿色治理质量评估指标体系的关键指标，从而构建起具有中国特色的全面、科学、应用性强的县级政府绿色治理质量评估指标体系，实现"以评估找问题、以评估促发展、以评估促改革"的评估目标，进而不断提升县级政府绿色治理的质量。

四　研究方法与技术

（一）研究方法

本书遵循着"问题提出—理论分析—子课题学理分析—实证监测—研究结论"的"总—分—总"的基本研究思路，一方面运用知识图谱、内容分析、批评话语分析等研究方法对国内外的研究成果进行系统性的梳理与把握，为关键概念的界定、各个子课题的学理分析提供了扎实的理论基础；另一方面运用模型分析、问卷调查、案例研究等研究方法对县域绿色治理实践进行实证检测，检验县级政府绿色治理目标的实现程度。总体而言，本书研究坚持理论与实证、定量与定性、宏观与微观研究的有机统一。具言之，本书在研究中主要运用了以下研究方法。

1. 文献计量法——知识图谱、内容分析与批评话语分析法

文献分析法是开展县级政府绿色治理研究的基础性方法。在本书中，从综述国内外文献资料开始，著者运用 citespace 可视化软件对相关文献进行梳理分析，以期发现国内外绿色治理研究的发展脉络、重要内容与关键领域。著者在国内外文献综述部分着重分析了包括主要文献的年度分布、作者力量分布、国家力量分布、研究方向分布等方面，为系统性地把握国内外的绿色治理研究打下了坚实的研究基础。著者认为要深入剖析县级政府绿色治理的现状与问题，还需对相关的绿色治理政策文本进行检视，以期明晰县域绿色治理政策的发展阶段、政策特征以及变迁的逻辑。本书运用内容分析法、批评话语分析法对相关县域绿色治理的政策文本进行探究，把握不同的政策文本蕴含的绿色治理所表达的实质内容，挖掘不同时期绿色治理政策的不同特

点与侧重，从而厘清县级政府绿色治理研究大致的演进路径与变迁轨迹，这为深入开展县域绿色治理研究奠定了坚实的理论基础。

2. 模型分析法——活系统模型与绩效棱柱模型

在县域绿色治理体系研究中，著者通过参考借鉴比尔教授的活系统模型（Viable System Model，VSM）的"结构—功能论"，为县级政府绿色治理体系要素分析提供了分析框架。活系统模型参照人体的调节系统，设计了包括"操作—协调—优化—开发—决策"在内的五个子系统。尽管一开始时活系统模型主要为企业组织提供设计和诊断依据，随着时代的发展和学科的交叉融合发展，活系统模型在计算机信息领域、治理领域都有了一定的运用，结合活系统模型的功能主义思想和系统哲学基本原理，不难发现活系统模型与县级政府绿色治理体系有较大的契合性，为县级政府绿色治理体系要素的分析提供了一定的学理依据。按照活系统模型子系统的设计，本书将县级政府绿色治理体系细化为主体子系统、制度子系统、监控子系统、信息子系统、智库子系统、决策子系统和环境子系统七个子系统。

在深入探究县级政府绿色治理质量评估指标体系构建过程中，本书引入绩效棱柱维度模型，确立了县级政府绿色治理质量评估的基本指标。通过梳理绩效棱柱模型的理论内涵与应用范畴，发现其内涵和应用范围与县级政府绿色治理质量研究高度契合，为开展绿色治理质量研究提供了一个良好的模型框架。结合县域绿色治理的具体实践，从县级政府绿色治理的"投入—过程—产出—社会效果"四个维度，对绩效棱柱模型进行了适当的调整与修正，形成了包含"战略—公众—过程—能力—结果"五大维度的县级政府绿色治理质量绩效棱柱，这五大维度耦合于县域"政治—经济—文化—社会—生态"的"五位一体"的绿色治理进程，推动县域绿色治理迈向纵深。可见，绩效棱柱模型的修正与设计为县级政府绿色治理质量评估提供了科学有效的技术支撑。

3. 问卷调查法

为了验证县级政府绿色治理目标的实现程度，运用问卷调查精心设计有关县域绿色治理实践的调查问卷，通过数据分析把握县域的绿色治理现状，从具体的绿色治理实践中挖掘问题、解决问题是推进县级政府绿色治理现代化的重要方法。在本书研究中，著者设计了涵盖县级政府绿色治理目标、绿色治理体系、绿色治理机制、绿色治理文化、绿色政策、绿色治理质量六大核心内容的公众问卷与公务员问卷，并在我国东中西部地区分别抽取若干县域，共计发放 2000 份调查问卷，对县级政府绿色治理的主客观数据进行收集与分析，通过两种类型问卷的深入调研，衡量县域绿色治理不同主体对于本县域内的绿色治理现状的差异化感受，认真审视、深刻剖析县域绿色治理中存在的痛点与难点，从而为推动县域绿色治理能力的提升，满足人民美好生活的终极目标探寻有效路径。

4. 案例研究法

构建县域绿色治理质量评估指标体系是为了让指标体系有效运行，从经济、政治、文化、社会、生态等多元维度来评估县级政府绿色治理效能。本书采取抽样调查的方法对县级政府绿色治理评估指标体系进行实证检测。抽样调查是一种非全面的调查方法，它从全体研究对象中抽取一部分单位来调查，并根据这部分单位的调查结果对全部研究对象做出估计和推断。本书采取分层简单随机抽样的方法来选取样本，首先是将总体按某一特征划分为若干次级总体，这一过程称为"分层"，然后在每一层内独立地抽取一个简单的随机样本，最后将这些样本合成一个整体样本。著者按照分层简单随机抽样方法的基本要求，首先根据区位、发展水平等特征对全国的主要县级政府进行东部、中部、西部的归类分层，然后采用简单随机抽样的方法分别从东中西各个范畴的县级政府中随机抽取一个县级政府对其绿色治理实践进行实证检测，这既能够从纵向上对县域绿色治理的实现程度有一定的总体把握，又能够从横向上对不同地域的县域绿色治理实践进行类比，从而为进一步提升县级政府绿色治理能力提供重要参考。

5. 理论分析法

理论分析法是运用理性思维观察现象本质的一种常用的科学研究方法。这一方法通常是以核心理论为指导，运用科学的思维方法剖析所要研究的事物的内涵、外延、特征、内容等，从这些基础性分析中抽象出事物的本质规律，为科学认知和判断某一事物或某种现象提供有效的研究手段。本书在善治理论、绿色政治理论、绿色发展理论、社会质量理论、复杂适应系统理论等核心理论的指导下，对绿色治理这一关键概念进行理论分析，进而破解、提炼出与绿色治理相关的一系列概念，并从理论的逻辑关联性出发，确立起基于"总—分—总"的研究思路，架构起以"绿色治理理论—绿色治理目标—绿色治理体系—绿色治理机制—绿色治理政策—

绿色治理文化—绿色治理质量"为逻辑主线的研究框架，为本书的深入开展提供学理支撑与理论依据。

（二）技术路线

设计技术路线是为了明晰县级政府绿色治理的各个阶段所运用的特定的研究技术、研究工具。著者运用了多元化的研究方法和研究手段，根据不同子课题所涉及的不同研究技术，绘制了本书研究的技术路线图，如图绪–6所示。

本书遵循"确定研究目标—制订研究计划—具体研究过程—研究结果及其反馈"的基本思路，涵盖了四大部分的研究内容。首先，著者利用知识谱图等文献计量方法回溯国内外有关绿色治理的研究成果，并运用可视化研究手段勾画出该领域的标志性成果，发掘该领域的研究主题，探究研究前沿的演变过程，同时借助政策文本分析方法对绿色治理的相关政策文本进行深入探究，把握不同的绿色治理政策文本所蕴含的实质内容，这为县级政府绿色治理体系构建与质量测评研究的破题立论提供了研究的逻辑起点。其次，著者运用理论分析法，在善治理论、绿色政治理论、绿色发展理论、社会质量理论、复杂适应系统理论等核心理论的指导下，明确界定县级政府绿色治理的相关概念，确立起"绿色治理理论—绿色治理目标（公园城市）—绿色治理体系—绿色治理机制—绿色治理政策—绿色治理文化—绿色治理质量"的多维度分析框架，这为各研究重点的具体开展提供了学理性支撑。再次，在按照基本逻辑框架深入开展县级政府绿色治理研究的过程中，本书综合运用理论分析法、问卷调查法、案例研究法、模型分析法等研究方法，以绿色治理质量评估为抓手，从政治、经济、文化、社会、生态等全要素出发对县级政府绿色治理实践进行测评，对县域公园城市这一目标的实现程度进行检验。最后，本书期望在系统地探索"构建一个什么样的县级政府绿色治理体系""构建何种县级政府绿色治理机制谱系""如何创新县级政府绿色治理文化""如何构建县级政府绿色政策体系""如何开展县域绿色治理质量评估""如何打造一个城乡融合的县域公园城市"等问题的基础上，为国家绿色治理相关政策的制定和修正提供需求分析、问题诊断、案例调查与绩效分析，从而提出一系列的制度设计与实施方略，有效发挥研究成果的决策参考与智力支持作用。

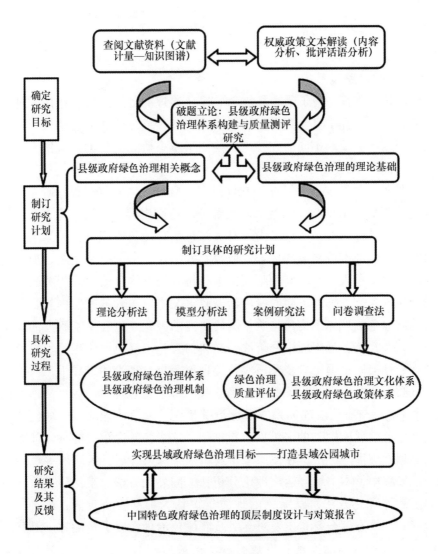

图绪-6　县级政府绿色治理研究技术路线

第一章　基本概念、理论审视与总体设计

　　学术研究实际上是一个知识生产的过程，而知识生产的前提是相关概念的建构。在回溯绿色治理演变历程的基础上，界定县级政府绿色治理的相关概念并廓清内涵外延，既是后续展开绿色治理体系构建与质量测评研究的逻辑起点，也为在实践中以公园城市引领绿色治理进而实现人民美好生活提供学理支撑和可行性路径。本章从回溯绿色治理的演变历程出发，探寻绿色治理的发展变迁脉络，对其演进历程、发展脉络、变迁轨迹和总体趋势进行整体概览并形成宏观认知，以便更好地前瞻其未来的发展方向和研判可能性趋势；在界定和廓清县级政府绿色治理相关概念范畴和内涵意蕴的基础上，深入挖掘与绿色治理相关的理论资源，辨析其立场与观点、要义与指向，从中获取理论素养、思维启迪和借鉴运用，为展开后续研究提供厚实的学理支撑。在此基础上，本章从整体上介绍本书的基本思路，阐释整体构架、内容布局及各部分相互关系。

第一节　绿色治理的演变历程

　　追根溯源，绿色治理概念发端于资本主义国家的绿色环保思想及与其相应的绿色环保运动。绿色治理的变迁与演进是一个从理念到行动、由浅入深、从重点观照"经济—政治—社会"到全面覆盖"五位一体"的渐进深化过程。进入新时代，依据城乡融合发展和美丽中国建设的顶层设计，我国县级政府绿色治理应将目光聚焦于公园城市建设，这既是对以习近平同志为核心的党中央战略决策部署的贯彻落实，也是破解城乡间在绿色资

源与生态环境等方面发展不平衡不充分的社会新矛盾的重要着力点，还是以更多优质生态产品更好地满足人民日益增长的优美生态环境需要①的必然选择。简言之，从变迁脉络看，绿色治理经历了从绿色思潮到绿色政党、从绿色政治到绿色行政、从传统治理到绿色治理的演进历程，并且在各阶段分别显现出不同的主题与特征。

一　从绿色思潮到绿色政党：理念与主体

从 19 世纪末期开始，西方学术界就出现了"绿色意识"。时至 20 世纪 60 年代，世界范围内大规模地出现了因生态环境问题而进行的生态社会运动，相应地加速了绿党的问世，绿色环境组织的地位也由此不断提高，三者的相互叠加，标志着全球化绿色浪潮的日渐勃兴。若以时间轴为主线进行宏观概览，从 19 世纪中期到 20 世纪末期的绿色运动态势，可大致切分为三大阶段：第一阶段属于绿色意识的精英启蒙期，时间范围是 20 世纪 70 年代之前；第二阶段是以绿色意识的社会动员和群众性广泛绿色抗议为特征的初步形成期，时间范围是 20 世纪 70—80 年代；第三阶段则是绿色生态环保事业从公众社会转向全面政治化的绿色政治期，时间范围是 20 世纪 90 年代之后。相较于前两个阶段，20 世纪 90 年代以来的绿色运动呈现出较为显著的国际政治行为属性和典型的政党政治特征，在客观上加速助推了绿色主题由纯粹的社会运动向政治运动转变的进程，运动的参与主体也相应发生了从以群众自发运动到以政党政治组织参与的嬗变。②绿色政治运动内涵十分丰富，从属性上讲既是一种以生态环保为主题的运动，也是一种侧重于强调整体性的运动，还是一种主张女权的运动，全然超越了旧的左派与右派之间的传统政治框架；从特征来看，它强调纷繁复杂现象之间的关联性、重叠性与依赖性，将以个人及群体组织构成的社会视作蕴含于自然界循环发展过程之中的元素；阐析了父权社会广泛存在的非正义现象及其引致的系列带有破坏性动态的倾向性；倡导塑造并强化社会责任感，主张构建一种健康、有序并且具有韧性、活力的经济制度，这种经济制度内在蕴含着与生态环保相适应、与社会公平正义相契合的基本

① 习近平：《决胜全面建成小康社会　夺取新时代中国特色社会主义伟大胜利——在中国共产党第十九次全国代表大会上的报告》，人民出版社 2017 年版，第 50 页。
② 李宏煦编著：《生态社会学概论》，冶金工业出版社 2009 年版，第 102 页。

要素，并且兼具分散化、灵活性及可控性等基本特征。① 绿党作为绿色政治运动的核心主体，其政党组织影响力在绿色政治运动中逐步形成并日趋扩大。1972 年，澳大利亚境内塔斯马尼亚团结组织（United Tasmania Group）宣告成立，标志着世界上第一个绿党的诞生，但该组织只是一个局域性的政党组织，真正意义上的全国性政党当属新西兰境内的价值党（Values Party）。作为绿党的价值党，在理念层面非常重视生态环境保护，注重价值观念的塑造与人文精神的弘扬，竭力倡导稳健的经济形态、平衡的生态系统、分散的政府机构及平等的男女地位等观点。该党于 1975 年颁布的《明天以后》的施政纲领被共识性地认定为"绿色政治学"宣言的开篇之作。② 20 世纪 70 年代后期，绿党基于理论与实践发展的前提，创造性地提出了"绿色政治学"的概念。作为一种新型系统理论，绿色政治学着眼于未来的长远发展，遵循以生态环保、社会责任、基层民主以及非暴力为内容的四项原则。③ 从理论层面审视，绿色政治学本质上是绿党运动中主张和倡导的核心概念，既是对绿党政党哲学的系统理论化与全面抽象化，也是指导绿党塑造意识形态、施政纲领和政治主张的重要理论依据。总体来看，不同国别间的绿党组织虽然因意识形态的不尽相同而相应地引致出了政治主张和行动纲领方面的差异性，但是从一般与普适角度看，概览美国绿党组织所倡导的以生态主义、可持续性、社会正义、女性主义、个人及全球责任等为内容元素的 10 项价值观，则可以窥测各国绿党主张的基本共同特征。④

二　从绿色政治到绿色行政：制度与行为

20 世纪 60 年代以来，在西方资本主义国家面临日益严峻的生态资源环境约束和每况愈下的经济增长瓶颈之际，绿色政治作为一种新式社会运动和政治思潮随之产生并逐步兴起。从发展进程看，绿色政治运动主要经

---

① ［美］弗·卡普拉等：《绿色政治——全球的希望》，石音译，东方出版社 1988 年版，第 10 页。

② 李宏煦编著：《生态社会学概论》，冶金工业出版社 2009 年版，第 102 页。

③ ［美］弗·卡普拉等：《绿色政治——全球的希望》，石音译，东方出版社 1988 年版，第 58 页。

④ ［美］科尔曼：《生态政治：建设一个绿色社会》，梅俊杰译，上海译文出版社 2006 年版，第 96 页。

历了四大阶段。

首先是兴起阶段（20 世纪 60—70 年代），经历了从萌芽状态到生态抗议活动，再演变为绿色政治运动的过程；在此期间，参与主体多为专家学者和社会活动家，活动形式以零星自发运动为主，组织性相对薄弱，但已呈现出朝着多元化绿色政治运动方向发展的显著趋势。其次是发展阶段（20 世纪 70—80 年代），在此期间，西方世界对绿色生态理论的认知逐渐深化，开始出现了群众性的绿色抗议运动；西方中产阶级开始作为运动主体加入运动行列并逐渐成为抗议活动的中坚力量，绿色组织和绿党也相继开始出现，并逐步参与社会政治生活，绿色理论在政治层面的实践也取得了较大进展。再次是拓展深化阶段（20 世纪 80 年代），绿色政治运动中的部分主张从理念转变为现实，草根民主日渐受到关注；在此期间，绿色政治运动逐渐泛化，聚焦关注的问题也由单向度的生态问题向多维度聚焦社会问题、经济问题、政治问题、文化问题和生态问题转变。绿色组织和绿色政党的兴起与成熟，对应的绿色政治运动的组织化程度也随之强化，甚至出现了绿色政治联盟。最后是调适整改阶段（20 世纪 90 年代以来），绿色政治运动及其主张逐步在全球范围内扩散开来，呈现出多元化特征，诸如以绿色无政府主义、女权主义思想为代表的具有典型后现代性特征的观点和主张相继出现；在此期间，区域性的绿色政治运动演变成了全球性的绿化政治运动，运动的参与主体也日趋多元化和特定化，并且呈现出向传统回归的趋势，特别是后现代主义色彩的出现标志着绿色政治在运动的发展中日趋走向成熟。

审视演进趋势可知，绿色政治运动的呈现形式逐步由"街头政治"向"议会道路"转型，政治纲领成为政党追求上位的理性工具，相应导致其内容逐步由"深绿"向"浅绿"转变，[①] 价值取向也逐渐从"生态中心主义"朝"人类中心主义"转向，政策目标的实现方式也逐步开始从激进的革命方式向温和的改良手段过渡。

三 从传统治理到绿色治理：由黑色化转向绿色化

自工业革命兴起以来，人类为了追求并实现更加高阶且更加优渥的生

---

① 王金洪、刘凌：《当代西方"绿色政治理论"及其对可持续发展的意义》，《华南师范大学学报》1998 年第 2 期。

活目标，社会发展模式依次经历了"黑色模式""褐色模式""绿色模式"。从"黑色"到"褐色"再到"绿色"是一个由表及里的渐进过程，与不同发展阶段下的几种发展模式相对应的发展观念也经历了从"传统"到"可持续"再到"绿色"①的演进轨迹，与之相匹配的治理模式也相继经历了以"黑色化"为特征的传统治理、以"褐色化"和"浅绿化"为特征的弱可持续治理和以"深绿化"为特征的绿色治理。

（一）以"黑色化"为特征的传统治理

近代以来，随着资本主义制度的确立和工业革命的兴起，彼时新兴的资本主义国家依托先进的工业技术支撑、社会制度保障以及社会化生产组织方式，秉持一种以追求财富创造最大化与价值增值最优化为目标的发展理念，围绕"增长至上"这一核心价值追求而不惜在社会再生产环节中不断加大各种人、财、物生产要素的高投入，不惜对自然资源能源高消耗，不惜对自然生态环境高污染。立足于 GDP 主义出发点，在现实功利主义的引领和驱使之下，资本视域下人类的目光更多是聚焦于如何加速促进经济增长，而将生态边界和环境承载限度置若罔闻。这种"先污染后治理"的发展路径与被动性应对策略，呈现出典型的"黑色化"特征，在本质上是属于不可持续的发展与治理模式。在传统的发展与治理范式之下，资本主义国家确实在不到一百年时间中创造出的社会财富远超过去一切时代所创造的财富之和，即"比过去一切世代创造的全部生产力还要多，还要大"②。但这种只重视经济增长而轻视生态保护和环境治理的短视性、不可持续的模式，导致全球范围内尤其是第三世界国家普遍陷入了一种"经济有增长"而"社会无发展"的桎梏而难以自拔。在预设目标与现实发展成效之间出现较大差异之际，人们不得不对这种孤注一掷谋求经济增长的发展目标与治理方式进行系统化的深入反思，不约而同地指出片面强调经济增长而漠视社会发展与生态治理的模式，很可能会因为社会财富分配的失衡和对社会总体目标各子系统的忽略，不仅对增进人类普遍福祉目标的实现难以发挥积极作用，还很可能由此触发来自经济、政治、社会、生态及文化等不同领域的系统性、全域性、整体性危机。科学审视既往发展历

---

① 胡鞍钢、周绍杰：《绿色发展：功能界定、机制分析与发展战略》，《中国人口·资源与环境》2014 年第 1 期。

② 《马克思恩格斯选集》（第 1 卷），人民出版社 1995 年版，第 277 页。

程，不难发现，长期以来，人们在思维与认知层面显然混淆了增长与发展的真正含义。从内涵与外延上看，增长聚焦的是物质财富的存量与增量，而发展则强调人类社会系统各方面的协调并进。如果只注重经济财富的增长，而轻视甚至不顾社会公平正义、就业失业状况、贫困发生率及生态环保等指标，即便是实现了经济物质意义上的增长，但社会综合方面的发展也是难以为继的。因此，增长仅是发展的一个方面，经济增长的目的应是促进人类社会的全方位发展。[①] 将增长与发展等同，势必会将治理模式引入歧途，这显然是有失偏颇的。

（二）以"褐色化"与"浅绿化"为特征的弱可持续治理

为更有效地遏制生态环境不断恶化的趋势，1980 年召开的联合国大会首次正式提出可持续发展的概念，并在 1987 年的世界可持续委员会上进行了概念界定，又在 1992 年召开的联合国大会上进行了重申与详述。但这一时期的可持续发展主要主张采用现代的技术、先进的理念和合力的作用来优化人类改造自然、征服自然与控制自然的工具、手段与范式，从而促进实现人类预期的发展目标。究其本质，此阶段的可持续发展仍然没有彻底摆脱"人类中心主义"的立场、观点与惯性，只是为了应对当时发展中所遭遇的生态危机而不得已进行的一种被迫选择，是对传统发展模式的一种被动式、权宜式、局域式的修补，因而与之对应的治理模式也是属于以"褐色化"和"浅绿化"为特征的弱可持续治理。在弱可持续治理框架之下，在客观上是对以"经济理性至上"为价值追求的传统发展及其治理模式的反思与批判、摒弃与承继，并针对性地提出了要追求一种"既可以满足当代人的综合需要，又不会对子孙后代造成危害"[②] 的发展图景。与传统治理不同的是，弱可持续治理以"褐色化"与"浅绿化"方式取代了"黑色化"，因而更具进步性与现代性。从涵盖面来看，弱可持续治理以人类社会系统为治理对象，注重协调作为社会主体的人类及与其具有高度关联性的经济、政治、文化、社会和生态等诸多要素的集合，强调不能因单一片面的经济增长而遮蔽社会的全方位综合性协调发展，因为就本质看，经济增长只不过是一种手段而已，

---

① ［美］塞缪尔·亨廷顿等：《现代化：理论与历史经验的再探讨》，张景明译，上海译文出版社 1993 年版，第 46 页。

② 《我们共同的未来》，王之佳等校，吉林人民出版社 1997 年版，第 73 页。

其真正的目的还是在于促进人类的自由而全面发展，在此过程中经济增长仅是实现人类社会发展的基础、条件和方式，不能在实现目标的过程中出现本末倒置的现象。在弱可持续治理范式之下，强调在追求经济规模和实现经济效益的过程中，必须同时兼顾经济、社会与生态三大系统之间的均衡性、协调性和兼容性，尽管程度较弱、效果不明显，但是和传统治理模式相比较，这已是一大进步。此外，弱可持续治理模式的另一进步性在于，更为重视加大对人力资本的投资力度，更加关注全球性的贫困与反贫困问题，更为明确地要求在谋求经济高速增长的同时，必须以自然资源的存量和生态环境的承载限度为阈值。

（三）以"深绿化"为特征的绿色治理

面对日益严峻的生态危机形势，无论主张"先污染后治理"理念的传统治理模式，抑或倡导"当代人与后代子孙兼顾"理念的弱可持续治理模式，都因为其内在的短视性和潜在的局限性而导致在应对系统性、复杂性、艰巨性生态危机挑战过程中的功效日渐式微，不能更好地适应人与自然和谐共生的关系构建，在缺陷日渐显露的背景下，一种全新的发展理念及其对应的治理方式呼之欲出。作为新理念的绿色发展及其引领下的绿色治理，要求将绿色作为一种底色充分融入经济系统、社会系统和生态系统，强调在促进经济提质增效的同时，必须兼顾社会层面的公平正义和人类普遍福祉，与传统治理方式下的"重经济轻环境"或"厚生态薄社会"缺陷或不足相比，绿色治理更能兼顾"三大系统"的同向同行，因而能更好地适应新时代的生态治理需求。具体而言，绿色治理的内涵范畴更为系统化，既注重兼顾可持续治理模式中的经济社会发展同自然资源、生态系统之间的对抗性与冲突性，也重视因自然资源、生态环境、气候变化剧变而潜在的不确定性风险及其聚合可能引发的整体性危机；绿色治理的内容构成更为立体化，既强调在治理过程中兼顾"三大系统"的平衡协调，也强调必须以绿色经济为基础支撑，将绿色作为底色和主题融入各大系统。绿色治理并非只是某一国家或某一区域的事务，生态危机所产生的影响是全球性的，任何国家、任何民族都不能置身事外和袖手旁观，必须开启全球绿色治理模式，要求全球范围内的所有主体都参与进来。绿色治理的属性特征更为现代化，绿色治理所蕴含和呈现的属性更加契合新发展理念所必须具备的过程维度的可持续性与动态性、视域维度的综合性与整体性、动力维度的内生性与人本性、导向维度的文化性与价值性等基本特征。①绿色治理的基本思路更为科学化，不仅以更为全面、立体且系统的"发展"替代片面、扁平且单调的"增长"，而且要求在实践环节充分融入自由平等、生态环保、生活水平保障和政治参与机会均等理念，并以之为构建评价体系的系列指标和价值追求。

进入新时代，加快推进公园城市建设，不仅是对以习近平同志为核心的党中央关于绿色发展和绿色治理战略部署的全面贯彻落实，而且也是为了更好地提供优质的生态产品，营造更为良好的生活环境，把真正满足人民美好生活需求落到实处的关键环节。在城乡融合发展与建设美丽中国大背景下，绿色治理除了将"绿色化"主题融入"五位一体"总体布局的全过程和各环节之外，还必须以"人、城、境、业"高度融合为指向，在全国范围内加快县域公园城市建设步伐，弥补县域城市建设中的生态短板和绿色弱项，加快推进县域绿色治理，实现县域绿色治理与县域公园城市的良性互动。

第二节 县级政府绿色治理的概念与内涵

正如法国历史学家马克·布洛赫（Marc Bloch）所言，在研究重大问题时必须具备宽阔的视野，"绝不能让基本特点消失在次要内容的混沌体中"②。为增强研究的科学性与精准性，必须首先明晰可能涉及相关主题的概念外延与内涵意蕴。从外延上界定县级绿色治理的概念范畴和从内涵上廓清其丰富意蕴是展开后续研究的逻辑起点。随着中国特色社会主义生态文明建设理论与实践的纵深推进，理论界与政策界对"绿色化"相关主题的认知与阐释，逐步经历了由浅表宏观的陈述向深层中观和细化微观的论析拓展，呈现出由浅入深、由粗到细、从碎片化到系统化的演进趋势。

一 县、县级政府和县级政府治理的概念与内涵

（一）县

"县"在古汉语中与"悬"字相通。作为一种行政区划的概念，县制

---

① ［法］弗朗索瓦·佩鲁：《新发展观》，张宁、丰子义译，华夏出版社1987年版，第36页。
② ［法］马克·布洛赫等：《法国农村史》，余中先译，商务印书馆1991年版，第2页。

最早可追溯到春秋之际。县作为全国性的地方行政区划则是始于秦朝设立的郡县制。县作为一种基层政权机构在秦汉时期被置于郡的管辖之下；魏晋隋唐又将县归属州府下辖。新中国成立以来，县或者直接隶属于省、自治区、直辖市，或者受辖于自治州或地级市政府。① 概言之，"县"的称谓及其作为建制被设立和沿用，不仅在客观上是我国两千多年王朝时代最为稳定的基层政权，构成了王朝国家治理与社会管理中的基础性单位，而且在现代化的国家治理体系中，也因为其稳固性和直接性而居于非常关键的地位。

（二）县级政府

依据带有宪法性法律特征和政治解释性功能的《中华人民共和国地方各级人民代表大会和地方各级人民政府组织法》可知，县级政府是指在行政级别上位列"县处级"，并且在管辖的地域空间上覆盖县级行政区划"全域"的公共权力执行机构。"县级"偏重于聚焦县处级政权，是在国家权力架构体系中的一种层级或管辖治理的空间范畴或地理区域——"县域"，② 包含县、自治县、县级市及市辖区等类别。从概念与内涵看，县级政府在广义层面包括了县级"四大班子"和县级"两院"，即党的县级委员会、人大常委会、政府机构、政协委员会及县法院、县检察院在内的所有县级领导机构、权力机构和职能部门；而在狭义层面，县级政府单指县级行政机关，即县级人民政府。"在我国政治生活中，党是居于领导地位的，加强党的集中统一领导，支持人大、政府、政协和法院、检察院依法履职、开展工作、发挥作用，这两个方面是统一的。"③ 立足我国地方政府治理的架构体系及运行状况，课题组将县级政府视作"党委领导—人大表决—政府负责—政协参与—社会协同—公众融入—法治保障"等诸多环节要素构成的治理共同体。

（三）县级政府治理

"郡县治，天下安。"自古以来，县级政府治理始终在国家治理中处于基础性地位。自秦朝设置郡县制的两千多年以来，"县"始终作为我国国

---

① 夏征农、陈至立：《辞海》第6版，上海辞书出版社2010年版，第4299页。

② 丁志刚、陆喜元：《论县级政府治理能力现代化》，《甘肃社会科学》2016年第4期。

③ 习近平：《决胜全面建成小康社会 夺取新时代中国特色社会主义伟大胜利——在中国共产党第十九次全国代表大会上的报告》，人民出版社2017年版，第36—37页。

家机构体系的末梢环节并始终在国家治理体系中占据不可替代的重要作用。县作为一种稳定的治理单元在行政层级中起着上联省市下接乡镇的起承转合功能。但同时必须指出，作为政府治理体系中的边缘化地带和政府权力设置的末梢环节，县级政府也相对更容易成为国家现代化治理中的薄弱环节和失控边界，由于其敏感性在客观上又最容易滋生和引发各类群体性事件。[①] 若将县域作为一个整体的地域性政治单元进行审视，它又是经济、政治、社会、文化、生态五大方面的集合体。县域运转机制是以县级政府驻地为中心，依托下辖的众多乡镇或街道，对城市社区和农村村社进行辐射，此即形成了耳熟能详的乡土社会结构模式。"县级政府治理"则是指在县级行政区划及其所辖的地域空间内，以追求县级"善治"为价值旨归，由党委领导、政府履职、社会动员、公众参与共同治理域内各类别公共事务，推动县域经济、政治、文化、社会和生态五大建设之间形成良性循环运转机制，实现一体化协调发展，进而促进县域公共利益最大化与最优化的地方治理模式。由于县级政府在国家治理体系架构中居于基础性与关键性地位，因而巩固、改进并提振县级政府治理能力和治理水平，对于提升国家治理体系和治理能力现代化意义重大。

二 绿色与绿色治理的概念与内涵

（一）绿色：从颜色描绘向理念模式的拓展

"绿色"原本是描绘色彩的词语，源于人们对客观世界的理性感知，它既可用于描述事物内隐和外显的物理属性，也可反映社会呈现出的特质属性及其所处的时代背景。随着人类现代化步伐的不断深入，绿色的含义除了原本的颜色描绘之外，更多地被赋予了人文色彩，既有可体验层面的"美好、环保、畅通、优渥的生活"[②]，也有可感知层面潜藏的"安全与健康、和平与希望"[③] 等多重意蕴。尤其是自绿色浪潮兴起以来，绿色的内涵又一次从社会感知和体验层向政党思潮、政治诉求等方面拓展延伸。如在绿色政治中倡导的以生态环保、尊重多样性、社会公平正义、个人义务

---

① 尧超：《县域群体性事件特点观察——以C省为研究范围》，《人民论坛》2014年第8期。

② 周晓凤、武振玉、郭维：《论色彩词"绿"在使用中的语义充实》，《学术交流》2014年第7期。

③ 黄明叶：《英汉色彩语码"绿"之隐喻认知对比分析》，《漳州师范学院学报》（哲学社会科学版）2010年第1期。

与全球责任等为内容的表述，便是"绿色"一词在政治领域的派生。概言之，随着现代化的纵深推进，绿色的词源含义已经从传统的色彩描绘向政治社会领域拓展，并已作为一种理想的发展理念、发展模式和向往的社会形态逐渐被人们接受、选择和追求。

（二）绿色治理：从碎片化到系统化的演进

在认知域廓清绿色治理的内涵是在实践中推进绿色治理的逻辑起点。如若仅对绿色治理概念与内涵进行扁平式的概括，则会出现因层次不深入、维度不宽泛、链条不完整导致绿色治理的理论解释力不足、实践指导性不强等现象。这既妨碍理论的拓展深化，也会制约绿色实践的转型升级。而基于"主体—资源—对象"维度、"目标—过程—结果"链条及"微观—中观—宏观"层级对绿色治理的内涵进行立体化剖析，从不同横切面窥测其对应的环节与要素、重点与关键，有助于在理论上突破认知囿圈，在实践中摆脱行为困境。

1. 基于"主体—资源—对象"维度的绿色治理

从理论上回应"由谁来治理""靠什么治理"和"应治理什么"问题，有助于廓清治理主体的设定、组合与权责，理顺治理资源的甄选、配置与使用，界定治理对象的范畴、程度与诱因，从而在实践中促成绿色治理的目标。

一是"主体维"。绿色治理的"主体维"回应的是"由谁来治理"的问题。在社会利益主体渐趋多元、社会结构持续分化的背景下，仅靠政府等单一治理主体难以实现对生态问题的有效治理，必须以多元主体协同共治取代以往由政府单一主体治理模式。① 从社会结构看，党委、政府、市场主体、群团组织、专家学者、人民群众都属于绿色治理的主体范畴，必须科学设定、合理搭配、权责匹配。总基调是，各级党委、政府既要"推动社会治理重心向基层下移，发挥社会组织作用"②，又要以完善生态多元治理的结构与要素、内容与形式为手段切实提振绿色治理能力。具体而言，在社会分工环节，各个治理主体必须准确定位、各司其职、各尽所

① 史云贵、孟群：《县域生态治理能力：概念、要素与体系构建》，《四川大学学报》（哲学社会科学版）2018 年第 2 期。

② 习近平：《决胜全面建成小康社会　夺取新时代中国特色社会主义伟大胜利——在中国共产党第十九次全国代表大会上的报告》，人民出版社 2017 年版，第 40 页。

能，政府绿色行政、企业绿色生产、媒体绿色宣传、社会组织绿色参与、社会公众绿色消费、专家学者提供绿色智慧。① 在任务分解环节，各个治理主体既要合理搭配和齐心协作形成合力之势，又要依托县域单元与治理对象集成"上下联动—左右互补"的网络治理格局，立体化推进绿色治理。在具体执行环节，各个治理主体的权利与责任必须匹配，尤其是"人—财—物"权必须与其肩负的职责相对等。

二是"资源维"。绿色治理的"资源维"回应的是"靠什么治理"的问题。随着生态危机的挑战日益严峻，社会主体的生态诉求高企与政府主导配置生态资源要素低效之间的矛盾相应激增，因而必须"重视和利用市场机制，以求取得更好的效果"②。通过政府"有形的手"与市场"无形的手"有机结合，以选定绿色资源要素、优化绿色资源配置和用好绿色资源功能，即绿色治理资源必须兼顾选定、配置与使用三环节。绿色治理资源的选定，必须以治理对象的生态问题诱因为线索对症下药，以鲜明的针对性尽可能规避绿色资源供给与治理需求之间出现偏差与错位；绿色治理资源的配置，必须是以治理对象的生态破坏程度为依据差异化地合理配置，既要尽可能地规避因配置过度而引致稀缺性绿色治理资源浪费现象，又要最大限度地谨防因配置不足而难以实现绿色转型与绿色治理的预设目标。绿色治理资源的使用，必须以治理对象的需求为依据精准供给，既要预防绿色治理主体伺机倚权徇私舞弊，又要防止治理对象将绿色资源用作他途，导致绿色资源应有的生态治理与修复功能难以充分发挥。

三是"对象维"。绿色治理的"对象维"回应的是"应治理什么"的问题。虽然绿色治理的立论初衷是以自然生态议题为中心，但其治理对象绝非仅限于自然生态问题，而是凡与生态关联的经济、政治、文化、社会问题都归属于绿色治理的对象。鉴于对象的多元性与复杂性，必须精准识别绿色治理对象。这就要求，不仅要精准厘清治理对象的基本范畴与属性特征，也要精准洞察各领域的生态现状及破坏程度，还要从主观与客观、历史与现实、横向与纵向等不同截面精准辨析导致生态问题的多维诱因。

---

① 杨立华、刘宏福：《绿色治理：建设美丽中国的必由之路》，《中国行政管理》2014 年第 11 期。

② ［美］戴维·奥斯本等：《改革政府：企业家精神如何改革着公共部门》，周敦仁译，上海译文出版社 2006 年版，第 6 页。

在精准识别绿色治理对象的过程中，必须兼顾经济效率、社会公平与生态规模之间的系统性、协调性与同频性，防止厚此薄彼式的区别化对待。所以，必须构建科学合理、简洁高效、操作便捷的识别标准、识别流程与识别策略。

2. 基于"目标—方法—过程"链条的绿色治理

在绿色治理实践中，预设目标是方向引领，科学方法是重要支撑，治理过程是基本保障。亦即推进绿色治理必须以实现人民美好生活为目标引导，才能从源头上规避路径曲折和目标偏误；实施绿色治理要求选取科学先进、适恰协调、精准高效的治理方法，以弥补和修正传统生态治理中出现的瞄准失焦、粗放漫灌、权责模糊等缺陷和弊端，从而为绿色治理提供强力技术支撑；绿色治理还要求治理过程逻辑缜密严谨，只有各治理步骤环环紧扣并有效衔接，才能确保绿色治理过程演进朝着预设的绿色目标稳步迈进。

一是"目标链"。以时段为标准，目标有短期、中期和长期之分。就绿色治理而言，短期目标是将绿色理念融入"五位一体"和"四个全面"发展战略，到建党一百周年（即 2021 年）时，通过绿色治理，为人民提供最普惠的民生福祉和满足人民的优质生态产品需求；中期目标是到 21世纪中叶建成富强、民主、文明、和谐、美丽的现代化强国；长期目标是构建人与自然和谐共生的社会治理共同体，实现人类社会永续发展。很显然，绿色治理的短期、中期与长期目标之间是步步为营且层层攀升的递进关系。阶段目标之间相互承上启下，前一阶段目标是后一阶段目标的基础和前提，前一阶段目标实现的速度、效率与质量会直接影响甚至决定下一阶段目标的进度、路线与图景。基于此，作为绿色治理的短期目标，化解生态脆弱性与贫困脆弱性的叠加风险不仅是全面建成小康社会和实现绿色发展的内在要求，也是以优质的生态产品提供普惠的民生福祉的绿色理念的价值取向，它在构建人与自然和谐共生的新格局并实现人类社会永续发展长期目标征途中的作用与功能是不可替代的。

二是"方法链"。推进系统化、科学化与精细化绿色治理，需要供给科学先进、恰适协调、精准高效的治理方法和管理方式。绿色治理必须以先进的科学技术为依托，着力解决某些长期想解决而未解决的关键技术性治理难题，降低绿色转型中的治理成本，提升治理综合效益，助益绿色发展。换言之，"互联网＋"和"人工智能（AI）"等现代科学技术的变革与运用将在理念、技术、行为等方面给治理对象以全方位启迪，不仅在生产实践中有助于绿色治理对象降低交易费用，而且在认知上有助于拓展眼界视野、改变思维方式和优化手段范式。借助现代科技与人工智能优势，加快治理方式现代化，引入社会多元主体互动替代传统的政府单向管治，推行线上线下融合以弥补传统线下单调的局限性，通过优化手段范式增强绿色治理能力。

三是"过程链"。治理过程是达成治理目标的重要保障。绿色治理内在地要求将治理的理念思路、要件体系、方法策略、绩效标准等全方位融入治理过程。因而，推进绿色治理必须注重过程中所涉及的各环节、各要素，构建完整严谨的治理流程和质量测评机制，将治理对象识别、治理主体分类、治理策略实施、治理绩效考核，从理论与实践、历史与现实、横向与纵向综合贯穿于网络化的绿色治理流程之中。

3. 基于"微观—中观—宏观"层级的绿色治理

微观层面的绿色治理主要针对生态脆弱区的人口、农户和村落；中观层面的绿色治理焦点在县级政府；宏观层面的绿色治理主要针对生态脆弱区。不同层次的绿色治理，指向的治理对象虽不同，关注的治理重点也有差异，但目标均是实现人民美好生活。

一是"微观层"。微观层级的绿色治理，重点聚焦于生态脆弱区的民众、家庭和村社。鉴于不同区域生态问题的特殊性及治理主体互动模式、频次的差异性，以治理对象的基本范畴与属性特征、生态现状与破坏程度为标准进行精准定位，在综合辨析导致生态问题诱因的基础上，应遵循"一村一策""一户一案""一人一例"思路，分区分类地设计治理思路、构建治理机制、组合资源要素、实施治理策略、测度治理绩效，从而增强生态环境治理的精准性和实效性。此外，微观层级的绿色治理还应强化对治理对象内含的主体进行权利赋予、能力培养、潜力激发，通过内外联动机制促进绿色治理目标的如期实现。

二是"中观层"。中观层级的绿色治理，重点聚焦于县级政府。因为微观绿色治理指向的是民众、家庭与村社相比，宏观绿色治理指向的是区域、行业和领域，相互之间并非孤立存在的，而是镶嵌在相应的外部环境中的，然而与微观的民众、家庭、村社相比，宏观的区域、行业和领域联系最为密切的外部环境便是所处的行政县域。作为政府治理与社会治理基础的行政县，上连省市下接镇街，在国家治理体系中长期处于关键地位。中观层级的绿色治理更加注重县域经济社会的整体协调发展，特别是产业的绿色转型升级对县域生态环境改善的牵引功能。绿色发展目标必须以抓牢经济基础为着力点，而对县域特别是生态脆弱县域而言，必须以依托当地的资源禀赋大力发展特色产业为实现路径。如果县域经济社会发展缺乏绿色产业支撑，其实现的所谓绿色发展通常是脆弱的甚至是名不副实的，容易返至非绿色旧途。因此，在县域绿色产业发展中，无论生产与分配，还是交换与消费，都应坚守经济效益最优化和生态成本最小化原则，综合权衡地域区位、资源禀赋、市场要素、供需结构及比较优势，坚持以绿色需求为导向，以绿色产业为基础，以绿色科技为支撑，以绿色供应链为突破，全方位促进县域经济社会绿色化。

三是"宏观层"。宏观层级的绿色治理，重点聚焦于生态脆弱的区域、行业和领域。无论是为满足人民优质生态产品需求，还是为实现人与自然和谐共生，抑或是为推进美丽中国建设，都要求全域走向整体绿色化。虽然不同区域、行业、领域的生态问题通常呈现形式各异的个体性特征（如空气污染、水污染、植被破坏、资源枯竭等），但其关联性、逻辑性、负效性却是一致的。结合世界经验与我国实际可知，生态危机普遍具有区域性、行业性与领域性特征。因此，生态危机除了自然生态问题外，更多地表现为经济问题、政治问题、社会问题与文化问题，且经常是多元相互叠加。因而，宏观层级的绿色治理应聚焦于生态脆弱的区域、行业和领域，着重处理好经济发展与生态环境保护的关系，包括经济环境、政治生态、文化环境、社会环境、自然环境。在绿色治理理念引领下，致力于完善区域基础设施，增强区域基本公共服务能力，优化区域内外环境，调整区域市场结构，健全区域体制机制，以区域发展带动域内外各领域、各行业齐头并进，多措并举形成合力打破行业领域壁垒，夯实区域、行业、领域的绿色发展基石，推进绿色治理体系与绿色治理能力现代化。

综上所述，绿色治理是一个系统繁复、多元动态的大系统，既要基于"主体—资源—对象"维度从理论上回应"由谁来治理""靠什么治理"和"应治理什么"问题，廓清绿色治理主体的设定、组合与权责，理顺治理资源的甄选、配置与使用，界定治理对象的范畴、程度与诱因，从而在实践中促成绿色治理目标的实现；也需要从"目标—过程—结果"链条出发廓清绿色发展的目标导向、治理方法、技术支撑和逻辑理路；还要从"微观—中观—宏观"层级囊括绿色治理的微观、中观与宏观不同层级，以对绿色治理的内涵进行立体化剖析。

由此看来，中国特色绿色治理是全面践行新发展理念的产物，与绿色发展密切相关。绿色治理以绿色为底色，追求自然与社会和谐共生。我们认为，绿色治理是指多元治理主体以绿色价值理念为指导，以实现人民美好生活为目标，以合作共治为基本路径，对一定区域的经济、政治、社会、文化、生态进行全方位"绿色化"的一系列活动或活动过程。

三　县级政府绿色治理

"城市让生活更加美好。"在城市时代，绿色治理必须探究什么样的城市形态才能真正实现城乡融合，实现人民对美好生活的需要。从绿色治理和治理共同体的概念出发，我们认为，县级政府绿色治理是县级党委、政府、企业组织、社会组织、公民大众等多元绿色治理主体以实现县域人民美好生活需要为根本，以绿色发展和绿色价值为基本理念，以"信任—合作—互促"和"共建—共治—共享"为基本原则，以绿色为主题和底色，以县域公园城市为目标路径，合作共治公共事务，打造经济发展、政治清廉、社会安定、文化繁荣、生态良好的社会治理格局，进而实现人与自然和谐共生的一系列活动或活动过程。县级政府绿色治理具有如下特征。

（一）县级政府绿色治理具有开放包容特征

从生态学的物质能量交换原理可知，凡是生命有机体都必定会与其周遭事物发生物质和能量的交换，任何有机生命体概莫能外。基于生态学的物质能量交换原理对县级政府绿色治理进行辨识，可知县级政府绿色治理在本质上应是一个兼具开放性、动态性和互补性、循环性的高度复杂性系统。这样，县级政府在推进绿色治理的实践过程中应与周遭环境以及各类绿色主体不断加强互存性与关联性。换言之，县级政府在推进绿色治理过程中，无论是治理目标的预设抑或是绿色政策的确定，都应以县域经济发展水平、政治清明程度、社会和谐状态、文化发展态势及生态环境质量为基本依据，从而将县域绿色治理的长远战略规划与近期决策部署、集体利益与个人诉求、中央与地方关系和县域间的左右友邻关系全面纳入，进行整体性的审视与度量。

（二）县委、县政府是县级政府绿色治理的引领主体

县级政府绿色治理主体构成是多元的，既包括了党委和政府，也涵盖了社会组织和人民群众。不同主体在县级绿色治理中有自身明确的分工，共同联结构成了县级绿色治理共同体。"中国特色社会主义最本质的特征是中国共产党的领导，中国特色社会主义制度的最大优势是中国共产党的领导，党是最高政治领导力量。"[①] 中国共产党在中国特色社会治理中居于"总揽全局，协调各方"的中枢地位。因而，在县域多元治理共同体中，县级党委领导居于核心地位，并与县级人民政府一道对县级政府绿色治理力量进行科学引领和正向整合。社会组织与普通民众因具自发性、松散型特征而导致治理能力相对偏弱，迫切需要县级党委和政府率先垂范践行习近平新时代中国特色社会主义思想，坚持以绿色价值理念引领绿色治理，正确引导、鼓励和支持各类社会组织和更多的普通民众参与绿色治理的实践活动中。

（三）县级政府绿色治理应以公园城市为治理目标

依据全球治理委员会的概念界定与内涵阐释，治理在本质上就是指由多元主体共同管理公共事务，从而实现共同价值目标的行动过程。由此可推及，县级政府绿色治理即县级政府在履行治理职能中所体现的"绿色化"活动过程，包含了普遍意义上的治理过程和治理过程中的"绿色化"主题或体现以绿色为底色。换言之，县级政府绿色治理虽然偏重于构建以县级党委、政府机构为责任主体的多元化治理主体格局，但在绿色治理过程中必须摒弃传统的"一元化"履责机制，而应形成以有序沟通、有效协商和良性合作为特征的循环互动机制。在合作共治的基础上，构建系统化、专业化、精细化的治理方式，助推绿色治理过程与绿色治理结果达成优质高效目标，进而更好地满足人民群众美好生活需要。

什么样的生活载体能真正满足人民美好生活需要呢？大城市的"城市病"让人们不断失去幸福感，而小城镇基础设施和服务质量让人们颇感不便。融"人城境业"于一体的县域公园城市，更容易实现城乡融合，是在不断探索的现实中找到的比较理想的美好生活载体。县域公园城市融现代

---

① 习近平：《决胜全面建成小康社会　夺取新时代中国特色社会主义伟大胜利———在中国共产党第十九次全国代表大会上的报告》，人民出版社 2017 年版，第 23 页。

城市文明和田园风光于一体，更容易彰显美丽中国。因此，县域公园城市是新时代县级政府绿色治理的现实性引领目标，也是县域绿色治理的理性路径。

第三节　县级绿色治理的理论基础

马克思认为"思想进程的进一步发展不过是历史过程在抽象的、理论上前后一贯的形式上的反映"①。实际上，这些反映是以"现实的历史过程"的规律进行修正的，故而可以在任何"完全成熟"且"具典型性"的发展节点对任一要素进行考察。遵照这种历史与逻辑相统一的研究进路，本节将对县级绿色治理的相关论述进行回顾与梳理。从理论的逻辑关联性出发，县级绿色治理可从"善治理论""绿色政治理论""绿色发展理论""复杂适应系统理论""社会质量理论"等理论中寻找理论依据和学理支撑。

一　善治理论（Good Governance）

依据皮埃尔·卡蓝默（Pierre Calame）的历史性与系统性考查，治理（gouvernance）一词最初源于法语；15世纪时，查尔斯·奥尔良（Charles d'Orleans）就曾提及治理，重点突出治理的实施过程及其艺术。从词源学角度探究，治理的词根是 gubernare，在拉丁语系中有"驾驶船只"之意，相应派生出了 gouvernail（舵）一词，也引申出了公共事务管理的意蕴，这显然是由同一词根派生出的不同意义。② 美国英语语境中的"governance"被翻译为法语体系中的"gouvernance"，标志着治理作为重要术语词开始在法国推广开来。③

世界银行（World Bank）在1989年发布的《撒哈拉以南非洲从危机到可持续发展》的研究报告中，率先将"治理"作为专用术语引入公共事务领域，至此治理回归到了其词源的原本意涵。必须指出的是，此次治理原

① 《马克思恩格斯文集》（第2卷），人民出版社2009年版，第603页。

② ［法］皮埃尔·卡蓝默：《破碎的民主：试论治理的革命》，高凌瀚译，生活·读书·新知三联书店2005年版，第5页。

③ 李瑞昌：《政府间网络治理：垂直管理部门与地方政府间关系研究》，复旦大学出版社2012年版，第26页。

意的回归却具有较为浓厚且深沉的政治意味。① 就传统视域下的机构职能而言，世界银行作为经营国际金融业务的专设机构，理应回避政治而不触及区域性乃至全球性的治理问题，但为了有效限定或限制受到金融援助国家的政府行为，通过加速推进经济自由化进而实现提升金融援助综合效率的目标，以世界银行、国际货币基金组织为代表的国际组织设定了提供金融援助的门槛和条件，因而引入并阐述了善治（good governance）观点。就概念与内涵而言，世界银行所阐发和规定的善治，旨在通过有效遏制贪污腐败、击溃裙带关联、祛除官僚主义、矫正管理不善等不健康的政治生态，以增进政府透明度、公信力、责任感和程序正义，进而确保经济领域的善治和援助资金利用效率不断提升。此外，也主张对国家的公共行政、法治化、治理透明度和履责程度等方面进行持续关注，以彰显非政治途径的治理改革。②

　　由此开始，治理和善治的概念迅速引起了以欧美国家为代表的西方学界的高度关注，逐步成为理论界与政策界青睐聚焦的高频词语。③ 其中，托尼·鲍法德（Tony Bovaird）将治理视作一种探究"实际是什么"的实证术语，认为善治是侧重于研判"应该是什么"的标准化概念；④ 汪庆华等指出，善治是理想社会的代名词，在善治的社会环境中，代议制民主的缺陷可以被公民直接参与的协商民主有效弥补，甚至后者可以取代前者；⑤ 梅尔里·格林德尔（Merilee Grindle）则赞同实现善治必须以对公共部门进行系统性完善为前提的基本观点，无论是经济、政治规则的制定部门，还是公共资源配置的决策机构，抑或是行政管理系统提供的基本公共服务，甚至是政府机构人员配备以及政府官员在政治体制中的对话平台的搭建等，一言以蔽之，倡导并实施善治是一个系统工程，涉及诸多领域和环

---

　　① 李瑞昌：《政府间网络治理：垂直管理部门与地方政府间关系研究》，复旦大学出版社2012年版，第27页。

　　② Ved P. Nanda, "The 'Good Governance' Concept Revisited", *Annals of the American Academy of Political and Social Science*, Vol. 603, 2006, pp. 269–283.

　　③ Martin R. Doombos, "Good Governance: The Pliability of a Policy Concept", *Trames*, Vol. 8, 2004, pp. 372–387.

　　④ 李瑞昌：《政府间网络治理：垂直管理部门与地方政府间关系研究》，复旦大学出版社2012年版，第27页。

　　⑤ 汪庆华、郭钢、贾亚娟：《俞可平与中国知识分子的善治话语》，《公共管理学报》2016年第1期。

节，也就是要求从根本上处理好"做什么""什么时候做""怎样做"等问题，并要求确保其科学性和合理性。①

国内以俞可平为代表的学者从概念阐释出发，以"治理和善治引论"为题发表了一系列学术论文，颇具影响力。② 虽然治理机制具有克服由"市场失灵""政府失效"引致的系列问题与缺陷的功能，但治理机制本身也不可避免地可能存在"治理失效"甚至其他多重弊端。那么，政府应该如何尽可能规避"治理失效"问题？在对上述问题的探讨中，最具影响力和解释力的理论仍然是善治理论。③ 俞可平指出，善治的本质其实是追求公共利益最大化的社会管理过程；就特征与机理而言，善治主张的是政府与公民对社会公共生活进行合作管理，进而构建并达成一种政治国家和市民社会协调融合的新型关系；从构成要素来看，善治内在涵盖了合法性、法治化、透明性、责任性、回应性、有效性、参与度、稳定性、廉洁度和公正性十项基本指标。④

善治理论在中国的推广与实践是以"推动中国迈向善治"为核心议题展开，主要体现在三个方面：（1）中国推进政治改革必须以走向善治为最终目标；（2）中国要实现善治必须抓牢"善政"和构建公民社会这两大关键环节；（3）善治语境下的政治改革（治理改革），必须以政府创新为着力点展开。以善治的十项指标为参照系，可测度出中国的善治已经取得了长足进步，亦即中国已经开启了善治新征程。⑤ 由此观之，善治理论为中国政府治理创新提供了具有较强解释力的学理支撑并指明了可能的方向和可行的途径，并且在已有的治理实践中取得了显著成效。

县级政府绿色治理作为政府善治系统中的一个重要方面，同样也需要从善治理论中获取学理支撑和理论涵养。

其一，善治的基本内涵为县级政府绿色治理体系提供了方向引领和价值遵循。善治以追求公共利益最大化为出发点，推进改革朝向满足人民美

---

① Merilee Grindle, "Good Enough Governance: Poverty Reduction and Reform in Developing Countries. Governance: An International Journal of Policy", *Administration and Institutions*, Vol. 17, 2004, pp. 525 – 548.

② 汪庆华、郭钢、贾亚娟：《俞可平与中国知识分子的善治话语》，《公共管理学报》2016 年第 1 期。

③ 俞可平：《治理和善治：一种新的政治分析框架》，《南京社会科学》2001 年第 9 期。

④ 俞可平：《全球治理引论》，《马克思主义与现实》2002 年第 2 期。

⑤ 汪庆华、郭钢、贾亚娟：《俞可平与中国知识分子的善治话语》，《公共管理学报》2016 年第 1 期。

好生活、社会和谐有序和国家繁荣富强。从县级政府绿色治理来看，无论是概念提出还是体系构建与运行，始终是以破除地方政府治理中的藩篱及弊端，通过改革的纵深推进以及统筹、协调和平衡县域利益冲突、矛盾纠纷，不断提升为民服务的质量和效率，来实现县域公共利益最大化。因而，以追求和实现公共利益最大化为内涵和出发点的善治理论，能在客观上为县级政府绿色治理的体系构建及其运行提供学理支撑、方向引领和价值遵循。其二，善治的十大方面构成要素与县级政府绿色治理的基本要求相耦合。以合法性、法治化、透明性、责任性、回应性、有效性、参与度、稳定性、廉洁度和公正性为内容的善治构成要素，能够为县级政府在绿色治理过程中构建以党委牵头的多元治理主体，推进体系共建、过程共治和成果共享提供系列细化指标参照和行为要求，本质上也为县级政府绿色治理提供了学理和机理维度的有力支撑。其三，县域善治的成功实践为县级政府绿色治理提供了可行性与可能性检验。涵盖公平、法治、廉洁、高效等十项基本要素的县域善治，所追求的公共利益最大化目标实质指向的是更好为民服务和为民谋福，从而更好维护人民尊严和增强获得感及幸福感。从实践结果追溯，在县域善治框架之下，多元主体共治成效显著，党的执政之基在逐步巩固和坚实，执政能力和执政水平综合提升，基层社会治理的潜在缺失被有效弥补，人与自然融洽相处、和谐共生，[1] 这为县级政府绿色治理体系构建与运行提供了理论可能性和现实可行性。其四，善治的价值取向与目标追求内在涵盖并体现了县级政府绿色治理体系和全域高度的国家治理体系现代化之间的辩证关系。国家治理中的制度化、民主化、法治化、效率化和协调化等指标要素通常反映并决定着国家治理现代化的水平。[2] 涵盖民主化与法治化等诸要素的善治理论契合了国家治理现代化的实践要求，这种耦合性在客观上促使国家治理现代化与善治发生兼具形式与内容的实质性交互关联。从局部与整体关系出发，作为国家现代化治理体系不可或缺的重要组成部分，县级政府绿色治理体系构建及其运行的学理支撑也需从国家治理现代化中找寻。

<hr>

① 钟其：《"县域善治"：一项推动基层社会管理创新的探索》，《南通大学学报》（社会科学版）2012 年第 1 期。

② 俞可平：《没有法治就没有善治》，《马克思主义与现实》2014 年第 6 期。

二 绿色政治理论（Green Political Theory）

肇始于20世纪六七十年代西方社会的绿色政治，是新政治运动的一种具象化呈现。绿色政治以追求人与自然和谐共生及融洽相处为价值目标，旗帜鲜明地反对旧式传统政治模式及其运行制度，批判以牺牲资源环境为代价的"黑色化"经济增长模式，主张构建人与自然和谐共融的现代化社会，强调要注重人类整体利益和兼顾子孙后代利益。值得肯定的是，绿色政治兴起以来，在客观上对欧洲乃至全世界现代化发展模式、现代政治理念与认知、政党结构与政府治理乃至国际关系准则制定都产生了重大而深远的影响。① 绿色政治理论从人与自然构建和谐共处基本关系出发，强调人类社会的发展应追求经济、社会与生态兼顾的可持续性发展；绿色政治理论主张立足生态学视角辨析和应对经济社会中出现的复杂矛盾，为科学处理和有效解决社会问题提供了新视角和新着力点；绿色政治理论还主张非暴力原则和社会正义，倡导通过非暴力的方式来应对各类争端与冲突，注重切实保障社会公民的基本权利。概言之，上述主张和倡导也在客观上为县级政府绿色治理体系构建及运行提供了系统化的学理依据。

综合来看，这种支撑体现在五大方面：其一，绿色政治理论蕴含的绿色化取向为县级政府绿色治理体系构建和运行提供了价值引领。绿色政治理论具有丰富的绿色意涵和底蕴，不仅强调要爱护环境和关注生态，其衍生含义还涉及要尊重多元化、简政放权、坚持可持续发展模式，主张社会正义和彰显女性主义，倡导以非暴力方式解决争端，还要在社会治理中强化个体责任与全球责任及推广基层民主等诸多领域和方面。这些内涵意蕴和要素指向在客观上有助于拓宽县级政府绿色治理体系中绿色主题的内涵与外延，也为实践中县级政府绿色治理体系运行提供了可以遵循的价值指引。其二，绿色政治理论以人类绿色化发展为核心要义，在客观上为县级政府绿色治理体系定位了认知参鉴。在绿色政治理论视域中，作为个体的人和社会的人都与自然环境密切关联，同属一个不可或缺、不可替代的自然生态系统，倘若自然生态系统的平衡性被打破甚至遭到破坏，那么必定会加速地球毁灭，人类也必将走向灭亡。基于此，人类在追求经济社会发

---

① 蔡先凤、成红：《论当代西方绿色政治理论的形成和发展》，《世界经济与政治》2003年第9期。

展的过程中，必须以绿色发展为基本遵循，顺应自然规律，营造自然与社会和谐共融的格局。新发展理念强调人与自然和谐共生。县级政府绿色治理既是对新发展理念的积极响应、坚决贯彻和充分落实，也是县级政府在经济社会发展中妥善处理经济发展与环境保护之间的关系，推动经济政治社会文化生态高质量发展的现实表现。其三，绿色政治理论内在包含的生态学认知视角，在客观上拓宽了县级政府绿色治理体系的认知视野。绿色政治理论从生态学视角出发，阐述了任何生命有机体都与其周边的自然环境密切相关，时刻都必须与外界进行物质和能量交换。生态学视角有助于规避静止、片面、孤立的认知局限，而相应地从运动的、全面的、联系的思维去认识、审视和解决问题。而县级政府绿色治理体系正是从运动发展、全面系统的视角出发，把县级政府绿色治理可能涉及的所有指标要素进行有机整合，并确保其能够良性、有序、高效地运转，进而能够精准分析研判和有效解决应对新时代县域经济社会发展和有效治理过程中出现的诸多问题、困境与挑战。此外，县级政府绿色治理体系除了秉持绿色发展理念之外，也坚持和贯彻开放共享理念，以开放兼容的体系与周遭环境时刻交流融通，并适时对体系构成要素间的不恰之处进行调适整改，以确保体系健康良性运行。其四，绿色政治理论所内含的非暴力处理方式，可助益县级政府绿色治理体系运行中妥善应对各种复杂关系。在绿色政治理论中，非暴力方式实质上是为促进主体之间构建一种平等互利、友好融洽的伙伴合作关系，倡导通过友好协商的方式去应对和解决各类矛盾冲突。这不仅为人类自身的和平相处提供了新希望，而且也在客观上助益人与自然和谐共生的氛围营造和格局形成。因为，在县级政府绿色治理的体系构建和运行过程中，将难免不触及来自各领域、各方面、各环节主体的多元化利益，这就需要有科学的理念、思维和应对方式才能妥善处理和从容应对，而绿色政治理论中倡导的非暴力方式恰好能契合绿色治理体系的现实需求，能够助益于高效、有序、友好地应对和化解各类矛盾冲突，能够在客观上大幅降低基层群体性事件的发生概率，为维护基层社会稳定提供了现实可能性与可行性。① 其五，县级政府绿色治理中保障主体权利需要从绿色政治理论中找寻理论素养。在绿色政治理论视域中，所谓的社会正义

---

① 史云贵、冉连：《中国特色公民治理在社会管理创新中运转的可能性与可行性论析》，《社会科学研究》2014 年第 1 期。

（社会责任感）即要促进人与人、人与自然、人与社会之间形成一种地位平等、关系和谐的氛围，进而实现社会正义的一种美好图景，而切实维护个体的基本权利就是构建和谐社会关系和实现社会公平正义的关键着力点。多元化的治理主体是县级政府绿色治理的基本要求。绿色治理体系的健康、良性、有序、高效运行和治理预期目标的顺利实现要依托多元化利益主体间通过民主协商的方式来推进共建共治；而要使多元主体间民主协商和共建共治成为可能，也要以切实保障多元主体的基本权利为基本前提。为此，绿色政治理论中的社会公平正义观点为县级政府在绿色治理中切实保障多元主体的基本权利提供了理论支撑。

三 绿色发展理论（Green Development Theory）

绿色发展理论是在我国传统的"天人合一"哲学思想、马克思主义自然辩证法、现代可持续等理论基础上结合我国治国理政的现实发展起来的。"天人合一"思想由庄子提出，[①] 后经汉代思想家董仲舒集成为哲学体系。"天人合一"思想认为人与自然是不可分割的统一体，而并非相互对立甚至对抗的关系，人类与自然应和谐相处，要树立起顺应自然、尊重规律和保护自然的观念。马克思主义自然辩证法则将大自然视为人类的生命之源和生命之本，认为人类历史是自然历史的赓续。[②] 人类之所以强于其他一切生物，根源在于人类"能够认识和正确运用自然规律"[③]。"人和自然界之间、人和人之间的矛盾的真正解决，是存在和本质、对象化和自我确证、自由和必然、个体和类之间的斗争的真正解决。"[④] 可持续发展理论则是人类对自然环境危机进行反思的产物。继1980年联合国大会首次提出了可持续发展概念之后，世界可持续发展委员会在1987年将可持续发展定义为"在满足当代人需求的同时，又不损害后代满足其自身需要的能力"[⑤]。而绿色发展概念则是由联合国开发署率先提出，经过发展与完善，逐渐形成了较为系统的认知。中国特色的绿色发展"必须坚持节约资源和

---

① 《庄子·齐物论》："天地与我并生，而万物与我为一。"
② 《马克思恩格斯全集》（第42卷），人民出版社1979年版，第128页。
③ 《马克思恩格斯选集》（第4卷），人民出版社1995年版，第383—384页。
④ 《马克思恩格斯全集》（第42卷），人民出版社1979年版，第120页。
⑤ 马晓惠：《从〈寂静的春天〉到〈我们共同的未来〉——可持续发展概念的形成与发展》，《海洋世界》2012年第6期。

保护环境的基本国策，坚持可持续发展，坚定走生产发展、生活富裕、生态良好的文明发展道路，加快建设资源节约型、环境友好型社会，形成人与自然和谐发展的现代化建设新格局，推进美丽中国建设"①。作为新发展理念的重要组成部分，坚持绿色发展就是要"坚持人与自然和谐共生"，加快"形成绿色发展方式和生活方式"，"推动构建人类命运共同体"②。中国特色的绿色发展以追求经济、社会、生态兼容、协同与共融为路径，以节能减耗、合理消费、生态资本和绿色福利递增为特征，进而实现人与自然和谐共生和人类永续发展的目标宗旨。③

综合来看，绿色发展理论为县级政府绿色治理体系构建及运行提供的学理支撑可从以下方面把握：其一，"天人合一"思想蕴含的人与自然浑然一体思想为县级政府绿色治理提供了中国传统的生态智慧。"天人合一"以人源于自然为前提，提出了要尊重、顺应、保护和反哺自然，这与县级政府绿色治理所追求的价值目标是契合的，并且本土化的生态智慧更加能够适应县级政府绿色治理实践需求。其二，马克思主义自然辩证法为县级政府绿色治理提供了理论支撑和方法指引。人与自然的关系依次经历了"人类被动—自然主动""人类主宰自然，肆意向自然攫取""人与自然和谐共生"三大阶段，这无疑是"天人合一"思想和自然辩证法的内容体现，其中蕴含的思想、观点和方法为研究县级政府绿色治理指明了道路和提供了方法论指导。其三，绿色发展为县级政府绿色治理研究明确了前进方向和实现路径。本质而言，绿色发展是对传统发展模式反思、批判、扬弃与超越的产物。绿色发展主张要在人与自然和谐共生的过程中，发展以低碳、循环、节能为特征的绿色经济，这与县级政府绿色治理质量、绩效和目标是相契合的。此外，县级政府绿色治理以县域公园城市为目标和路径，这也与绿色发展要求人要主动适应自然，主动与自然融合相契合。由此看来，绿色发展理论本身及其思想来源，都为县级政府绿色治理体系构建及运行提供了坚实厚重的学理支撑和方法论指导。

① 《中国共产党第十八届中央委员会第五次全体会议公报》，人民出版社2015年版，第10—11页。

② 习近平：《决胜全面建成小康社会　夺取新时代中国特色社会主义伟大胜利——在中国共产党第十九次全国代表大会上的报告》，人民出版社2017年版，第23—25页。

③ 胡鞍钢：《中国创新绿色发展》，中国人民大学出版社2014年版，第33页。

四　复杂适应系统理论（Complex Adaptive System Theory）

复杂适应系统理论由美国密西根大学约翰·霍兰（John Holland）教授于 1944 年正式提出。该理论有助于人们更为全面而深刻地认识、理解、控制和管理复杂的系统。

复杂适应系统理论具有聚集性、非线性、流性和多样性四大特征。[①] 聚集性（aggregation）是指多主体借助相应机制，基于交互意愿而组合重构为新的聚集体。这里的聚集并非简单叠加合并，而是借聚集之机重构更高层次的新主体。生态系统中的多样化生物群普遍共生便是聚集属性的现实体现。聚集理念能较为正向地消解了主体与整体之间的隔阂，贯穿了系统论研究视野中主体交互联系的理念。非线性（nonlinear）强调的是当主体及其属性发生变化时，并非沿着简单的线性轨迹行动。复杂适应系统中主体间的交互作用并非简单表现为因果关联，而是相互主动适应的关系。在此过程中各主体以往的历史痕迹可能留存，形成的经验也将对未来实践产生积极作用。遵此逻辑，简单的线性因果链就会被复杂的正负反馈交互机制取代。流性（flows）是指在复杂适应系统内部存在形式多样、性质相异的流，诸如信息流、资金流、人才流、物质流等不同类别。流性体系自身兼具变异适应性、乘数效应及再循环效应等特征。流的数量与系统本身的复杂程度呈正相关关系，即系统越复杂，各类别流的交换频率就越高，这也能反映流出入的畅通程度与系统演进本身的关联程度。多样性（diversity）是复杂适应系统的显著特征之一。主体在适应与进化互动的进程中，会产生因各种因素而导致内部出现差异与分化。多样性也是复杂性的具象表达，对多样性追根溯源有助于更好地揭示复杂性的源头及成因。

从机制来看，复杂适应系统理论内含了标识、内部模型和积木三大机制。[②] 其中，标识（tagging）的功能在于可以有效帮助主体进行合理选择和目标辨识，进而基于优质条件设定和主体标识作用，也有助于筛选、转化及合作的顺利实现。内部模型（internal model）会在信息输入并接受转化环节进行模式甄选和调适，使之与内部结构属性相适应，这在本质上属

[①] 谭跃进、邓宏钟：《复杂适应系统理论及其应用研究》，《系统工程》2001 年第 5 期。

[②] 郭炳发：《霍兰的复杂适应系统理论及其应用》，《华中科技大学学报》（社会科学版）2004 年第 3 期。

于一种内部学习调适机制。积木（building blocks）是构成系统的基础元件，是描述、解析和参与外部复杂事件最为常见但又最关键的基础性元素。很显然，任何复杂的系统都是由简单的基础原件构成。系统的复杂程度与性质功效不但决定于原件的数量与规模，也与原件的排列组合位次高度关联。

就本质而言，复杂适应系统理论应归属系统理论，其核心议题和理论主旨就是围绕体系的构建、功能的发挥、运行的程序及其发展趋势而展开，即复杂系统适应理论的属性特征、要件机制在客观上与县级政府绿色治理体系涵盖的诸多要素及要素间的关联性具有较大程度上的相通性与耦合性，能为开展县级政府绿色治理研究提供雄浑厚实的学理素养和思路启迪。

综合来看，可从四个方面把握：其一，聚集概念和县级政府绿色治理体系中内含的主体要素相互契合。在复杂适应系统理论中，聚集彰显的是系统内部主体间存在的属性特征，意指有交互合作意向的主体遵照相应规则并通过相应方式组合起来，就可形成更高位阶、更深层次的聚集体。县级政府绿色治理体系内含了党委、政府、社会组织、普通公众等多元主体。作为承担县级政府开展绿色治理实践的多元主体，如何在过程中更恰适地共商、共建、共治和共享，如何以优化的组合方式成为绿色治理共同体是取得理想预期目标的关键环节。其二，积木概念和县级政府绿色治理体系及机制的多样性相互契合。在复杂适应系统理论中，积木概念是指任何复杂体系都是由元件通过一定方式排列组合而成，系统的复杂度由组合的方式决定。我国地理幅员辽阔，东南西北的县域间情况千差万别，县级政府绿色治理体系和治理机制功能的发挥和预期目标的实现，必须充分依据各县的基本域情。从积木的概念与内涵出发，可窥知在县域中推进绿色治理有诸多的共同或相通要素。要素因为区域不同而选择了形式互异的排列组合方式。有循于此，不同县域应在充分考量域情的基础上构建与本县相适应的绿色治理体系。其三，内部模型概念同县级政府绿色治理体系潜在的发展特性相契合。在复杂适应系统理论中，内部模型指向的是系统内部含蓄的学习机制。主体依据过往实践的基本经验而初步形成内部结构，结构的适应性程度会随着信息输入反馈而不断强化，并不断向更高层次迈进。县级政府绿色治理是动态变化的复杂体系，会随着周遭环境的改变而相应发生适应性的调整和修正，也就是当此时此境的绿色治理体系与县域经济社会发展脱节甚至滞后之际，那么县级政府绿色治理体系就会根据已有实践中形成和积累的经验来对自身内部系统进行优化与调适。其四，主体交互作用同县级政府绿色治理体系的多样性相契合。在复杂适应系统理论中，主体间的交互作用被视作推动系统演化的动力源。交互作用会产生增值效应，即"1+1>2"模式，以此来刺激复杂适应系统发挥多样化行为。从目标导向追溯，县级政府绿色治理始终以满足新时代人民美好生活需求为价值追求。而人民美好生活需求又具有多元化、异质性特征，只有当县级政府绿色治理能够充分满足需求多样性，也就是能够充分吸纳和兼容多元化的需求之后，才能以稳定的体系结构和良性的运行机制来更好地满足人民美好生活需求。

五　合作治理理论（Cooperative Governance Theory）

在拉丁语系中，合作（collaboration）的词根可分解为 com 和 laborate，原本表达的是一起工作的意涵。由此展开，可以将参与、互助及分工协作都归结为合作的呈现形式。若将参与、互助及协作的形式、形态与内容悉数纳入其中考量，此即合作的广义概念。从过程性来看，合作是具有潜在利益冲突或背离的社会主体为了能够开辟一种超越自身囿于视野、认知及思维等局限而基于异质性进行的探究其共识性对策的过程。[1] 在此概念中，预设的前提是不同主体、共识对策及平等地位。这是狭义层面的合作。而治理（governance）一词，作为公共事务领域的专业术语，由世界银行在1989年引入非国家正式制度中来。从行为层面看，治理涵盖了政府权力、政府行为、责任范畴及治理目标等维度；广义的治理是国家公共管理、公司经营管理、善治、社会控制体系及自组织网络的集合体。将合作与治理结合为合作治理，意指多主体所进行的兼具集体性、平等性特征的决策过程。该决策过程以诸位决策者都有表达权利和诉求的机会为前提，从而反映各自的价值偏好。在手段范式层面，治理主张采取和运用协商途径来应对和化解跨部门间的利益冲突，并且要求公开透明、对话沟通和互解互谅；在理念目标层面，则强调以寻求共识为基本导向，致力于促成利益相

---

① Gray, *Collaborating*: *Finding Common Ground for Multiparty Problems*, San Francisco: Jossey Bass Publishers, 1989, p. 5.

关者都可以获得相对满意的决策方案。① 西方合作治理理论的代表主要有帕特南、卡蓝默、库伊曼等人。帕特南在《使民主运转起来》（2001）一书中多处论述了政治合作思想，如"自愿的合作可以创造出个人无法创造的价值，无论这些个人多么富有，多么精明。在公民共同体中，公民组织蓬勃发展，人们参与多种社会活动，遍及共同体生活的各个领域。公民共同体合作的社会契约基础，不是法律的，而是道德的"。正如卡蓝默所指出的，"无论是对生物圈的管理、经济规范还是整个社会组织，治理的艺术在于通过最大限度的倡议自由、团结一致和多样性达到最大的和谐。任何地方的革新只要更为恰当，能够增加社会资本，能够持久地扩大回应挑战的范围，同时又尊重一定的共同原则，对所有人来说，便是一种进步"②。国外学者 Kooiman 在《新治理：政府与社会互动》（*Modern Governance*：*New Government-Society Interactions*，1993）一书中指出："一种倾向社会中心的治理模式逐渐在欧盟兴起，这是一种社会政治的治理改造工程，而不仅止于政府结构与员额的整并与精简；它是一种涉及政府与民间社会互动关系的行为面、过程面、结构面的动态结合。"实际上，"合作式治理"是一种基于共同参与（co-operative）、共同出力（co-llaboration）、共同安排（co-arrangement）、共同主事（co-chairman）等互动关系的伙伴情谊的治理形式。它强调在政策制定的过程中，不只是由上而下的专家指导和政府全能，更希望由公民、社会和民间组织共同参与制定政策，借此形成与政府间的互相对话，实现共识的凝聚。

国内合作治理研究的代表人物是张康之教授。他认为，广义的合作概念包括"互助""协作"和"合作"三重内涵，狭义的合作概念与人类社会的较高级历史形态联系在一起，或者说，是不同于"互助"和"协作"的人类群体行动与交往形态。合作既是理性的，又是扬弃了工具性的人类群体共存、共在和共同行动的形式。合作精神是合作的文化前提，合作的制度和体制是合作持续展开的客观保障，社会的开放性是合作的社会基础，而信息技术的发展则为合作提供了技术支持。③ 近年来，合作治理理论逐渐获得我国

---

① 蔡岚：《合作治理：现状和前景》，《武汉大学学报》（哲学社会科学版）2013 年第 5 期。

② ［法］皮埃尔·卡蓝默：《破碎的民主——试论治理的革命》，高凌瀚译，生活·读书·新知三联书店 2005 年版，第 101—102 页。

③ 张康之：《论合作》，《南京大学学报》2007 年第 5 期。

党和政府高层的认可。我国逐步确立"党委领导、政府负责、社会协同、公众参与、法治保障"的"五位一体"社会治理体制和"打造共建共治共享的社会治理新格局"等主流话语，实际上是学术界长期以来合作治理研究推动的结果，也是对合作治理研究成果的认同和实践。结合中国特色的话语体系和学科体系，我们可以认为合作治理是政府机构、市场组织和社会组织，为了有效应对和化解公共问题，治理主体间基于平等前提结成共同体，通过对话沟通、交流谈判、协商妥协等形式所形成的风险共担、利益共享的共识形成过程。由此观之，合作治理具有主体多元、资源共享、目标趋同、方式多元和过程合作等多重属性，这可以为县级政府绿色治理体系构建与质量测评提供理论涵养、思维启迪和现实借鉴。

具体而言：其一，合作治理的主体多元化维度能为县级政府绿色治理体系构建和质量测评提供主体构成要素的理论参鉴。从合作治理的外延与内涵可知，无论是公共产品供给，还是公共政策制定，抑或是公共事务的解决，都必须依托于平等协商的多元主体群策群力。由此对照，县级政府绿色治理体系构建、绿色治理过程实施、绿色治理质量测评，都涉及多领域、多方面、多环节的复杂体系，单单依靠政府机构显然是力不从心的。应在以政府机构为主体的基础上，充分吸纳社会组织、市场主体、公民大众等一切可能的主体充分参与，形成多元共治的县级绿色治理大格局。其二，合作治理的公共资源共享化维度能为县级政府绿色治理体系构建和质量测评提供运行参考。在合作治理框架之下，公共资源不再是由政府机构独掌，而是由结成合作共同体的诸多主体共享，与之相对应的是，在县级政府绿色治理体系构建、运行及质量测评环节，都必须在善治目标导向下，将部分公共资源特别是社会治理权酌情梯度下放给作为共同体成员的社会组织或市场主体，从而实现参与绿色治理的主体共享公共资源和共担公共责任的共担共享绿色治理体系。其三，合作治理的目标趋同化维度能为县级政府绿色治理体系构建和质量测评提供实践层面的驱动源。显然，在合作治理中，多元主体基于目标的趋同性而结成治理共同体，在县级政府绿色治理的体系构建、运行及质量测评和改进中，包括政府机构、市场主体、社会组织及人民群众在内的各类主体正是基于良好的生态环境、可持续的绿色经济、和谐安宁的社会环境等共同的价值目标而达成的协商、妥协与共识，将各自所预期的绿色目标趋同化，合力集成最大化的绿色效益，进而促进绿色治理体系科学化和绿色治理质量提升。其四，合作治理方式多样化维度能为县级政府绿色治理体系构建和质量测评提供运行中的操作借鉴。合作治理侧重强调多元主体，而多元主体相应会产生多元化的合作方式，对县级政府绿色治理体系的构建、运行和质量测评与改进而言，也应随着绿色治理的深入发展及其外延、内涵的完善而与时俱进，治理方式也应充分借鉴和运用信息化、大数据和新媒体等多重复合手段。其五，合作治理的过程连续性维度能为县级政府绿色治理体系构建和质量测评过程性的持续提供借鉴。就本质而言，县级政府绿色治理的体系构建、维度运行、质量测评与后续保障并非短暂性行为、规则或目标，而是一个具有持续性的合作治理过程。在实现绿色治理目标和提升绿色治理质效的过程中，多元治理主体通过对话交流、谈判磋商或妥协合作等方式就绿色治理的预期目标、手段范式、利益责任等关键问题达成共识，并在测评中诊断问题，在成因剖析中提出改进策略，这些都与合作治理的过程导向性相契合。

六　社会质量理论（Social Quality Theory）

在经济全球化趋势和欧洲一体化步伐日益加快的大背景之下，欧洲福利国家在发展中普遍遭遇了社会福利水平下降的困境。以新自由主义为思想引领的政策制定者过分强调经济政策而漠视社会政策是导致社会福利困境的重要诱因。[1] 为尽快摆脱这种偏重于强调经济政策而淡化社会政策的片面化发展僵局，社会质量理论呼之欲出。1997 年《欧洲社会质量阿姆斯特丹宣言》的签署与发表是西方社会质量理论开始形成的标志。从时代背景、发展需求与现实指向出发，欧洲学者将"社会质量"定义为"公民在围绕改善其自身福利状况和充分发挥其个人潜能的价值目标导向下，融入并参与共同体的社会经济生活的有效程度"[2]。从概念界定可以知悉，社会质量偏重于衡量、测度与评价以个体发展和社会参与为核心指标的社会关系质量。立足社会哲学切入探究社会发展模式，强调人的社会性是社会质量本体论的立论基础，而所谓社会性则是作为社会存在个体的人在集体主

① A. Walker, "Social Policy in the 21st Century: Minimum Standards or Social Quality?", in *The 1st International Symposium and Lectures on Social Policy*, Tianjin: Nankai University, 2005, pp. 11 – 15.

② Beck Wolfgang, L. van der Maesen, A. Walker (eds.), *The Social Quality of Europe*, The Hague: Kluwer Law International, 1997, pp. 267 – 268.

义导向下对社会的认同、融入、参与和归属，并实现自我的社会综合价值的过程。个体价值的实现和集体认同、融入、参与及归属之间相互依赖，共同寓于社会宏观视界之中，在互动中蕴含了横向与纵向两种相互交织的紧张关系，横向层面是以系统、制度和组织为要素的正式系统与以社区、群体和家庭为要素的非正式系统，纵向层面则主要体现为社会进步与个人提升。二者异质互补，相互影响，合力集成社会质量框架。[1] 由两组基本关系可知，社会质量理论框架涵盖了建构性、条件性和规范性三个层面的核心要素。其中，建构性因素关涉社会主体行为，是决定社会质量优劣的制度、社会成员生活状态及其思维认知的综合反映，涵盖了个人安全、社会认同、社会回应以及个人能力四个维度；[2] 条件性因素是衡量社会质量的标准，具有经济保障、社会融合、社会凝聚和社会赋权等属性特质；[3] 而规范性因素则是以社会建设终极目标为指向，旨在从公平正义、社会团结、平等价值观以及个人尊严维度回应"建设什么样的社会"问题。[4]

虽然社会质量理论发源于欧洲，但其影响和作用却不仅仅局限于欧洲，而是在向全世界拓展。从社会质量理论的内涵意蕴及构成要素出发，其集成的社会学底色、本体论主张及方法论路径，囊括的构建性、条件性及规范性要素，在客观上与县级政府绿色治理质量测评具有极强的趋同性和耦合性，换言之，县级政府绿色治理质量测评可以从社会质量理论中寻求学理涵养、思维启迪与方法借鉴。具体而言：其一，社会质量理论潜藏的社会学底色要求重新审视并校正社会政策的基础及目标，以更恰适的社会经济政策合力作用于社会质量，通过调整不平等的经济政策与社会政策来促进经济社会发展趋向公平。而县级政府绿色治理质量正是社会质量与绿色治理的双重嵌合，要求县级政府在实施治理实践中，既要确保经济绿色治理，也要确保社会绿色治理，并且要彻底摒弃社会绿色政策从属于经济绿色政策的认知误区和"重经济轻社会"的传统偏见，进而系统科学地审视县级政府绿色治理质量的基础及测评目标。其二，社会治理质量理论

① 徐延辉、龚紫钰：《社会质量：欧洲议题与中国走向》，《南京社会科学》2018 年第 7 期。

② 艾伦·沃克、张海东：《社会质量取向：连接亚洲与欧洲的桥梁》，《江海学刊》2010 年第 4 期。

③ A. Walker, L. van der Maesen, "Social Quality and Quality of Life", *Paper for ESPA-NET Conference*, Copenhagen, Nov. 13 – 15, 2003.

④ 林卡：《社会质量理论：研究和谐社会建设的新视角》，《中国人民大学学报》2010 年第 2 期。

的本体论主张强调人的社会性、自我价值实现及集体认同导向，有助于启示在构建县级政府绿色治理质量的指标体系、权重占比和方法甄选的过程中，以提升和增进人民的生态福祉、绿色福祉和社会福祉为目标取向，以更优质的生态公共产品供给来更好地满足人民日益增长的美好生活需要。其三，社会治理质量理论中涵盖的制度性因素，主张个体社会价值的实现与集体认同互动互赖，这为县级政府绿色治理质量的体系构建提供的启示是，要将法律规则方面的制度化章程纳入其中，在指标选取时要尊重各指标的地位与权重，且整个绿色治理质量体系应该秉持开放性、互动性与创新性。其四，社会治理质量理论中蕴含的条件性因素涉及经济保障、社会融合、社会凝聚和社会赋权等物质与非物质层面的资源，吸纳了收入水平、教育程度、社会服务、环境卫生等指标的获取机会及途径；与之相对应的是，在县级政府绿色治理质量测评中，要充分将绿色凝聚、绿色融合、绿色赋权植入绿色治理质量范畴，既考虑绿色治理质量的宏观、中观与微观的差异性，又充分关注绿色制度、绿色组织、绿色社区同绿色群体、绿色个体之间的关联性，以绿色化经济安全、绿色化社会凝聚、绿色化社会融合和绿色化社会赋权为目标，共同推进绿色治理质量提升与保障。其五，社会治理质量理论内涵的规范性因素聚焦于社会正义、社会团结、平等价值和人的尊严，这要求在测评县级政府绿色治理质量过程中，要将制度性规章融入绿色框架体系，始终围绕绿色社会、绿色理念、绿色生产、绿色生活、和谐社会、公平正义，并且坚持以人民为中心的绿色治理质量指向。综上，社会治理质量理论的社会学底色、本体论主张、方法论途径及建构性、制度性和规范性因素，分别与县级政府绿色治理质量的测评指标选取（过程）、测评体系构建（机会）和测评结论输出（结果）相对应，二者在内涵、要素、指向、目标等方面具有高度耦合趋同性，因此在县级政府绿色治理质量测评环节中，需要借鉴和运用社会治理质量理论的思维、立场、观点和方法。

综上所述，县级政府绿色治理研究可以从善治理论、绿色政治理论、绿色发展理论、复杂适应系统理论、合作治理理论和社会质量理论中去寻找学理支撑、思维启迪和借鉴运用，并且这些理论中蕴含的立场、观点和方法也将映射到县级政府绿色治理的全过程和各环节之中。此外需要说明的是，展开县级政府绿色治理研究，其关涉的理论绝不仅仅局限于上述理

县级政府绿色治理体系构建与质量测评

论，在研究和运用中可能也会涉及或借鉴其他理论的观点、思路或立场，但囿于时间、精力有限，故而在此不逐一赘述。

第四节　研究思路与逻辑结构

研究思路是本书撰写的纲领遵循，而科学的研究思路则有助于预期研究过程的顺利推进和研究目标的如期实现。逻辑结构在研究整体中居于提纲挈领的地位，阐明逻辑结构不仅有助于本书谋篇布局更加清晰合理，也能够帮助阅读者迅速掌握本书的框架设定和要义指向。为此，清晰阐释研究思路和逻辑结构是非常必要的。

一　研究思路

本书从文献综述出发，在廓清绿色发展、绿色治理、县级政府绿色治理等相关基础概念与内涵的基础上，从绿色治理的整体性逻辑出发，以不断满足人民美好生活需要为归宿，以公园城市为理性目标，论述新时代构建中国县级政府绿色治理体系的研究缘起及其质量测评的重大意义；基于政治学视角并超越传统环境治理范畴，以绿色经济、绿色政治、绿色文化、绿色社会和绿色生态为要素系统梳理绿色治理的演变历程与理论渊源，按照"总—分—总"的架构与思路，遵循理论到实践、理论与实证并重的逻辑主线以确定研究框架，明确新时代中国县级政府绿色治理体系构建与质量测评的内容布局。

就具体研究思路而言，从四大方面交织展开。一是形势研判，从人类社会发展的宏观视野出发，论述绿色治理作为一种新型发展观和新型治理观出场的时代背景，阐述加大绿色治理研究的理论价值和实践意义。二是学理构建，挖掘绿色治理相关理论资源及其变迁脉络，为后续研究提供学理支撑。各章节在研究绿色治理相关主题时，都是以概念界定和内涵廓清为逻辑起点，旨在全面、系统、深入地挖掘、阐释和创新相关理论，并遵循从理论到运用、从体制到机制、从机制到模型的研究范式。三是问题识别，无论是绿色治理理论、绿色治理体系，还是与县级政府绿色治理体系密切相关的目标、机制、政策、文化、质量，都经历了从无到有、从不成熟到逐步成熟的演进过程。因此，既要在总论中宏观梳理历史演进，也要

74

在各章节分论中同步展开。四是实证研究，在总论和分论中除去理论阐释、概念界定和内涵廓清之外，尤其在各章分论中还应结合对应的相关主题，审视和研判现实状况，阐释成因，辨识存在问题和分析阻滞因素，以便更有针对性地制定机制、选择路径与构建策略。其中，形势研判与学理构建，主要从理论方面阐释绿色治理的理论变迁和新时代治理的新需求。问题识别与定量研究主要在翔实数据分析的基础上总结历史经验和明晰现实机遇、挑战。循此思路搭建本书研究的总体框架和宏观策略，分别映射到分论各章节中的微观机制、路径和政策建议。研究思路如图1-1所示。

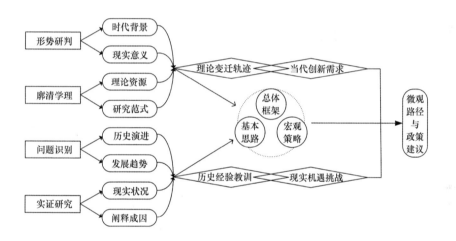

图1-1　县级政府绿色治理体系构建与质量测评研究思路

二　逻辑结构

研究内容的逻辑结构是指各部分内容之间的内在关系。本书基于"总—分—总"的研究思路和宏观布局，遵循以"绿色治理理论→绿色治理的现实目标（公园城市）→绿色治理体系→绿色治理机制→绿色治理文化→绿色治理质量"为逻辑主线的研究框架，在对国内外研究现状与县域绿色治理现状进行全面系统梳理的基础上，以实现县域人民美好生活为目标引领，从县域公园城市、县级政府绿色治理体系、县级政府绿色治理机制、县级政府绿色政策、县级政府绿色治理文化、县级政府绿色治理质量六个维度对课题进行系统研究。

本书的研究思路通过研究框架来呈现，而各章节的分布则是整体研究框架的具体呈现。此外，章节之间的有机衔接也是研究思路的呈现、勾连与融贯。各章之间既因聚焦点和侧重点的不同而相互独立，又因内容的关联性、逻辑的趋同性和目标的一致性而交织互补，共同构成研究的整体框架。本书的逻辑结构如图 1 – 2 所示。

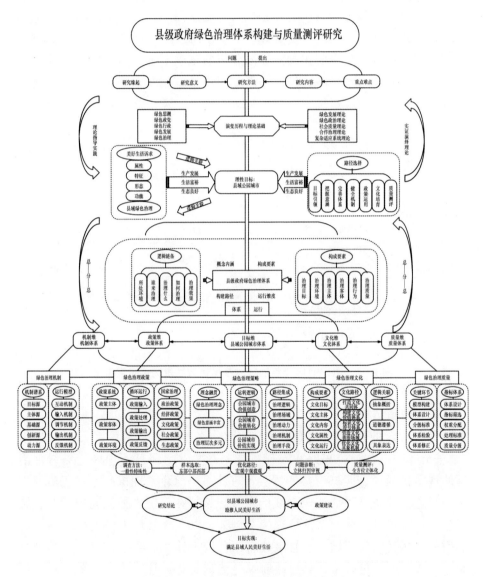

图1 – 2 县级政府绿色治理体系构建与质量测评研究框架

本书共分为十个部分，具体布局谋篇如下。

"绪论"，是本课题研究的总体纲要和逻辑起点。本章坚持以问题为导向，锁定研究对象，阐述本书的基本依据、时代背景、理论价值和实践意义；围绕研究主题，系统梳理、回顾和评述国内外已有的相关研究成果，总结理论研究的侧重点和存在的不足，按照理论研究的边际创新要求和原则，设定本书的预期目标和拟将破解的关键问题；立足问题意识与目标引领，阐述采用的研究方法和展开的技术路线；介绍本书中涉及的研究重点、研究难点及可能创新点。

第一章为"基本概念、理论审视与总体设计"。本章在系统回溯绿色治理的演进历程和变迁脉络的基础上，明确界定县级政府和绿色治理等相关主题的概念与内涵，进而遵循关联性、贯通性和适用性原则，重点阐释"善治理论""绿色政治理论""绿色发展理论""复杂适应系统理论"等相关基础性理论，挖掘县级政府绿色治理可能关联和涉及的理论基础，为后续研究提供学理支撑；最后，介绍展开本书的基本思路，并阐述谋篇布局的整体框架、逻辑结构及各章具体内容。

第二章为"县级政府绿色治理现状审视与障碍分析"。本章在对10个省（市）、48个县（区）进行抽样调查与统计分析的基础上，对县级政府绿色治理的现状进行系统梳理，并在科学审视问题的基础上，对全面推进县级政府绿色治理中的障碍进行了系统分析。

第三章为"县域公园城市：县域绿色治理的理性目标"。本章在廓清县域公园城市的概念与内涵基础上，以生产发展、生活宽裕和生态良好为指向，围绕县域公园城市的属性、特征、形态与功能维度，阐释县域公园城市与人民美好生活、县域公园城市与县域绿色治理之间的逻辑关联，并从意涵把握、体系完善、机制健全、政策运用、文化培育和质量测评等维度尝试探寻推进县域公园城市的绿色治理路径。县域公园城市作为绿色治理在县级政府层面的理性目标和具体实践，为后续各章的谋篇布局提供引领。

第四章为"县级政府绿色治理体系"。本章在清晰界定县级政府绿色治理体系的基本概念、内涵与属性的基础上，参鉴"活系统模型"的理念与思路，遵循以"治理所处环境—谁来治理—治理什么—怎样治理—治理效果"为内容的逻辑链条，深入剖析县级政府治理体系的构成要素及要素间的相互关联性，并在阐释构建基础与构建原则的前提下，探寻构建县级政府绿色治理体系的实现路径，进而从动力维、机制维、政策维、文化维、质量维和目标维立体化阐释县级政府绿色治理体系的运行动力、运行主体、运行机制、运行方向、运行质量和运行目标，以对治理体系运行进行检视。

第五章为"县级政府绿色治理机制"。本章在界定概念基础上，从目标、主体、动力、场域和方法等要素阐析县级政府绿色治理机制的内涵；通过辨析县级绿色治理体系与绿色治理机制的逻辑关联，明晰二者的区别与联系；从目标模块（问题机制与目标机制）、驱动模块（动力机制与责任机制）、优化模块（测评机制与创新机制）、合作模块（参与整合机制与决策合作机制）切入构建县级政府绿色治理的机制谱系，进而构建由以绿色决策机制为目标源、以绿色文化培育机制为动力源、以绿色绩效考核机制为创新源、以多元主体参与机制为主体源、以区域资源配置机制为基础源、以绿色法治机制为保障源构成的"六维一体"机制谱系和复合型县级政府绿色治理机制运行模型。

第六章"县级政府绿色政策"。本章在阐释清楚县级政府绿色政策概念与内涵的基础上，着力构建县级政府绿色政策体系，并以此为基础深入论析县级政府绿色政策的运行目标、运行动力、运行机制。重在探究县级政府绿色政策在推进县域绿色治理、实现县域人民美好生活的工具支撑与价值意义。

第七章为"县级政府绿色治理文化"。本章在廓清县级政府绿色治理文化的概念和内涵的基础上，立足文化底蕴、文化符号等要素论深入论述治理与文化的属性和特征，从"抽象概括—道德遵循—具象表达"维度辨析县级政府绿色治理文化与绿色治理之间的逻辑关联，围绕党内政治文化、廉洁行政文化、社会公共文化和生态环保文化等指标，分别从"目标—主体—内容—亚文化—运行"层面阐释县级政府绿色治理文化体系的构成要素；进而基于绿色治理文化"制度—非制度"的双轴联动作用，提出以文化共同体为中心点、以文化价值体系为出发点、以文化符号体系为关键点、以文化善治场域为突破点、以文化具象机制为着力点构建中国特色绿色治理文化的实现路径。

第八章为"县级政府绿色治理质量测评"。本章在廓清县级政府绿色治理质量的概念、内涵与特征的基础上，设定县级政府绿色治理质量测评应遵循的一般性原则和特殊性原则，并从评估指标体系模型构建、评估指标体系设计（筛选指标、赋予权重）、质量分级标准确立、指标体系检验与修正论述质量测评可能涉及的关键环节。紧接着，围绕评估指标体系的设计与筛选、指标权重分配、指标的标准化处理以及质量分级等内容构建县级政府绿色治理质量评估指标体系。然后通过抽样调查法，选取东部、中部和西部地区的典型县域为样本对县级政府绿色治理质量进行追踪测评。进而通过问题诊断与归因分析找准潜在的阻滞障碍，并有针对性地构建优化路径。

最后为"结语"部分，是本书研究的综合结论和逻辑归宿。依托前述章节的理论分析、实证研究和比较借鉴，系统凝练总结研究结论；根据研究结论提出加快推进我国县级政府绿色治理体系和绿色治理能力现代化的对策建议；客观评价本书的可能创新之处及客观存在的不足和缺陷，展望未来有待深入研究的方向。

第二章　县级政府绿色治理现状审视与障碍分析

党的十八大以来，随着我国新发展理念与生态文明战略的全面实施，县域在全面推进绿色发展中逐步走向县域绿色治理。党的十九大以来，在全面学习贯彻落实习近平新时代中国特色社会主义思想中，县域从经济绿色发展进入了经济、政治、社会、文化、生态全面绿色化的治理转型。通过文献分析和问卷调研，著者发现县级政府绿色治理在取得一定成绩的同时还存在不少的问题。在对县级政府绿色治理经验的梳理提炼，特别是科学审视县级政府绿色治理中存在的问题，并深入剖析困境的基础上，本书提出了进一步完善县级政府绿色治理的理路。

第一节　调研样本的总体情况

在科学制定"县级政府绿色治理体系构建与质量测评"调查问卷、访谈提纲并通过试调研对问卷和访谈提纲进一步完善的基础上，为了更加全面地梳理我国县级政府绿色治理全貌，问诊县级政府绿色治理的障碍困境，著者与团队成员在四川、江苏、河南、安徽、湖北、广东、贵州、重庆、山东、云南 10 个省（直辖市）的 48 个城市开展调研。共发放问卷 2200 份，回收有效问卷 2023 份。其中，公众问卷 1242 份，公务员问卷 781 份。

一　公务员调研样本人口统计量的描述性分析

对样本人口统计量进行描述性统计分析，一方面能够直观地展现样本的基本情况，另一方面便于人口统计学变量相关的分析检验。著者把公务

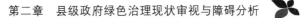

员的问卷在东部、中部和西部 10 省（自治区、直辖市）48 个城市进行发放，共获得有效问卷 781 份。通过 SPSS 22.0 得到的具体统计数据如表 2-1 所示。

表 2-1　　　　　　　　　　　公务员样本概况

变量	类别	频率	百分比（%）	累计百分比（%）
性别	男	362	46.35	46.35
	女	419	53.65	100.00
	总计	781	100.00	
政治面貌	中共党员	586	75.03	75.03
	共青团员	69	8.83	83.86
	民主党派	7	0.90	84.76
	群众	119	15.24	100.00
	总计	781	100.00	
文化程度	初中	4	0.51	0.51
	高中（中专、职高）	24	3.07	3.58
	大学专科	79	10.12	13.70
	大学本科	576	73.75	87.45
	研究生	98	12.55	100.00
	总计	781	100.00	
工作年限	0—5 年	305	39.05	39.05
	6—10 年	246	31.50	70.55
	11—15 年	83	10.63	81.18
	16—20 年	56	7.17	88.35
	20 年以上	91	11.65	100.00
	总计	781	100.00	

续表

变量	类别	频率	百分比（%）	累计百分比（%）
行政级别	正处（县）级领导职务	3	0.38	0.38
	正处（县）级非领导职务	2	0.26	0.64
	副处（县）级领导职务	2	0.26	0.90
	副处（县）级非领导职务	5	0.64	1.54
	正科级领导职务	43	5.51	7.04
	副科级领导职务	53	6.79	13.83
	正科级非领导职务（主任科员）	34	4.35	18.18
	副科级非领导职务（副主任科员）	72	9.22	27.40
	科员	440	56.34	83.74
	办事员	114	14.60	98.34
	试用期人员	13	1.66	100.00
	总计	781	100.00	

一是性别方面。本研究的样本中，男性为 362 人，占样本的 46.35%；女性为 419 人，占样本的 53.65%。

二是政治面貌方面。中国共产党党员占到了 75.03%；群众占 15.24%；共青团员占 8.83%。调研样本中，民主党派的只有 7 人。课题组所调研的公务员群体中，共产党员占到了样本人群的一半以上。

三是文化程度方面。拥有研究生学历的有 98 人，占 12.55%；拥有大学本科学历者占 73.75%；拥有大学专科学历者占 10.12%。接受过高等教育的人群占样本的 96.42%。可以看到，本研究中所调研的公务员群体普遍接受了良好的教育。

四是工作年限方面。课题组兼顾了各个工作年限的样本，其中样本量最大的群体是参加工作 5 年（含）以下的群体，占比 39.05%。其次是参加工作 6—10 年的群体，占比 31.50%。参加工作 10 年以上的群体占比 29.45%。

五是行政级别方面。所调研的公务员群体中，科员占 56.34%；办事员占 14.60%；担任科级职务的公务员占比 25.87%；担任处级职务的公务员占比 1.54%；担任领导职务的有 101 人，占 12.94%。

二 公众调研样本人口统计量的描述性分析

本研究中，公众部分共调研了东部、中部和西部 10 个省（自治区、直辖市），获得有效问卷 1242 份。通过 SPSS 22.0 得到的具体统计数据如表 2－2 所示。

表 2－2　　　　　　　　　　公众样本概况

变量	类别	频率	百分比（%）	累计百分比（%）
性别	男	635	51.13	51.13
	女	607	48.87	100.00
	总计	1242	100.00	
政治面貌	中共党员	342	27.54	27.54
	共青团员	255	20.53	48.07
	民主党派	14	1.13	49.19
	群众	631	50.81	100.00
	总计	1242	100.00	
文化程度	小学及以下	58	4.67	4.67
	初中	175	14.09	18.76
	高中/中专/技校/职高	255	20.53	39.29
	大专	286	23.03	62.32
	大学本科及以上	468	37.68	100.00
	总计	1242	100.00	
身份	村（居）民	265	21.34	21.34
	事业单位人员	306	24.64	45.98
	退休赋闲人员	40	3.22	49.20
	企业从业人员	260	20.93	70.13
	外来打工人员	57	4.59	74.72
	学生	162	13.04	87.76
	个体户	96	7.73	95.49
	其他	56	4.51	100.00
	总计	1242	100.00	

续表

变量	类别	频率	百分比（%）	累计百分比（%）
年平均收入	3万元以下	237	19.08	19.08
	3万—5万元	378	30.43	49.52
	6万—10万元	349	28.10	77.62
	10万元以上	278	22.38	100.00
	总计	1242	100.00	
本县（市、区）居住时间	5年以下	139	11.19	11.19
	5—10年	166	13.37	24.56
	11—20年	197	15.86	40.42
	20年以上	740	59.58	100.00
	总计	1242	100.00	
户口类型	本县（市、区）农业户口	413	33.25	33.25
	本县（市、区）城镇户口	672	54.11	87.36
	外地农业户口	85	6.84	94.20
	外地城镇户口	72	5.80	100.00
	总计	1242	100.00	

一是性别方面。研究样本中，男性为635人，占51.13%；女性为607人，占48.87%。可以看到，本研究所调研的样本性别比例较为均衡。

二是政治面貌方面。中国共产党党员占到了27.54%；群众占50.81%；共青团员占20.53%。民主党派14人，占1.13%。可以看出，在本研究所调研的公众群体中，群众占到了样本人群的一半左右，而共产党员占到了样本人群的1/4左右。

三是文化程度方面。大学本科及以上学历的群体占到了样本的37.68%；大专学历人群占23.03%；高中层次学历人群占20.53%。可以看出，调研样本中接受过高等教育的人群占样本的一半以上，占比为60.71%。这从侧面可反映出被调研群体完全有能力理解并回答我们的问题，能为本书提供较为准确的信息。

四是职业身份方面。著者兼顾到了大多数职业的样本，占样本较多的群体主要有事业单位人员，占比为24.64%；当地村（居）民，占比

21.34%；企业从业人员，占比20.93%。以上三类人群占到了样本的66.91%。著者和团队成员还调研了学生、个体户、外来打工人员以及退休赋闲人员等职业身份群体。可以说，课题组对公众的问卷调查具有广泛性与代表性。

五是年平均收入方面。在所调研的公众群体中，年平均收入在5万元以下的群体占到了49.51%。年收入在5万元以上的群体占到了样本的50.48%。本研究调研样本涵盖了各个收入阶层的群体。

六是居住时间方面。在当地居住超过10年的群体占比为75.44%，占到了样本的3/4。该部分群体相当了解本县（区）以及周边地区的情况。而在当地居住5年以上的群体占比为88.81%，该部分群体为我们了解本地区现状、深入发现并分析问题提供了可靠基础。

七是户口类型方面。样本中，本县城镇户口类型最多，占54.11%。而拥有本地户口的群体占比为87.36%，这占到了样本相当大一部分，保证了调研对象的准确性。

三　问卷的效度与信度检验

（一）问卷的效度分析

效度（validity），指"数据有效性的程度，即通过测量工具或测量手段能准确测量出被测量事物本质的程度"。效度分析可分为内容效度分析和结构效度分析两个方面。内容效度是指被测题目在多大程度上代表所要测量的具体内容，反映的是问卷设计是否充分；结构效度则是用来测量量表结构之间的相关程度，是研究者所构想的量表与实际结果的吻合程度。对于问卷中的非量表数据需要用内容效度分析，对于问卷中的量表数据则需要用结构效度分析。

著者共设计公众与公务员两套问卷，分别包含多种类型的题项，如量表题、单选题、多选题、排序题等。其中，公众问卷包含74个量表题项，公务员问卷包含92个量表题项。所设计的问卷是在梳理相关研究成果、应用基础理论的基础上，结合县级政府绿色治理的实际情况，参考了经多次实践检验的、运用成熟的量表，通过预调研对部分题项进行改进处理，获得了专家的认可，因此具有良好的内容效度。

针对量表数据的结构效度分析，需要使用探索性因子分析方法进行结构效度的检验说明。首先，对量表进行 KMO（Kaiser-Meyer-Olkin）值的测量和巴特利特球形检验（Bartlett Test of Sphericity），以确保是否能够进行因子分析。KMO 取值范围在 0—1，KMO 越接近 1，变量间的相关性越强，越适合做因子分析。KMO 值在 0.9 以上表示非常适合，数据效度非常好；KMO 值在 0.8—0.9 表示适合；KMO 值在 0.7—0.8 表示适中；KMO 值在 0.6—0.7 表示一般；KMO 值在 0.6 以下则无法接受，需要重新设计问卷（薛薇，2014）。其次，利用 SPSS 22.0 软件进行巴特利特球形检验，若显著性系数 Sig 值小于 0.01，则证明相关矩阵不是单矩阵，适合做因子分析。最后，采用主成分分析方法，对量表的因子结构进行分析和归类，利用最大方差法进行正交旋转，得到各个题项的因子载荷系数和多因子结构模型。如果因素模型能够解释总变异量的 60% 以上，就说明该量表十分具有效度。

著者分别对公众问卷与公务员问卷进行分析检验，公众问卷的量表题项共包含 15 个变量，所以要抽取的因子为 15 个；公务员问卷的量表题项共包含 16 个变量，所以要抽取的因子为 16 个。最终获得结果如表 2－3 所示。

表2－3　　　　　　　　**公众问卷的量表 KMO 和巴特利特检验**

KMO 取样适切性量数		0.989
Bartlett 的球形检验	上次读取的卡方	90197.069
	自由度	2701
	显著性	0.000

资料来源：根据 SPSS22.0 统计分析整理所得。

由表 2－3 可知，公众问卷的量表 KMO 值为 0.989，非常适合做因子分析，数据效度非常好。显著性系数 Sig 值为 0.000，小于 0.01，说明相关矩阵不是单矩阵，适合做因子分析。

由表 2－4 可知，在公众问卷量表的总方差解释各个项目中，初始特征值、提取载荷平方和、旋转载荷平方和三个项目最终的累计贡献率分别达到 77.242%，即该量表能够解释 77.242% 的变异量，大于 60% 的标准。因此，该量表的效度较好。

表 2 - 4　　　　　　　　公众问卷的量表总方差解释

组件	初始特征值			提取载荷平方和			旋转载荷平方和		
	总计	方差百分比（%）	累计（%）	总计	方差百分比（%）	累计（%）	总计	方差百分比（%）	累计（%）
1	40.649	54.930	54.930	40.649	54.930	54.930	10.222	13.814	13.814
2	2.658	3.592	58.523	2.658	3.592	58.523	7.739	10.458	24.272
3	2.376	3.211	61.734	2.376	3.211	61.734	7.044	9.519	33.791
4	1.714	2.316	64.050	1.714	2.316	64.050	4.112	5.557	39.347
5	1.328	1.794	65.844	1.328	1.794	65.844	4.085	5.521	44.868
6	1.240	1.675	67.520	1.240	1.675	67.520	3.958	5.349	50.217
7	1.085	1.467	68.986	1.085	1.467	68.986	3.786	5.116	55.333
8	1.050	1.418	70.405	1.050	1.418	70.405	3.636	4.914	60.247
9	0.921	1.245	71.650	0.921	1.245	71.650	3.542	4.786	65.033
10	0.785	1.060	72.710	0.785	1.060	72.710	2.693	3.639	68.672
11	0.747	1.010	73.720	0.747	1.010	73.720	1.671	2.259	70.931
12	0.709	0.958	74.678	0.709	0.958	74.678	1.506	2.035	72.966
13	0.664	0.897	75.575	0.664	0.897	75.575	1.445	1.953	74.919
14	0.625	0.844	76.419	0.625	0.844	76.419	0.890	1.203	76.122
15	0.609	0.823	77.242	0.609	0.823	77.242	0.829	1.120	77.242

提取方法：主成分分析法

资料来源：根据 SPSS22.0 统计分析整理所得。

由表 2 - 5 可知，公务员问卷的量表 KMO 值为 0.986，非常适合做因子分析，数据效度非常好。显著性系数 Sig 值为 0.000，小于 0.01，说明相关矩阵不是单矩阵，适合做因子分析。

表 2 - 5　　　　　公务员问卷的量表 KMO 和巴特利特检验

KMO 取样适切性量数		0.986
Bartlett 的球形检验	上次读取的卡方	82880.826
	自由度	4186
	显著性	0.000

资料来源：根据 SPSS22.0 统计分析整理所得。

由表2-6可知，在公务员问卷的量表总方差解释各个项目中，初始特征值、提取载荷平方和、旋转载荷平方和三个项目最终的累计贡献率分别达到79.674%，即该量表能够解释79.674%的变异量，大于60%的标准，因此该量表的效度较好。

表2-6 公务员问卷的量表总方差解释

组件	初始特征值			提取载荷平方和			旋转载荷平方和		
	总计	方差百分比（%）	累计（%）	总计	方差百分比（%）	累计（%）	总计	方差百分比（%）	累计（%）
1	51.435	55.907	55.907	51.435	55.907	55.907	13.898	15.107	15.107
2	4.739	5.151	61.059	4.739	5.151	61.059	12.014	13.059	28.165
3	2.634	2.863	63.922	2.634	2.863	63.922	8.409	9.141	37.306
4	2.061	2.240	66.162	2.061	2.240	66.162	6.574	7.146	44.452
5	1.553	1.688	67.850	1.553	1.688	67.850	4.177	4.541	48.992
6	1.396	1.518	69.368	1.396	1.518	69.368	4.093	4.448	53.441
7	1.321	1.436	70.804	1.321	1.436	70.804	4.062	4.416	57.856
8	1.282	1.394	72.197	1.282	1.394	72.197	3.985	4.332	62.188
9	1.084	1.178	73.375	1.084	1.178	73.375	3.411	3.708	65.896
10	1.026	1.115	74.491	1.026	1.115	74.491	2.667	2.899	68.795
11	0.934	1.015	75.506	0.934	1.015	75.506	2.221	2.414	71.210
12	0.888	0.966	76.472	0.888	0.966	76.472	2.016	2.191	73.401
13	0.840	0.913	77.385	0.840	0.913	77.385	1.970	2.142	75.543
14	0.782	0.850	78.235	0.782	0.850	78.235	1.719	1.868	77.411
15	0.694	0.754	78.989	0.694	0.754	78.989	1.110	1.206	78.617
16	0.630	0.685	79.674	0.630	0.685	79.674	0.973	1.057	79.674

提取方法：主成分分析法

资料来源：根据SPSS 22.0统计分析整理所得。

（二）问卷的信度分析

问卷的信度检验主要针对问卷的可靠性进行检验，测量问卷结构的一致性，即题项是否考察同一概念变量，确保问题回答真实反映预期目标。

信度检验主要针对调研问卷中的量表数据部分。本书所设计问卷中的部分量表题项是通过一组问题来集中测量某一变量，因此，信度分析应按照问题组进行，将同一组问题的题项作为一个整体分析信度如何。

　　常用的信度检验方法为"克隆巴赫 α"（Cronbach's Alpha）信度系数。通常，α 系数越高，代表量表的可信度越高。常见的信度系数值介于 0 到 1，信度系数值越接近于 1，表示量表信度越高；信度系数值越接近于 0，表示量表信度越低。任何量表的信度系数如果在 0.9 以上，则表示该量表的信度甚佳。一般来说，总量表的信度系数在 0.8 以上非常好，0.7—0.8 是较好；分量表的信度系数在 0.7 以上较为良好，0.7—0.8 是可接受的，0.6 以下则无法接受，需要重新设计问卷。

　　第一，公众问卷的信度分析。公众问卷所调查的内容包括四个维度，每个维度下均包含由量表题项测量的若干变量。具体而言：在"县级政府绿色治理体系"维度下，有变化发生情况、政府管理和服务制度、政府运用管理资源能力、政府运用管理工具效能变量；在"县级政府绿色治理机制"维度下，有不同领域的治理效果变量；在"县级政府绿色治理文化"维度下，有"党风、政风、社会风气、生态环境状况"、公共文化服务、绿色生产生活情况变量；在"县级政府绿色治理质量"维度下，包括认同感、信任感、公平感、参与感、获得感、满意度、扶贫工作变量。

表 2 - 7　　　　　　　　　　　公众问卷的量表可靠性统计

维度	变量	项数	克隆巴赫系数
县级政府绿色治理体系	变化发生情况	4	0.830
	政府管理和服务制度	4	0.916
	政府运用管理资源能力	5	0.895
	政府运用管理工具效能	3	0.840
县级政府绿色治理机制	不同领域的治理效果	5	0.906
县级政府绿色治理文化	"党风、政风、社会风气、生态环境状况"	4	0.898
	公共文化服务	7	0.949
	绿色生产生活情况	4	0.885

续表

维度	变量	项数	克隆巴赫系数
县级政府绿色治理质量	认同感	5	0.914
	信任感	5	0.891
	公平感	5	0.892
	参与感	6	0.945
	获得感	6	0.907
	满意度	6	0.923
	扶贫工作	5	0.934

资料来源：根据 SPSS22.0 统计分析整理所得。

由公众问卷中量表数据的可靠性统计分析结果可知，公众问卷的量表题项共包含15个变量，各变量的克隆巴赫信度系数如表2-7所示。通过进一步计算，15个变量的克隆巴赫系数平均值为0.902，大于0.9。这表明量表的信度甚佳。同时，由统计结果可以进一步得知，各组题目对变量测量的内部一致性非常高，其结果非常可靠，能够为后期分析结果提供非常强的解释力。

第二，公务员问卷的信度分析。公务员问卷所调查的内容同样包括四个维度，每个维度下包含由一定数量的量表题项测量的若干变量。具体而言，在"县级政府绿色治理体系"维度下，有治理参与者、治理制度、治理资源、治理工具变量；在"县级政府绿色治理机制"维度下，有不同领域的治理效果、绿色治理措施、地区发展协调性、社会治理主体参与情况、权力监督效果、安全发展情况变量；在"县级政府绿色治理文化"维度下，有"党风、政风、社会风气、生态环境状况"、党内政治文化活动内容、党内政治文化活动效果、公共文化服务、绿色生产生活情况变量；在"县级政府绿色治理质量"维度下，有扶贫工作变量。

由公务员问卷中量表数据的可靠性统计分析结果可知，公务员问卷的量表题项共包含16个变量，各变量的克隆巴赫系数如表2-8所示。通过进一步计算，16个变量的克隆巴赫系数平均值为0.917，大于0.9。这表明量表的信度甚佳。同时，由统计结果可进一步得知，大多数组的题目对变量测量的内部一致性非常高，其结果非常可靠，能够为后期分析结果提供非常强的解释力。

表2-8 **公务员问卷的量表可靠性统计**

维度	变量	项数	克隆巴赫系数
县级政府绿色治理体系	治理参与者	6	0.902
	治理制度	5	0.921
	治理资源	5	0.899
	治理工具	4	0.902
县级政府绿色治理机制	不同领域的治理效果	5	0.948
	绿色治理措施	5	0.930
	地区发展协调性	5	0.946
	社会治理主体参与情况	5	0.957
	权力监督效果	7	0.937
	安全发展情况	7	0.917
县级政府绿色治理文化	"党风、政风、社会风气、生态环境状况"	4	0.700
	党内政治文化活动内容	10	0.966
	党内政治文化活动效果	8	0.965
	公共文化服务	7	0.947
	绿色生产生活情况	4	0.908
县级政府绿色治理质量	扶贫工作	5	0.934

资料来源：根据 SPSS 22.0 统计分析整理所得。

第二节 县级政府绿色治理现状梳理

县级政府绿色治理涉及经济、政治、社会、文化、生态等各个领域。通过文献资料和调研数据分析，本书认为，经过近些年的努力，在新发展理念指导下，我国县域经济、政治、社会、文化和生态等领域"绿色化"有了长足进步。但从整体上来看，我国县域绿色经济发展还不平衡不充分，县域绿色政治还有待进一步好转，县域社会绿色参与能力有待进一步加强，县域绿色文化有待进一步涵养培育，县域绿色生态质量有待进一步提升。

一 县域绿色经济发展不平衡不充分

经济发展从本质上说是人与自然在不断进行物质和能量转换中互动适

应的过程。县域经济绿色发展就是要求县域要以实施绿色政策、发展绿色产业为抓手,加快培育县域生态经济新动能、推进县域经济转型升级、县域产业结构优化调整。在绿色发展理念引导下,县域经济发展逐步向绿色转型,但绿色经济发展依然存在不平衡不充分的问题。

一是县域经济发展不平衡不充分。充分性与平衡性是绿色经济的重要特征。从县级政府治理的角度来看,发展不平衡主要是指县域经济发展过程中出现的不协调、不匹配、不和谐的关系,主要表现为区域、城乡、结构和分配上的不平衡。其一,区域上的不平衡主要是指东部地区、中部地区和西部地区的县域经济发展存在较大差距,东部地区的县域人均 GDP、人均财政收入和人均拥有财富的水平等远超中西部县域。其二,城乡发展不平衡主要是指在同一县域内,城乡居民所能享受的收入、教育、医疗、消费、就业和政府公共投入上具有较大差距,尤其是教育、文化、基础建设等在城乡覆盖上不平衡现象更为突出。其三,结构上的不平衡主要是指经济、政治、文化、社会、生态这五个方面还不够协调。经济是县级政府治理最为关注的方面,在县域发展中往往具有压倒性的优势;经济、政治、文化、社会、生态五个方面在内部发展结构上也存在不平衡。其四,分配不平衡主要体现在收入分配不平衡,县域内不同乡镇(街办)、行业、群体间贫富差距较大,实现县域人民美好生活在一定程度上要基于公平合理的收入分配格局。

二是县域绿色经济发展不充分主要体现为发展总量和发展质量上的不充分。其一,受历史文化、自然环境、体制机制、政策措施等多种因素交互影响,一些县域绿色经济发展水平较低,发展规模和总量还不能满足当前人民美好生活需要。在调研中发现,尽管经济发展在各地的发展中属于重点推进领域,但从调研对象的评价来看,绿色经济发展质量距离人民美好生活需要还存在一定的差距(见图 2-1)。其二,近几年,受全国经济"三期叠加"和"四降一升"等因素影响,再加之长期以来县域经济发展方式粗放、生态环境恶化,当前县域经济发展形势更为严峻,迫切需要从提高质量入手,提升满足人民美好生活需要的发展能力。① 尽管造成县域发展不平衡不充分的原因是多种多样的,但与县级政府治理能力不足不无

---

① 杨小勇、王文娟:《新时代社会主要矛盾的转化逻辑及化解路径》,《上海财经大学学报》2018 年第 1 期。

关系。要解决县域人民日益增长的美好生活需要和不平衡不充分发展之间的矛盾，应从治理质量入手，以绿色治理推动县级政府职能转变、优化县级政府治理体系、提升政府绿色治理能力，深入推进县级政府绿色治理体系和绿色治理能力现代化。

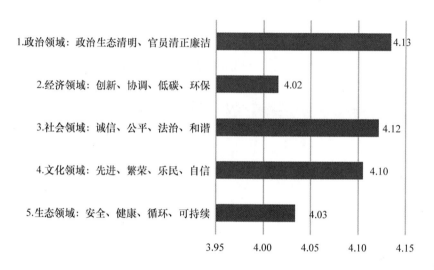

图 2-1 县域五大领域评价

三是县域绿色经济的生态性不足。绿色经济的本质是生态经济。生态性是县域绿色经济的本质属性。不少县域发展绿色经济还缺乏生态底蕴。其一，县域长期的粗放式经济发展遗留问题多。在"唯 GDP"的年代，一些县级政府走了"先污染后治理"的弯路，为了眼前利益引进高污染的企业，环保监督懈怠，不少废水废气乱排，常常以牺牲生态环境为代价去换取经济一时发展。在新时代，为了促进高质量发展，县级政府在全面落实新发展理念中应不断强化环境治理。面对人民群众日益增长的优美环境的需要，县级政府环境治理投入依然不足（见图 2-2）。其二，传统产业结构制约绿色经济发展。我国县域经济尤其是中西部地区的县域经济普遍存在产业体量小、产业链条短、关联度低、科技含量低、集群效应不够，难以有效支撑县域绿色经济的可持续发展。

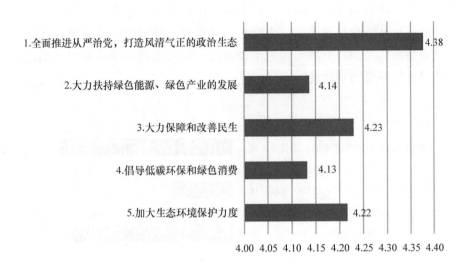

图 2 - 2　绿色治理措施评价

二　县域绿色政治有待进一步好转

县级政府绿色治理在政治领域追求风清气正的政治生态。党的十八大以来，在全面从严治党、全面依法治国深入推进的背景下，我国以壮士断腕的决心净化乃至重构政治生态，县级政府政治生态有了较大改善，党风政风持续好转，党内正气持续上升，社会风清气正的态势明显（见图 2 - 3）。然而，县域政治生态还存在不少问题，特别是危害政治生态的一些病灶还没根治，制约了县域政治生态的根本好转。①

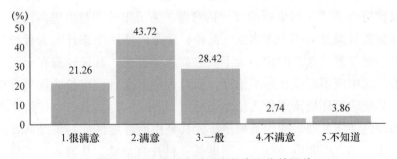

图 2 - 3　县域公众对反腐倡廉工作的评价

---

① 黄金盛：《加强县域政治生态建设的思考与路径》，《国家治理》2018 年第 48 期。

一是全面从严治党依然需要加强。全面从严治党，首先要坚决落实"党要管党"。"党要管党，一管党员，二管干部，最关键的是干部问题。"① 一些县级政府在推进绿色治理中党不管党的现象较为突出，不少县党政"一把手"将抓经济、招商引资看成是"硬任务"，而将党建看成是"软任务"，形成了"党建说起来重要、抓起来次要、忙起来不要"的现象。这就使得党建过程中干部教育失之于泛、管理失之于偏、监督失之于软、廉洁自律失之于松。

二是县级政权权力过分集中。在许多县域领导班子中，"一把手"专断集权的现象依然存在，常常会有"一把手绝对真理、二把手相对真理、三把手服从真理，其他把手没有真理"的现象。在个别县域，"一把手"俨然成为该县（区）的"土皇帝"，加之规范权力运行的相应制度、体系、机制没及时跟进，相对密闭的自由裁量空间大，"一把手"在其县域内几乎没有任何力量对其进行制约。这就很容易导致"一把手"在干部选任、工程建设、政府采购、国有产权转让、大额资金使用等问题上滋生严重腐败问题，进而严重恶化县域政治文化生态。

三是基层"微腐败"影响干群的和谐关系。微腐败是发生在党和国家权力系统"神经末梢"的腐败。"一些地方、部门、单位，基层干部不正之风和腐败问题还易发多发、量大面广……有的甚至成为家族势力、黑恶势力的代言人，横行乡里、欺压百姓。"② 可以说，基层腐败问题形式多样、层出不穷，概括起来凸显为"吃拿卡要""挪用私分公款""圈地卖地""私办企业""截留冒领""私养情人""染黑涉黑"等问题。③ 这些"微腐败"如果不能得到有效治理，就会纵蝇为虎，给国家和社会带来更多、更大的罪恶。

四是领导干部使命意识不强。在任务重、责任大的情况下，个别党员干部担当、奉献意识不足，引领作用发挥不充分。一些干部怕犯错担责，存在"分管越多、问责越多，创新越多、错得越多"的顾虑。一些县域主要领导对出现的违纪问题不同程度上存在"让着""护着""捂着"现象，使少数领导干部一步步走向违法犯罪深渊而浑然不觉，也让少数违纪者心存侥幸、肆意妄为。

---

① 李中元、贾桂梓：《文化建设与中国发展道路》，山西人民出版社 2012 年版，第 325 页。

② 陈育义：《基层"微腐败"的"大祸害"》，《人民论坛》2018 年第 16 期。

③ 史云贵：《哪些基层腐败令人深恶痛绝》，《人民论坛》2017 年第 13 期。

三 县域社会绿色参与能力有待进一步加强

社会绿色参与能力是指社会组织和社会公众遵循绿色治理理念，依法广泛有效有序参与社会治理的能力。问卷调查与统计分析表明，提升县域社会绿色参与能力还有不少障碍。

一是县域社会组织力量羸弱。社会组织是共建共治共享的重要参与者和基本的组织架构。当前，我国县域社会组织发展呈现出起步晚、起点低、数量少、影响弱、规模小的特征，功能与作用十分有限，还没有形成相对完整的自组织体系，总体上还不能满足县域公众对美好生活的绿色参与需要。调研结果表明，被调查者对非政府组织的数量、职能发挥情况的评价相对较低，以5分为满分，其得分在3.5左右，远低于对党委和政府的评分。如图2-4所示。

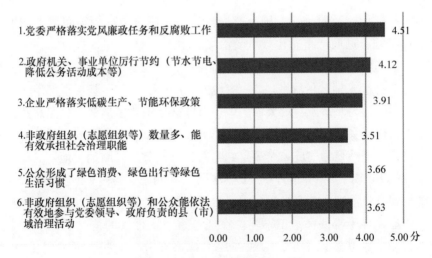

图2-4 县域绿色治理主体评价

县域层面社会组织主体主要由农村经济合作组织、工业行业协会、社会各项事业的各类协会组成。[1] 这些社会组织机构单一零散，运行不规范，合作水平较低，区域性合作联盟较少，社会组织内部经营收入微薄、无实

---

① 阎刚平：《县域科学发展方法论》，中共中央党校出版社2009年版，第174页。

体支撑、经费与设备匮乏、积累不足，远没有形成完整的县域自组织体系。同时，不少县级政府对社会组织的地位与作用认识不足，没有将社会组织纳入县域政治、经济、社会、文化、生态的"五位一体"总体布局之中。县域"什么样的社会组织可以存在""社会组织可以进行什么样的活动"完全由县级政府决定。[1] 此外，县域社会组织发展还面临着法律规定不健全、政策环境不完备、登记门槛较高等障碍。这就使得县域社会组织独立意识不强，参与县域政治、经济、社会、文化、生态治理的能力羸弱，无法在县域绿色治理中充分发挥作用。

二是县域公众的参与意愿不强。在县级政府绿色治理过程中，公众参与不仅有利于促进社会公平正义，也有助于提升政策质量，对政府能力形成有效弥补。[2] 当前公众参与县域绿色治理的热情与积极性并不高，参与意识还比较淡薄，广大基层群众还未发挥"积极公民"的角色，仍然停留在"看门人"与"搭便车者"的角色状态。调查表明，有26.33%的被访对象表示"只在受到邀请时才会参与"，17.31%的被访对象表示"只有在涉及自身利益时才会参与"，甚至还有5.64%的被访对象表示"任何情况下都不参与"（见图2-5）。

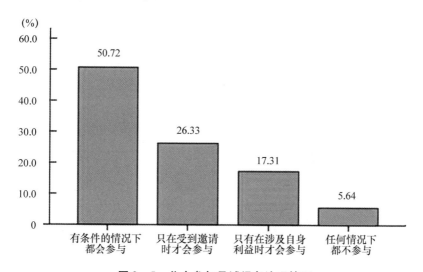

图2-5　公众参与县域绿色治理情况

① 汪彤：《政府权力悖论与中国经济转轨》，中国发展出版社2010年版，第141页。
② 王潜：《县域生态市治理与建设中的政府行为研究》，东北大学出版社2011年版，第139页。

同时，在"异质化""原子化"的社会背景下，县域公众更多地凸显为具有理性计算、维护自身私利的孤立个体，很难有效参与县域绿色治理中。再加上县级政府浓厚的"官本位"思想与"家长制"作风使得公众参与流于形式，这极大地压抑了公众的参与，加剧了县域公众的挫折感与无力感，大大削弱了公众参与县域公共事务的自觉性、主动性与创造性。① 公众参与意识淡薄与参与能力不足最终会严重制约县级政府绿色治理质量。

四 县域绿色文化亟待涵养培育

绿色文化是绿色治理的底蕴与基础。在县域，绿色文化一般可通过绿色意识、绿色生产、绿色出行、绿色消费等绿色行为具象出来。从问卷调查与统计分析来看，县域绿色文化基础还不够厚实，绿色文化有待于进一步涵养培育。

一是县乡政府对绿色发展认识还没有完全到位。一些政府部门对绿色发展与生态文明建设的重要性认识不足，缺乏部门协调联动机制，实施绿色发展措施不力。

根据调研结果显示，有259名（33.16%）公务员根本不知道是否已将"绿色发展"纳入了党政领导干部的考核指标体系，甚至有26名（3.3%）公务员承认当地县级政府未将"绿色发展"纳入党政领导干部考核。如图2－6所示。

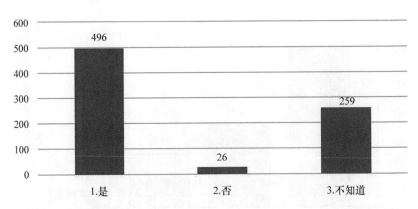

图2－6 公务员对"绿色发展"纳入县域党政领导干部考核知晓情况

在日常工作中，有278名（35.6%）公务员不知道或者否认工作单位

---

① 丁茂战：《我国政府社会治理制度改革研究》，中国经济出版社2009年版，第56页。

开展过生态文明建设的教育培训，如图2-7所示。

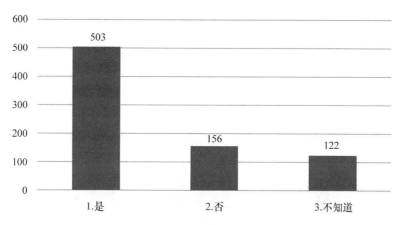

图2-7 公务员对所在单位是否开展过生态文明
建设的教育培训知晓情况

图2-6和图2-7表明，一些县区政府仍未牢固树立绿色发展意识，对绿色发展和生态文明建设措施不力。只有把绿色发展理念内化为绿色生产、绿色生活、绿色出行的具体绿色行为方式，才能真正让绿色文化为县级政府绿色治理提供持久的绿色动力。

二是企业生态环境意识普遍淡薄，管理粗放，导致环境监管难度较大。课题组在调研中发现，在"绿色生产、绿色出行、绿色生活和绿色消费"四项评价中，"绿色生产"得分仅为3.98分，为四项评价中最低一项，如图2-8所示。

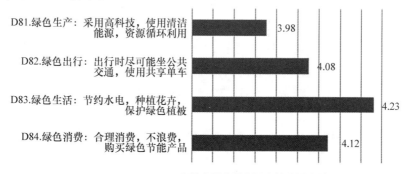

图2-8 绿色生产、绿色出行、绿色生活、绿色消费评价

在实地调研中发现，有些企业经常在夜间难以监管的时段排放废气、废水，对周围居民的生活产生了严重的影响；有些社区的店铺门面产生的垃圾、污水、噪声等也对居民生活产生诸多不良影响。从东、中、西部的调研数据分析得知，西部地区企业在严格落实低碳生产、节能环保政策中的得分最低，仅为 3.69 分，如图 2 - 9 所示。

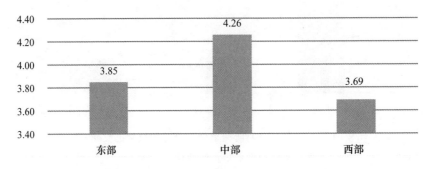

图 2 - 9 企业严格落实低碳生产、节能环保政策得分

图 2 - 9 的分值差异与县域经济发展水平不无关系，充分暴露了西部一些县域企业绿色生产的责任意识薄弱。为此，要在县域绿色治理过程中以严格的环境监管倒逼企业绿色生产的转型升级，进而全面深入推进我国县域绿色发展。

三是群众对绿色发展的认识不足，参与生态建设与环境保护的积极性不高，绿色生活观念还有待进一步提高。以成都市温江区为例，数据分析发现，35.6% 的群众认为周围的人对于爱护环境、勤俭节约的社会公德并非一贯遵守，3.2% 的群众认为周围的人并不遵守绿色公德（见图 2 - 10）。在绿色出行方面，在温江区内，更多的群众选择自驾出行，而非更加低碳环保的公共交通工具（见图 2 - 11）。

在绿色消费方面，大部分的群众会自觉购买环保产品，但仍有 2.6% 的居民并不关注绿色消费，有 31.3% 的居民只是偶尔会注意到绿色消费的问题（见图 2 - 12）。

通过数据分析可知，有超过 1/3 的居民认为周围的人并不遵守爱护环境、勤俭节约的社会公德。在温江区内出行，人部分的群众也未树立起绿色出行的理念，原因在于无论是绿色消费还是绿色出行，以及自觉遵守绿色公德，温江区村（居）民绿色发展、绿色治理的理念还未真正树立起来。

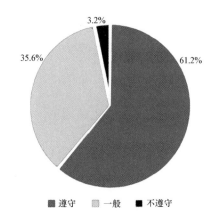

遵守　　一般　　不遵守

图2-10　成都市温江区人民绿色公德遵守度

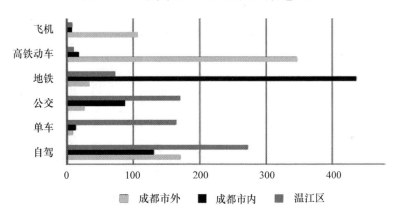

成都市外　　成都市内　　温江区

图2-11　成都市温江区人民绿色出行方式选择

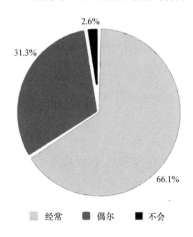

经常　　偶尔　　不会

图2-12　成都市温江区人民绿色消费方式

四是官场文化遗毒仍未肃清。一些县域特别是基层乡镇，传统官场文化仍在一定程度上影响着一些党员干部的价值取向、道德选择和行为方式，如"琢磨事不如琢磨人"的投机钻营，"干的不如看的"的论资排辈，"做事不如作秀"的形式主义，"摆平就是水平"的伪稳定，"多栽花少栽刺"的好人主义等。有的党员干部面对各方利益集团的环伺"围猎"，往往经不起诱惑和考验，最终迷失于潜规则而底线失守。通过调研数据分析，公众在对"官员清正廉洁、风清气正"这一选项进行评分时，有近50%的公众对官员清正廉洁、风清气正的评价为一般，甚至更低。如图2-13所示。

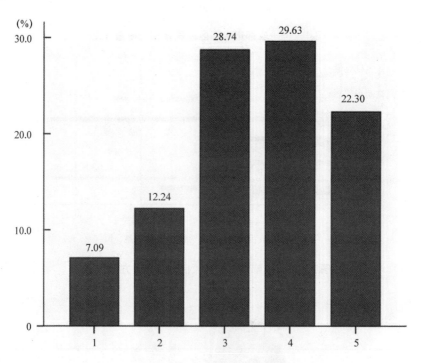

图2-13　公众对官员清正廉洁、风清气正的评价

五　县域绿色生态亟待质量升级

党的十八大以来，我国在保护生态环境上开展了一系列根本性、开创性、长远性工作，推动着我国生态环境可持续发展。但从当前生态文明建设的整体情况来看，保护生态环境、治理环境污染的形势依然十分严峻。为了不断满足县域人民日益增长的优美生态环境需要，县（区）党委、政

府必须坚定"绿水青山就是金山银山"的绿色发展理念，贯彻创新、协调、绿色、开放、共享的发展新理念，科学审视县域生态环境问题。

县域生态环境污染问题依然存在。大气污染、水污染、固体废弃物污染、土壤污染等一直是我国环境污染的重中之重。从问卷调查与统计分析来看，在对"生态领域：生态环境良好"按照1—5分进行评价时，仅有55.72%的被调研对象给出4—5分的评价，换言之，有44.28%的被访对象对县域"生态环境良好"这一项的打分在1—3分，有接近一半的被访者对于当地的生态环境治理存在不满。如图2-14所示。

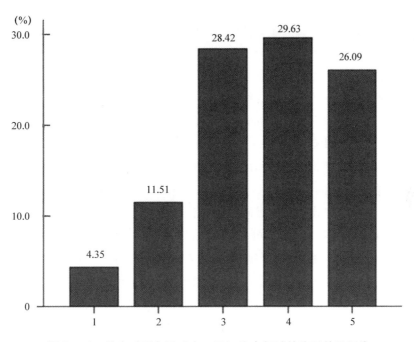

图2-14　公众对所在县（市、区）生态领域的治理效果评价

县域生态治理任务重、难度大、需要大量资金，推进燃煤锅炉拆改、淘汰落后产能等也需要大量的资金支持。政府在引导企业投资、带动社会投资上也十分困难，社会投资环境保护的积极性不高，导致县域生态环境综合治理资金缺口大。环境监测是环境生态保护的重要抓手，但县级环保监测机构的硬件设施建设较为落后、技术队伍的素质不高、执法队伍力量薄弱、风险防控能力较差。

第三节　县级政府绿色治理障碍审视

在全面推进县域绿色治理过程中，县级政府在政治、经济、社会、文化和生态等领域绿色治理方面还存在一些问题。这些问题的存在一方面是由历史遗留问题造成的，另一方面在于县级政府治理绿色化的顶层设计、体制、机制、政策、文化等不健全。

一　县级政府绿色治理顶层设计不健全

一是缺乏对"绿色"丰富价值意涵的充分认识与理解。党的十八届五中全会提出了"绿色"发展理念，当前绿色已成为我国诸多领域发展的底色。如何将绿色丰富的价值意涵应用于政治、社会等各个领域，关键在于如何理解绿色的内涵。当前县级政府诸多领导干部将绿色的意涵的认识和理解还仅局限于"生态""环境""环保"等狭隘的范畴，还没有充分认识到"绿色"还具有"公平、和谐、廉洁、健康、安全、民主"等多元价值意涵，也就很难将这些价值意涵应用于治理实践之中。因此，缺乏对"绿色"多元价值的深刻认识与理解直接制约了绿色治理在实践中的行为效果，也就很难有效提升县级政府绿色治理质量。

二是缺乏整体、系统、可持续的治理思维。绿色治理是政府推动政治、经济、社会、文化、生态等方面全方位和谐、健康、协调、可持续发展的过程。绿色治理涉及诸多领域以及绿色多元的价值追求决定了县级政府绿色治理需要具备整体、系统、可持续性治理思维。当前县级政府在推进绿色治理中还存在破碎化的治理思维。第一，缺乏整体性治理思维。整体性强调系统中各要素综合起来时所呈现出的各部分或要素所不具备的整体性能。① 县级政府往往缺乏绿色治理的整体规划，经济、政治、社会、文化、生态一体性规划意识不强。同时，县级政府协同治理能力不足，推动多元主体合作共治能力不强。第二，缺乏系统治理思维。系统性治理是县域绿色治理的重要基础。县级政府治理仍然处于政府绝对支配的地位，构建基于对等关系的县域绿色治理共同体，并以县域绿色治理共同体推进

---

① 曾凡军：《基于整体性治理的政府组织协调机制研究》，武汉大学出版社2013年版，第35页。

县域系统治理依然任重道远。第三，缺乏可持续治理理念。绿色治理是追求长远、协调、科学的可持续治理。县级政府在绿色治理过程中的"主体利益意识"使得其往往容易陷入短视化的治理误区。"经济人"假设暗示了县级政府更倾向于选择符合自己价值取向的决策方案来发展各项社会事业。[①] 县级政府在治理过程中往往容易陷入追求高 GDP 经济增长的政绩量化的"政治锦标赛"竞争之中，而往往容易忽视民主参与、社会公平和谐、环境保护等诸多公众对美好生活需要的非经济因素，这就容易造成短视化的不可持续治理局面。

三是缺乏明确的目标导向。县域传统治理往往过于强调"摸着石头过河"，容易忽视县域绿色治理所要求的目标性、系统性、全面性。实际上，"摸着石头过河就是摸规律，从实践中获得真知。摸着石头过河和加强顶层设计是辩证统一的，推进局部的阶段性改革开放要在加强顶层设计的前提下进行，加强顶层设计要在推进局部的阶段性改革开放的基础上来谋划"[②]。中央在国家治理体系和治理能力现代化、绿色发展、生态文明建设等方面出台了一系列重要策略举措，但是尚未就县级政府如何推进绿色治理、最终要达到怎样的县域治理图景形成明确的规定或指导性意见。因而，县级政府要在全面落实新发展理念的过程中，切实以不断满足县域人民美好生活为目标，加快以绿色发展全面推进县域绿色治理的进程。

二　县级政府绿色治理体系不完善

县级政府绿色治理是一个系统性的过程，包含着"谁来治理""如何治理""治理得怎么样"等要素。从整体来看，县级政府绿色治理体系还不够完善。

一是县级政府治理体系要素不完善。县级政府治理体系要素不完善主要体现在治理理念认知不到位、多元主体治理能力不足、事权财权不对等方面。第一，治理理念认知不到位主要是指县域多元主体虽然通过各种方式学习、吸收和实践习近平新时代中国特色社会主义思想，并尝试与高校等科研院所合作为县域治理提供更佳的治理方案，但受多元主体的学习力、领悟力和执行力的影响，多元治理主体对习近平新时代中国特色社会主义思想以及绿色治理理念的认知和理解还不够深入、全面，新思想和新

① 颜佳华：《湖湘公共管理研究》第 1 卷，湘潭大学出版社 2009 年版，第 129 页。

② 徐斌：《基层探索与顶层设计的辩证统一关系》，《人民论坛》2019 年第 25 期。

理念在具体的治国理政中与预期目标还有着不小的偏差。第二，在全面推进县域绿色治理进程中，县委和县政府的引领能力、整合能力、服务能力不强，市场主体、社会主体参与能力不足。多元治理主体相关能力不足影响了县级政府治理过程中多元主体间的沟通、协商与合作，容易导致治理体系内部结构的变形。第三，县级政府治理事权财权不对等。一是，县级政府作为基层政权，承担了向所辖区域提供基本公共服务的重要责任，但由于与中央、省、市级政府相比，县级政府在政治上处于相对弱势地位，其所享有的财权极其有限，导致县级财政所承担的事权与所享有的财权严重不对称。二是，县级政府权力运行困局。在权力的纵向分割上，划归中央或者省直管的重要部门的人事权和财务权都不受县级政府控制，游离于县级政府管辖之外，使县级政府协调垂直部门和单位工作难度越来越大。三是，县级政权权力本身缺乏有效的监督和制约（见图2－15）。"下级监督太难、同级监督太软、上级监督太远"，因而最容易导致权力失控，滋生与民争利、公权侵占私权甚至以权谋私的贪污腐化行为，积累和激化矛盾，使民怨沸腾、民心愤怒、冲突频起。① 县级政府治理财权事权不对等无形中加大了县级政府治理的难度。

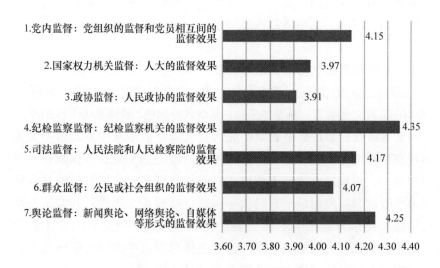

图 2－15　县域公众对权力监督的评价

---

① 胡锐军：《社会冲突触发因素的政治学分析》，《政治学研究》2015 年第 2 期。

二是县级政府治理体系要素间关系碎片化。县级政府治理体系要素间关系碎片化是指县级政府治理体系构成要素之间未形成良性互动关系且未形成合力，主要体现在多元治理主体职能失衡、资源配置失当以及多元主体合作治理失灵等方面。第一，县（区）治理主体职能边界不清晰。一方面，政府职能失衡，即处于城市与乡村连接点上的县级政府，基于县域工业化程度低、经济实力弱的现实，大多把跨越式发展作为政府工作的中心，形成了发展型的政府形态，导致了县级政府的职能失衡；① 另一方面，县委、县政府、社会组织和县域公众之间的职能边界不明确，存在职能越位和缺位的现象。县级政府治理多元主体职能失衡导致多元治理主体在县级政府治理过程中关系错位，影响了县级政府治理体系的运行。第二，县级政府治理资源配置失当。由于县级政府治理多元主体间职能失衡，县委、县政府在县域治理过程中发挥着主要功能，县级政府治理资源配置多由县委、县政府直接决定。但由于一些县级领导人的绿色发展观念和法治意识淡薄，缺乏科学决策的行政技能和专业素养，凭借狭隘的经验，乱决策、瞎指挥，既不符合市场规律，也不尊重群众的意愿和首创精神，经常导致资源配置的失当。一些县区经常比拼土地和税收优惠条件，进行恶性竞争，牺牲公共利益，破坏市场秩序。② 第三，多元主体合作失灵。在党委领导、政府负责、社会协同、公众参与、法治保障"五位一体"的治理体制下，县级政府治理需要县委、县政府、社会组织和县域公众依法共商共建共治共享。但是在现实情境中，多元主体在地位上存在不平等，且相互之间的职能边界不清晰，县委、县政府在公共决策以及治理资源配置中具有压倒性的决定权，社会组织和公众在共商共建共治中往往处于从属地位，容易造成合作治理的失灵。此外，由于缺乏有效的监督机制和伦理规范，即便县委、县政府、社会组织和公众能够处于相对平等的情况下，但基于理性选择理论，多元治理主体可能受自利本性的驱使，出现"搭便车"和"公地悲剧"现象，从而导致合作治理失灵。而合作治理作为县级政府绿色治理的重要内容和基本关系架构，合作治理失灵则意味着县级政府治理体系亟待绿色化。

①　瞿磊、王国红：《广西县域治理创新实践及其发展方向》，《学术论坛》2013 年第 1 期。
②　瞿磊、王国红：《广西县域治理创新实践及其发展方向》，《学术论坛》2013 年第 1 期。

三 县级政府绿色治理机制不健全

运行机制是指一定制度安排下各构成要素之间相互联系和作用的制约关系及其功能。[1] 要实现县域绿色治理的预期目标需要合理有效的运行机制支撑。绿色治理运行机制是推动绿色治理体系有效运转的动力链条。县级政府绿色治理质量很大程度上由绿色治理机制运行质量决定。当前我国县级政府绿色治理机制还存在不健全、不完善之处，掣肘了县级政府治理的绿色转型。

一是绿色治理多元主体参与机制不够完善。绿色治理是一项复杂的系统工程，涉及众多利益主体的利益，只有各利益相关方都能推动形成多元主体协同参与机制，才能有效实现绿色治理目标。当前县级政府绿色治理还未形成有效、完善的多元主体协同参与机制。第一，县级政府在绿色治理中角色错位。在政府与社会的权力分配格局中，政府始终占据绝对的主导地位。改革开放以来，我国并没有改变政府在政治、经济、社会等方面绝对主导的地位。[2] 因此，在走向绿色治理过程中县级政府往往以高度控制社会资源的姿态出现，漠视或者忽视县域社会组织与公众的力量。这就使得绿色治理中县级政府与其他主体呈现割裂的"碎片化"状态，绿色治理多元主体协同格局没有真正形成。在当前"国家—市场—社会"三维互动治理成为公共治理主要趋势的大背景下，县级政府在绿色治理中的角色错位致使县域绿色治理多元主体协调参与机制的形成困难重重。一方面，县级政府将其在绿色治理中定位为权威主体，对外为了维持组织边界，对内为了加强权力在金字塔中的权威，对绿色治理各个领域进行严格的控制，造成绿色治理各领域决策信息滞后，从而致使绿色治理决策失误的产生；另一方面，县级政府对"政府主导"的绿色治理理解不到位，导致绿色治理过程中权力使用与资源分配出现了偏差。在多元主体协同的绿色治理模式中，县级政府主要角色应是协调各方，成为绿色治理的推动者，扮演好引导者、协调者与服务者的重要角色，而非绝对控制者角色。因此，县级政府在绿色治理中的角色错位必然难以形成多元主体协同推动绿色治

① 马捷、胡漠、魏傲希：《基于系统动力学的社会网络信息生态链运行机制与优化策略研究》，《图书情报工作》2016 年第 4 期。

② 薛立强：《授权体制：改革开放时期政府间纵向关系研究》，天津人民出版社 2010 年版，第 183 页。

理的格局，这与课题组的调研数据分析结果相一致。对于多元主体在县域绿色治理格局中的关系，有 15.30% 的调研对象认为，在县域绿色治理中"党委、政府说了算，其他主体不起作用"，还有 35.75% 的调研对象认为，县域绿色治理"主要靠党委、政府，其他主体发挥作用小"，也就是说有 51.05% 的群众认为在县域绿色治理中未形成良好的共建共治共享的绿色治理格局，难以充分发挥各方合力。如图 2-16 所示。

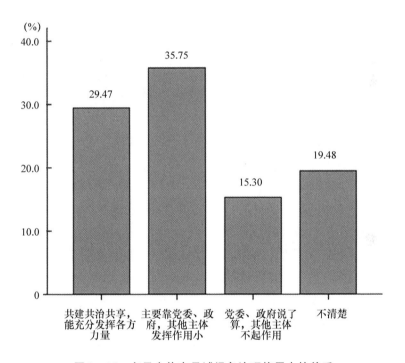

图 2-16　多元主体在县域绿色治理格局中的关系

　　第二，县域社会组织参与渠道不畅，不能有效地推动绿色治理。在县域绿色治理中，由于政府部门在制定政策时往往带有划一性、全民性，因此往往无法为部分特殊人群提供其需要的服务，社会组织在这里就起到了"拾遗补阙"的作用。[①] 当前，在县级政府绿色治理多元共治过程中，非政府组织参与绿色治理的渠道不畅致使县级政府绿色治理多元主体协同效率

---

　　① 王诗宗、宋程成：《独立抑或自主：中国社会组织特征问题重思》，《中国社会科学》2013年第 5 期。

低下。同时，一些领导干部"官本位"思想严重，认为绿色治理中非政府组织仅仅是被动员的对象，往往采取行政命令等方式传达政策，政府部门与非政府组织缺乏有效完整的协同机制，这就使得非政府组织被动式参与绿色治理过程，很难真正有效地发挥非政府组织在绿色治理中的"拾遗补阙"的作用。从调研数据来看，无论是公众还是公务员对非政府组织的发展情况和职能发挥情况都给予一般的评价。第三，县域公众公民能力不足，参与绿色治理的深度与广度不够。当前在县级政府主导的绿色治理过程中，县域公众参与绿色治理积极性不高，这集中表现为公民意识与公民能力还有待进一步提高。虽然我国社会结构变迁推动了公民参与意识的提升，但是仍然有很大一部分公众停留在"个体意识"层面，只注重权利的行使，忽视义务的履行与责任的承担，还未有效地上升到权利、义务对等的"公民意识"。尤其在广大城乡社区，许多公众还未转化为"积极公民"的角色，仍然停留在"看门人"与"搭便车者"的角色状态。这就使得县域公众参与绿色治理的"公民能力"不足，县域绿色治理没有充分发挥广大基层群众重要作用。

二是绿色治理利益协调机制不健全。新时代我国社会主要矛盾已经转化为人民对美好生活的需求同发展不平衡不充分之间的矛盾。这表明我国公众对利益的追求更高，不再满足于基本物质的生存需求，不仅对政治、社会、文化、生态方面有更多非物质利益方面的需求，还追求纵向和横向比较中的公平。而当前我国发展不平衡不充分所造成的不同区域、不同群体、不同阶层、不同领域之间的利益协调失衡，严重影响了绿色治理质量的提升。在调研中也发现，在统筹各领域发展过程中，对不同领域的协调效果评价不一，其中物质文明和精神文明的统筹发展以及城乡统筹发展的评价得分相对较低。这表明了当前我国绿色治理利益协调机制还不健全，提升绿色治理质量就要建立一套协调不同主体、不同领域利益的机制。

当前我国县级政府利益协调机制不健全主要在以下三方面：第一，利益引导机制不健全。通过建立行之有效的利益引导机制，帮助各种治理主体和政策执行主体树立正确的利益观念，正确处理各种利益关系。① 当前我国正在经历大规模经济社会转型，利益引导机制不健全在县域社会的典

---

① 宁国良、周东升、陆小成：《基于公共治理范式的地方政府政策执行力研究》，《湘潭大学学报》（哲学社会科学版）2007 年第 4 期。

型表现是人们利益观念的偏差，一些群众具有浓厚的平均主义利益思想，对社会利益分化认识不足，一些群众把正当的个人利益当作个人主义加以无端批判。同时，在利益主体日益多元化的大背景下，县域社会还缺乏各利益主体有效表达利益诉求的渠道。一旦缺乏利益表达渠道或者利益表达渠道不畅，沟通反馈将会滞后，容易加深不同利益群体之间的矛盾，使得县域政治、经济、社会、生态等领域的利益关系变得紧张，这不利于实现县域绿色治理的目标。第二，利益调节机制失灵。利益调节机制建设是指通过各种制度安排与机制建设，畅通和规范利益主体诉求表达、利益协调、权益保障渠道，消解不同利益主体之间的利益冲突，或减少利益冲突产生的负面效应，达成一定的利益秩序。① 当前我国利益格局正在经历前所未有的变化，不同利益群体在不断地进行相应的分化与重组，不同阶层、行业、地区的利益差距在不断扩大。不同领域利益差距的扩大、资源分配的不公平已经成为影响绿色治理质量的重要因素。当前县级政府利益协调机制的失灵导致了利益诉求分歧与分配不公平现象大量涌现，十分不利于县域绿色治理质量的提升。县域利益协调机制失灵具体表现为县域法律规范与道德规范的不完善，很难有效发挥调节不同领域利益需求与利益行为的作用。同时，县域市场机制也没有充分发挥在资源配置与利益调节中的决定性作用，加剧了不同领域利益群体的不公平感。另外，因角色错位、制度政策不配套等原因，一部分领导干部以权谋私、贪污腐败加剧了县域各领域分配不公平的状况。第三，利益补偿机制不完善。利益补偿机制是指基于利益共同体，当协作治理出现利益不均衡时，对利益受损方应当进行合理的补偿以保证治理的公平和后续合作的开展。② 县域绿色治理的利益共同体包括政治利益、经济利益、社会利益、生态利益组成的利益要素共同体。保持县域不同领域利益主体的平衡是实现绿色治理目标的重要抓手。当前经济社会的剧烈转型必然使得县域政治、经济、社会、生态领域的部分个人和组织的利益受损，出现不同领域利益失衡的情况，这就需要构建合理的利益补偿机制，对不同领域受损的利益主体或组织给予一定的补偿，以推动不同领域能够健康、协调、可持续地发展。当前我国县

① 何艳玲：《"回归社会"：中国社会建设与国家治理结构调适》，《开放时代》2013 年第 3 期。
② 张成福、李昊城、边晓慧：《跨域治理：模式、机制与困境》，《中国行政管理》2012 年第 3 期。

域利益补偿机制还不完善，具体表现为：在政治利益方面，县域公众与社会组织的政治利益保障不足，尤其是在民主决策、协商参与方面的权益保障不足。在社会利益方面县域社会保障、社会救济与社会福利制度还不完善，社会不公平问题较为突出。在生态方面，县域生态补偿机制不健全，县域生态补偿资金不足，生态补偿的标准、范围不清晰使得县域经济发展与生态环境保护的矛盾张力越来越大。因此，县域不同领域利益共享与补偿机制的不完善很有可能造成不同领域矛盾的产生，从而形成难以控制的风险问题，影响绿色治理质量的提升。如图 2 - 17 所示。

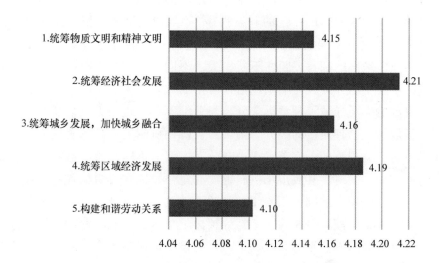

图 2 - 17　县域公众县级绿色治理协调机制评价

　　三是绿色治理信息沟通机制不畅。从信息论角度来看，公共政策执行是一个信息发散与汇聚的动态过程，政策执行主体一方面要向社会释放和传递大量信息，另一方面也需要不断获取有利于政策执行的大量信息。[①]顺畅的信息沟通机制能够有效地加强信息共享、密切联系、取得共识，从而有效推动实现绿色政策目标。政策执行过程如果出现信息沟通渠道不畅、沟通失灵、信息失真、信息不对称的状况将直接制约政策有效地执行。当前县级政府绿色治理政策执行信息沟通机制还不顺畅。一方面，绿色

---

① 刘圣中：《公共政策学》，武汉大学出版社 2008 年版，第 255 页。

治理政策执行缺乏公众与社会力量参与，政策透明度低，公众与社会力量往往成为政策的被动接受者，对绿色治理政策内容目标一无所知或一知半解，这就加大了绿色治理政策执行的难度。另一方面，县级政府与乡镇（街办）之间在纵向沟通方面缺乏有效的信息沟通与反馈，这就使得绿色治理容易陷入政策执行盲目性大、政策评估缺乏依据、政策效果难以认定的困境。县级政府绿色治理政策执行中的信息沟通机制不畅产生的信息失真、信息不对称等问题严重制约了县级政府绿色治理质量的提升。

四是绿色跨域治理合作机制不完善。"合作的过程是一个重复循环的过程……组织间的合作过程，就是不断协商、调整的过程。"① 跨域合作治理强调彼此没有隶属关系的政府，在共同利益的驱使下通过某种契约或合作机制联合起来，共同解决跨域地区内的经济、政治、社会、生态等问题。县级政府绿色治理的诸多问题有些不是本辖区内县级政府就能解决的，而是需要不同县级政府之间相互合作才能解决。如区域污染的生态环境保护问题，需要区域内不同县级政府横向合作才能实现"生态良好"的绿色治理目标。当前县级政府绿色治理合作机制还不完善，一方面，跨县域合作组织机构不完备，也没有形成正式的合作机构载体，很多合作项目是靠县级政府"一把手"推动，一旦主要领导调动，合作机制就形同虚设；另一方面，跨县域合作缺乏统一的规划，缺乏整体规划的跨县域合作容易造成资源浪费、形式主义等问题，还有可能形成新的"块块结构"，以及由此形成新的"块块竞争"与"块块封锁"。

四　县级政府绿色治理政策不力

政策是践行县级政府绿色治理的抓手，县级政府绿色治理的过程也是县级政府绿色政策制定和实施的过程。当前我国县级政府绿色治理在政治、经济、社会、文化和生态等领域的探索存在一定的问题，这些问题与县级政府绿色政策供给与实施不力有较大关系。

一是绿色治理过程中的"政策之治"现象突出。当前我国在推动县级政府绿色治理制度体系建设方面取得了较大的成绩，但基层政府治理仍然是处于"政策之治"的过渡阶段。所谓政策，是指政府通过一定的法定程

---

① ［美］阿兰·斯密德：《制度与行为经济学》，刘璨、陈国昌、吴水荣译，中国人民大学出版社 2009 年版，第 100 页。

序颁发的，在实践中实施的决定、命令、规定、意见、办法、细则、解释等，多以"红头文件"出现，因此也称"政策之治"为"文件之治"。[1]"政策之治"主要通过政策来调整政治、经济、文化、社会、生态的关系。[2] 政策往往产生一些临时的、短期的规则，这些规则不仅缺乏透明性与公平性，而且很容易产生不同规则之间的排斥与冲突，也极有可能成为利益寻租的工具。当前，我国县级政府绿色治理还缺乏有效的正式制度保障，"政策之治"或"文件之治"的现象还比较普遍。缺乏正式制度保障的"政策之治"往往只注重眼前利益，容易出现政策朝令夕改的乱象，这就使得县域绿色治理很难实现政治、经济、社会、文化、生态等方面健康、协调、可持续发展的绿色目标。

二是县级党委、政府绝对主导意识浓厚。县域绿色治理中的"官本位"让县级党委、政府全面控制县域政治、经济、社会、文化、生态的发展。源于计划经济体制的政府支配模式在绝对主导辖区政治、经济、社会、文化上有着很强的路径依赖，从而使得政府权力成为无所不在的"利维坦"。[3] 县域政治、经济、社会、文化发展主要依赖于政府控制与协调，缺少社会自组织力量的有效支撑与保障，很难形成多元主体参与的绿色治理共同体。从"治理就是决策"出发，我们认为绿色决策是绿色治理中最重要的环节。在调研中，当问及"您所在县（市、区）的重大决策是否进行专家论证""您所在县（市、区）的重大决策是否进行社会听证"问题时，有近50%的公务员选择"否"或"不知道"（见图2-18、图2-19）。可见，县级政府决策离绿色决策还有较大的距离。

三是绿色政策的执行乏力。有效执行县级政府绿色政策是推进县级政府绿色治理的重中之重。如果县级政府绿色政策无法执行到位，绿色治理的目标就很难达到，绿色治理质量也就无法保障。县级政府绿色政策执行机制面临诸多问题，直接影响了县域绿色治理质量。第一，政策执行多元参与不足。县级政府治理多元主体合作失灵。在党委领导、政府负责、社会协同、公众参与、法治保障"五位一体"的治理体制下，县级政府治理

---

① 刘根荣：《市场秩序理论研究：利益博弈均衡秩序论》，厦门大学出版社2005年版，第276页。

② 张劲松：《政府关系》，广东人民出版社2008年版，第56页。

③ 王法硕：《公民网络参与公共政策过程研究》，上海交通大学出版社2013年版，第66页。

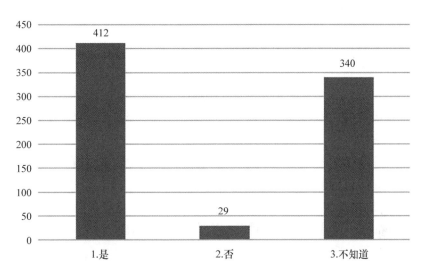

图 2 - 18　公众对所在县（市、区）的重大决策
是否进行专家论证的回答统计

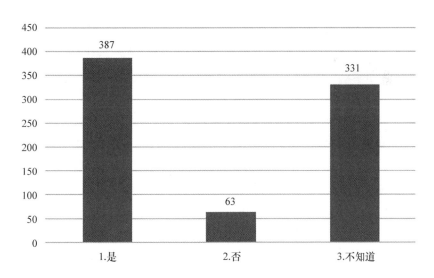

图 2 - 19　公众对所在县（市、区）的重大决策
是否进行社会听证的回答统计

需要县委、县政府、社会组织和县域公众依法共商共建共治共享。但是在现实情境中，县级政府治理多元主体在地位上存在不平等，且相互之间的职能边界不清晰，社会组织和公众在共商共建共治中一般居于从属地位，

容易造成合作的失灵。究其原因，与当前我国县级政府绿色治理过程中委托授权机制建设较为滞后不无关系。① 在政策执行过程中，委托与授权可以减轻政府的压力，调动各方参与的积极性。将专业性事务交给专业的组织机构来执行，可以发挥专业人员的作用，调动一切可资利用的资源。绿色治理要求政府应依法通过服务外包、特许经营、经济补助等委托授权方式鼓励社会力量参与绿色治理过程。

四是县级政府绿色治理信息沟通不畅。公共政策执行过程是一个信息发散与汇聚的动态过程，政策主体一方面要向社会释放和传递大量信息，另一方面也需要不断获取有利于政策实施的大量信息。② 顺畅的信息沟通机制能够有效地加强信息共享、取得共识，从而有效推动政策目标的实现。政策执行过程中如果出现信息沟通渠道不畅、沟通失灵、信息失真、信息不对称的状况，将直接制约政策的有效执行。当前，县级政府绿色治理政策执行中信息沟通机制还不顺畅。绿色政策执行中缺乏公众与社会力量的积极参与，政策透明度低，公众与社会力量往往成为政策的被动接受者，对绿色治理的相关政策内容一无所知或一知半解，这就加大了绿色治理政策执行的难度。另外，县级政府绿色治理政策执行中的信息沟通机制不畅产生的信息失真、信息不对称等问题，严重制约了县级政府绿色治理质量的提升。

五 县级政府绿色治理文化亟待涵养培育

文化是一个包括知识、习俗、信仰、道德、艺术、法律以及社会成员所习得的其他习惯和能力在内的复杂综合体。③ 文化一旦转化为公众积极的信念，就会使行动者积极为这种信念做出努力。县级政府绿色治理文化一旦形成，便会以一种无形的力量渗透于县域政治、社会、生态等各个方面，并以不同的形式和渠道发挥持久的推动作用，从而为绿色治理质量的提升提供充足的精神动力。当前，作为绿色治理底蕴与基础的县域绿色治理文化还有待于进一步培育。

一是法治文化有待深植。"法治和人治问题是人类政治文明史上的一

---

① 马海龙：《京津冀区域治理：协调机制与模式》，东南大学出版社 2014 年版，第 175 页。

② 刘圣中：《公共政策学》，武汉大学出版社 2008 年版，第 255 页。

③ 周树志：《论政治文明建设》，《西北大学学报》（哲学社会科学版）2004 年第 1 期。

个基本问题，也是各国在实现现代化过程中必须面对和解决的一个重大问题。"① 法治思维和法治方式要求把法治理念、法治精神、法治原则和法治方法贯穿到治理实践之中，逐步形成办事依法、遇事找法、解决问题用法、化解矛盾靠法的良好法治习惯。② 长期以来我国基层政府人治意识浓郁，法治意识不彰，县域治理法治思维与法治方式还未真正形成。一方面，县级政府习惯用行政手段进行县域治理，以领导批示、文件、讲话来推动发展，"重行政管制，轻法治手段"现象比较普遍；另一方面，县级政府习惯用所谓的"专项整治""集中治理"等"运动式"治理方式突击解决相关问题。

二是"风清气正"的县域政治文化生态有待加强。风清气正的政治文化生态可为县级政府绿色治理提供健康的运行环境。党的十八大以来我国基层"微腐败"治理取得巨大的成绩，在一定程度上遏制住了"苍蝇扑面"的局面。但基层政治生态恶化的危险仍然存在，各种腐败现象时有发生，这给县级政府绿色治理带来了严峻的挑战。根据课题组的调研数据，仅有 24.96%的调研对象认为党组织和党员领导干部发挥的先锋模范作用很好，有 53.78%的调研对象认为其发挥的作用一般，甚至有 9.18%的调研对象认为党组织和党员领导干部发挥的模范带头作用不好。如图 2-20 所示。

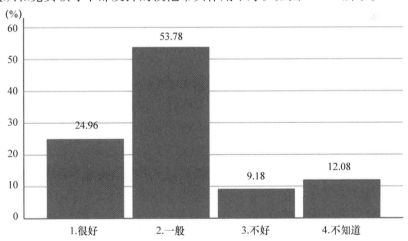

图 2-20　公众对所在社区（村）党组织和党员干部模范
带头作用发挥情况的回答统计

① 公丕祥：《深入推进全面依法治国》，《人民日报》2018 年 7 月 13 日第 7 版。
② 张文显：《法治与国家治理现代化》，《中国法学》2014 年第 4 期。

虽然我国已经实行改革开放 40 多年，但"官本位"的文化至今仍然影响着广大基层领导干部，支配着他们的行为。尤其是在乡村文化气息浓郁的县域官场，传统的官本位文化仍然影响着广大基层干部的思想与行为，在日常行政中形成了"重管制，轻服务"的现象，进一步加剧了县域政治文化生态的恶化。另外，绿色行政强调政府绿色治理过程中要注重节约行政成本、控制行政消费、提高行政效率，但当前一些领导干部还没有行政运行成本的概念，县域绿色行政文化还未有效建立起来。县域绿色政治文化、绿色行政文化建设依然任重道远。

三是社会主义主流价值观缺失。改革开放以来，我国熟人型的社会结构逐渐瓦解，逐渐向以市场经济逐利为特征的"原子化"个体性社会结构过渡。[1] 在这一过渡时期，由于信仰的迷失、传统社会的解构，再加上市场经济极端追求物质利益思想的冲击，价值迷失、共同体意识丧失、人情冷漠、道德滑坡等公共精神贫乏现象屡见不鲜。社会主义主流价值观是县域绿色治理的灵魂。社会主义核心价值观作为社会主义主流价值的精神内核，是凝魂聚气、强基固本的基础。然而，根据课题组的调研数据，在广大县域群众中，了解社会主义核心价值观的仅有 39.77%，有 29.87% 的被调研对象"大概了解"，有 24.48% 的调研对象表示"了解一点"，甚至还有 5.88% 的被访对象"完全不了解"社会主义核心价值观。如图 2-21 所示。

这表明广大县域社会急需培育和弘扬社会主义核心价值观，增强文化自信和价值观自信。

四是信任文化不足。作为绿色治理重要内容的"共治"无疑是基于信任。随着人口大范围快速流动，原来的社会信任体系逐渐瓦解，而建立在法治基础上的新的信任体系还未完全形成，这就容易造成转型期的"信任真空"。[2] 当前县域社会信任文化严重不足，公众对党委、政府、村（居）委员会、司法机关的信任程度有待进一步提高。

居民对村（居）委会的信任是政府信任的晴雨表。根据课题组的调研数据，在满分 5 分的信任打分中，有 7.17% 的被访群众只打 1 分，有

---

① 张卫、成婧：《协同治理：中国社会信用体系建设的模式选择》，《南京社会科学》2012 年第 11 期。

② 林雪霏：《转型逻辑与政治空间——转型视角下的当代政府信任危机分析》，《社会主义研究》2012 年第 6 期。

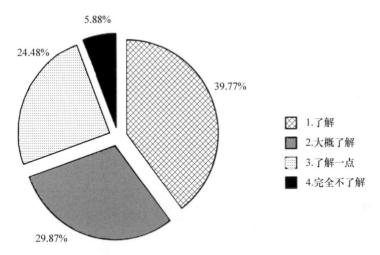

图 2 - 21　公众对自己了解社会主义核心价值观状况的回答统计

51.37% 的被访群众打了 1—3 分（见图 2 - 22）。这就要求村（居）民委员会应进一步转变工作作风，认真履行工作职责，切实为辖区群众的公共利益谋福祉。

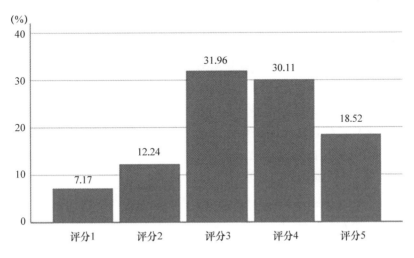

图 2 - 22　公众对村（居）民委员会的信任程度的回答统计

公平正义是绿色治理的价值基础，也是维系政府信任的重要前提。众所周知，司法机关是维护社会公平正义的最后一道防线。司法信任是政府信任的重要组成部分。课题组调查分析数据表明，县域群众对县域司法机关信任程度偏低。在满分5分的信任打分中，只有20.37%的群众打了满分，打3分及以下者占被访群众的47.02%，甚至还有6.60%的群众对司法机关的信任只打1分（见图2-23）。

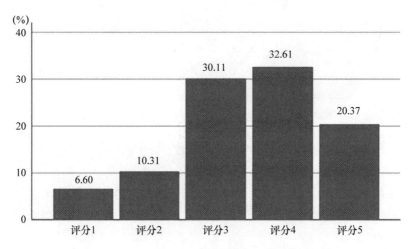

图2-23 公众对司法机关的信任程度的回答统计

五是公共文化建设滞后。当前一些县级政府公共文化服务建设较为滞后，还不能有效满足新时代县域公众对美好生活的需要。具体表现为农村公共文化服务投入不足，公共文化服务设施匮乏。从调研情况来看，在城市社区，公园、绿道等分布多且齐全；乡村社区基础设施少且较为集中，城乡绿色文化基础设施差距明显；公共文化形式单一，公共文化供给与公众需求不匹配。当前群众文化需求日渐多样化、多层次化，但部分社区（村）不仅对群众多元化的需求没有很好地满足，甚至连文化宣传方式和传播手段仍然以社区公告栏、展板、海报为主。这些日益突出的公共文化服务问题严重影响了新时代县域公众对美好生活的追求。课题组的调研数据分析发现，64.2%的被访对象认为所在地区的基础文化设施齐全，27.0%的被访对象认为所在地区的基础文化设施一般。文化基础设施供给低效、过度闲置与供给不足还在不同程度上同时存在。如图2-24所示。

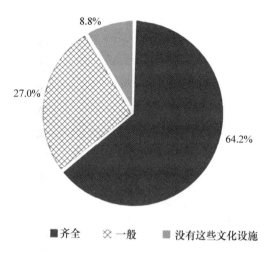

■齐全　⊠一般　■没有这些文化设施

图 2－24　公众对基础文化设施评价的回答统计

　　六是绿色生活文化有待强化。绿色生活文化"倡导简约适度、绿色低碳的生活方式，反对奢侈浪费和不合理消费，开展创建节约型机关、绿色家庭、绿色学校、绿色社区和绿色出行等行动"[①]。这就为构建绿色县域文化提供了有效的方向指引。县域公众形成有效的绿色消费与绿色生活方式是推动县域"低碳、节约、环保"绿色治理文化的重要组成部分。绿色生活与绿色消费方式要求公众从吃、穿、住、行、用等方面进行适度消费，崇尚节约，避免奢侈，强化生态消费意识，注重从思想上转化消费模式。[②]随着县域公众物质生活水平的提高，人们很容易陷入一味追求高档、奢侈的生活消费方式，从而造成资源浪费与环境恶化。当前县域还有很大一部分公众未形成有效的绿色生活与绿色消费方式，许多公众对绿色消费、环境保护的积极性、主动性以及责任意识还不强，许多公众在绿色生活与绿色消费方面的意识与行动都较为欠缺，日常生活与消费还未真正形成节约、环保、低碳的意识与理念。在调研中，能够真正践行绿色生活方式的公众仅为 20.53%，有 25.36% 的公众只能偶尔践行绿色生活方式，还有近 7.81% 的公众做不到或不知道何为绿色生活方式（见图 2－25）。

---

　　①　习近平：《决胜全面建成小康社会　夺取新时代中国特色社会主义伟大胜利——在中国共产党第十九次全国代表大会上的报告》（单行本），人民出版社 2017 年版，第 51 页。
　　②　王松霈：《西部大开发的绿色经济道路》，经济管理出版社 2007 年版，第 178 页。

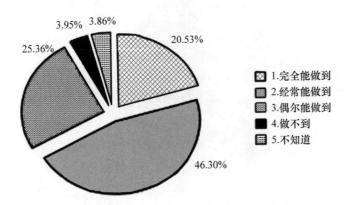

图 2 - 25　公众对绿色生活践行评价的回答统计

六　县级政府绿色治理质量不高

总体来看，我国当前县级政府绿色治理质量较低。其一，县域发展不平衡不充分体现了县级政府治理质量较低，从而制约了县域公众日益增长的美好生活需要。其二，县级政府治理在本质上就是提供县级政府公共服务，而城乡基本公共服务不均等、公共服务难以满足人民美好生活需要是县级政府公共服务供给面临的现实问题，反映了政府治理质量还存在较大的提升空间。其三，中国特色社会主义事业总体布局是经济建设、政治建设、文化建设、社会建设、生态文明建设"五位一体"，而县级政府治理中经济建设发展迅速，政治建设、文化建设、社会建设和生态文明建设相对滞后。这种不均衡状况无法有力地支撑县域治理的总体布局，凸显了县级政府绿色治理质量不高。

一是没有实现"发展的绿色化"向"治理的绿色化"有效转变。当前"绿色"已经成为发展的底色，但还未成为政府治理的底色。如何从"绿色发展"思维向"绿色治理"思维转变是有效提升县级政府绿色治理质量的重要前提。绿色发展是"绿色化"在发展模式上的重要体现，强调经济活动与结果的"绿色化"，核心是提高资源环境绩效，关键是绿色创新，最终目标是实现经济进步、社会公平、人与自然互利共生。[1] 当前，许多

---

① 刘明广：《中国省域绿色发展水平测量与空间演化》，《华南师范大学学报》（社会科学版）2017 年第 3 期。

县级政府更多地从经济发展与环境保护的协调性方面来践行发展的"绿色化"理念，而未从政治生态、社会生态以及自然生态健康、协调、可持续性方面来践行治理的"绿色化"理念。因此，当前发展的"绿色化"很难满足新时代公众对美好生活的需要。而治理的"绿色化"应是多元主体以绿色价值为基本标准，推动政治、社会、自然生态良性互动的过程，也能更好地满足县域公众对美好生活的需要。因此，当前一些县级政府要尽快摆脱"重绿色发展，轻绿色治理"的思维模式，切实以全方位全过程的绿色化提升县级政府绿色治理质量。

二是县级政府治理体系效能低。效能是衡量工作结果的尺度。县级政府治理体系效能低是指县级政府治理体系未能有效地达成预期结果，主要体现在县级政府治理效率低、效益低和质量低等方面。第一，县级政府治理效率低。一方面，在县级政府治理过程中，多元治理主体能力问题以及信息化技术应用滞后，导致县域公众的美好生活需要未能及时进入公共政策议程，延误了治理和服务的时效性；另一方面，基层公共事务的多样性和复杂性，再加之一些基层政府工作人员的懒政怠政，造成公共服务效率低下。第二，县级政府治理效益低。一方面，长期以来，在县域经济发展过程中，过分强调 GDP 的增长，采用粗放式的发展方式，以生态环境破坏为代价，换取经济的一时增长。从长远发展来看，得不偿失。另一方面，县级政府治理过程中，多元治理主体间的沟通不畅通、部门间利益纠葛、治理资源配置不合理等问题存在，需要付出较高的治理成本，从而导致了县级政府治理的低效益。

通过文献梳理与数据分析，我们认为，尽管县级政府围绕绿色治理主题在政治、经济、社会、文化和生态等领域进行了有力探索，但我国县级政府绿色治理现状还不尽如人意。究其原因，主要是县级政府绿色治理顶层设计匮乏、县级政府绿色治理体系不完善、县级政府绿色治理机制不健全、县级政府绿色治理政策不力、县级政府绿色治理文化待培塑、县级政府绿色治理质量不高等。迫切需要我们明确县级政府绿色治理的顶层设计，围绕绿色治理目标，从县级政府绿色治理体系、县级政府绿色治理机制、县级政府绿色治理文化、县级政府绿色治理质量等方面全面推进县域绿色治理，进而以绿色治理来不断满足人民美好生活的需要。

第三章　县域公园城市：县域绿色治理的现实目标

"公园城市"是习近平总书记关于城市发展新形态的最新阐释，是对不断满足人民美好生活需要的科学应答。美好生活不仅存在于城市，乡村也应是人民实现美好生活的栖息之所。能够帮助人民实现美好生活的公园城市应是美丽乡村与美丽城市水乳交融的城市新形态。融美丽城市与美丽乡村于一体的县域公园城市，内含绿色治理的精神意蕴，承载着新时代实现人民美好生活的重要使命，是县域绿色治理的理性目标。县域公园城市也是共筑城乡美好生活的实现路径。如何将"县域公园城市"的理念落地生根，如何将"县域公园城市"研究推向纵深，学界还缺乏系统性梳理与学理性探讨。本章从县域公园城市的概念和内涵出发，探究县域公园城市与人民美好生活的关系，明晰县域绿色治理在县域公园城市中的重要作用，进而从县域绿色治理意涵、县域绿色治理体系、县域绿色治理机制、县域绿色政策、县域绿色治理文化和县域公园城市绿色治理评价体系六个方面探索县域公园城市的绿色治理路径。

第一节　县域公园城市的概念与内涵

伴随着城镇化的快速发展，我国城市建设取得了让世界瞩目的伟大成就，为实现中华民族伟大复兴的中国梦做出了巨大贡献。但同时滋生的一系列"大城市病"也影响着人们的生活，倒逼着人们不得不努力探索城市绿色发展的新方式。县域公园城市是新时代县域绿色发展的新形态。本节首先分析了公园城市的提出背景，在阐释公园城市概念的基础上，论述了县域公园城市的概念、内涵与特征。

一 公园城市提出的背景

改革开放以来，我国城市在 40 余年中经历了人类历史上规模最大、速度最快的建设历程，短短几十年完成了发达国家几百年的发展历程。在取得巨大成就的同时，由于一度缺乏科学发展理念引领和科学规划引导，一系列"城市病"问题也相继出现并日益加剧。当前我国城市发展已进入了从粗放式扩张到向高质量发展的转型期。中国特色社会主义进入新时代，人民对美好生活的向往倒逼我们走上一条生产绿色、生活美好、生态良好的绿色发展道路。在新时代背景下，能够不断满足人民对美好生活需要的现代公园城市就应运而生。

（一）大量城市问题亟待解决

城市是人类经济、政治、社会、文化、科技发展的中心。20 世纪以来，科学技术的飞速发展，工业化和城镇化的不断推进加速了经济全球化的进程，世界迈入"城市世纪"。[①] 作为区域经济发展最重要的空间节点，城市无疑成为真正意义上的区域活动中心。这意味着人类社会无论是在经济增长还是在生活空间上，都将进入以城市为中心的发展阶段。"城市为国家发展提供不竭动力……如果一个国家甚至连城市都失败了，意味着整个国家就失败了。城市的命运关乎国家的存亡，这在以前是不可能发生的。"[②]

20 世纪中叶以来，世界城市经历了爆发性增长。从 1980 年到 2017 年，我国城镇化率从 20% 左右提升至 58.52%。[③] 2015 年，世界上 54% 的人口（约 40 亿人）定居在城市，预计到 2030 年，这一数据将增加到约 50 亿人。[④] 快速城镇化对经济社会发展、城市治理和人民生活都带来了严峻挑战。尽管城市仅占陆地面积的 2%，但城市居民排放的二氧化碳量却占全球总排放量的 78%、全球工业木材总消耗量的 76%、生活用水总消耗量的 60%。世界上超过 2/3 的城市人口居住在发展中国家的城市，其中包括 15 亿贫困人口，大约有 6 亿人居无定所，11 亿人无法呼吸新鲜空气，

---

① 吴良镛：《大北京地区空间发展规划遐想》，《北京城市规划建设》2001 年第 1 期。

② 蔡云辉：《近代中国衰落城市成因分析》，《江西社会科学》2004 年第 12 期。

③ 《中华人民共和国 2017 年国民经济和社会发展统计公报》，《人民日报》2018 年 3 月 1 日第 1 版。

④ 傅兰妮：《全球化世界中的城市》，清华大学出版社 2006 年版，第 1 页。

1000 万人因为饮用水不洁净而死亡。[1] 世界上有40%的人口饮用水得不到保障；全球变暖导致冰山融化、海平面上升；许多动植物物种濒临灭绝，一半的灵长类动物处于危险之中。在 20 世纪 90 年代，世界上 2.4%的森林植被遭到破坏；每年有超过 300 万人因空气污染染病并死亡。[2] 可以说，无论是发达国家还是发展中国家都面临着城镇化快速发展带来的严峻问题。在发展中国家，随着农村人口不断流失，城市规模和人口正在经历爆炸式增长，而在发达国家，它正在经历着城镇化、再城镇化和非城镇化的多重动态的混合。与此同时，无序的城镇化也伴随着大量的生态和社会问题，例如工业用地和居住用地侵占了城市绿地的面积、城市蔓延导致城市规划杂乱无章、因人口流入过多带来的失业等。除此之外，城市还存在住房紧缺、交通拥堵、资源匮乏、贫富分化、生态恶化等问题。城市问题是经济、社会和环境共同作用的结果。规划混乱、交通拥堵、住房短缺等"城市病"严重阻碍了经济、政治、社会、文化和生态的可持续发展。

（二）绿色发展是城市发展的必然选择

自 2008 年经济合作与发展组织发布《绿色增长宣言》后，欧盟、美国、日本也陆续出台了绿色发展战略规划，力图通过科技、产业创新推动绿色转型，走出当前生态治理的困境。党的十八届五中全会正式提出了以"创新、协调、绿色、开放、共享"为基本内容的新发展理念。作为五大新发展理念之一，"绿色发展"具有更深刻的理论意涵和实践导向。实施绿色发展战略，有助于有效调整经济结构，理顺资源环境与经济增长的关系，实现经济社会可持续发展。[3]

城市是人类生产和生活的重要场所，面对当代城市繁荣与贫困、进步与退化、机遇与挑战的尖锐矛盾，重新思考城市发展进程中人与自然、经济、社会的关系，重新定义城市发展的方向与内涵，对于转变城市发展模式、破解新时代发展难题具有重要作用。走绿色发展之路，是城市发展的

---

① Terry G. Mcgee, "Urbanization in an Era of Volatile Globalization: Policy Problematiques for the 21st Century", *East West Perspectives on 21st Century Urban Development*, No. 2, 1999, p. 37.

② Sarel S. Cilliersa, Norbert Mullerb, Ernst Drewesc, "Overview on Urban Nature Conservation: Situation in the Western-grassland Biome of South Africa", *Urban Forestry & Urban Greening*, Vol. 3, No. 1, 2004, pp. 49 –62.

③ 赵峥：《亚太城市绿色发展报告——建设面向 2030 年的美好城市家园》，中国社会科学出版社 2016 年版，第6页。

必然选择。一方面，城市绿色发展不是简单的资源节约与环境保护，而是强调在不损害资源与环境再生能力的基础上，不以降低城市经济发展水平为代价，既要绿色，也要发展；另一方面，城市绿色发展必然是经济社会协同进步的结果，不仅关注城市经济发展，同时注重城市环境、城市生态结构、城市建筑、城市精神文化等城市质量的不断提高，通过经济、环境、社会的系统性转变，将经济发展、自然发展、社会发展与人本身的发展统一起来，营造更加美好的城市家园，实现"城市让生活更加美好"的千年目标。

（三）公园城市是新时代城市绿色发展的新形态

当前，我国正处于以城市现代化推进国家现代化实现的关键期。如何通过贯彻落实绿色发展理念科学化解经济发展与生态保护的矛盾，如何在城市发展中实现人与自然、人与经济和人与社会的和谐共生，走出一条生产发展、生活富裕、生态良好的文明发展之路，是摆在党和政府面前的一个无法回避的重大现实性课题。上述诸多问题的解决有赖于城市发展领域的领导者、管理者、建设者和研究者勠力奋斗。当前，生态宜居已成为城市绿色发展必不可少的重要元素。许多城市致力于打造环境优美、生态良好的宜居城市，越来越多的城市类型进入大众的视野，如花园城市、森林城市、生态城市、绿色城市、海绵城市等。我国城市化进入快速发展的阶段，城市发展理念也不断更新，生态宜居成为城市发展的新追求，是满足人民对美好生活需要的重要内容。公园城市是新时代城市绿色发展的新形态。2018 年 2 月 11 日，习近平总书记在成都天府新区考察期间，提出天府新区应该"突出公园城市特色，兼顾生态价值"。2018 年 4 月 2 日，习近平总书记在参加首都植树活动时，强调"一个城市的预期就是整个城市就是一个大公园，老百姓走出来就像在自己家里的花园一样"①。可以说，应运而生的公园城市是一种新的城市发展模式，它不仅科学回应了我国城市发展新理念和新目标，也对我国建设生态宜居城市和高质量人居环境提出了更高标准的要求。如何更好地落实新发展理念，建设绿水青山、绿色低碳、政治清明、社会和谐、生态良好的公园城市，是各级党委、政府的神圣使命，也是多元社会治理主体的职责所在。

---

① 王香春、蔡文婷：《公园城市，具象的美丽中国魅力家园》，《中国园林》2018 年第 10 期。

二 公园城市的概念

当前，中国社会主义进入了新时代，人民美好生活需要与不平衡不充分的发展之间的矛盾成为社会的主要矛盾。这就要求党和政府既要创造更加丰富的物质财富和精神产品来满足人民日益增长的美好生活需要，也要与时俱进地提供高品质的生态产品以满足人民对生态环境的绿色需求。"以人民为中心"的工作理念要求城市发展的重点是要为城市居民创造一个高质量的生活环境，努力把城市建设成为人与自然、人与经济、人与社会和谐共融的美丽家园。2018 年 2 月 13 日，习近平总书记在考察四川成都时着重强调建设天府新区要着力"公园城市亮点和特点，兼顾生态价值，努力打造新的增长极"①。同年 3 月，成都市发布了《成都市总体规划（2016—2035）》，把公园城市这一全新理念写入总体规划，成都成为公园城市的首提地。公园城市是习近平新时代中国特色社会主义思想引领下关于城市建设的新理论，是未来城市发展的新模式，一经提出便在全国范围内引起广泛热议，受到高度关注。

公园城市理念的思想渊源深远。中国古代典籍《易经》中"天人合一"的观念在东方哲学中源远流长，深刻诠释了"天"与"人"、"人与自然"的和谐统一。以"天人合一"的观点看城市，城市应是人与自然、环境相互联系、相互协调的统一体。这种关于城市的朴素自然生态认识，尽管未形成系统的城市发展理论体系，但这些贯穿于典籍中的原始生态文明理念为探究"公园城市"这一研究主题提供了深厚的文化底蕴和思维启迪。党的十九大聚焦人民日益增长的优美生态环境需要，更加凸显了建设美丽宜居公园城市的重大意义。自习近平总书记提出"公园城市"这一命题，不同学科的专家学者们力图从不同的学科视角建构"公园城市"话语体系。吴岩等认为公园城市不仅是"公园"和"城市"的简单叠加，也不是简单地在城市里增加公园面积。它应当是公、园、城、市四个字各自所代表领域的总和，即公共、生态、生产、生活的"四位一体"②。匡晓明、曾九利等人认为，公园城市既不是园林城

---

① 李雄、张云路：《新时代城市绿色发展的新命题——公园城市建设的战略与响应》，《中国园林》2018 年第 5 期。

② 吴岩等：《"公园城市"的理念内涵和实践路径研究》，《中国园林》2018 年第 10 期。

市，也不是花园城市，是此前田园城市、花园城市、园林城市的升级版本，"城市在公园中，公园就在城市里"，强调城市与公园的高度融合；公园城市是"山水林田湖城"生命共同体，是人、城、境、业高度和谐统一的大美城市形态的城市发展新模式。① 刘太格认为，公园城市的载体是"园"而关键在"公"，其中最重要的一点就是"尊重山水"，有特色的山水必须保留。② 曹世焕、刘一虹特别强调了公园城市的文化功能，他们认为公园城市即公园与城市的融合，在满足生态功能的绿色视觉景观的基础上，注重城市的文化价值和品牌性。③ 以上关于公园城市的相关观点各有异同，但其学科背景始终离不开规划学或风景园林学，这在一定程度上忽视了公园城市的公共管理学和社会学的知识支撑，缺乏与城市治理的直接对话。从绿色治理角度出发，我们认为，公园城市是以绿色城市为底蕴，以实现人民美好生活为目标，以多元社会主体共建共治共享为治理逻辑，以生命、生产、生活、生态高度融合的正义空间为生命共同体的新型城市形态。

纵观世界城市发展史，大致经历了田园城市、园林城市、森林城市、生态城市、绿色城市、公园城市等主要发展阶段。上述概念的提出均有特定的时代背景、内涵与侧重点，公园城市较之上述城市类型，既有区别又有联系（见表 3-1）。公园城市与田园城市不同，公园城市强调城市与公园的高度融合，而不仅是把农村田园风光置于城市；与园林城市不同，园林城市主张的城市园林具有一定的封闭性，而公园城市的核心在"公"，强调公园的开放性和普惠性；与森林城市相比，公园城市在强调城市绿地的生态功能和经济价值之外，还注重城市公园的文化价值和休闲价值；与生态城市、绿色城市相比，公园城市是融合了政治、经济、社会、生态与文化为一体的综合发展模式，生态城市所追求的人与自然和谐是公园城市理念的组成部分或支撑体系，而绿色城市则容易忽略"以人为本"在城市建设中的重要作用。

对公园城市的认识，不能简单地等同于田园城市、园林城市、森林城

---

① 匡晓明、曾九利等：《公园城市凸显绿色发展新理念》，《中国城市报》2018 年 8 月 13 日第 2 版。

② 刘太格：《建公园城市载体是园核心在人》，《四川日报》2018 年 3 月 19 日第 6 版。

③ 曹世焕、刘一虹：《风景园林与城市的融合：对未来公园城市的提议》，《中国园林》2010 年第 4 期。

市、生态城市、绿色城市等构成要素的简单叠加，它是建立在整个城市生
态体系保护与发展的基础上，充分彰显政治、经济、社会、生态、文化在
城市中的协调发展，以及人与自然、人与经济、人与社会和人与人的和谐
统一。

表 3 – 1　　　　　　　　　公园城市与其他城市发展理念的比较

城市发展模式	背景	概念	共同点	不同点
田园城市	英国工业革命后的城市快速膨胀	兼有城市与乡村优点的城市；该类型城市规模以满足人们健康生活与产业发展为限度；四周有永久性农林带围绕①	均注重城市规划与城乡自然与产业的发展	田园城市强调城市设计规划上的绿带建设，公园城市强调城市与公园融合
园林城市	20世纪80年代为实现绿地目标的中国探索	以一定量的绿化为基本纽带，艺术化地组织和构造城市空间的基本要素，使城市形体环境具有最佳美学和生态学效果②	均注重绿化景观的美学和生态学效果	主张城市园林具有一定的封闭性，公园城市核心在"公"，强调公园的开放性和普惠性
森林城市	20世纪90年代森林植被的破坏和城市绿地的稀缺	城市生态系统以森林植被为主体，城市森林与生态建设各项指标达到了《国家森林城市评价标准》③	均注重城市绿化的生态功能	森林城市强调城市森林具有强大生态功能和经济效益，而公园城市在此基础上，更加注重城市文化与休闲价值
生态城市	20世纪90年代城市发展面临生态文明转型	可以最大限度地为融合自然和经济的人类活动提供最优环境的城市；可以从自然生态和社会心理两方面去增强人类的创造性，实现生产力提高与高效生产生活有机统一④	均注重城市与生态环境的和谐	生态城市主张人与自然的和谐相处和良性互动，而公园城市更加注重人居环境的优化、生活质量的提高和城市社会的和谐

① 高中岗、卢青华：《霍华德田园城市理论的思想价值及其现实启示——重读〈明日的田园城市〉有感》，《规划师》2013年第11期。

② 王仁凯：《论园林城市与城市设计》，《城市发展研究》1998年第6期。

③ 国家林业局：《国家森林城市评价标准》，《林业与生态》2011年第5期。

④ Register R., Eco-city Berkeley, *Building Cities for a Healthy Future*, San Francisco: CA-North Atlantic Books, 1987, pp. 53 – 57.

续表

城市发展模式	背景	概念	共同点	不同点
绿色城市	21世纪初，气候变化、全球变暖和全球经济衰退危机日益严峻	将更高的生产力和创新能力与更低的成本及环境负面影响结合起来，兼具繁荣的绿色经济和绿色的人居环境两大特征的城市发展形态和模式①	均注重经济绿色发展与生态可持续	绿色城市主要强调城市的经济功能和生态功能，而公园城市围绕人民美好生活，强调政治、经济、社会、文化、生态的全面发展
公园城市	通过城市绿色发展满足新时代人民美好生活需要的新探索	聚焦人民美好生活，打造生命、生态、生产、生活高度融合的生命共同体，旨在实现政治多元共治、经济绿色发展、社会健康和谐、文化繁荣创新和生态绿水青山的城市形态		

三　县域公园城市的内涵探索

目前，学界对公园城市的概念和内涵虽然进行了一定诠释和界定，主要在突出城市空间功能的基础上强调公园城市的生产价值、生活价值与生态价值，但在很大程度上忽略了美丽乡村对公园城市的功能价值。事实上，除了大中型城市，我国仍有近50%的人口长期居住在县、镇和乡村，而县域是连接城市和乡村最重要的纽带，也是实施乡村振兴战略的重要空间节点。县域公园城市所带来的机遇与价值可以加快推进乡村振兴战略的落地与实施。实施县域公园城市战略不仅是优化城乡空间布局的绿色发展战略，更是实现人民美好生活需要的实践创新，也是推进乡村振兴、建设美丽中国的伟大战略。目前学界关于公园城市的研究成果较少，且主要聚焦在大中型城市层面，尚没有发现县域公园城市的专门研究成果。因此，非常有必要深入研究县域公园城市的概念、内涵及特征。

（一）县域公园城市的概念

从城市功能来看，县域公园城市具有公园城市的所有功能与价值，即在复杂、开放的城市空间共同体中，以实现共荣、共治、共兴、共享、共

---

① 张梦等：《绿色城市发展理念的产生、演变及其内涵特征辨析》，《生态经济》2016年第5期。

生为城市发展目标，实现经济系统绿色低碳、政治系统多元共治、文化系统繁荣创新、社会系统健康和谐、生态系统山清水秀的城市发展高级形态。从乡村的角度来看，其一，乡村作为城市的"后花园"，其本身即一个大的"公园"，是一个包括广大乡村在内的天然绿地系统，乡村即一座座美丽的公园。县域公园城市所指的城市是融合城乡要素的生命共同体，不仅包括"经济发达、生态良好"的城市，也包括了让老百姓"望得见山、看得见水、记得住乡愁"的乡村。其二，县域公园城市的建设是推动乡村振兴战略的重要抓手，不仅包括景观营造，还包含农业景观建设、发展绿色农业、保护农村生态等。借由实施县域公园城市战略的契机，可以结合各地实际扎实推进乡村振兴战略，实现城乡融合发展。

综上，我们可以把县域公园城市定义为：以绿色发展理念为指引，以"以人为本"为实施原则，以"城乡绿地系统和公园体系"为空间载体，将城市文明和田园风光有机结合，通过打造生产、生活、生态空间相宜，政治、经济、社会、生态、人文相融的城乡命运共同体来满足县域人民美好生活需要的新型城市形态。

（二）县域公园城市的内涵

县域公园城市内涵丰富，它突破了以往城市的发展理念与固有模式，突破了传统城市发展所强调的地域共同体，强调在地域共同体的基础上构建集地域、利益、价值、生命于一体的命运共同体。如图3-1所示。

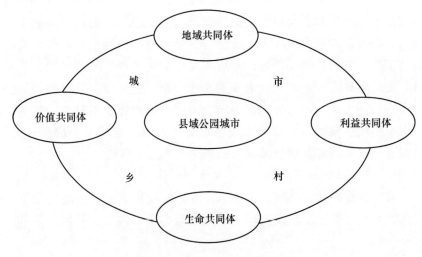

图 3-1　县域公园城市的内涵

1. 地域共同体

地域共同体是指基于新型地缘关系而建立起来的地域团体的社会结构及关系性总体，[①] 是城市建设的基本功能实现，即城市是地理要素与经济、社会要素的空间集聚。早期的城邦、部落等就是由一定区域的人们逐渐集聚而成。随着地域社会的动态性发展，城乡二元结构愈加明显，城市和农村成为两个不同的地域共同体。城市和农村都存在有利和不利因素：城市有更多的就业机会并享受各种市政设施，但自然环境相对恶劣；乡村拥有良好的生态环境，但缺乏足够多的物质设施和就业机会。理想的城市应兼具城市与乡村的优点，实现城乡一体化，让人们既能享受优美的生态又能感受社会的关怀。[②] 县域公园城市遵循城乡融合发展的一体化逻辑，打破原有城市的边界，在空间上进一步促进城市绿地建设与自然环境、乡村人居环境的融合，构建城市园林与郊区绿色资源、农村绿色资源交融的园林体系，努力使美丽城市与美丽乡村相得益彰，打造新时代城市与乡村高度融合、自然与社会和谐统一的美好生活空间。县域公园城市建设不仅是建设城市公园，而应是城市、郊野与村落的水乳交融，将城乡公园体系建设作为打造县域公园城市，实现城乡统筹发展的重要着力点，形成城市与乡村互促互进、共同发展的新型城乡关系。因此，县域公园城市就是要致力打造城乡融合发展的地域共同体。

2. 利益共同体

基于量子力学的共同体一般是指所有构成物质的粒子在相互联系、相互转化中形成的能量支撑体系。利益共同体一般指基于一定共同利益的人们，在享有同等权利、履行同等义务等契约活动中形成的共同体。传统城市发展事实上走的"以物为中心"的道路，长期以来是生产决定需求，人的全面发展退居于以经济建设为中心之后，从而导致在经济快速发展过程中人的社会需求得不到满足、公平发展机会不断被压缩，城市与乡村、人与人之间出现较大的利益偏差。随着我国新时代社会主要矛盾的转变，美好生活成为人们的共同需要，这对国家经济、政治、社会、文化、生态等各个领域都提出了

① 田毅鹏：《地域社会学：何以可能？何以可为？——以战后日本城乡"过疏—过密"问题研究为中心》，《社会学研究》2012 年第 5 期。

② 高中岗、卢青华：《霍华德田园城市理论的思想价值及其现实启示》，《规划师》2013 年第 11 期。

更为广泛的高质量需求。可以说，新时代是人民对美好生活需要决定市场生产的时代。县域公园城市是汇聚了经济、政治、社会、文化、生态等全要素、多领域美好期许的城市利益共同体。无论是城市还是乡村，所有的生命个体都是县域公园城市整体中不可或缺的组成部分。从孤立单一的城市自身规划转向多主体、多途径、多方式的治理方式变革，让生活在县域中的市场主体、社会组织、公民大众等多元主体共同参与到县域公园城市的建设和治理中来，实现城市与城市、城市与乡村有机衔接和良性互动，从而最终实现县域公园城市的共荣、共治、共兴、共生、共享。

3. 价值共同体

"人的社会存在需要共同信仰和共同意义"，这就是价值共同体。[①] 没有共同的观念，就不会有共同的行动。没有共同的行动，人依然存在，但却构成不了一个社会群体。回顾城市发展理论与实践的演进，始终贯穿着这样一条鲜明的逻辑主线：生产技术的进步解放了生产力，不遵守自然之道的行动产生了事与愿违的结果；在尝到环境恶化的苦果之后，人们又开始反思过去，力图从以往的经验教训中寻求解决方案，并再次踏上了发展与保护、人文与技术的平衡之路。价值的单一或不一致使人类酿造了诸多的苦果，迫切需要构建统一的价值观加以规范和约束。县域公园城市即全面彰显多元价值，推动城市功能价值趋于最大化的重要载体。建构县域公园城市，无论是在城市规划实践中还是在城市发展理论上，都具有开创性作用。县域公园城市将包括绿色发展理念在内的新发展理念贯穿于城乡融合发展的始终，重塑了新时代城乡价值内涵。县域公园城市暗含了经济绿色低碳、政治多元共治、文化繁荣创新、社会健康和谐、生态绿水青山、城乡均衡发展等多元价值要素。打造县域公园城市既要以生态治理为基础，在原有的自然生态底色基础上，将城乡多元价值要素有机整合，推进生态价值与政治、经济、社会、文化等价值要素相互融合，进而打造城乡融合的生命共同体。

4. 生命共同体

习近平总书记在党的十九大报告中指出"人与自然是生命共同体"[②]。

---

① 刘景钊：《转型期如何摆脱价值危机——兼论价值整合与价值共同体的建构》，《探索与争鸣》2013 年第 1 期。

② 习近平：《决胜全面建成小康社会 夺取新时代中国特色社会主义伟大胜利——在中国共产党第十九次全国代表大会上的报告》，人民出版社 2017 年版，第 50 页。

"生命共同体"不是在"人类中心主义"或"自然中心主义"视角下认识的人与自然的关系。生命共同体的内涵强调人与自然共生共存和共同发展。自然是个有机的统一体，生命和物质世界并非存在于"孤立地隔间"之中，相反，在有机生物与环境之间存在一种非常特殊的统一体。人与自然界的生命共同体的构成要素不是彼此孤立的，而是不断进行物质交换活动的统一体。在如何看待人与自然关系的问题上，县域公园城市强调人要以自然界为基础进行生命活动，人与自然休戚相关。县域公园城市既要坚持"以人为本"，又要抛弃绝对的"人类中心主义"，要求"政治、经济、社会、文化、生态和谐发展"。只有在尊重自然、顺应自然、保护自然的基础上，实施人与自然共生、共存、共发展的战略，才能真正实现人民美好生活。因此，人与自然生命共同体既不是传统的"人类中心主义"，也不是"自然中心主义"，而是"自然中心主义"和"以人为本"的有机统一，是人类生命与非人类生命的相互依存而形成的一个超越人类单一成员的更大的生命共同体。

"生态是统一的自然系统，是相互依存、紧密联系的有机链条……山水林田湖是一个生命共同体，这个生命共同体是人类生存发展的物质基础。"① 城乡融合发展就是要尊重城市与乡村的整体性、和谐性、系统性的内在规律。我们所追求的县域公园城市是融地域共同体、利益共同体、价值共同体为一体的生命共同体，是城市与乡村、自然生态与人类社会复合共生的命运共同体。

（三）县域公园城市的特征

县域公园城市是在新时代乡村振兴战略背景下，为推动实现城乡政治、经济、社会、文化、生态的全面、协调、可持续发展，加快城乡融合，实现城乡人民美好生活的重要举措。县域公园城市理所当然具有公园城市的一般特征，如强调"人民性"，以人民的幸福感、安全感和获得感为出发点；强调"和谐性"，追求城市发展、生态保护及人文意蕴的整体和谐发展；强调"共享性"，面向公众，人人共享，人民在共商共建共治中共享发展成果；强调"发展性"，遵循绿色发展的要求，实现绿色空间和公共空间更加丰富、城市格局更加优化、公共服务更加均衡、城市功能

---

① 习近平：《推动我国生态文明建设迈上新台阶》，《求是》2019 年第 3 期。

更加开放、城市形态更加优美、产业更加绿色等。与一般的公园城市相比，县域公园城市还应具有区域性、融合性、公平性和可及性的特殊特征。

1. 区域性

在我国，县级政府行政建制主要可以分为县政府、县级市政府以及设在地级市的区政府。其中县政府的主要职能是"农政"，区政府的主要职能是"市政"，而县级市政府的职能既包括"农政"也包括"市政"。由于自然与经济、环境与民生间的矛盾在县域更为凸显，因而县域公园城市建设难度更大。与一般公园城市相比，县域公园城市具有明显的"区域性"，它将范围限定在县域，强调在县域范围内建设公园城市，要充分把握好县域特征，处理好人、城、境、业四大要素的关系与布局。从这个角度出发，县域公园城市是人城和谐、城园合一和城乡共荣的城乡生命共同体。

2. 融合性

我国仍处于并将长期处于社会主义初级阶段的国情长期不变，这一特征在农村表现得更为明显。人民日益增长的美好生活需要和不平衡不充分的发展之间的矛盾在县域尤为突出。2020年全面建成小康社会，最困难、最艰巨的任务在农村；建成社会主义现代化国家，实现中华民族伟大复兴，最广泛、最深厚的基础在农村，最大的潜力和后劲也在农村。县域公园城市就是要在统筹城乡中发挥城市与乡村在城乡融合中的不同功能，加强城市与乡村的地域联系，不仅城市需要发力，农村也要发挥载体作用，城乡融合才能平衡好二者之间的关系。融合性是县域公园城市的重要特征，要突出城乡并举、协调发展。要把县域公园体系作为城乡融合发展和乡村振兴战略的重要抓手，建立健全共在共荣的新型城乡关系，让工业文明、城市文明和农耕文明在县域公园城市中交相辉映。

3. 公平性

建设公园城市目的在于实现人民美好生活。公平正义犹如阳光和空气，是人民美好生活不可或缺的重要内容，影响着人们的获得感、安全感和幸福感。民生短板是影响社会公平度的最大障碍，民生质量是衡量社会公平的重要尺度。要"在发展中补齐民生的短板，促进社会公平正义"[①]。

---

　　① 习近平：《决胜全面建成小康社会　夺取新时代中国特色社会主义伟大胜利——在中国共产党第十九次全国代表大会上的报告》，人民出版社2017年版，第23页。

相比较而言，县域是民生欠账最多、短板最多、短板最短的区域。而公平正义在县域范围内更具有可比性，也更容易实现。县域公园城市的"公平性"强调城乡居民在城市发展及人居环境共享中的平等权利。县域公园城市重要的是在城乡融合发展中建立一种共建、共治、共享、共荣的秩序，追求城乡的共在、共兴、共荣。县域公园城市是实现城乡基本公共服务均等化的顶层设计，也是通过城乡融合满足城乡人民日益增长的美好生活需要的根本途径，是社会公平正义的集中体现。

4. 可及性

公园城市是人民共建、共治、共享的高质量生活环境的美好城市，共享性是公园城市的突出特征。但由于长期的城乡二元结构，农村基本公共服务建设滞后于城市，高质量公共服务对农村居民的可及性严重不足。可及性指某种事物或某种技术所能涵盖、达到的效果或者是指它的功能用途所能涉及的范围和内容。可及性的含义中具有方便快捷、可接受、可承担的特征。① 与一般的公园城市相比，县域公园城市不仅强调"公平性"，更强调其"可及性"，即面向公众，人人可及。要以城乡基本公共服务均等化加快推进县域公园城市建设的开放性、便捷性、可达性、共享性和人性化，增加公园体系这一最具吸引力的公共产品的供给，营造高质、共享、可及的城乡人居环境，让更多的城乡居民有能力、够便捷地享受发展成果，进一步提升县域公园城市的质量和魅力。

第二节 县域公园城市与人民美好生活

城市治理的主体是人，人在发展自身的同时也创造了城市文明。城市美感和艺术创造，不仅能为城市居民提供美好的生活环境和丰富的审美享受，还会对市民的审美心理和审美能力产生深刻影响。② 城市建设的目标是"城市让生活更美好"，即人是城市发展的主体，城市的发展又为人民的美好生活提供了载体。而县域公园城市能够更好、更直接地肩负起实现

---

① 王飞鹏、白卫国：《农村基本养老服务可及性研究——基于山东省 17 个地级市的农村调研数据》，《人口与经济》2017 年第 4 期。

② 毛宣国、李灿：《城市让生活更美好——刘易斯·芒福德城市理论的美学意义》，《湖南大学学报》（社会科学版）2018 年第 1 期。

县域人民美好生活的神圣使命。

一 人民美好生活的概念

生活是人的一种为幸福意义而存在的指向，生活内含的这种幸福性指向决定人需要"美好"的生活。① 党的十九大报告强调"人民的美好生活"和"人民对美好生活的需要"，突出了"人民美好生活"的重要地位。在国家治理的政治话语体系中，人民美好生活主要包括美好生活愿景更完善、改革更全面、经济更有活力、政府更高效、文化更繁荣、生活更有保障、社会更和谐、生态更优良、权益更好维护。②

"需要"是人类在与其生存和发展的客观条件互动中由不足之感和求足之感交织产生的多样性的生理或心理状态。③ 人类的需求从性质上来看大概可以分为三个层次。第一层次是物质需要，指的是生存的需要，如保暖、饮食、种族繁衍等，这也是人类最基本的需要。第二层次是社会需要，产生于物质性需要满足以后，主要包括社会安全、社会保障、社会公平正义的需要等。第三层次是心理需要，是指因心理需要而形成的精神和文化需求，包括价值观、伦理道德、民族精神、理想信念、价值实现和信仰追求等。心理需要的产生以物质需要和社会需要实现为前提，是人类最高层次的需求。在中国特色社会主义进入新时代后，随着我国人民生活水平的不断提高和温饱问题的解决，人们越来越多地追求社会性和心理性需要，比如更加可靠的社会保障、更加丰富的文化生活、更优美的生态环境、更舒适的居住条件等。另外，美好生活的体现不仅仅局限于均等化分配，越来越多的公众开始要求政府通过差异性供给来满足他们的差异化需求。

"全党同志一定要永远与人民同呼吸、共命运、心连心，永远把人民对美好生活的向往作为奋斗目标。"④ 中国特色语境下的"人民美好生活"，是以维护和实现最广大人民群众根本利益为己任的中国共产党，领

---

① 汪青松、林彦虎：《美好生活需要的新时代内涵及其实现》，《上海交通大学学报》（哲学社会科学版）2018 年第 6 期。

② 《习近平总书记系列重要讲话读本》，人民出版社 2016 年版，第 27 页。

③ 史云贵、刘晓燕：《实现人民美好生活与绿色治理路径找寻》，《改革》2018 年第 2 期。

④ 习近平：《决胜全面建成小康社会 夺取新时代中国特色社会主义伟大胜利——在中国共产党第十九次全国代表大会上的报告》，人民出版社 2017 年版，第 1 页。

导人民从经济繁荣、政治清明、政府高效、社会和谐、文化丰富、生态优良等方面构建的一个更高水平的愿景式生活形态。县域公园城市与人民美好生活的内在关系决定了县域公园城市是实现人民美好生活的现实目标和基本路径。

二　县域公园城市与人民美好生活的关系

公园与城市的交集是人，人是公园与城市的主体，而县域公园城市建设的基本理念就是以人为本，就是要让人民日益增长的美好生活需要能够在县域公园城市的不断发展与完善中得到满足。因此，人民是县域公园城市和美好生活的主体预设。县域公园城市和人民美好生活像是一个硬币的两面，县域公园城市是人民美好生活的实践载体；实现人民美好生活是县域公园城市的目标。前者所要解决的问题是"需要建设怎样的县域公园城市才能实现人民美好生活"；后者所要解决的问题是"需要实现怎样的美好生活才能达成建设县域公园城市的目标"，两者是"手段"与"目的"的关系。

（一）人民是县域公园城市和美好生活的主体预设

研究如何实现"美好生活"，首先要解决实现"谁的美好生活"。中国共产党与生俱来的先进性要求发展为了人民，发展依靠人民，发展成果由人民共享。"以人民为中心的发展思想要求各级党委、政府必须顺应人民群众对美好生活的向往，不断实现好、维护好、发展好最广大人民的根本利益。"①

人民是历史的创造者，美好生活要依靠人民创造。在城市时代，以人民美好生活为标准，引领城市空间的结构性变迁，描绘城市未来发展蓝图，才能使城市成为真正意义上既能满足人民物质需要，又能满足人民精神需要和生活生态需要的栖息之所。党的初心和使命就在于为人民谋幸福，不断满足人民美好生活需要就是党的初心和使命在新时代的最好彰显。

美好生活的主体预设与县域公园城市的"以人为本"思想不谋而合。县域公园城市建设的核心在于"人民"，围绕着人民美好生活来布局县域

---

① 《习近平谈治国理政》第 2 卷，外文出版社 2017 年版，第 21 页。

公园城市场景和提供公共产品，要突破既有的满足人民基本生活需要的桎梏，把优美的城市生态、美丽的田园风光等要素纳入未来的建设目标之中，保证人民群众在美丽、舒适、和谐、有序的生态空间中健康发展，积极营造共享可及的高质量人居环境，不断满足人民美好生活需求。

人民是历史的创造者，也是县域公园城市建设的主体。社会公众是绿色生活方式的践行者、绿色产品的消费者，所以要培育和激发社会公众建设县域公园城市的主体意识，充分发挥公众的集体智慧，让城乡居民成为共商共建共治共享的重要参与者。

因此，建设县域公园城市和实现人民美好生活都是为了人民，同时也要依靠人民。人民是县域公园城市和美好生活的双主体预设。对美好生活"人民性"的探讨，有助于推动城市发展从工具理性向价值理性转变，并意味着"以人民为中心"的绿色政策既合乎法理又兼顾人文特征。

（二）县域公园城市是人民美好生活的载体

在农业社会中，"居住"是城市发展的主要功能；在后工业时代，"生活"将成为城市功能的显著标志。[1] 亚里士多德曾在其《政治学》中阐释了"城市让生活更美好"的命题——"人们来到城市，是为了生活；人们居住在城市，是为了生活得更美好"[2]。生活与城市是天然不可分割的"共同体"，生活是城市的主要功能，城市是实现人民美好生活的主要载体。如何让城市功能从"生活"走向"美好生活"成为可能，则需要一种新的城市发展形态来推动城市发展新理念落地和城市空间布局的变革。那么需要构建怎样的城市才能实现人民美好生活？这种城市发展形式究竟为何？

为了弄清这一问题，千百年来人们一直不断探索。从霍华德的"田园城市"理论到20世纪80年代末的生态城市建设实践，再到21世纪初全球范围内兴起的低碳城市、绿色城市的浪潮，无不反映出人类祈盼与自然和谐相处的原始朴素的自然哲学，同时也体现出城市价值的不断升华。每种城市发展形态的提出都有其特定的时代背景、发展定位与美好愿景，在彼时都具有现实性与前瞻性的指导意义。然而，这些城市发展形态都是以城市为主要研究对象，忽略了"人"在城市建设和发展中的主体地位和重要作用。

---

① 李兰芬：《美好生活：城市意义的批判与建构》，《学习与探索》2011年第2期。
② ［古希腊］亚里士多德：《政治学》，吴寿彭译，商务印书馆1965年版，第7页。

人既然是县域公园城市的预设主体，那么在县域公园城市的建构过程中就要处理好人与城市系统各要素之间的关系。关于人与城市的关系，与以往注重城市发展而忽略人的发展不同，县域公园城市的目标是使城市的全面发展与人的全面发展相统一，以共商、共建、共治、共享模式建设县域公园城市，要在城乡融合发展与建设中不断增强人民获得感与满足感。关于人与自然的关系，与过去人们对自然一味征服掠夺的态度不同，县域公园城市要求人们秉持保护自然、尊重自然、敬畏自然的逻辑，树立和践行"绿水青山就是金山银山"的理念，共筑诗意栖居、绿色舒适的生态家园。关于人和经济的关系，与以牺牲资源和环境为代价获得暂时的经济增长不同，县域公园城市主动追求绿色、低碳、循环经济，依托郊野公园，植入创新、文化、旅游等多种要素，培育产业转型升级新动能，构建特色镇＋林盘聚落（农村新型社区）＋农业景区、农业园区发展模式，有效提升城乡经济发展的质量和效率，加快实现乡村振兴。关于人与社会的关系，与传统城市形态中个体缺乏主动性和创造性不同，县域公园城市使人民群众坚信"幸福是奋斗出来的"，社会赋予每个个体公平发展的机会，通过建立民主、平等、稳定的社会环境，增强城乡发展过程和结果的包容性和共享性，实现城乡发展机会的公平和福利最大化。关于人和文化的关系，与传统城市发展模式缺乏人文关怀，忽视城市文化和乡土特色不同，县域公园城市承袭中华文化传统，通过构建多元文化主题的绿色空间，保留乡土特色，实现以文化人，以美育人。县域公园城市突出了人民主体地位，强调城市发展最终的主要功能以及价值诉求仍然在于"人民美好生活"，人与城市、自然、经济、社会、文化的协调发展即美好生活的展开过程。因此，县域公园城市是人民美好生活的主要载体和具象，美好生活应以县域公园城市为客体构建，促进城市"生活"向"美好生活"转变。

　　"增进人民福祉、促进人的全面发展是我们党立党为公、执政为民的本质要求。"① 而增进最广大人民群众的根本福祉、实现最广大人民群众的全面发展则是对美好生活实现程度的最好考量。在这个"城市让人民生活更加美好"的城市时代，对于"需要构建怎样的城市发展形态才能实现人

---

　　① 《中共中央关于坚持和完善中国特色社会主义制度、推进国家治理体系和治理能力现代化若干重大问题的决定》，载《党的十九届四中全会〈决定〉学习辅导百问》，党建读物出版社、学习出版社 2019 年版，第 19 页。

民美好生活"这一问题，我们认为，为了实现人民美好生活，必须以人民为中心，处理好人与城市、人与自然、人与经济、人与社会、人与文化之间的关系，实现人与经济、政治、社会、文化和生态的良性互动。上述问题的解决有赖于县域公园城市的实践推进，在构建人民美好生活的过程中突出"人民性"，从传统的经济导向转变为人本导向，重视给城乡居民提供良好的生态环境和更舒适的居住条件，以人民的获得感和幸福感为根本出发点；突出"和谐性"，实现自然与人文、经济与社会的和谐共生；突出"公共性"，让更多的公众共享发展的成果，做到共商、共建、共治、共享、共融；突出"服务性"，不仅要实现城市居民的美好生活，还要满足农村居民美好生活的需要，不仅要实现城乡居民基本公共服务均等化需要，也要满足城乡各类人群的个性化需求。

（三）实现人民美好生活是县域公园城市的目标

在以县域公园城市推进人民美好生活实现的进程中，要始终把握"以人民为中心"的工作导向，突出以人为核心的城乡人居环境建设，聚焦城乡人民日益增长的美好生活需要，打造城乡生命共同体，推进人与自然的和谐共生。实现人民美好生活是县域公园城市的根本目标所在。那么，究竟什么样的生活才算是美好生活，通过县域公园城市建设要达到的美好生活究竟是怎样的呢？

美好生活需要不仅要求美好生活的全面性，更体现了美好生活的高品质。从美好生活需要的全面性出发，党的十九大在原有"物质、文化"需要的基础上，进一步增加了"民主、法治、公平、正义、安全、环境"等方面的需要。从美好生活的高品质维度来看，随着我国经济社会快速发展和人民生活水平不断提升，人民美好生活需要日益呈现出层次性的特征。"更好的教育、更稳定的工作、更满意的收入、更可靠的社会保障、更高水平的医疗卫生服务、更舒适的居住条件、更优美的环境、更丰富的精神文化生活"就是人民美好生活的品质性在新时代具体而生动的表述。①

具体来说，县域公园城市所追求的美好生活全面性和品质性由以下几个方面构成：在经济建设领域，要以创新引领新经济建设，以生产方式变革培育经济发展新动能，着力构建资源节约、环境友好、绿色低碳的高质

①　程同顺：《新时代要求国家职能更多转向公共服务》，《党政研究》2018 年第 3 期。

量开放型经济体系，实现县域公园城市经济价值的提升。在城市建设领域，县域公园城市建设离不开政府、市场、社会等多方力量的支持与配合，要以多元主体共建共治共享为城市建设新思路，搭建多元主体协同共治的长效机制，不断创新县域公园城市治理新机制，不断增强人民群众对县域公园城市的认同感、归属感和幸福感。要以县域绿地系统为抓手，进一步优化绿色公共服务供给机制，在高质量发展中为人民群众创造高品质生活，确保改革发展成果由县域人民共享。在文化建设领域，历史文化底蕴是城市发展的内生动力，县域公园城市要以社会主义核心价值观为价值引领，以文化创意、文化产业发展为重要抓手，塑造城市绿色文化精神，促进城市转型发展，推动城市文化软实力不断进阶跃升。在生态建设领域，县域公园城市深刻诠释了绿色发展的基本内涵，破解了发展与保护的两难悖论，是对"绿水青山就是金山银山"理念最完美的注解，建构县域公园城市绿色空间体系将城乡连成一片，打造人与自然和谐共生的山水林田湖城生命共同体。[①] 这就从深层指向了发展的平衡性和协调性，在对生活的整体理解中凸显全面性和品质性美好生活的需要。

县域公园城市承载了人民对美好生活的期许，既包括了美好生活的全面性也包括了美好生活的品质性。县域公园城市建设不仅是要优化县域政治、经济、社会、文化和生态环境，而是要让更多的公众共享发展成果。坚持人民主体地位，关注人民日益增长的美好生活需要，积极落实"人民城市为人民"的城市建设发展思路，统筹城乡发展，充分调动人民群众的积极性，服务人的全面发展，强化高品质生活、高水平服务供给、高效能治理，通过打造人人享有的高品质人居环境以满足人民日益增长的美好生活需求，让县域人民在共建、共治、共享中取得更多获得感和幸福感。

第三节　县域公园城市与县域绿色治理

县域绿色治理具有"绿色"和"治理"的双重指向，县域公园城市是县域绿色治理的现实目标。县域绿色治理与县域公园城市建设存在相互影响、相互作用的关系，二者统一于人民美好生活的实现过程中（见

---

① 史云贵、刘晓君：《绿色治理：走向公园城市的理性路径》，《四川大学学报》（哲学社会科学版）2019 年第 3 期。

图 3-2）。本节在把握县域绿色治理内涵的基础上，主要从县域公园城市对县域绿色治理的影响和县域绿色治理在建设县域公园城市中的作用两个方面探索二者间的逻辑关系，把握其互动机制，这对推进县域治理绿色化和建设县域公园城市具有重要意义。

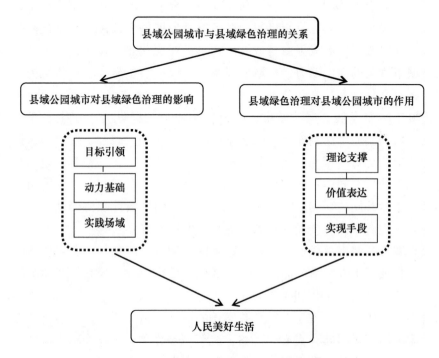

图 3-2　县域公园城市与县域绿色治理的逻辑关系

一　县域绿色治理的丰富意涵

"绿色"不仅表示自然界的颜色，也暗含了时代特色和社会属性。在汉代《说文解字》中，"绿"表示"帛青黄色也"①。其本意是指青黄色的丝织物，派生意义泛指一切绿色的植物。"绿"存在于自然之中，常表示健康、生机、生命等含义，并且在人类认识世界和改造世界的过程中，又派生出坚持、新生、希望等含义，表示人们对一切美好事物的追求和向往，同时也反映出人们对于客观世界的态度和看法。② 2016 年 3 月 16 日，

---

① （汉）许慎：《说文解字》，上海古籍出版社 1981 年版，第 57 页。
② 周晓风等：《论色彩词"绿"在使用中的语义充实》，《学术交流》2014 年第 7 期。

国家正式出台《中华人民共和国国民经济和社会发展第十三个五年规划纲要》，将"绿色"发展作为五大发展理念之一，并明确指出："绿色是永续发展的必要条件和人民对美好生活追求的重要体现。"① 这样，绿色就成为中国特色社会主义新时代的鲜亮标志。

　　党的十八大提出了政治、经济、文化、社会、生态"五位一体"的总体布局，即在原来"四位一体"的基础上明确地将"生态"纳入了中国特色国家治理现代化的战略任务之中。党的十八届五中全会正式提出五大发展理念，其中包含了"绿色发展"，这与党的十八大将生态文明纳入"五位一体"总体布局一脉相承。党的十八届五中全会将"绿色发展"纳入国家治理现代化的战略高度，表明了党对国家发展有了新的认识。绿色治理即从绿色发展蜕变而来的，是新时代国家治理发展的一种新趋势。"绿色治理"由"绿色"和"治理"两个概念构成。"绿色"和"治理"自身的多层次含义造成了"绿色治理"也有着不同的内涵与外延。狭义的"绿色"主要指自然色或事物的底色。而广义的"绿色"则是指从绿色基本意涵所衍生的且具有广泛代表性或象征性的价值理念，如"和谐、民主、廉洁、健康、公平、安全、节约、可持续"等价值意涵。"治理"原为"引导、控制和操纵"之意。詹姆斯·N.罗西瑙（James N. Rosenau）认为，治理是由一种共同目标所支持的活动，这些活动主体并非一定是政府，也不需要国家强制力来实现，而是依赖共同目标的协商与共识。② 在当代社会，治理凸显为一种多元共治的状态，集中表现为社会多元主体的共同行动与互动的活动或活动过程。

　　县域绿色治理建立在绿色治理的概念基础上，但因其具有特殊的治理主体和治理范围，县域绿色治理的目标不仅要实现经济发展、政治清明、社会稳定、文化繁荣和生态良好，还应包含城乡融合的内容。因此，县域绿色治理可以定义为：在县域范围内，县域绿色治理共同体以绿色价值理念为引领，通过多元共治，旨在实现经济绿色发展、政治风清气正、社会和谐稳定、文化繁荣创新、生态绿水青山、城乡融合发展的县域治理新形态。

---

　　① 《中华人民共和国国民经济和社会发展第十三个五年规划纲要》，《人民日报》2016年3月18日第1版。

　　② 孙晓莉：《西方国家政府社会治理的理念及其启示》，《社会科学研究》2005年第2期。

二 县域公园城市：县域绿色治理的现实目标引领、动力基础与实践场域

县域公园城市作为回应新时代人居环境需求、塑造城市竞争优势的重要实践模式，具有一系列体现时代特点的重要价值。就县域绿色治理而言，县域公园城市为县域绿色治理提供了目标指引，是创新县域绿色治理模式的动力基础，是县域绿色治理得以实施的重要场域。

（一）县域公园城市是县域绿色治理的现实目标引领

县域绿色治理是一项纷繁复杂的系统工程，需明确的目标指引。目标一般指个人或组织预期达到的结果。县域绿色治理目标是县域绿色治理共同体实施绿色治理活动所预期达到的结果。县域绿色治理的理想目标是实现人民美好生活需要。但实现人民美好生活需要是历史的、现实的、具体的。而县域公园城市是实现人民美好生活的现实载体和可行性路径，即人民美好生活要通过以县域公园城市为现实目标和载体的公园城市绿色治理来实现。

县域公园城市耦合于"绿色治理"理念的精神意蕴，寄托着人民对优美生态环境的现实追求，承载着实现新时代人民美好生活的重要使命，是新时代最能集中体现美好生活价值追求的一种高级城市形态。县域公园城市暗含了经济绿色低碳、政治多元共治、文化繁荣创新、社会健康和谐、生态绿水青山、城乡均衡发展等多元价值要素，与县域绿色治理所追求的"五位一体"目标不谋而合，是县域绿色治理的理想且现实的目标。因此，县域公园城市的基本内容为县域绿色治理设定了明确的目标导向，渗透在县域绿色治理的构成要素、政策运行之中，为县域治理绿色化的价值取向和行为实践指明了方向。

（二）县域公园城市是创新县域绿色治理的动力基础

党的十九大以来，习近平总书记在多个场合明确表示要"完善城市治理体系、提高城市治理能力和创新城市治理方式"①。作为习总书记关于城市治理创新的崭新论断，公园城市加快了城市治理从传统治理模式向绿色治理转变，为不断创新绿色治理体制机制提供了不竭动力。

县域公园城市驱动县域绿色治理主要体现在四个方面：一是加快推进

---

① 余池明：《论城市治理的人民立场——习近平城市治理思想对北京疏解整治促提升的启示》，《前线》2018 年第 7 期。

县域从生态保护向生态宜居转变。县域公园城市充分尊重河流、湖泊、湿地、山地、森林、田园等县域既有生态分区和自然边界，更加强调城市空间发展的生态性、规划性与多样性，为县域高质量发展提供厚实的绿色底蕴。二是加快推进县域发展从经济主导向民生导向的转变。县域公园城市把自然、经济、社会的协调发展作为县域公园城市建设的重要着力点，让县域城乡居民共享发展成果。三是加快推进县域治理由单一的政府治理向多元共治的合作治理转变。县域公园城市所强调的治理与政府完全主导城市发展模式、自上而下强制性的城镇化进程不同，县域公园城市遵循政府、市场和社会多元主体协同共治的逻辑进路，创造条件让多元力量参与城乡更新，在共商共建共治过程中提升城乡治理的预见性，实现治理过程的精细化和高质量。四是从单纯的城市建设与发展向城乡融合、一体化治理转变，县域公园城市以县域为载体，将现代"共治"要素引入城乡一体化治理之中，将乡村治理纳入整个城市发展的治理体系之中，在乡村振兴的实践中不断探索和创新城乡融合发展新模式。

（三）县域公园城市是县域绿色治理的实践场域

县域绿色治理强调"公平、民主、持续、效率、均衡"等多种内涵，这些内涵的实现必须依托县域公园城市才能得以转化和落地。将县域公园城市作为县域绿色治理的实践载体，在县域公园城市建设中，注重城乡基本公共服务的公平公正，以广大人民群众的幸福感、安全感和获得感为出发点，将公园游憩服务作为建设高质量宜居环境和满足人民美好生活需要的城乡基本公共服务，既强调以人民为中心的普惠公平，又力求满足个体多样化的服务需求；县域公园城市强调在建设过程中体现民主协商，民主代表了公共参与性、人民所有性，力求做到多元主体在城市发展中共商、共建、共治、共享、共荣；县域公园城市要求城市发展的可持续性，不仅体现为经济的可持续，还体现为生态和社会的可持续，强调"绿水青山"和"美好生活"在城市发展中的重要作用，力求达到经济、社会、生态三个子系统相互协调和可持续发展；县域公园城市以经济发展的健康与高效为基础，在尊重城乡融合发展规律的前提下，加快产业结构转型升级和经济发展方式变革，推动新经济与传统产业深度融合，发展综合利用循环经济和环境友好型的绿色产业，着力提升城乡整体运行的效率和综合价值。此外，县域公园城市还要突出城乡均衡发展，县域公园城市是一种兼具城市文明和美丽乡村的美好城市，既要发挥城市价值，以城带乡，又要发挥乡村价值，以乡促城，将城市文明和活力与美丽乡村环境和谐地组合在一起，实现城乡融合发展。以县域公园城市的公共性、民主性、持续性、效率性和均衡性为载体，将县域绿色治理由理念转化为现实，以实现县域绿色治理所强调的公平、民主、持续、效率、均衡等价值目标。

三　县域绿色治理：县域公园城市的理论支撑、价值表达与实现手段

县域绿色治理强调用系统性视野对政治、经济、社会、文化、生态进行"绿色化"考察，目标就是要以"绿色"价值引领经济、政治、社会、文化、自然生态的全面、协调、可持续发展，从而推动多元生态领域间的动态平衡。从这个角度出发，县域绿色治理不仅是生态环境保护的重要举措，具有较强的"工具理性导向"，也因不断生产和创造以"绿色"为底蕴的城市价值而具有鲜明的"价值理性导向"。因此，县域绿色治理实现了工具理性与价值理性的融合、绿色理论与绿色实践的统一，二者统一到了县域公园城市上来。因而县域绿色治理为县域公园城市提供了丰富的理论支撑、价值表达和实现手段。

（一）县域绿色治理理论是县域公园城市的重要理论支撑

在经济、政治、社会、生态、文化各个领域，绿色都具有相应的积极意涵，这一绿色意蕴让绿色治理为县域公园城市建设提供了理论支撑。"绿色"的丰富意蕴不仅体现为对美好事物的积极追求，县域绿色治理更为建构县域公园城市提供了不竭动力与智慧源泉。"县域绿色治理"即在县域范围内，以"绿色"价值理念为引导，全面推进县域从"非绿色"治理向"绿色"治理转变的过程。

在县域绿色治理理念的引导下，建构县域公园城市要求以城乡生态底色为基础，以生态文明理念为指导，引领城乡生产方式、生活方式、人文理念等"绿色化"，实现城乡产业发展更加绿色、城乡公共服务更加均衡、城乡人文空间更加丰富、城乡生活方式更加健康。简而言之，县域绿色治理就是使县域治理活动符合绿色价值要求的活动过程。从实践运行角度看，"县域绿色治理"的范畴已经突破了生态治理的框架，其终极目标是实现经济、政治、文化、社会、生态各个子系统整体性迈向绿色化。由此可见，县域绿色治理旨在对原有的经济生态、政治生态、社会生态、文化

生态、自然生态发展不平衡不充分的状态进行"绿色化"，这与县域公园城市以绿色价值标准为指导，注重城乡功能价值优化整合、协调互动，从而实现城乡价值最大化的目标高度契合。①

（二）县域绿色治理价值是县域公园城市的具体表达

县域绿色治理立足于县域，是以绿色为价值向度的治理，包含了风清气正的绿色政治、生机盎然的绿色经济、和谐进步的绿色社会、健康向上的绿色文化、山清水秀的绿色生态等价值取向。城市的本质在于提供有价值的生活方式。将"县域绿色治理"理念融入县域公园城市建设过程中，县域公园城市也具有了一系列体现时代特点的重要价值，这些价值也是围绕着政治、经济、社会、文化和生态等方面展开。因此，县域绿色治理价值是县域公园城市建设的具体表达，这集中体现在县域绿色治理价值为县域公园城市建设提供价值资源上面。

具体而言，主要包括：一是绿色低碳的经济价值。县域公园城市坚持将创新作为发展的主要发展动力，使传统生产方式向资源节约、环境友好、循环高效的生产方式转变，构建生态经济系统和绿色资源系统，大力发展新经济、不断培育新动能，促进形成新的转型升级发展路径。特别是要发挥广大农村地区的潜力，利用乡村丰富的自然资源，发展绿色低碳经济。二是多元共治的政治价值。作为县域公园城市的主导力量，政府应协调多元主体分工合作、配合联动，培育和激发企业和社会公众建设美丽公园城市的主体意识，加快形成"党委领导、政府负责、企业参与、公众共商共治共建共享"的多元主体治理结构，使全体人民在共建、共治、共享、共荣中有更多获得感和幸福感。三是美好生活的社会价值。县域公园城市始终把人的需求放在第一位，引领城市发展从经济导向转向生活导向，突出以人为核心的城乡人居环境建设，聚焦城乡人民日益增长的美好生活需要，基于相互依存的共同利益观、共同价值观、可持续发展观和城乡治理观等观念，通过融合社会功能和自然系统以提供多样性的优质绿色生活空间，满足人们"安全健康、幸福安宁"的生活需求，实现人与自然的和谐共生，打造城乡一体的绿色家园，全面推进城乡命运共同体建设。四是绿水青山的生态价值。县域公园城市以现代生态学理论为基础，以生

---

① 史云贵、刘晓君：《绿色治理：走向公园城市的理性路径》，《四川大学学报》（哲学社会科学版）2019年第3期。

态系统的科学调控为手段，深入践行"顺应自然、尊重自然、保护自然"的理念，以生态视野在县域构建山水林田城生命共同体、布局高品质绿色空间体系，将城市建设与生态保护结合起来，充分发挥乡村天然的生态优势，与城市生态互为补充，形成人与自然和谐发展的大美城市形态。五是以文化人的文化价值。县域公园城市通过构建绿色文化场景和绿色文化载体，在城乡历史传承与嬗变中留下绿色文化的鲜明烙印，依托城乡现有的绿色文化底蕴和绿色文化特质，充分发挥县域绿色文化的经济价值、精神价值与社会价值，以美育人、以文化人，增强县域发展动力，提升县域绿色文化影响力和软实力。六是城乡融合的地域价值。县域公园城市不仅通过实施绿色理念打造山水林田湖生命共同体，同时也强调城乡融合发展和一体化治理，实现城乡人居环境一体化。

（三）县域绿色治理工具是县域公园城市的实现手段

工具一般指人们为达到某种目的而使用的器物或采取的手段。县域绿色治理工具是县域绿色治理主体为实现绿色治理目标所采用的方式、方法、技术、手段的总称。县域绿色治理工具应为县域公园城市治理的绿色化、高质量提供有效支撑。

当前，县域公园城市可充分利用大数据技术、绿色政策等多种治理工具。在县域绿色治理中，运用大数据分析和挖掘技术，可以及时发现人民群众的美好生活需要，主动提升政府公共服务供给能力，与时俱进地满足县域人民美好生活需要；要充分借助沟通、协商等柔性治理手段解决县域绿色治理主体间的利益冲突；以绿色政策作为日常治理工具，适时调整政治、经济、文化、社会、生态等领域的矛盾，加快推动县域公园城市绿色发展，形成人与自然和谐发展、城市与乡村共同繁荣、物质文明与精神文明相得益彰的现代城乡融合发展新格局。

四 县域公园城市与县域绿色治理统一于实现人民美好生活的过程中

人民日益增长的美好生活需要与不平衡不充分发展之间的矛盾成为新时代的主要社会矛盾。我国即将全面建成小康社会，人民对美好生活的追求不断提升，这其中就包括良好的生态环境和健康宜居的居住环境。人们的需求日益从"求生存""求生态"向"要宜居"转变。宜居的生活环境和绿色经济增长都是人民美好生活的重要组成内容。这样人民日益增长的美好生活驱使党委、政府加快从经济绿色治理转向全面绿色治理。这样，经由绿色治理的县域公园城市就成为新时代实现人民美好生活的城市治理新形态。

实现人民美好生活是建设县域公园城市的终极目标，而县域绿色治理是实现县域人民美好生活的路径选择。县域公园城市日益成为人们与自然密切联系的绿色空间，优美的县域公园成为政府与居民互动的绿色公共领域，芳草萋萋的公园绿地成为人们优质生活的保障。实际上，县域公园城市早已超越了实体空间的限制，不仅是单纯的空间场所，更为县域绿色治理提供了实践的场域。而县域绿色治理则着力强调绿色治理主体对国家和社会进行全面全方位全过程"绿色"。在以绿色治理推进县域公园城市建设中，绿色价值充分彰显了人民对美好生活的需要，县域绿色治理体系、绿色治理机制与绿色政策契合着新时代我国社会主要矛盾的变化，推动着县域公园城市与县域绿色治理在良性互动中加快实现人民美好生活。

以县域公园城市推进人民美好生活的根本目的还在于实现人的全面发展。县域公园城市与县域绿色治理密切关联、相互配合、共同推进，在不断满足县域人民美好生活需要中实现人的全面发展。契合于绿色治理的县域公园城市为实现人的自由全面发展创造了前所未有的条件。绿色治理彰显的"生命、健康、和谐、民主、健康、公平、包容"等理念，让县域居民感到各得其所，每个人拥有平等的发展机会，能够充分满足人们的个性化发展，形成能够体现个人价值的生活方式，让每个人实现全面、自由发展成为可能。

县域绿色治理和县域公园城市建设的逻辑关系表明，人民美好生活的实现，需要县域绿色治理和县域公园城市建设的"双轮驱动"。在县域绿色治理和县域公园城市"双轮驱动"实现人民美好生活的进程中，更需要两者相互作用、形成合力。只有把县域绿色治理和县域公园城市建设有机结合起来，才能更好地满足最广大人民群众对美好生活的需要，实现县域人民群众的全面发展。

第四节 县域公园城市的绿色治理路径

县域公园城市是县域绿色治理的现实目标，而县域绿色治理是打造县域公园城市的理性路径。打造县域公园城市关键在于县域绿色治理路径创新。县域公园城市的实现过程也是县域绿色治理的过程。因此，打造县域公园城市关键在于全面推进县域绿色治理。通过"把握县域绿色治理的丰富意涵""构建和完善县域绿色治理体系""健全和完善县域绿色治理机制""科学运用县域绿色政策""培育和营造县域绿色治理文化""创建县域公园城市质量测评体系"六个维度，打通县域公园城市的实现通道，让县域绿色治理成为建设县域公园城市的一种可行路径。由此可见，只有绿色治理真正运转起来，才能促进县域城市在从"非绿色"向"绿色"转变中走向县域公园城市，进而实现县域人民美好生活需要。

一　把握县域绿色治理的丰富意涵

理念是变革的先导，从根本上决定了治理模式的框架和内容。当前国内外关于绿色治理的研究范畴亟待进一步整合与拓展。截至目前，国内关于绿色治理的研究主要是围绕环境问题而开展的一系列探讨，如环境治理的参与、政策、体制、绩效评价等内容，这就使得绿色治理仅仅局限于环境治理基本范畴之内，不能很好地体现绿色治理的真正价值导向。我国场域中的绿色治理应是一场政府治道的变革，而不仅是狭隘的环境治理。绿色治理强调要突破"绿色"局限于生态环境保护方面的价值取向，深入挖掘广义上的"绿色"价值意涵，将绿色治理理念拓展到经济、政治、社会、文化、生态等各个领域，以发挥其系统性和整体性的价值引导作用。把握县域绿色治理的丰富意涵就是要跳出传统环境治理的窠臼，将绿色治理从环境治理研究中解放出来，进一步拓展绿色治理研究的基本范畴。

因此，要想推动绿色治理运转起来，需要把握"绿色"的多元价值意涵，形成绿色思维的自觉性，切实践行"绿色"价值观。这主要包括"风清气正"的政治价值、"绿色发展"的经济价值、"和谐健康"的社会价值、"以文化人"的文化价值和"绿水青山"的生态价值，强调政治、经济、社会、文化和生态的和谐统一。将绿色治理的理念融入县域公园城市的建设中，在观念上要把培育绿色治理理念放在第一位，牢固树立"绿色、低碳、循环、高效"的经济发展观，正确处理好经济发展与环境保护的关系，自觉推动绿色发展、低碳发展、循环发展和高质量发展；创新"政府引导、社会协同、企业参与、居民共商共治共建共享"的多元共治观。县域绿色治理所彰显的新治理形态与政府自上而下单向型的治理模式不同，县域绿色治理主体遵循政府、市场和社会多元主体协同共治的逻辑进路，创造条件让多元力量参与城乡融合治理，在共商、共建、共治中不断提升县域治理能力；坚持"满足人民美好生活需要"的社会民生观，强调县域公园城市建设应从传统"以物为本"的生产导向转向"以人为本"的生活导向，把实现人民美好生活需要作为县域公园城市绿色治理的最高追求；强调"文化是城市发展灵魂"的城市人文观，充分利用文化对经济社会的促进作用，处理好城市开发和历史文化遗产保护的关系，保留特色风貌，避免"千城一面"，为城市发展注入文化的灵魂；充分彰显"绿水青山就是金山银山"的生态文明观，在城市发展过程中，确立生态环境在县域公园城市建设中的基础性地位，充分发挥绿水青山的生态效益，尊重自然、敬畏自然、保护自然，为县域人民高质量生活提供良好的生态保障；切实践行"城乡融合、协调发展"的城乡地域观，将美丽宜居公园城市与美丽乡村建设相结合，充分发挥县域公园城市的经济功能和乡村的生态优势，实现以城带乡、以乡促城，在城乡融合中实现城乡一体。以绿色治理的理念与思维来推动城乡功能要素的良性发展，与时俱进，打造美丽宜居的县域公园城市，不断满足人民对美好生活的需要。

二　构建和完善县域绿色治理体系

县域绿色治理体系作为国家治理体系和治理能力现代化的重要组成部分，需要通过自身的不断完善来实现对国家治理体系和治理能力现代化的有效支撑。科学构建县域绿色治理体系，关键在于科学解读县域绿色治理的构成要素，并在此基础上把握各构成要素的逻辑关系，进而构建和完善多元主体合作共治的治理体系。因此，要推动绿色治理运转起来，不仅需要理念上的价值指导，更需要完善绿色治理体系作为保障。

从县域绿色治理的概念内涵来看，县域绿色治理是县域绿色治理共同体实施治理活动从而实现县域人民美好生活的过程。在县域绿色治理过程中，必须考虑县域的实际情境开展相应的活动。县域绿色治理活动是在一定的县域政治、经济、社会、文化和生态环境交织融合的环境背景中进行的。要按照"谁治理—治理什么—怎么治理—治理效果如何—治理所处环境"的逻辑路径，建构以县域绿色治理主体、县域绿色治理客体、县域绿色治理行为、县域绿色治理质量和县域绿色治理环境为要素内容的县域绿色治理体系。①

　　根据"主体—客体—行为—质量—环境"的县域绿色治理开放系统，"绿色"党委、绿色政府、绿色企业、绿色非政府组织、绿色公众等多元绿色治理主体组成的绿色治理共同体是打造县域公园城市的主体力量；县域的权力、财力、人力、物力、信息等资源以及政治、经济、社会、文化和生态领域的公共事务是县域公园城市建设的对象；县域公园城市的目标、制度、资源等是县域公园城市的行为要素；"政治清明—经济发展—社会稳定—文化繁荣—生态良好"的人民美好生活既是县域公园城市的目标，也是县域公园城市质量评估的基本标准；县域政治、经济、社会、文化、社会、生态环境，上面的市、省、中央、国际环境乃至周边兄弟县域的环境共同构成了县域公园城市的环境要素。这些治理要素之间相互关联、相互影响，统一于绿色治理共同体之中。因此，打造县域公园城市需要多元主体形成牢固的城市命运共同体意识，紧紧围绕县域公园城市的建设对象，利用各种制度、政策、资源，结合当地实际情况，从政治、经济、社会、文化和生态诸方面全面实现县域人民美好生活需要。

三　构建和完善县域绿色治理机制

　　县域绿色治理体系与县域绿色治理机制间并非相互孤立的，二者是有机衔接和良性互动的。这主要体现在：治理体系是治理机制的载体，治理机制是治理体系的重要内容、支撑力量和运作手段，能够有效推动体系的良性运转，二者统一于绿色治理共同体。治理体系与机制的互动能力决定了绿色治理共同体的治理质量。

　　县级政府绿色治理机制指县域绿色治理体系构成要素间相互联系和作用的方式。县域绿色治理体系诸要素要通过机制整合起来才能发挥治理效能。② 构建和完善绿色治理机制，是推动绿色治理体系有效运转的重要保障。通过推动绿色治理机制协调运转与良性互动，能够有效提升绿色治理

---

　　① 史云贵、刘晓燕：《县级政府绿色治理体系构建及其运行论析》，《社会科学研究》2018年第1期。

　　② 赵理文：《制度、体制、机制的区分及其对改革开放的方法论意义》，《中共中央党校学报》2009年第5期。

质量。健全绿色治理机制谱系也为县域公园城市各价值要素有机整合、形成合力提供了可行性路径。一方面，绿色治理机制谱系的构建是以绿色治理理念为引导，着眼于县域人民美好生活需要，这与构建县域公园城市的目标高度一致；另一方面，强调这些机制相互关联构成县域绿色治理机制谱系，从而使得县域绿色治理体系中的诸要素与县域人民美好生活实现密切关联、相互配合、共同推进，这为县域通过县域公园城市绿色治理实现人民美好生活需要提供了理性路径。

四　科学运用县域绿色政策

政策是关于目标、价值和实践的可预测的计划。[①] 也就是说，政策是政策价值、政策目标和政策工具所组成的集合体。政策由价值演化而来，实际上就是一系列价值观和行为准则的具体体现。在政策价值导向下进而形成一系列政策目标，反映政策制定者想要通过特定手段达成的目的，为政策执行者提供明确的方向。目的的达成离不开必要的工具和手段。政策工具是为了达成政策目标、实现政策价值而采用的手段或工具。公共政策反映着决策者的政策价值与目标，是由一系列工具按照一定的规则和程序形成的一系列战略、方针、路线、法律、规划、条例、措施的总和。顾名思义，绿色政策是贯彻落实绿色理念和绿色思想的公共政策，是绿色经济、绿色政治、绿色社会、绿色文化在公共政策上面的突出表现。绿色政策同样具有较强的价值属性、目标属性和工具属性。绿色政策以县域绿色治理所强调的"和谐、民主、廉洁、健康、公平、安全、节约、可持续"为政策价值，以满足人民美好生活需要为政策目标，通过一系列政策工具将政策价值与目标转化为政策现实，强调政策价值、政策目标与政策工具的和谐统一。因此，为了实现县域绿色治理所强调的政治清明、经济发展、社会稳定、文化繁荣和生态良好，除了要构建和完善县域绿色治理体系机制，县域绿色政策无疑是让县域绿色治理高效运转起来，不断满足人民美好生活的关键要素。

由此可见，绿色政策即以政府为中心的多元治理主体，为满足人民美好生活需要，以绿色价值理念为引导，以发展绿色经济、构建绿色政治、

---

① Lasswell, H. D., Kaplan, A., *Power and Society：A Framework for Political Inquiry*, New Haven：Yale University Press, 1950.

培育绿色文化、建设绿色社会、促进绿色生态为基本内容，综合运用法律、道德、行政等手段，制定和执行一系列路线、方针、战略、法律、规划、条例，以实现政治、经济、文化、社会、生态等领域健康、协调、全面、可持续的活动或过程。在县域公园城市中，经济发展、社会和谐、环境保护、城乡融合间难免有嫌隙，城市价值与目标也容易有偏差，需要绿色政策加以引导、规范和调节，以实现政治、经济、社会、文化和生态的协调、可持续发展。因此，县域公园城市非常有必要通过科学运用县域绿色政策，将绿色生产和绿色消费制度化、政策化，建立健全低碳、循环、高效的绿色政策体系，让能源消费政策向绿色能源和清洁能源倾斜，进一步降低能源消耗量和环境污染量，产业发展政策兼顾经济效益、社会效益和生态效益，加大绿色产业扶持力度，完善居民绿色消费制度。通过绿色政策调节经济、社会与环境之间的关系，形成人与自然和谐发展、城市与乡村共同繁荣、物质文明与精神文明相得益彰的现代城市发展新格局，进而让县域绿色政策加快助推人民美好生活的实现。

五 培育县域绿色治理文化

文化是国家和民族的灵魂。党的十九大提出了"文化强国"战略。作为国家发展的"软实力"，文化在推动实现国家治理体系和治理能力现代化方面具有十分重要的作用。一个国家治理模式的转型从本质上来说是治理文化的转型。推动绿色治理运转起来需要一种内在的绿色文化支撑。培育高质量的绿色治理文化是绿色治理的重要内容。营造良好的绿色治理文化氛围，全面提升绿色治理多元主体的文化素养，使"绿色"价值观念凝聚成为人民群众共同的价值追求，才能真正使文化贯穿于绿色治理的各方面、全过程，从而内化于公民之心、外显于公民之行。绿色治理文化要求以"绿色"价值内涵为依托，以"内化于心，外化于行"的"绿色化"来推动绿色治理。绿色治理不能仅停留在"知"的层面，更要落实到"行"上，使绿色治理文化内化为人们的思想，外显为个体的绿色行动。以绿色价值观来引导和规范社会主体的行为，能够使他们在共建、共治、共享的城市绿色治理中找到个体对公园城市的认同感、责任感与皈依感，从而提升公园城市的凝聚力，实现县域公园城市价值最大化的目标。

因此，绿色治理文化也为公园城市绿色价值观念的塑造提供了强有力的精神动力，县域公园城市的建构需要县域绿色治理文化的引导与推动。县域绿色治理文化内含"风清气正"的政治文化、"绿色发展"的经济文化、"和谐健康"的社会文化和"绿水青山"的生态文化。县域绿色治理文化一旦转化为城市发展的精神动力，便会以一种无形的力量渗透于经济、政治、社会、生态、文化等各个领域，并以不同的形式和渠道发挥持久的推动作用，从而保障县域公园城市价值目标的实现。县域绿色治理文化对于县域公园城市价值实现的促进和影响作用，并非是强制性的，其发挥作用的过程是一种"内化于心，外化于行"的由内而外的转化过程。县域绿色治理文化的指引具有超强的稳定性和足够的持久性，文化作为内在的精神支撑，为县域公园城市建构提供持续而可靠的保障。[①]

县域公园城市作为我国建设生态文明的重要载体，需要国家层面规导市场主体绿色生产，倡导践行绿色生活方式，使绿色价值观念潜移默化地深入家庭、深入社会、深入人心，引导公众形成绿色消费、低碳出行、简约适度的健康生活理念，形成自下而上的全民绿色生活理念和示范效应。社会主体自身也需要培育和激发绿色社会意识，践行绿色生活方式和绿色消费方式，争做绿色生活的践行者和传播者，形成人人参与建设县域公园城市的良好氛围。绿色治理文化，不仅是对绿色发展理念和生态文明建设的高度概括，也吸收了中国传统文化的优点，强调勤俭、节约、环保的生活方式，是社会主义先进文化的重要内容。绿色治理文化驱动县域公共文化转型升级，形成更加绿色、更加开放、更加包容的县域绿色价值观。

六 构建县域公园城市绿色治理质量评价体系

党的十九大报告提出了"质量强国"战略后，"质量"业已成为新时代各领域发展的重要风向标。绿色治理是一个治理实现全面"绿色化"的动态过程，而治理"绿色化"的结果则是一个相对静态的有形或无形状态，即绿色治理需要达到某一目标预期。绿色治理质量正是测度绿色治理过程及结果中的固有特性满足绿色价值以及人民对美好生活需要程度的重要标尺。绿色治理要求治理活动满足绿色价值要求、满足人民对美好生活的需求与期望，与县域公园城市的目标高度一致。县域公园城市可以看作

---

① 史云贵、刘晓君：《绿色治理：走向公园城市的理性路径》，《四川大学学报》（哲学社会科学版）2019 年第 3 期。

新时代最能集中体现美好生活价值追求的一种高级城市形态。只有当县域公园城市具有各种质量特性的时候，才能够满足人民美好生活的需要。然而，县域公园城市究竟能够在多大程度上满足人民对美好生活的需要，县域公园城市"绿色"价值的实现程度如何，这就需要引入"县域公园城市绿色治理质量"，对县域公园城市建设和县域绿色治理质量进行科学测量。

新时代人民对美好生活的需要已经从单维度的物质文化生活向"低碳、活力、持续、和谐、生态、积极、公平、廉洁、健康"等立体多维度的需要转变，这些立体多维度的需要系统地构成了人民对美好生活需要的总和。县域公园城市理念首次提出便担负着实现人民美好生活的重要使命。围绕着"美好生活"，县域公园城市从人、城、境、业四个方面构建县域公园城市绿色治理质量评价体系。县域公园城市的核心理念在于"以人为本"，故反映人的需求和感受的相关指标是县域公园城市绿色治理质量评价体系的主要方面，包括人的居住、工作、游憩、交通等多方面的需求。县域公园城市要按照"规划先行"原则，既要兼具外在的大美城市形态，又要体现乡村的独特魅力。县域公园城市的底色在于"绿色生态"，即要求县域公园城市绿色治理质量评价体系必须彰显"三生"共荣的生态格局、和谐共生的自然环境、碧水蓝天的城市环境。作为绿色发展的典范，县域公园城市要求绿色治理质量评价指标体系应充分体现绿色产业、绿色生活、绿色消费。县域公园城市绿色治理质量评价不仅要关注结果，也要强调过程，使得县域公园城市绿色治理质量评价指标体系应是"过程"与"结果"的有机体，是全面充分彰显县域人民美好生活需要的具象。

第四章　县级政府绿色治理体系

公园城市汇聚了经济、政治、社会、文化、生态等全要素、多领域的美好期许，是实现人民美好生活的生命共同体。县域公园城市作为县域城市发展的高级形态，为县域人民实现和享受美好生活提供了地理空间和生活场域。县级政府绿色治理体系是推动县域公园城市从理念转变为现实的关键。县级政府绿色治理体系的概念内涵、构成要素、构建路径与有效运行是研究县级政府绿色治理体系的重要内容。

第一节　县级政府绿色治理体系的概念与内涵

从既有的研究成果来看，县级政府绿色治理体系是一个相对较新的概念，集合了县级政府、绿色治理、体系等多个概念要素，具有丰富的内涵，需要对其进行剥茧抽丝的解构，统一对该概念的认知，进而以此为基础促进县级政府绿色治理体系良性运转，打造县域公园城市，实现县域人民美好生活。

一　县级政府绿色治理体系的概念

县级政府绿色治理体系的概念较为复杂，需要从分析该概念的基本要素入手，进而勾勒和明确这一复杂概念的整体意涵。这一概念的基本要素主要包括：县级政府、绿色治理和体系。

"县"作为一种地方行政区划是在春秋时期开始出现的。自秦朝废分封、置郡县，郡县制开始成为全新的地方治理模式。自秦朝以来，在我国行政区划的流变中，"县"这一级是最稳定的。当前，县级政府具有广义与狭义之分，广义的县级政府是指县级政权中所有的县级机关，而狭义的县级政府仅指县级政权中的行政机关。在本书中，我们使用的是广义县级政府的概念。从县域绿色治理的角度，我们认为，县级政府是由县党委领导、县政府负责、县域社会组织和公众共同参与的县域治理共同体。县级政府作为一级政权机构，是国家行政管理体系的基层延伸，是具有最完整政府机构职能的基层政府；它具有坚持县党委的领导、向县人大和向上一级人民政府负责、服从国务院的统一领导的多重从属性质，发挥着承上启下的衔接功能。

绿色治理作为一个概念，如果从语义的修辞功能来理解，可以将其视为绿色的治理。作为形容词的"绿色"赋予了"治理"更为丰富的内涵。从历史的视角来看，19世纪中期兴起的绿色思潮与绿色环境运动催生了环境领域的治理绿色化萌芽。后来，"绿党"和绿色政治运动推动着绿色行政实践。绿色政府打造与绿色政策实施推动着政府治理的绿色转型。从"绿色"意蕴与治理内涵相结合的视角出发，我们认为，绿色治理是多元治理主体以绿色价值理念为引导，以实现人民美好生活为目标，以生态治理为底蕴，以共建共治共享为治理逻辑，以绿色政策为治理的基本工具，实施一系列生态化活动或活动的过程。

体系一般指构成要素及要素间逻辑关系的总和。在本书中，体系是指构成系统的基本单元或组成部分。

县级政府绿色治理体系是一个由"县级政府""绿色治理""体系"构成的复杂概念。这一概念由多个概念的叠加复合而成，"县级政府""绿色治理""体系"这些小概念在成为"县级政府绿色治理体系"概念的构件后，其表达的含义被整合过来，体现了"县级政府绿色治理体系"这一概念的基本特征。

县级政府绿色治理即县域绿色治理主体在绿色价值指导下，通过打造绿色政府、实施绿色政策等一系列绿色活动，不断满足县域人民美好生活的绿色需要的一系列活动或活动过程。县级政府绿色治理体系界定为县级政府绿色治理共同体在实施绿色治理过程中所涉及的各种要素以及要素间关系的总和。[①] 具体而言，县级政府绿色治理体系是县级政府绿色治理共同体在构建"经济—政治—文化—社会—生态"持续和谐发展的过程中实

[①] 史云贵、刘晓燕：《县级政府绿色治理体系构建及其运行论析》，《社会科学研究》2018年第1期。

施绿色治理所涉及的各种要素以及要素间关系的总和。

县级政府绿色治理体系是一个整体，而作为部分的构成要素及要素间的关系是相互依存、互为存在条件的。构成县级政府绿色治理体系的要素是多方面的，要素与要素之间既相互联系又相互制约，相互有物质、能量、信息的交换和流通。并且，鉴于系统与要素的辩证关系，系统与要素的区分又是相对的，在一定条件下可以相互转化。每一个系统对于更大一级的系统是一个要素，而这个系统的每一个要素又各自构成一个系统。因而，构成县级政府绿色治理体系的要素可以理解为由次级要素构成的整体，县级政府绿色治理体系则可以视为更高层级的体系的构成要素。

二　县级政府绿色治理体系的内涵

概念的内涵是指概念所反映事物的属性。从县级政府绿色治理体系的概念出发，该体系以坚持党的领导为本质属性，以公共利益作为核心利益诉求，将生态学思维纳入治理领域，以县域公园城市实现人民美好生活为目标，是一个能根据情境变化进行自我调适的体系。

一是中国共产党的领导属性是县级政府绿色治理体系的本质属性。我国是中国共产党领导下的人民当家作主的社会主义国家。中国共产党的领导是中国特色社会主义的最本质特征。实现人民美好生活是中国共产党始终坚持的奋斗目标。人民的美好生活需要政府、社会、公众在党的统一领导和整合中实现。让县域人民享受到美好生活，实质上就是县级政府绿色治理多元主体在县域各级基层党组织的领导下，共建、共治、共享县域公园城市的过程。坚持党的领导是实现国家治理现代化目标的保证。县级政府绿色治理体系作为国家治理现代化的组成部分，必然要将坚持党的领导贯穿于该体系存在和存续的全过程之中。

二是公共性是县级政府绿色治理体系的基本属性。县级政府绿色治理体系的人民性决定着公共性。构建和完善县级政府绿色治理体系的根本目标是实现县域人民美好生活。县级政府绿色治理体系构成要素的多元性充分彰显着公共性。县级政府绿色治理体系包含有党委、政府、市场组织、社会组织和公众等多元主体。通过多元主体间的平等沟通、协商合作推动县级政府绿色治理体系各项要素间的良性互动，进而推动县级政府绿色治理体系的有效运行。

三是县级政府绿色治理体系具有生态性。所谓生态性是指生物的生存发展状态以及它们与环境间环环相扣的关系。"生态学"（ecology）一词源于希腊文"oikos"和"logos"。"oikos"意为"栖息之所"；"logos"表示"学问、学科"，最早是由美国博物学家、作家索罗在1858年提出来的。从词义上看，生态学是研究生物"栖息地或住所"的科学，即关于生活的空间和环境的研究。从词源上看，生态学可以比作"家"，蕴含了"整体、全部、系统"的关系结构。1866年，德国动物学家恩斯特·海克尔最早定义了生态学，"生态学是研究有机体与其环境相互关系的科学"。此定义奠定了生态学研究的基础。虽然"生态学"一词出现得早，但直到20世纪初，它才成为一门初具理论体系的学科。不断发展的生态学已经远远超出传统生态学的范围，并逐渐从描述性分支学科发展成为具有高度综合性的学科，目前致力于自然科学（以个体、种群、群落为重心）与社会科学（以生态系统为重心）的交叉、渗透和融合，并研究和探讨人类面临的重大问题。[①]

县级政府绿色治理体系研究可以看作生态学与社会科学的一种交叉研究，是从生态学的视角探讨如何更好地促进治理各要素之间的流动和整合，以发挥体系的整体性功能推动县域公园城市绿色治理。从生态学看来，任何生命有机体都必须与其周围环境进行物质和能量交换才能生存。基于生态学的方法论，县级政府绿色治理体系要持续保持一个开放的、动态的和活力的系统，必须与它所处的环境以及系统要素相互依存、相互影响。

四是县级政府绿色治理体系具有明确的存续目的。体系内各要素相互联系、相互制约形成一个整体，各要素的整体特性和系统功能都是体系与环境长期协同进化的产物，并且都处于不断进化的过程中。体系通过能量流动、物质循环和信息传递三种功能进行自我组织、自我调节与自我更新，以促使体系结构和功能以及体系与环境的交互处于相对稳定状态，从而使得体系得以存在和存续。由此看来，体系之所以能成为体系，其必然已是一种相对稳定的存在，没有存续的体系是难以被称为一个体系的。而体系的存续是与环境以及内部各要素长期互动调整得以暂

---

① 雷丹：《生态学视域下大学英语教师生态位研究》，中国海洋大学出版社2016年版，第35页。

时平衡的结果。

作为政府治理体系和国家治理体系的重要组成部分，县级政府绿色治理体系也会随着治理能力和治理体系现代化的要求以及我国社会主要矛盾的变化而进行与时俱进地调整。那么，在新的环境背景中，县级政府绿色治理体系的功能或者存在目标又是什么呢？或许可以从生态社会主义理论中寻找到部分答案。

生态社会主义是波兰新马克思主义代表亚当·沙夫（Adam Schaff）于 19 世纪中期提出的。生态社会主义从人与自然关系这一人类生存的重要维度入手，揭示了现代社会人类面临的生态危机，指出了摆脱生态困境的基本途径和社会主义发展的未来走向。① 按照生态社会主义的观点，我们应当从人类可持续性发展的角度重申人与自然、人与社会的和谐发展关系，应当从人与自然之间的生态关系矛盾和人与人之间的社会关系矛盾去构想未来理想社会的整体结构。② 从生态社会主义理论的角度，县级政府绿色治理体系如果要在新的环境中存续，就需要构建人与自然的和谐相处和可持续发展的绿色社会，不断满足人民日益增长的美好生活需要。从县级政府绿色治理体系的概念来看，该体系要实现"经济—政治—文化—社会—生态"持续和谐发展，而这正是以"生态文明"为指引，以"城乡绿地系统和公园体系"为载体，以"以人为本"为重要原则，将城市文明和田园风光有机结合，通过打造生产、生活、生态空间相宜，自然、经济、社会、人文相融的复合系统以满足县域人民对美好生活需要的新型城乡人居环境建设理念和理想的县域公园城市所应有的形态。③ 因而，从现阶段来看，县域公园城市应成为县级政府绿色治理体系存续的现实目标。

五是县级政府绿色治理体系具有"鲁棒性"。鲁棒性（robustness）作为复杂系统的一种属性，至今尚无确切的定义。一般而言，鲁棒性是指系统的品质不因不确定性的存在而遇到破坏的特性，也是在异常和危

---

① 孙芳：《个体生存的现代观照——沙夫人道主义思想研究》，黑龙江大学出版社 2015 年版，第 214 页。

② 薛建明、仇桂且：《生态文明与中国现代化转型研究》，光明日报出版社 2014 年版，第 31 页。

③ 史云贵、刘晓君：《绿色治理：走向公园城市的理性路径》，《四川大学学报》（哲学社会科学版）2019 年第 3 期。

险情况下系统存活的特性。[①] 在现实中，体系不可避免要承受来自环境或系统自身的各种扰动，致使系统的结构、状态行为有所偏离。对于有些系统，扰动不是外部输入或内部系统参数上的波动，而是指系统组成、系统拓扑结构或系统运行环境根本假设的变化，此时鲁棒性能够测度这类系统特征的持续性。但在系统和控制领域中，有许多关于鲁棒稳定性或稳定鲁棒性的讨论，说明鲁棒性与稳定性是有条件放在一起进行的，是紧密相连的。[②]

县级政府绿色治理体系在长期的县级政府治理实践中已形成较为稳定的结构和功能，并在与环境的交互中获得稳定的形态。同时，该体系又需要适应国家治理能力和治理体系现代化的要求以及当前我国社会主要矛盾的转变。中国特色社会主义进入新时代，县级政府绿色治理体系与县域公园城市体系相互渗透交融。因而，宏观治理环境以及新时代社会环境的变化会引起县级政府治理体系的变化，引发县级政府治理体系的调整，但不会造成县级政府治理体系的崩溃。县级政府绿色治理体系就是适应这一变化而做出的自我调整和更新。

第二节　县级政府绿色治理体系的构成要素

县级政府绿色治理体系是由构成县级政府绿色治理体系的各要素以及要素关系组合而成的整体。那么县级政府绿色治理体系究竟包含哪些要素？这些要素又是以何种关系相互关联，并促成了该体系的存在和存续的呢？这些问题都是课题组必须解决的重要问题。

一　县级政府绿色治理体系构成要素的分析进路

尽管不同的学者对国家或政府治理体系的构成要素有着不同的认知，但基本上都遵循了从概念出发、剖析内涵、进而确定构成要素的路径。为此，我们认为，分析县级政府绿色治理体系构成要素需要遵循如下进路：一是以破解概念为前提。县级政府绿色治理体系的构成要素来自对县级政府绿色治理和县级政府绿色治理体系两个概念的深刻理解与准确把握。二

---

① 李崇阳、李茂青：《软科学研究的复杂性范式》，厦门大学出版社 2009 年版，第 181 页。
② 李崇阳、李茂青：《软科学研究的复杂性范式》，厦门大学出版社 2009 年版，第 182 页。

是以治理活动剖析为切入点。县级政府绿色治理本质上是一种治理活动或过程，而这种活动或活动过程是以县级政府绿色治理体系为载体的，各构成要素有机贯穿于绿色治理活动或活动过程中。三是以系统论为基本底色。体系本身内含着系统论的意涵。各县级政府绿色治理体系的构成要素自身是一个相对独立的生态系统，而各构成要素的相互依赖、相互作用又构成了一个大的生态系统。四是以县域人民美好生活为依归。县级政府绿色治理体系构建是中国特色社会主义新时代的题中之义，是国家治理体系和治理能力现代化的内在要求，也是建成县域公园城市、满足县域人民日益增长的美好生活需要的必由之路。

二 县级政府绿色治理体系构成要素结构与框架

对国家（政府）治理体系构成要素的研究可为明确县级政府绿色治理体系内容提供一定的借鉴。但这些构成要素在内容上并没有突出"绿色"，没有充分彰显县级政府绿色治理体系的整体特征与要素构成。因而，需要在对县级政府绿色治理概念与内涵深入分析的基础上，以县域公园城市建设推进县域人民美好生活为导向，系统分析县级政府绿色治理体系的要素结构与逻辑框架，进而明确县级政府绿色治理体系构成的具象要素。

治理是多元社会主体共同管理公共事务的诸多方式方法的总称，包含治理理念、环境、目标、主体、客体、资源、方式、模式、结构等多种要素。① 从前述县级政府绿色治理的概念来看，该概念内含着治理理念、治理方式、治理资源、治理结果、治理目标等绿色要素。县级政府绿色治理体系则意味着县级政府绿色治理的构成要素需要基于一定的结构和内在关系构成一个有机整体。

以治理活动为分析的切入点，县级政府绿色治理体系的构成要素，可以看作县级政府多元绿色治理主体，以县域公园城市实现县域人民美好生活，而实施的一系列措施和进行的一系列活动。县级政府绿色治理体系内含着"价值理念—主体—客体—场域—过程—目标—质量测度—环境"的体系结构和遵循"基于什么样的理念治理—谁去治理—治理什么—在哪里治理—如何治理—治理质量如何"的逻辑框架。如图 4－1 所示。

---

① 张润君：《治理现代化要素论》，《西北师大学报》（社会科学版）2014 年第 6 期。

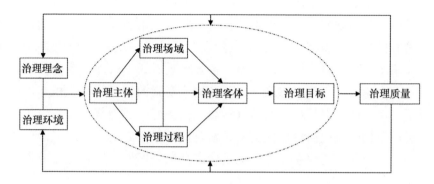

图4-1 县级政府绿色治理体系构成要素结构及逻辑框架

资料来源：作者自制。

三 县级政府绿色治理体系构成的要素内容

遵循构成要素结构特征与逻辑框架，课题组从治理理念、治理主体、治理客体、治理场域、治理过程、治理目标、治理质量、治理环境八个维度构建了由8个一级要素、23个二级要素构成的县级政府绿色治理体系。如表4-1所示。

表4-1 **县级政府绿色治理体系构成要素**

县级政府绿色治理体系结构	县级政府绿色治理体系一级要素	县级政府绿色治理体系二级要素
治理理念	县级政府绿色治理理念	①绿色价值理念 ②以民为本理念 ③质量理念 ④合作共治理念
治理主体	县级政府绿色治理主体	①县域"绿色"党组织 ②县域绿色行政组织 ③县域绿色社会组织 ④绿色县域公众
治理客体	县级政府绿色治理客体	①县域发展问题 ②县域人民美好生活获得感问题
治理场域	县级政府绿色治理场域	①县级政府绿色治理共同体 ②县域空间边界

续表

县级政府绿色治理体系结构	县级政府绿色治理体系一级要素	县级政府绿色治理体系二级要素
治理过程	县级政府绿色治理过程	①县级政府绿色治理制度 ②县级政府绿色治理机制 ③县级政府绿色治理资源 ④县级政府绿色治理工具
治理目标	县级政府绿色治理目标	①构建县域公园城市 ②实现县域人民美好生活
治理质量	县级政府绿色治理质量	①县级政府绿色治理质量测度主体 ②县级政府绿色治理质量测度指标体系 ③县级政府绿色治理质量测度流程
治理环境	县级政府绿色治理环境	①县级政府绿色治理内部环境 ②县级政府绿色治理外部环境

资料来源：课题组自制。

（一）县级政府绿色治理理念

理念是人们在客观世界的实践中产生的各种体会和认识，是指导人类实践的思想与观念。理念对人类实践活动具有重要意义。有不同的理念，就会有不同的行为动机以及由此而来的行为。[①] 县级政府绿色治理与以往县级政府治理的不同之处，首先在于治理理念的不同。从绿色发展和生态文明出发，本书认为，县级政府绿色治理理念主要包括绿色价值理念、以民为本理念、质量理念和合作理念。

一是绿色价值理念。绿色价值理念能够通过影响和改变县级政府绿色治理主体的动机和行为，为县级政府绿色治理体系构建提供内生动力和有力支撑。"绿色"具有丰富的意涵，在县级政府绿色治理体系语境下，绿色价值理念具体体现为绿色政治价值理念、绿色经济价值理念、绿色社会价值理念、绿色文化价值理念和绿色生态价值理念。其中，绿色政治价值理念强调风清气正的政治生态，要求党员干部以坚定的理想信念坚守初心，要干净、忠诚、有担当；绿色经济价值理念强调绿色发展理念在经济领域的指引作用，倡导低碳环保、绿色生产、绿色生活、绿色消费；绿色

[①] 黎智洪：《从管理到治理：我国城市社区管理模式转型研究》，经济日报出版社2014年版，第134页。

社会价值理念强调社会关系的和谐、公众的安全感和幸福感提升；绿色文化价值理念强调以文化人，继承和发展优秀的传统文化、以爱国主义为核心的民族精神和以社会主义核心价值观为主导的时代精神，凝聚共识；绿色生态价值理念强调人与自然和谐共处，不断提升人民日益增长的优美生态环境需求。

二是以民为本理念。全心全意为人民服务是中国共产党的初心，反映在政府治理层面就是以人民为中心的治理思想在治理实践中的落地。在中国特色社会主义新时代，政府职能转变不仅是从"管理"理念到"服务"理念的转变，更是要把"以人民为中心"的工作理念落到实处。为此，各级政府及其工作人员必须为人民服务、对人民负责、受人民监督，不断创新服务方式，提高服务质量。县级政府绿色治理体系是建成县域公园城市、满足县域人民日益增长的美好生活需要的重要抓手，是各区县落实"以人民为中心"的工作理念、建设人民满意的服务型政府、不断满足人民对美好生活需要的具体表现。

三是质量理念。党的十九大提出了"质量强国"理念。"质量"理念以更好地满足人民日益增长的美好生活需要为根本导向，深刻反映了"创新、协调、绿色、开放、共享"新发展理念的总体要求，从高速增长转向高质量发展，既是经济增长方式和路径的转变，更是一个体制改革和机制转换的过程。① 高质量发展所带来的产品和服务质量高、经济效益高、社会效益高、生态效益高、经济发展状态好的发展，② 给人民群众带来更多的获得感、幸福感、安全感。此外，新时代"高质量"应是全面的高质量，尤其应包括"治理的高质量"。这也是县级政府绿色治理体系所追求的质量目标。

四是合作理念。在治理理念中，治理主体是多元的，治理活动就是多元主体共同合作致力于治理目标达成的过程。党的十九大报告提出了打造共建、共治、共享的社会治理格局。共建、共治、共享本身就蕴含了县级政府绿色治理多元主体之间的合作共治关系。打造新时代共建、共治、共享的社会治理新格局就是要求在创新社会治理中要不断完善"党委领导、政府负责、民主协商、社会协同、公众参与、法治保障、科技支撑的社会

---

① 张军扩等：《高质量发展的目标要求和战略路径》，《管理世界》2019年第7期。
② 简新华、聂长飞：《论从高速增长到高质量发展》，《社会科学战线》2019年第8期。

治理体系"，建设"人人有责、人人尽责、人人享有的社会治理共同体"①。县域公园城市构建需要在县委统一领导下，统筹协调好县政府、县域社会组织和县域公众的关系。县级政府绿色治理实质上也是县级政府绿色治理多元主体通力合作，共建、共治、共享县域公园城市，以县域共建、共治、共享的生命共同体推进人民美好生活的活动和活动过程。

（二）县级政府绿色治理主体

县级政府绿色治理主体是多元的，尤其具有"绿色化"的特性。依照县域绿色治理和打造共建、共治、共享的社会治理格局的要求，县级政府绿色治理主体主要包括县域"绿色"党组织、县域绿色行政组织、县域绿色社会组织、县域绿色公众等多元绿色治理主体。

一是县域"绿色"党组织。党委领导是我国国家治理和政府治理的基本特色。县委处于县域领导地位，履行县级政府绿色治理的领导职能，县委及其领导下的各级党组织的自身建设水平和执政能力是影响县域绿色治理质量以及县域公园城市能否达成的关键要素。县级政府绿色治理主体中的县委及其领导下的党组织要具有"绿色"特征，主要是指具有风清气正政治生态的县党委和基层党组织。县级政府绿色治理有赖于风清气正、公正廉洁的县级党委总揽全局，全面筹划，兼顾各方，协调发展，有效实现县域绿色治理力量的有机整合。在县级政府绿色治理体系中，县级党委及其领导下的各级党组织必须具有绿色发展与绿色治理的意识与能力，并将这种意识和能力转化为现实的绿色治理行动。

二是县域绿色行政组织。在县域绿色治理共同体中，绿色县政府处于中心地位，是履行县域绿色行政职能、承担绿色治理的最主要载体。绿色政府就是遵循绿色发展、实施绿色行政的生态型政府。县域一切行政组织都应按照绿色政府理念，实施绿色行政、推行绿色政策、提供绿色服务。绿色政府还必须按照节约政府、廉洁政府的要求，不断推进政府自身的"绿色化"。

三是县域绿色社会组织。社会组织有广义和狭义之分。本书中的绿色县域社会组织主要是指绿色企业组织和绿色非政府组织。其中，绿色企业主要是指运用绿色科技和工艺，向社会提供绿色产品和绿色服务的企业；

---

① 《建设人人有责、人人尽责、人人享有的社会治理共同体》，《光明日报》2019 年 12 月 6 日第 6 版。

绿色非政府组织主要是指致力于绿色发展理念推广、营造低碳环保的社会氛围的非政府组织。绿色县域社会组织在党委领导和政府主导下，广泛而有效地参与县域绿色治理，从而实现治理效能的最大化。

四是县域绿色公众。县域公众是县域治理的基本参与主体。县域绿色公众主要是指具有环境保护意识、践行环保行为、参与绿色治理的公民大众。这里的县域绿色公众既包括普通的公众，也包括为县级政府绿色治理提供智慧支撑，提升县级政府绿色治理能力的智囊型公众。

（三）县级政府绿色治理客体

县级政府绿色治理客体既指县级政府绿色治理活动指向的对象，也包括县级政府绿色治理中亟待解决的问题，具体表现为制约县域人民美好生活实现的一系列问题。

一是县域科学发展问题。县域发展问题总体表现为县域发展不平衡、不充分的问题。不平衡问题主要表现为东部地区、中部地区和西部地区县域间发展水平存在较大差距，城乡居民收入以及所能享受的公共产品和公共服务具有较大差距；县域经济、政治、文化、社会、生态各领域的发展还不够协调等方面。发展不充分主要体现为县域发展总量和发展质量上的不充分。一方面，县域经济发展水平相对较低，经济发展总量上与市域、省域相比具有较大差距；另一方面，由于"三期叠加"和"四降一升"的宏观经济环境挑战以及县域经济一度粗放的发展方式，县域经济发展质量堪忧，县域经济发展形势更为严峻。

二是县域人民美好生活获得感问题。县域人民美好生活获得感问题聚焦为县域人民美好生活需要与县域不平衡不充分发展间的矛盾。其一，县域人民美好生活需要有着区域性、群体性和个体性差异，必须进行标准识别与精准供给。其二，县域人民美好生活需要具有梯次性。在基本实现物质需求后，县域人民越来越希望党委、政府在民主、廉政、公平、和谐、生态等方面为他们提供全方位的高品质需要。而实施县域绿色治理、打造县域公园城市，就是为了消弭县域不平衡不充分发展的困境与障碍，进而不断满足县域人民美好生活需要。

（四）县级政府绿色治理场域

县级政府绿色治理场域是县级政府绿色治理共同体就公共问题开展绿色治理活动的县域空间。

一方面，由县域的地理边界天然形成了县级政府绿色治理的县域空间。县级政府绿色治理主体有义务有责任打造集"绿水青山、风清气正、社会和谐、生活富裕、文化繁荣、生态良好"的县域绿色空间。另一方面，由于互联网技术的普及、人工智能的发展和智慧政府的实施，县域绿色治理主体也迫切需要净化县域虚拟社会，打造绿色网络空间。因此，凡是与一个县域内的公众或者事件相关的空间，都应属于县级政府绿色治理的场域。

　　（五）县级政府绿色治理过程

　　县级政府绿色治理过程可以看作县级政府绿色治理主体开展绿色治理活动的过程，包含着县级政府绿色治理制度供给过程、县级政府绿色治理机制运行过程、县级政府绿色治理资源汲取与整合过程、县级政府运用绿色治理工具的过程等。

　　一是县级政府绿色治理制度的供给。制度一般被定义为要求大家共同遵守的办事规程或行动准则。制度是社会的游戏规则，绿色制度可以规导社会主体践行绿色行为。由此可见，有效供给绿色制度是实施绿色治理的前提条件。

　　二是县级政府绿色治理机制的运行。县级政府绿色治理体系的各要素要通过机制运行才能发挥特定功能。机制具有多样性，同样的机制在不同的体系中，其表现形式、运行方式也会有所不同。[①] 在县级政府绿色治理体系要素中，县级政府绿色治理机制以建设县域公园城市、实现县域人民美好生活为引导，遵从"要素—功能"的理路，以绿色治理机制谱系的形式推动县级政府绿色治理体系良性运作，从而使得县级政府绿色治理体系各要素围绕县域人民美好生活实现密切关联、相互配合、共同推进。

　　三是县级政府绿色治理资源的汲取与整合。资源是人类生存和发展的基本要素。县级政府绿色治理资源是县级政府绿色治理主体为实现绿色治理目标所运用的物质、技术、手段等，主要包括县级政府绿色治理权力资源、县级政府绿色治理财力资源、县级政府绿色治理人力资源、县级政府绿色治理物力资源和县级政府绿色治理信息资源等。县级政府绿色治理权力资源是指县级政府绿色治理主体依法行使的各项具备合法来源、权责利

---

　　① 赵理文：《制度、体制、机制的区分及其对改革开放的方法论意义》，《中共中央党校学报》2009 年第 5 期。

相匹配、边界明晰、运行规范的权力。县级政府绿色治理财力资源是指那些与财权和事权相匹配，取之于民、用之于民的财力；县级政府绿色治理人力资源是指具备公民能力、德才兼备、人岗匹配的绿色人力资源；县级政府绿色治理物力资源是指在县级政府绿色治理活动或活动过程中所需要的，具有节能环保、物尽其用、统筹协调性质的以物质形态存在的生产要素和生活要素；县级政府绿色治理信息资源是指县级政府绿色治理主体可依法获取的信息、情报、数据等资源。

四是县级政府的绿色治理工具。县级政府绿色治理工具主要是指县级政府绿色治理主体在实现绿色治理目标过程中所采用的方式、方法、技术、手段的总和。主要包括智慧化治理工具、柔性化治理工具和政策化治理工具等。其中，智慧化治理工具主要是指运用"互联网＋"思维建设县级政府绿色治理平台，运用大数据分析和挖掘技术，让"数据多跑路"，及时识别出县域人民美好生活需要的具体内容，通过绿色政策与绿色服务进一步提升县级政府绿色治理质量。柔性绿色治理工具是绿色意蕴在治理手段中的体现，意为通过绿色的方式方法化解冲突争端，主要是指通过沟通、协商、合作等柔性手段解决主体间的利益冲突。政策化治理工具主要是指将县级政府绿色治理方案、措施通过法定程序上升为县域绿色治理主体彼此都能认同的绿色政策，并通过绿色政策解决公共问题、达成公共目标、实现公共利益。在县级政府绿色治理体系中，这一治理工具具象为一整套完善的县级政府绿色治理政策体系。

（六）县级政府绿色治理目标

县级政府绿色治理目标是县级政府绿色治理预期达到的结果。这一目标在县域绿色治理实践中具体表现为以县域公园城市实现县域人民美好生活上面。

一是实现县域人民美好生活。人民群众对美好生活的向往就是党执政和政府服务的目标。这就要求县级政府绿色治理必须始终以满足县域人民日益增长的美好生活需要为根本目的。人民美好生活实现的区域性、历史性、阶段性、层次性都意味着需要把融"政治清明、经济低碳环保、社会和谐、生活富裕、生态良好、城乡一体"的县域公园城市作为实现人民美好生活的现实场域和现实目标。

二是构建县域公园城市。一个低碳环保、公正和谐、生态良好、城乡共荣、宜居宜业的县域公园城市是满足县域人民美好生活需要的现实场域。县域公园城市是指以"生态文明"为指引，以"城乡绿地系统和公园体系"为载体，以"以人为本"为基本原则，将城市文明和田园风光有机结合，生产、生活、生态空间有机统一，自然、经济、社会、人文相融的新型县域城市形态。① 县域公园城市是县域人民享受美好生活的空间载体，是县级政府绿色治理体系运行的现实目标。

（七）县级政府绿色治理质量

治理质量是衡量国家治理能力的重要尺度。县级政府绿色治理作为中国特色国家治理的重要形态，对治理质量的强调应是题中之义。县级政府绿色治理质量测度需要多元测评主体参与、依据完善的指标测评体系和闭环的测评流程完成。

一是县级政府绿色治理质量测评主体。绿色治理是多元主体基于绿色价值的共同治理。质量测评是绿色治理的重要步骤和关键环节。县级政府绿色治理质量测评主体的多元性是测评结果公开、公正、公平的重要保障。在县域多元主体参与绿色治理质量测评中，还应实行直接利益相关者回避制度，以便获得更为客观、公正的测评结果。

二是完善的县级政府绿色治理质量测评指标体系。以县域公园城市实现县域人民美好生活为目标导向，从经济、政治、社会、文化和生态等维度设置科学的主客观测评指标，并赋予不同的指标相应的权重以确保县级政府绿色治理质量得以科学评价。

三是闭环的县级政府绿色治理质量测评流程。县级政府绿色治理质量测评过程要遵循高效、节能、环保的原则，设计闭环的测评流程。要按照"构建指标体系→实施质量测评→反馈测评结果"的环节推进并完善县级政府绿色治理测评流程。测评结果反馈有助于进一步完善指标体系、改进测评方式方法、优化测评流程，进而进一步提升县级政府绿色治理质量。

（八）县级政府绿色治理环境

环境是指与某一中心事物有关的周围事物的总和，就是这个事物的环境。② 县级政府绿色治理环境就是与县级政府绿色治理这一中心事物相关

---

① 史云贵、刘晓君：《绿色治理：走向公园城市的理性路径》，《四川大学学报》（哲学社会科学版）2019 年第 3 期。

② 李庆臻：《简明自然辩证法词典》，山东人民出版社 1986 年版，第 401—402 页。

的周围事物相互联系构成的整体系统。县级政府绿色治理质量的高低与县级政府绿色治理环境密切相关。国家实施绿色发展与生态文明战略并由此形成良好的外部生态环境是县级政府实施绿色治理的根本前提。经济低碳环保、政治清正廉洁、社会公正和谐、文化健康繁荣、自然绿水青山为县级政府绿色治理提供了良好的内部生态，并反过来进一步助力县域绿色治理进程和提升县级政府绿色治理质量。

四　县级政府绿色治理体系要素间关系

县级政府绿色治理体系要素间关系内含在概念里，并在相互关联的绿色治理流程链中得到充分彰显；一些要素又自成一体构成不同层级的要素体系。

（一）内含在县级政府绿色治理概念中的构成要素

要素分析离不开对相关概念的剖析。县级政府绿色治理体系的构成要素需要从县级政府绿色治理概念的解构中获得。绿色治理是指多元治理主体遵循绿色理念，按照共建共治共享的逻辑路径，全面推进"经济—政治—文化—社会—生态"绿色化的一系列活动或活动过程。而县级政府绿色治理是指县级政府绿色治理共同体以打造县域公园城市为抓手，借助实施一系列以绿色政策为基础的绿色行政活动，实现县域人民美好生活的活动或活动过程。本书的县级政府绿色治理体系由8个一级要素和23个二级要素构成。

（二）县级政府绿色治理体系构成要素融入县级政府绿色治理过程

以县域公园城市建设推进县域人民美好生活是县级政府绿色治理的目标。从破解县级政府绿色治理体系概念出发，我们认为县级政府绿色治理体系构成要素与县域公园城市构成要素、县域人民美好生活构成要素密切相关。县级政府绿色治理体系构成要素贯穿于建设县域公园城市，实现县域人民美好生活的全过程之中。县域"绿色"党委遵循绿色治理理念，领导县级政府绿色治理主体，围绕着县域公园城市，在县域绿色治理场域，实施绿色政策等绿色行为，以实现县域人民美好生活。

（三）要素相互关联构成不同层级的要素体系

县级政府绿色治理体系是由不同层级的要素体系构成的大要素体系。其中，县级政府绿色治理理念、县级政府绿色治理主体、县级政府绿色治理客体、县级政府绿色治理场域、县级政府绿色治理过程、县级政府绿色治理目标、县级政府绿色治理质量、县级政府绿色治理环境 8 个要素是第一层级的体系要素。而一级要素又由数量不等的若干二级要素构成，如县级政府绿色治理理念包含绿色价值理念、以民为本理念、质量理念和合作共治理念等二级要素。整个一级要素体系由 23 个二级要素构成。而这些二级要素还可以细分为更次层级的要素。

第三节 县级政府绿色治理体系构建路径

县级政府绿色治理体系可以看作由 8 个一级要素和若干个二级要素以及要素间关系构成的整体。构建县级政府绿色治理体系需要从培塑县级政府绿色治理理念、凝聚县级政府绿色治理目标共识、推进县级政府绿色治理主体合作共治、推动县级政府绿色治理工具信息化、汲取县级政府治理体系历史经验与现实智慧等路径着手。

一 培塑县级政府绿色治理理念

县级政府绿色治理理念主要包括绿色价值理念、服务理念、质量理念和合作理念等。这些理念反映了县级政府绿色治理的本质内涵，为县级政府绿色治理提供了价值引导、思维导向和行为指引。从县级政府绿色治理实践情况来看，县级政府治理主体对绿色治理理念的认知还存在一定的障碍。一方面，县级政府治理改革已在一定程度上按照县级政府绿色治理理念的引导而推进，并在某些地区，上级政府还把绿色发展、绿色治理的成果纳入县级领导干部的绩效考核，与县级政府党政领导干部的绩效、晋职挂钩。但很多县级政府对治理主体、治理过程和治理质量的优化更多地是为了被动回应上级政府绿色发展的要求，而并非积极主动践行绿色治理理念。另一方面，高层次人才倾向就职于经济社会发展水平更高的城市，从而导致县级政府人力资源状况不佳，县域人才队伍整体质量不高。县域人才队伍规模和质量影响着人们对县域绿色治理理念的体认与践行。此外，县级政府绿色治理主体间存在一定的利益冲突，也会造成不同治理主体对县级政府绿色治理理念的学习、吸收和践行上存在主观性偏差。

理念对行为具有能动性。县级政府绿色治理主体对绿色治理理念的认同有助于减少县级政府绿色治理主体间的利益冲突和摩擦成本，进而有助于积极推动县级政府绿色治理主体在合力打造县域公园城市中不断满足县域人民美好生活。一方面，需要进一步加强县级政府绿色治理理念的宣传推广，进一步提升县级政府绿色治理主体对绿色治理理念的知晓度和认知度，帮助各社会主体深刻理解县级政府绿色治理理念的正确内涵和实践意义，促进绿色治理理念外化为绿色治理主体的自觉行为，从而保障绿色治理共同体在共商共建共治共享中加快推进县域公园城市建设进程，努力实现县域人民的美好生活的目标；另一方面，迫切需要县级政府绿色治理主体尽快达成绿色治理理念的重叠共识。"绿色"意涵丰富，对"绿色"概念理解的广度和深度不同，践行绿色治理的行为和行为自觉也会有所不同。因而，通过县级政府绿色治理理念的宣传推广，以及县级政府绿色治理主体间的利益协调，促使县级政府绿色治理主体对县级政府绿色治理理念在充分认知的基础上尽可能达成共识。

二　凝聚县级政府绿色治理目标共识

县级政府绿色治理体系的存续目标就是以县域公园城市建设推进县域人民美好生活。人民对美好生活的向往是中国共产党的执政目标，也是我国治国理政的核心命题。经过新中国七十年、改革开放四十年的艰苦奋斗，人民生活在达到小康后开始追求高质量的美好生活。人民美好生活需要的广度和程度给各级党委、政府带来了新的挑战。当前，各级党委、政府正围绕着如何"实现人民美好生活"的主题，思民之所思、想民之所想、急民之所急。

人民美好生活不是单一的，而是系统的，涵盖了政治、经济、文化、社会、生态等各个层面。美好生活的核心是人，以人民为中心的工作理念决定了美好生活的实现离不开人民的奋斗，美好生活应由人民来享受，生活是否美好也应由人民做出最终评价。建成县域公园城市，实现县域人民的美好生活必然是个体需要与社会共同需要有机统一后的共同需要。因而，县级政府绿色治理体系构建必须以实现县域人民美好生活作为根本导向，将县级政府绿色治理体系中的多元主体在科学的治理结构框架内以其职能的科学配置实现县级政府绿色治理主体功能的集成化，从而确保县级政府绿色治理目标的实现。

三 推进县级政府绿色治理主体合作共治

合作共治是县级政府绿色治理的内涵之一。以县域公园城市建设推进县域人民美好生活实现离不开县级政府绿色治理主体间的共建共治共享。当前，县级政府绿色治理体系中还存在治理主体职能失衡和合作失灵等问题。县级政府多处于城市与乡村的连接点，GDP 重压极容易导致县级政府职能失衡。① 县级政府治理主体职能失衡容易导致县域多元绿色治理主体在治理过程中关系错位，从而影响县级政府绿色治理体系的正常运行。在现实情境中，县域多元治理主体地位上的不对等、边界不清晰，容易造成社会组织与公众常处于合作中的从属地位，容易造成共治失灵。此外，一些治理主体的"搭便车""公地悲剧"行为也会导致合作治理失灵。失灵则意味着县级政府绿色治理体系要素关系需要进行新一轮的调整与完善。

一方面，要按照服务型治理的要求，进一步厘清治理主体的职能定位。为此，应以完善"三个清单"为抓手，规范好政府与市场、社会的边界，实现"三个清单"的无缝连接和良性互动。另一方面，要以基于信任的多元主体联系网络推进合作能力和水平。在现代社会，政府治理活动越来越依赖多元主体的合作与互动。② 县级政府绿色治理主体在治理过程中形成了复杂的绿色行动网络，有助于增进治理主体彼此间的互信。而县域公园城市恰是增进彼此互信、提升社会资本、实现县域人民美好生活的现实场域。

四 推动县级政府绿色治理工具信息化

作为新时代的重要特征，信息化是实现政府治理现代化的重要条件和技术保障。新时代日益增长的人民美好生活需要对政府治理提出了新要求，信息技术工具可增进政府与社会、政府部门间的信息沟通，破解"碎片化治理"困境，提升"整体性治理"效能。③ 为此，党的十九届四中全

---

① 瞿磊、王国红：《广西县域治理创新实践及其发展方向》，《学术论坛》2013 年第 1 期。
② 李泉：《治理思想的中国表达：政策、结构与话语演变》，中央编译出版社 2014 年版，第 9 页。
③ 冉飞：《大数据时代政府治理的机遇、挑战与对策》，《人民论坛》2016 年第 17 期。

会把"科技支撑"作为打造中国特色社会治理体系的重要内容。[①] 在县域治理中，借助统一的信息平台和"两微一端"等新兴信息化工具，可以进一步完善多元主体共建共治共享县域公园城市治理共同体和治理平台，与时俱进地满足人民对县域政府治理质量的新要求。

五 汲取县级政府治理体系的历史经验与现实智慧

毋庸置疑，构建和完善县级政府绿色治理体系是在既有县级政府治理体系的基础上，以绿色发展理念为指导，以绿色治理为路径，全面推进县级政府治理体系和治理能力现代化。

作为我国历史最悠久、建制最稳定、职能最完整的地方政权，县级政府在承上启下、全面推进县域治理、推动经济社会持续稳定健康发展等方面起着不可或缺的重要作用。虽然，在历史上，县域政府治理并未明确提出县级政府绿色治理和打造县域公园城市，但县级政府长期以来致力推进县域经济发展、社会和谐稳定、居民安居乐业的历史实践已内含着县域公园城市的要素。在两千多年县级行政区划的形成和发展进程中，县级政府治理体系架构以及各要素间的关系逐步稳定，积累了县域治理的丰富经验与治理智慧，为中国特色社会主义新时代背景下构建以县域公园城市为目标的县级政府绿色治理体系奠定了坚实的基础。

从现实层面来看，国家治理体系和治理能力现代化的新要求以及地方政府创新实践为县级政府绿色治理体系构建提供了现实智慧。国家治理体系现代化作为治国理政的重大战略思想，对政府治理体系构建提出了新要求，如在治理主体上强调多元性，在治理内容上强调"五位一体"的总体布局，在治理方式上强调"共建共治"的逻辑，在治理结果上强调美好生活的"共享"性等。这些新要求为构建和完善县级政府治理体系指明了正确方向，推动了县级政府治理体系的"绿色"转型。

第四节 县级政府绿色治理体系运行

县级政府绿色治理体系既是静态的也是动态的，静态的县级政府绿色

---

① 《中共中央关于推进国家治理体系和治理能力现代化若干重大问题的决定》，《人民日报》2019 年 11 月 6 日第 1 版。

治理体系呈现了各类要素以及要素间关系，而动态的县级政府绿色治理体系才是发挥各要素及要素间关系功能，推动县域公园城市打造和实现县域人民美好生活的关键。

一　县级政府绿色治理体系运行目标

目标通常是指某一行为想要达到的境地或标准。与目的相比，目标强调的是实现过程，实现以后还会有更高的要求。[①] 目标反映目的的要求，实现目标是达到目的的手段。目标是系统运行的出发点，是系统内部结构功能以及与外部环境交互的依据；同时目标又是系统运行的阶段性归宿点，是判断系统本身是否有效以及系统运行是否达到预期的衡量标准。而系统运行最终朝向的是最终目标，也就是目的。从这个角度上来讲，县级政府绿色治理体系运行的现实目标是构建县域公园城市。政府绿色治理的目的是实现人民美好生活。从这个意义上讲，构建公园城市仅是实现县域人民美好生活的阶段性目标，或者说是实现人民美好生活的手段而已。具体而言，县级政府绿色治理体系运行的目标具有以下特征。

一是层次性。县级政府绿色治理体系运行既有短期目标，也有长期目标；既包含现阶段目标，也包含终极目标。具体来讲，县级政府绿色治理体系运行的现实目标是构建县域公园城市，最终目标是实现县域人民的美好生活；县域公园城市构建是实现县域人民美好生活的阶段性目标。而通过县级政府绿色治理体系运行构建县域公园城市同样不是一蹴而就的，在县域公园城市构建过程中，也需要制定不同类别、不同层级的目标。

二是网络性。县级政府绿色治理体系运行目标可以细化为不同层次的目标，但这些目标之间并不是相互孤立的，而是在实现县域人民美好生活这一最终目的导向下，相互联结、相互协调、相互支撑、相互促进，从而构成具有整体性的目标网络。

三是多样性。县级政府绿色治理体系运行目标实质上是由不同层次的小目标在构建县域公园城市的现实目标和实现县域人民美好生活的最终目标引导下形成的目标网络。这一网络本身就体现了县级政府绿色治理体系目标的多样性。目标的多样性是县级政府绿色治理体系为适应环境变化所

---

① 何荣宣：《现代企业管理》，北京理工大学出版社 2016 年版，第 67 页。

必需的，但并非目标越多越好。围绕着县域公园城市这一目标，县级政府绿色治理体系运行目标应当重点突出城市文明和田园风光有机结合，生产、生活、生态"三生"空间相宜，自然、经济、社会、人文相融，从而全面推动县域经济、政治、社会、文化和生态可持续发展。

四是可衡量性。在强调"质量强国"的中国特色社会主义新时代，县级政府绿色治理体系运行目标也应当将"高质量"作为诉求之一。而判断县级政府绿色治理体系运行是否符合高质量的要求，就需要将县级政府绿色治理体系运行目标尽可能地科学量化，从而为评判其运行质量高低提供衡量标准。

二 县级政府绿色治理体系运行动力

动力是推动事物运动与发展的力量。[①] 从动力来源上看，推动县级政府绿色治理体系运行的动力包括外部动力和内部动力。其中，县级政府绿色治理体系运行的外部动力主要包括现代化拉力和矛盾新变化的推力；其内部动力是实现其目标的要求以及县级政府绿色治理主体间的互动。

（一）县级政府绿色治理体系运行的外部动力

县级政府绿色治理体系运行的外部动力可以细分为治理体系和治理能力现代化的要求以及中国特色社会主义社会主要矛盾的新变化。

新时代国家治理体系和治理能力现代化对县级政府治理提出了绿色化要求。其一，国家治理体系现代化对治理要素体系提出了现代化要求。县级政府治理体系承接着国家治理体系现代化的任务和要求。而构建和完善县级政府绿色治理体系则是国家治理体系和治理能力现代化在县域的落实和表现。其二，国家治理体系现代化对县域治理主体提出了新要求。国家治理体系现代化要求政党、政府、公民、企业、社会组织等治理主体都要逐步现代化。现代公民的组织化和制度化能够有效抗衡公权力和资本权力，助力打造廉洁、高效、法治的服务型政府。[②] 随着全面依法治党的深入推进，党内政治生态风清气正、党员廉洁自律、执政能力全面提升，为党领导人民实现美好生活提供了坚强的领导核心。主体要素质量的提升无

---

① 郝寿义：《区域经济学原理》，上海人民出版社 2016 年版，第 225 页。

② 唐皇凤：《中国国家治理体系现代化的路径选择》，《福建论坛》（人文社会科学版）2014 年第 2 期。

形之中也拉动了县级政府绿色治理体系主体要素的现代化。其三，国家治理体系现代化落实在县级政府治理中，就体现为县级政府绿色治理中的绿色治理主体多元化、绿色治理制度不断完善、绿色治理监督升级、绿色治理信息公开、绿色决策更加科学、绿色治理环境更加美好、绿色治理质量不断提升等方面。

新时代我国社会主要矛盾也发生了重大变化。县级政府绿色治理体系在与体系外环境的交互过程中保持鲁棒性的特性，通过自我调适来适应这一外界的变化。社会主要矛盾的新变化在县域表现得尤为突出。这就需要县级政府通过绿色转型来回应和解决这些新问题、新矛盾。通过治理要素优化或重构破解县域发展不平衡不充分的问题。通过提升县级政府绿色治理体系主体要素的现代化程度来提高县级政府对新发展理念的认知力与执行力，深刻剖析县域发展不平衡不充分问题的症结，通过打造县域公园城市，逐步实现县域人民美好生活的憧憬与期待。

（二）县级政府绿色治理体系运行的内部动力

县级政府绿色治理体系运行的内部动力表现为实现运行目标的要求和县级政府绿色治理主体间的互动。

但凡由人和人组成的组织，采取任何行为都取决于其需求动力。构建和完善县级政府绿色治理体系是不断满足县域人民美好生活的现实要求。换言之，县域人民美好生活需要是构建和完善县级政府绿色治理体系的需求动力。当县级政府治理无法有效满足县域人民美好生活需求时，县级政府就因县域人民认同度降低而面临合法性流失的风险。县级政府绿色治理体系是县级政府治理主体直面我国社会主要矛盾变化和国家治理现代化的新要求，对传统治理体系做出的自我调整与更新，这是县级政府治理体系在新的环境变化中得以存续的基本适应方式。县级政府绿色治理体系以构建县域公园城市为目标，以实现县域人民美好生活为目的。而县级政府绿色治理体系也正是在县域公园城市打造和实现人民美好生活需要的过程中更迭升级，从而在新的经济社会环境中实现高质量发展。

县级政府绿色治理主体间互动是县级政府绿色治理体系运行的另一重要动力。县级政府绿色治理主体在长期的治理实践中形构了党统一领导下的县域治理共同体。多元治理主体间的利益表达、资源整合、合作共治促进了县级政府绿色治理体系内部的良性互动。多元治理主体依法进行相对平等的沟通和对话，在利益平衡的过程中，依靠各治理主体交换彼此有限的资源，在达成共识的基础上，采取合作行动，在全面推进县域公园城市中共享美好生活的幸福与喜悦。可以说，县级政府绿色治理主体遵循着"共建共治共享"的逻辑理路，必然会推动县级政府绿色治理体系良性运行。

三 县级政府绿色治理体系运行机制

机制原意是指机器的构造和动作原理，生物学和医学在研究一种生物功能（例如光合作用或肌肉收缩）时，常借指其内在工作方式，包括有关生物结构组成部分的相互关系及期间发生的各种变化过程的物理、化学性质和相互关系，阐明一种生物功能的机制，意味着对它的认识已从现象的描述到了本质的说明。[1] 从这个意义上讲，县级政府绿色治理体系运行机制是指在县级政府绿色治理过程中各类要素相互作用的原理与传导过程。这也就意味着，县级政府绿色治理体系所包含的治理理念、治理主体、治理客体、治理场域、治理过程、治理目标、治理质量、治理环境这些要素以及这些要素之间的关系网络，再加上互动连接就构成了由县级政府绿色治理体系运行的互动机制、输入—输出机制、决策机制和评估—反馈机制构成的县级政府绿色治理体系运行机制（见图4-2）。

（一）县级政府绿色治理体系运行的互动机制

互动机制是指构成县级政府绿色治理体系的要素相互影响、相互作用的过程。县级政府绿色治理的理念、主体、客体、场域、过程、目标、质量、环境这些要素基于"价值理念—主体—客体—场域—过程—目标—质量测度—环境"的体系结构，遵循"怎样的治理理念—由谁治理—治理什么—在哪里治理—怎么治理—治理效果如何—治理效果测度反馈应用"的运行逻辑，内在地形成了县级政府绿色治理体系运行机制。此外，在县级政府绿色治理活动中，县级政府绿色治理多元主体间的信息流、资金流和能量流等多向度的交互在绿色治理体系框架内形成循环互动网络，以此保障县级政府绿色治理体系各要素形成合力，助推县域公园城市建成，实现县域人民美好生活。

---

① 夏征农：《辞海》，上海辞书出版社1999年版，第1510页。

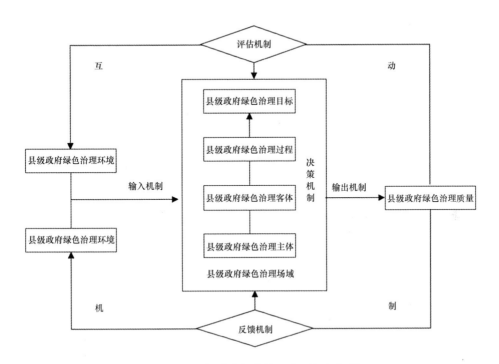

图 4 - 2　县级政府绿色治理体系运行机制

资料来源：作者自制。

（二）县级政府绿色治理体系运行的输入—输出机制

体系作为一个独立的系统，简单来看，其存续与发展的过程就是体系同外界"输入—输出"交互的过程。从这个意义上讲，县级政府绿色治理体系运行也存在输入与输出的交互。将县级政府绿色治理主体、县级政府绿色治理客体、县级政府绿色治理场域、县级政府绿色治理过程、县级政府绿色治理目标这 5 个要素作为相对狭义的县级政府绿色治理活动要素进行封箱，县级政府绿色治理体系运行就可以看作由县级政府绿色治理理念和县级政府绿色治理环境共同作用引发县级政府绿色治理客体，从而催动县级政府绿色治理活动达成县级政府绿色治理目标，输出县级政府绿色治理成果的过程。具体而言，县级政府绿色治理体系运行的输入机制可以阐释为：在县级政府绿色治理理念的引导下，直面县域经济、政治、社会、文化和生态各领域的现状与问题，在分析解决县级政府绿色治理问题中推动县级政府绿色治理体系有效运行。县级政府绿色治理体系运行的输出机制可以阐释为：县级政府绿色治理体系良性运行产出县域经济发展、政治清明、社会和谐、文化繁荣和良好生态的成果，从而将县域公园城市和县域人民生活转化为现实。而这一现实又会通过评估—反馈机制转化为下一阶段县级政府绿色治理体系的理念要素与环境要素，从而实现县级政府绿色治理体系运行的良性循环。

（三）县级政府绿色治理体系运行的决策机制

"管理就是决策"的经典观点，意味着在管理过程中时时刻刻都需要做出抉择。尽管治理与管理在概念上存在明显的不同，但在一定程度上两者都反映了主体为了实现某一目标而采取相应行为的活动过程。在治理过程中，治理主体同样需要针对问题群选择具体问题并决定通过什么样的治理过程来达成什么样的治理目标。可见，决策是贯穿于整个治理过程的。在县级政府绿色治理体系运行中，县级政府绿色治理体系多元治理主体在与其他县级政府绿色治理体系构成要素互动时都需要进行决策。县级政府绿色治理多元主体在县级政府绿色治理理念的引导下，发现县级政府绿色治理客体，并将县级政府绿色治理客体纳入政策议程，进而通过对县级政府绿色治理客体进行分析，对所要进行的县级政府绿色治理过程进行决策。如果县级政府绿色治理主体面临多个决策选择方案，那就需要结合县级政府绿色治理目标，为县级政府绿色治理体系存续与发展做出最好的决策，以此增强体系的适应能力并保持体系稳定。

（四）县级政府绿色治理体系运行的评估—反馈机制

县级政府绿色治理体系运行涉及多元治理主体的多元利益诉求、多元治理主体间的资源共享以及多元治理主体间的沟通与合作，是一个非常复杂的互动过程。在这一复杂的互动过程中，县级政府绿色治理多元主体间的互动可能并非总是一帆风顺的，需要及时对县级政府绿色治理体系运行情况进行评估与反馈。县级政府绿色治理体系运行评估机制的主要功能是对体系整体运行情况和运行质量进行评估，也就是要测评县级政府绿色治理体系是否能够高质量支撑县域公园城市运行和承担起实现县域人民美好生活的使命。县级政府绿色治理体系运行反馈机制是县级政府绿色治理体系良性运转的主要环节。一方面，它把县级政府绿色治理体系的输出纳入绿色治理的环境体系，开启下一阶段的县级政府绿色治理体系的运行；另一方面，通过及时向县级绿色治理主体反馈相关信息，规导县级政府绿色治理行为，从而进一步加快实现县级政府绿色治理目标的步伐。

四　县级政府绿色治理体系运行风险

风险的概念起始于早期的航海业，意为冒险。随着社会的发展，这一概念又逐渐转化为其他领域的术语。[①] 尽管风险事件日益引起全球关注，也成为学者们研究的热点问题，但风险的概念众说纷纭，尚未达成一致。学者们主要从理性主义的视角、建构主义的视角和现实主义的视角来界定风险，如理性主义风险观认为风险是客观的能够被科学分析的；建构主义风险观认为风险除了客观性之外还具有主观性，是可以建构的；现实主义风险观认为风险具有微观性，更加强调社会公众利益多样性造成的风险。[②] 风险具有复杂性，对风险概念的界定也需兼顾上述三种观念。在借鉴既有风险定义的基础上，我们认为，可以将风险界定为一种复杂的，能够被主观感知和客观测度的危害发生的可能性或导致危害结果的可能性。而县级政府绿色治理体系运行风险则是县级政府绿色治理体系运行中可以被主观感知和客观测度的危害发生可能性或导致危害结果的可能性。

县级政府绿色治理体系在县级政府绿色治理场域中的县级政府绿色治理共同体和县域政治、经济、社会、文化、生态各领域交织的现实情境中运行。各种不确定因素易成为导致县级政府绿色治理体系运行的风险隐患，从而导致以县域公园城市实现县域人民美好生活的目标难以实现。因而，有必要对县级政府绿色治理体系运行的风险因素、风险产生的原因以及风险管控进行分析。

从类型学视角看，县级政府绿色治理体系运行的风险因素类型是多样的。为了更加清晰明了地阐释县级政府绿色治理体系运行可能遇到的风险，本书将县级政府绿色治理体系运行风险因素划分为县级政府绿色治理体系运行内部风险因素和县级政府绿色治理体系运行的外部风险因素。其中，县级政府绿色治理体系内部风险因素可细分为理念认同风险、多元主体博弈风险、决策风险等；县级政府绿色治理体系外部风险因素主要是指县级政府绿色治理环境变化导致的风险。

---

① 许迈进、章瑚纬：《高校内部治理风险的结构性探源》，《浙江大学学报》（人文社会科学版）2015 年第 3 期。

② 宋宪萍：《社会风险及其治理的研究转向与超越》，《学术研究》2014 年第 7 期。

县级政府绿色治理体系运行风险因素较多，化解这些风险首先要分析这些风险因素产生的原因。具体而言：一是绿色价值理念意涵的丰富性。绿色价值理念具有较多的意蕴，多元县级政府绿色治理主体的认知能力、认同意愿的差异会导致达成一致的绿色价值理念存在难度，进而导致由理念理解不同引起的风险。二是县级政府绿色治理主体的多元性。县级政府绿色治理主体包含"绿色"县委、绿色县政府、绿色县域社会组织、绿色县域公众等多元主体。不同主体之间乃至同一主体内部的不同个体之间因为利益诉求不同产生的非理性博弈，必然有损于县级政府绿色治理多元主体的共建共治共享，从而引发风险。三是县级政府绿色治理体系构成要素的多样性。县级政府绿色治理体系包括县级政府绿色治理理念、治理主体、治理客体、治理场域、治理过程、治理目标、治理质量、治理环境 8 个一级要素以及 23 个二级要素，还可以细分为更小层级的要素。要素的多样性以及要素关系的复杂性容易诱发县级政府绿色治理体系运行风险。四是县级政府绿色治理体系外部环境的复杂性。20 世纪后期以来，人类社会发生了广泛而深刻的变化，出现了一系列前所未有的风险景象和风险隐患。县级政府治理体系外部环境亦处在这日新月异、变化多端的环境之中，从而使之成为县级政府绿色治理体系运行风险的重要原因之一。

与风险认知相伴而生的是风险治理。县级政府绿色治理体系运行风险治理可以从以下四个方面着手：一是加强县级政府绿色治理理念认同。权威解读和广泛推广县级政府绿色治理理念，促进县级政府绿色治理多元主体就县级政府绿色治理理念在理解、认同和外化为行动上达成共识。二是以公共利益引导县级政府绿色治理多元主体利益诉求。县级政府绿色治理多元主体存在利益差异是客观存在的事实。为避免内耗和非理性博弈导致的县级政府绿色治理体系运行风险发生，需要以公共利益为导向，引导县级政府绿色治理多元主体围绕公共利益整合各方利益诉求。三是强化县级政府绿色治理体系运行法治化。依法运行是县级政府绿色治理体系运行的重要特征。法治化是县级政府绿色治理体系运行的基本保证。要保证县级政府绿色治理体系高质量运行，就要建立、健全县级政府绿色治理体系运行的相关法律制度，明确县级政府绿色治理各主体的权利、义务，规范县级政府绿色治理体系运行程序，并依法对县级政府绿色治理体系运行中出现的违法行为提供依法惩处的依据。四是完善县级政府绿色治理体系运行风险预警体系。构建和完善县级政府绿色治理体系运行风险测评指标体系和县级政府绿色治理体系运行风险预警应对方案，加强对县级政府绿色治理体系运行风险的测度，及时消弭和化解各类运行风险。

县级政府绿色治理体系是由 8 个一级要素和 23 个二级要素以及要素间关系构成的整体。县级政府绿色治理体系的高质量运行会把县域公园城市和县域人民美好生活的美好愿景转化为现实。县级政府绿色治理体系的有效运行离不开县域内各种绿色治理机制的有机衔接和良性互动。在以县域公园城市实现县域人民美好生活的过程中，县级政府绿色治理机制阐释了县级政府绿色治理过程中各类要素相互作用的原理与传导过程。下一章本书将从绿色治理机制的视角，解读县级政府绿色治理如何以县域公园城市建设实现县域人民美好生活的作用机理。

第五章 县级政府绿色治理机制

实现人民美好生活是县级政府绿色治理的本质要求。而建设县域公园城市是当前实现县域人民美好生活的理性路径。县域公园城市建设是一项长期工程，也是一项系统工程，涉及经济、政治、文化、社会、生态等各个领域，需统筹兼顾，久久为功。县域公园城市立基于县级政府绿色治理体系的合理构建。而县级政府绿色治理体系的有效运行则依赖于县级政府绿色治理机制的优化配置。县级政府绿色治理机制是以县域绿色治理推进公园城市的重要环节，对实现人民美好生活有着重要的推动作用。在绿色治理理论视域下，县级政府绿色治理机制有其独特的概念内涵和构成要素。县级政府绿色治理机制在运行中会呈现为一个有机互动的机制谱系。它依照一定的运行规则，支撑县级政府绿色治理体系发挥整体性治理功能，稳步推进县域公园城市建设，进而实现人民对美好生活的向往。

第一节 县级政府绿色治理机制的概念与内涵

破解县级政府绿色治理机制概念是深入探讨县级政府绿色治理机制的基本前提和逻辑起点。诠释县级政府绿色治理机制概念，需要准确把握县级政府绿色治理机制的本质，揭示其内涵，明晰其特征。鉴于县级政府绿色治理机制和县级政府绿色治理体系密切相关，非常有必要阐明二者之间的关系。

一 县级政府绿色治理机制的概念

机制最初应用于生物学、医学等自然科学领域。后以机制为概念工具来研究生物机体的结构、功能和机理。比如常见的生理机制、病理机制等

就是研究有机体发生生理或病理变化时，各器官之间相互联系、相互作用
和相互影响的方式。后来机制一词被引入社会科学领域，泛指事物之间相
互作用的过程和方式，如发展机制、市场机制、激励机制、考核机制等。
在社会科学领域，"机制是指人们在交往的某个场域内，通过某种动力促
使参与主体借助某种方式、途径或方法趋向或解决目标的过程。机制有内
外两层涵义：其一，从表象来看，机制往往外显为某种方式、方法或途
径；其二，从内在来看，机制是主体之间趋向或解决目标的动力"①。机制
一般"体现为某种主体自动地趋向于一定目标的趋势和过程"②。无论从哪
个角度去理解机制，有三点是明确的。第一，机制是与体系或系统相关
的。机制讨论的是要素间的相互关系和相互作用，而这些要素必然是存在
于某个体系或者说系统当中的，比如我们说市场机制，必然有与之对应的
市场体系，谈治理机制，必然有与之对应的治理体系。第二，机制是与动
力相关的。事物变化必有其因，而由因致果的转化必然与某种机制的推动
有关。正是机制这一内驱力的存在，才会推动事物的变化和发展。第三，
机制是与过程相关的。体系或系统中的要素关系和相互作用不是静止的，
而是动态的。机制的驱动力作用于要素的动态变化过程，以此影响系统的
运行过程和整体功能的实现。因此，在许多场合，机制经常与运行关联，
统称为运行机制。

　　绿色治理机制是绿色治理这一新的治理框架下的重要组成部分。传统
的治理机制研究视角是从政府本位立场出发，探讨政府治理机制。在绿色
治理理念引导下，有学者开始从绿色治理机制的某一绿色特征出发，研究
其与传统治理机制的区别。如有学者关注绿色治理机制的整合性，认为
"经济绿色治理的本质是多元行为体之间经济活动的有机整合，这就要求
构建覆盖政府、市场、社会等行为主体协同合作的整合型实施机制，实现
治理策略的落地落实"③。有学者关注到绿色治理机制的交互性，提出要在
"经济—自然—社会"三者交互的基础上，通过机制设计实现三大系统间
的正向交互机制，实现经济从"黑色增长"转向"绿色增长"，自然由

---

①　霍春龙：《论政府治理机制的构成要素、涵义与体系》，《探索》2013 年第 3 期。

②　李景鹏：《论制度与机制》，《天津社会科学》2010 年第 3 期。

③　翟坤周：《经济绿色治理的整合型实施机制构建》，《中国特色社会主义研究》2016 年第 4 期。

"生态赤字"转向"生态盈余",社会走向健康和谐。① 有学者关注到绿色治理机制的多维性,认为"推动绿色发展的机制主要包括政府环境管理机制、市场驱动机制和公众参与机制"②。还有部分学者开始从绿色治理理论视角出发,较深入地论及绿色治理机制,认为"绿色治理机制以绿色经济、绿色政府、绿色社会三位一体为核心内容,旨在构建共建、共享、共赢、共治的开放式协同治理体系,从而推动经济、社会、生态的高效、协调、和谐、可持续发展"③。这些研究不断拓展了绿色治理机制的理论视野,逐渐廓清了绿色治理机制在整个绿色治理系统中的定位,初步框定了绿色治理机制的运行范畴,有益于绿色治理机制的进一步研究。

绿色治理机制的内在逻辑是:在把握和运用绿色治理要素间的有机联系和作用规律基础上,构建出符合绿色治理价值理念的多层面、多维度的绿色治理机制谱系,聚合成趋向绿色治理的驱动力,以此引导和推动绿色治理体系的运行,实现以公园城市推进人民美好生活的目标。基于上述分析,我们认为,县级政府绿色治理机制是指"县级政府绿色治理共同体在治理场域内,针对绿色治理问题,以绿色治理为价值向度和行为逻辑,协调各种绿色治理主体间关系,形成绿色治理合力,从而实现县级政府绿色治理目标的过程和方式。这种过程和方式往往外显为某种方法或途径"④。

二 县级政府绿色治理机制的内涵

概念内涵反映了事物的固有属性。县级绿色治理机制的内涵主要包括:以绿色治理共同体为运行主体,以实现人民美好生活为根本目的,以"绿色"为价值向度,以机制谱系为构建形式。

(一) 以绿色治理共同体为运行主体

任何机制的运行都有其对应的主体,任何治理机制的构建和优化都是

---

① 胡鞍钢、周绍杰:《绿色发展:功能界定、机制分析与发展战略》,《中国人口·资源与环境》2014 年第 1 期。

② 秦书生、晋晓晓:《政府、市场和公众协同促进绿色发展机制构建》,《中国特色社会主义研究》2017 年第 3 期。

③ 廖小东、史军:《西部地区绿色治理的机制研究——以贵州为例》,《贵州财经大学学报》2016 年第 5 期。

④ 史云贵、谭小华:《县级政府绿色治理机制:概念、要素、问题与创新》,《上海行政学院学报》2018 年第 5 期。

从治理主体立场出发，以治理主体间关系调适为主线，进而实现治理主体的治理目标。传统县级政府治理机制以县级政府为单一治理主体，治理目标是政府本位的，治理方式以政府权力配置调整为主要路径。在绿色治理视域下，县级绿色治理机制以县级绿色治理共同体为运行主体，探讨一种包括政府、市场、社会组织以及公众在内的合作治理主体；在绿色政府发挥主导作用的基础上，深入挖掘其他绿色治理主体的治理潜力，更充分地利用治理资源，通过权责划分、利益整合等途径，凝聚绿色治理共同体的绿色治理合力。

（二）以实现人民美好生活为根本目的

理念引导行动，不同时期的县域治理理念决定了县域治理体系和机制的发展趋向。纵观我国从县域管理到县域治理的转变历程，在特定背景下我们走过"政治挂帅"的艰辛时期，也走过"GDP 挂帅"的坎坷之路。进入新时代后，以人民为中心的治理理念得以牢固树立。中国特色社会主义社会治理的本质要求就是要坚持以人民为中心，实现人民美好生活。这就为县级政府在新时代加强和创新县域绿色治理指明了战略方向，提供了纲领性指引。县级政府绿色治理机制就是要坚持以人民为中心，打造共建共治共享的县域治理格局，系统处理好改革与发展、稳定的关系，健全和均衡基本公共服务、满足人民美好生活需要。

（三）以"绿色"为价值向度

绿色意为生命，象征着青春、生机、朝气、和谐等美好寓意。随着全球生态环境问题日益凸显，绿色这一表示颜色的词的内涵、外延迅速深化和拓展，绿色食品、绿色产业、绿色经济、绿色政治、绿色行政、绿色城市等一系列概念开始不断出现。随着绿色概念的不断演化，当其渗入政治学与公共管理领域后，经逐步系统化和学理化，形成了绿色治理理念。县级政府绿色治理机制的构建和优化以绿色理念为指引，最核心的是以"绿色"为价值向度。这种绿色价值包含低碳节约、风清气正、包容创新、公平和谐、生态良好等意蕴。而县域公园城市建设，正是秉持"绿色"价值向度，以绿色治理为路径，以期在经济、政治、文化、社会、生态等各领域追求绿色价值的实现。

（四）以机制谱系为构建形式

县级政府绿色治理机制谱系是绿色治理机制的集合体，是一种绿色治理机制系统。机制系统根据不同的类型标准，可以划分出不同的子系统，子系统相对上位系统是一种构成要素，在其下位又包含其他子系统。各个子系统间的有机联系将县级政府绿色治理机制联结为一个县级政府绿色治理机制谱系。县级政府绿色治理机制整体意义上的表现形式就是机制谱系。绿色治理机制的构建和优化必须以整体性视角把握谱系中机制间的相互联系和相互作用。县级政府绿色治理机制的研究重点在于构建出一套绿色治理机制谱系。通过绿色治理机制间的有机衔接和良性互动，充分发挥县级政府绿色治理机制的动力功能，推进县级政府绿色治理体系的整体运作。如此，才能实现绿色治理机制与绿色治理体系、绿色治理政策、绿色治理文化、绿色治理质量的联动互洽，进而推进县域绿色治理目标的实现。

此外，县级政府绿色治理机制在推动县域绿色治理过程中，表现出以下特征：第一，治理资源的全面性和作用范围的全局性。县级政府绿色治理机制以县域绿色治理共同体的构建为基础，整合了政府机制、市场机制和社会机制。这种整合的实现最充分地汇集了县域内的治理资源。在作用范围上，县域绿色治理机制不限于社会治理、政府治理，而是针对经济、政治、文化、社会、生态等多个领域，调控县域治理全局。第二，功能的可行性与技术的可操作性。县级政府绿色治理机制以目标、主体、动力、方法和场域要素分析为基础，构建和优化的治理机制在技术上具备可操作性。而以目标模块、合作模块、驱动模块、优化模块和控制模块为核心的县级政府绿色治理机制谱系，能够保障县级政府绿色治理目标的实现。第三，县级政府绿色治理体系的适应性与协同性。县级政府绿色治理体系是县级政府绿色治理机制的运行平台，两者的相容相洽是绿色治理的内在要求。在运行过程中，县级政府绿色治理机制适应治理体系的组织结构和制度安排，县级政府绿色治理体系以治理机制为链接与动力，两者良性互动，发挥出协同效应。

三 县级政府绿色治理机制与县级政府绿色治理体系

在县域绿色治理过程中，县级政府绿色治理机制和县级政府绿色治理体系是关键的两个支撑，两者相互联系又相互作用，关系十分紧密。同时，两者的内涵、外延又会经常出现交叉重叠。因此，深入研究县级政府绿色治理机制必须阐释清楚二者的概念及关系。

（一）制度、体系、体制、机制的概念辨析

制度、体系、机制、体制等概念经常会在同一场合出现，并造成一定的认知偏差。在分析县级政府绿色治理机制与县级政府绿色治理体系的关系之前，有必要先辨析这些概念。

体系是指若干有关事物或某些意识相互联系而构成的一个有特定功能的有机整体，泛指一定范围内或同类的事物按照一定的秩序和内部联系组合而成的整体，如政治体系、思想体系、社会体系等。要素论认为体系是其构成要素以及要素间关系的总和。体系是各构成要素间相互依存和相互作用的一个复杂系统。在这个体系中，各种要素按照特定的方式组合，彼此形成一种有机互动关系，表现出一定的秩序，从而构成了一个具有内在统一性的整体。

制度是一个极为宽泛的概念，大到国家宪法，小到岗位职责，都属于制度的范畴。制度一般是指在特定社会范围内统一调节人与人之间社会关系的一系列法律、规章、道德、习俗等。通俗含义就是指大家共同遵守的办事规程或行动准则。在学界对于制度的理解大致可分为三类："一类以凡勃伦为代表强调制度与精神观念联系，另一类以哈耶克为代表强调演进而来的稳定行为和秩序，第三类则以新制度主义（NIE）学派为代表，强调制度乃人为的行为规则。"[①] 我们认为，制度的本质就是规则，能称为制度的规则往往是具有正式形式和强制性的规范体系。

体制是指组织机构的结构和制度。通常是国家机关、各企事业单位的机构设置、隶属关系和权限划分等方面制度的总称。体制是制度体系一个方面或层面的内容，是关于某一组织的机构设置、隶属关系和权限划分等方面的规定，它决定了组织结构、权力配置和利益分配格局。体制一经确定，组织系统中各运行主体的从属关系、权责关系等就即时确立。

关于制度和体制，有几点可以明确。首先，体制是制度的一个部分。是整个制度体系下的一个子系统。体制在本质上是一种组织制度。比如我们讲政治体制，实际上是指政治权力的组织形式和组织制度。其次，制度和体制都不是自动生成的，而是基于特定目的建构而成的。这种建构不同

---

① 董志强：《制度及其演化的一般理论》，《管理世界》2008 年第 5 期。

于机制的建构，机制建构在实现主观目的的时间上具有滞后性，而体制和机制是即时生效的。对于这种差异，有学者认为"机制只能形成，而不能构建，这是理解机制这一概念的关键"①。我们认为机制的形成虽然具有滞后性，但是相对的，机制依然是受主体目标引导的。体制和制度的确立和更改可以是突然发生的，机制的创新和优化则需经过机制要素间的关系调整而缓慢实现。最后，制度和体制都带有正式性和强制性，一经确立或颁布都带有强制约束性，相关主体必须遵守执行。

基于体制的专指性和制度的宽泛性，体制和制度同时出现的时候，体制指的是组织制度，而制度则收缩外延，指代组织制度以外的正式规则。这种意义上的制度和体制是一个组织体系的主要组成部分。体系是要素构成和要素关系的总和，具有整体性意蕴。在这一整体框架下，体制对应于体系的要素构成，制度对应于要素关系，两者实现了体系的自洽和存续。把这种概念理解带入县级政府绿色治理领域后，我们认为县级政府绿色治理体系有两大支柱，即县域绿色治理体制和县域绿色治理制度。

（二）县级政府绿色治理体系与县级政府绿色治理机制的关系分析

县级政府绿色治理体系与县级政府绿色治理机制的关系是客观存在的，反映了县级政府绿色治理体系与县级政府绿色治理机制及其特性之间的相互联系。这种联系表明它们彼此存在一致性、共同性，而不同的联系方式也表现了两者间的不同关系。主要包括相关性、共生性、矛盾性和统一性。

1. 县级政府绿色治理体系与县级政府绿色治理机制的相关性

相关性一般用来描述两个变量之间的关联程度。县级政府绿色治理体系与绿色治理机制的相关性主要表现在两个方面。

一是表现为要素的映射。县级政府绿色治理机制反映了要素间的有机联系和作用规律。而县级政府绿色治理机制本身又可看作一个机制体系，并有其自身的构成要素。那么前一要素和后一要素是否指代同一种要素系统？要回答这个问题，就必须先清楚地了解县级政府绿色治理体系要素和县级政府绿色治理机制要素的关系。我们认为，县级政府绿色治理体系要素的结构和关系是生成县级政府绿色治理机制的前置条件，县级政府绿色

① 李景鹏：《论制度与机制》，《天津社会科学》2010年第3期。

治理体系要素关系系统最终映射到县级政府绿色治理机制要素系统。因此，两个要素系统具有一致性和统一性。区别在于，县级政府绿色治理体系的要素分析更多的是从结构角度，县级政府绿色治理机制的要素分析更侧重于功能视角。

二是表现为两者的交互作用。交互作用在心理学中的解释是，当实验研究中存在两个或两个以上自变量时，其中一个自变量的效果在另一个自变量的每一水平上表现不一致的现象。我们将县级政府绿色治理体系与绿色治理机制看作两个自变量，县级政府绿色治理质量则是因变量。我们会发现县级政府绿色治理体系实现县级政府绿色治理目标的绩效，会随着绿色治理机制的良性程度而有着不同水平的表现。从县级政府绿色治理机制出发，也会发现同样的作用结果。因此，本书在探讨县级政府绿色治理时，将绿色治理体系和绿色治理机制并置于关键环节。

2. 县级政府绿色治理体系与县级政府绿色治理机制的共生性

共生首先是一个生物学概念，指两种不同生物之间所形成的紧密互利关系。一方为另一方提供有利于生存的帮助，同时也获得对方的帮助。县级政府绿色治理体系与绿色治理机制的共生性表现在两个方面。

一是指追求存续过程中的互利性。从有机论来看，任何组织系统都有着自我存续的本能。县级政府绿色治理体系只有始终围绕着"实现人民美好生活"——这个县域绿色治理目标才能继续存在而不被废止；县级政府绿色治理体系也只有实现良性运转，充分发挥要素功能，才不至于被改弦更张。县级政府绿色治理体系和县级绿色治理机制在实现自我存续意义上，彼此起着支撑作用。只有绿色治理体系存在才能给予绿色治理机制运行的场域空间，只有绿色治理机制有效运行才能发挥绿色治理体系的功能。因此，两者必须持续地保持良性互动，才能互利于自身的存续。

二是指追求发展过程中的依存性。依存是指两个以上的事物相互依附而存在。首先，体制改革引导机制改革，我们将县级政府绿色治理体制纳入了县级政府绿色治理体系框架，从而，县级政府绿色治理机制的优化和创新依赖于县级绿色政府治理体系的发展。只有体系的发展才能不断优化要素系统，从而实现机制的发展。其次，机制创新完善了县级政府绿色治理体系。如前所述，体制和制度的设立和更改是遵循特定目的的人为建构。这种特定目的则是由各种政治机制、经济机制等聚合而成的。从这个角度来说，县级政府绿色治理机制是县级政府绿色治理体系运行的重要因素。

3. 县级政府绿色治理体系与县级政府绿色治理机制的矛盾性

县级政府绿色治理体系与县级政府绿色治理机制是实现县级政府绿色治理目标的两驾马车，两者并驾齐驱，互利共生。两者间有一致性，也有矛盾性。这些矛盾会给实现县级政府绿色治理目标带来一定的挑战。这种矛盾主要体现在以下两个方面。

一是"抽象性—具象性"的矛盾。县级政府绿色治理体系一般来讲是具象的，其系统内的组织结构、权责体系、治理行为、治理政策、治理对象等都是可见的或是可以直接描述的。而县级政府绿色治理机制反映的是要素的作用方式，内化为一种趋向绿色治理目标的动力，往往带有抽象性；只有当其外显为某种具体的方法，或者诉诸政策文本时才是具体而明确的。这组矛盾带来的挑战主要体现在治理质量评价和因果分析上。

二是"结构性—功能性"的矛盾。县级政府绿色治理体系和绿色治理机制的建构维度存在差异：前者是结构性维度，注重体系内组织系统的结构安排和权力配置；后者是功能性维度，注重的是治理动力的形成和增强，以及作用方式的合理化。从这个意义上去理解，县级政府绿色治理体系相当于"器"，县级政府绿色治理机制相当于"术"，"器之利"和"术之精"可以说互为体用。如何发挥两者的耦合效应是一大挑战。

4. 县级政府绿色治理体系与县级政府绿色治理机制的统一性

县级政府绿色治理体系与县级政府绿色治理机制有一致性，也有矛盾性。唯物辩证法告诉我们，事物之间的矛盾既对立又统一。县级政府绿色治理体系与县级政府绿色治理机制统一于实现县域人民美好生活的过程。美好生活是一个社会生活系统，其美好要义在于人的全面发展和社会的全面进步。美好的内涵是随着时代变迁而不断深化的，社会越进步越能实现美好的真义。县级政府绿色治理体系与县级政府绿色治理机制的统一性体现在两个层面。首先，在价值理性层面，两者统一于对县级政府绿色治理共同体提倡的绿色价值的追求。价值理性追求绝对价值，绿色价值就是当前我们关于美好生活的期许，包括低碳环保、可持续、法治、健康、和谐等内容。县域的这些美好内容会随着县级政府治理体系和治理能力的现代化进程不断趋向更美好。其次，在工具理性层面，两者统一于县域公园城市建设。工具理性强调手段和路径，县域公园城市建设正是当前我们实现县域人民美好生活的有效手段和理性路径。这种双重理性的统一性体现在县级政府绿色治理体系和县级政府绿色治理机制的全要素和全系统，并落脚于实现县域人民美好生活的县级政府绿色治理目标。

第二节　县级政府绿色治理机制的构成要素

要素指构成系统的基本单元。"在系统中，要素之间相互独立，存在差别性，各要素之间又按一定方式相互联系和相互作用，形成一定的结构。要素和系统既相依存又相转化。没有无要素的系统，也没有无系统的要素。"① 有学者从"事的理论"出发，试图打开政府治理机制的黑箱，分析政府治理机制的构成要素，认为"机制的构成要素不仅包括动力、目标和过程，还包括场域、主体"②。该论断较清晰地界定出了政府治理机制的要素构成，有益于理解治理机制的概念内涵和运行分析。系统要素的存在是客观的，对于要素的理解和把握则是一种理性的分析。要素类型框架是研究县级政府绿色治理机制构建和优化的论析基础。本书采用治理机制的"五要素"说，认为县级政府绿色治理机制包括目标、主体、动力、场域、方法这五个基本要素。我们认为，整体意义上的县级政府绿色治理机制都是围绕此五种要素及其要素关系而生成和演进的。不论县级政府绿色治理机制处于何种阶段，其要素类型是不变的，但是不同阶段的机制要素将呈现具有时代性的绿色特征。

一　县级政府绿色治理机制的目标要素

目标是基于需要的一种主观反映。目标的生成源于外界诱因、内在需要和客观条件的相互作用，是对未来发展的一种期望。就县级政府绿色治理机制的目标而言，这种期望是糅合了全体县域治理主体的需要，是复合而又多元的，既有长期目标又有短期目标，既有宏观目标又有微观目标。目标就是一面旗帜，将引领和激励县级政府绿色治理共同体趋向某种期望。因此，目标的制定就是县级政府绿色治理的方向。这种方向的正确性取决于是否符合县域绿色治理的现实需要，是否契合县域治理的外部环境

---

① 金炳华主编：《马克思主义哲学大辞典》，上海辞书出版社 2003 年版，第 179 页。
② 霍春龙：《论政府治理机制的构成要素、涵义与体系》，《探索》2013 年第 3 期。

和自身条件。

（一）价值导向：实现县域人民美好生活

县级政府绿色治理机制的价值目标就是实现县域人民美好生活。价值是一种终极的追求，是基于一定立场就某一种需要的一种极致期望。县域治理关乎县级政府、市场和社会领域内的所有主体。县域主体间的利益诉求有一致性，更有差异性，这种利益整合及价值表达根植于人民立场。人民立场就是县级政府绿色治理机制的价值立场和根本立场。基于县域人民立场、为县域人民谋福祉才是县级政府绿色治理的根本使命。这种福祉的期望就是人民的美好生活。实现县域人民美好生活的价值导向凝练了绿色治理机制中关于低碳节约、风清气正、包容创新、公平和谐、生态良好等绿色意蕴。县级政府绿色治理机制的价值导向实质上就是一种绿色导向，通过绿色治理机制的运行不断地将县域治理的绿色价值体现在人民的美好生活当中。

（二）功能导向：推进县域治理体系和治理能力现代化

县级政府绿色治理机制的一个重要功能目标是推进县域治理体系和治理能力的现代化。以系统论的角度来看，功能是指系统作为一个整体，能够发挥出的有利作用，也指子系统对于总系统运转的实在贡献。当前全面深化改革的总目标是完善和发展中国特色社会主义制度，推进国家治理体系和治理能力现代化。就县级政府治理而言，就是要通过持续和深入的治理机制变革将中国特色社会主义制度的优越性体现在治县理政的效能上。县级政府绿色治理机制的要义是机制对于整体县域绿色治理的驱动。这种驱动力在价值意义上是实现县域人民美好生活的方向引领，在功能意义上落脚于县域治理体系和治理能力的现代化。要实现这一功能，首先，要以整体性思维看待县级政府绿色治理机制。要以机制的绿色化去推进县级政府绿色治理机制自身的现代化，发挥出强有力的驱动作用。其次，要以关联性思维看待县级政府绿色治理机制。相较于县级政府绿色治理体系的显性，县级政府绿色治理机制的生成和变化更具隐性。必须关注绿色治理机制与绿色治理体系间的相互作用，以推进县域治理体系和治理能力现代化为主线，消解县级政府绿色治理机制构建的无序性和优化的无效性，发挥出县级政府绿色治理机制对县域治理现代化的实在功效。

（三）问题导向：探索绿色治理新形态

县级政府绿色治理机制的目标制定是以人民为中心、以问题导向为主要方式的。问题源于应然状态和实然状态的差距。这种差距显然是具有时效性的，不同时期追求的应然和客观存在的实然都是变化的。新时代的社会主要矛盾已转化为人民日益增长的美好生活需要和不平衡不充分的发展之间的矛盾。就县域而言，当前化解这种矛盾的理性途径就是建设县域公园城市。这是因为"公园城市汇聚了经济、政治、社会、文化、生态等全要素、多领域的美好期许，是新时代全面贯彻新发展理念下的城市治理的高级形态，集城市多元价值于一体，是城市发展形态的一种质的跃升"①。县域公园城市的提出把握了当前社会主要矛盾，指出了县域治理的问题症结，为以绿色治理实现县域人民美好生活提供了一种可行性范本。

二　县级政府绿色治理机制的主体要素

县级政府绿色治理机制的主体包括所有参与县域绿色治理过程的各个利益相关者，这种主体的集合我们称为县级政府绿色治理共同体。县级政府绿色治理机制的作用就在于调节治理主体间的利益关系，厘清不同主体的治理职能，进而形成趋向绿色治理的合力。县级政府绿色治理机制的主体要素主要有三个特征：一是多元性。多元主体是现代治理的应有之义。"党委领导、政府负责、社会协同、公众参与、法治保障"是我国当前确立的社会治理体制。对应县域绿色治理，主体主要包括县级党委、县级政府、县域企业、县域社会组织、公民五大主体。二是绿色性。县级政府绿色治理机制的主体构成实际上与其他治理理念下的类型划分大同小异。绿色治理理念下的主体，强调的是凝聚治理主体的绿色特性，形成绿色治理主体，比如"绿色"党委、绿色政府、绿色组织、绿色公众等。三是整合性。主体的多元性自然产生了主体间的协同与合作。整合结果表现为不同主体间分工明确、各负其责、各展所长、有机衔接、良性互动，共同打造共建、共治、共享的县域绿色治理格局。

（一）"绿色"党委

"绿色"党委居县域绿色治理的领导地位，党委领导是县域治理体制中的根本所在。绿色治理着眼于政治生态，期望风清气正的"绿色"党委主体。政治生态一词脱胎于生态学，一般指政治生活现状以及政治发展环

---

① 史云贵、刘晓君：《绿色治理：走向公园城市的理性路径》，《四川大学学报》（哲学社会科学版）2019 年第 3 期。

境的集中体现，是政治各要素相互作用的结果。政治生态与党的执政能力密切相连，对国家治理体系和治理能力具有重要影响。习近平总书记强调"自然生态要山清水秀，政治生态也要山清水秀"。构建县域"绿色"党委，就是要打造风清气正的政治生态，构建健康的政治文化，充分发挥党委在县级政府绿色治理中的核心领导作用。就县域绿色治理而言，就是要创新县域绿色党建机制，实现县域的政治清明，促进健康的政治生态，并以积极健康的县域政治生态引领健康向上的县域治理生态。

（二）绿色政府

绿色政府是县域绿色治理的责任主体，负责县域绿色治理具体实施。绿色政府也称生态政府，源于 20 世纪 90 年代生态思潮的兴起。有学者认为绿色政府"就是以生态文明和绿色经济为根本取向，形成科学的绿色理念，打造绿色政务，履行绿色行政，全力促进科学发展和经济社会生态化进程的公共管理"[①]。也有人认为绿色政府建设"应从经济调控和环境的关系、政府绿色服务的监督、优化行政执法能力和管理体系、加强行政体制建设、健全政府考核等方面采取措施，促使政府完善绿色文化建设、构建绿色考核体系，实现经济、社会、环境的协调发展"[②]。还有人认为应"以可持续发展为目的，通过政府绿色文化建设和绿色政府考核体系建设，推动和监督政府自身行为的绿色化，进而影响和促进全社会绿色化"[③]。

可见，当前绿色政府话语大抵生成于生态环保理念和科学发展理念，强调绿色政务和绿色行政，关注绿色采购和绿色财政等政府事务。在绿色治理理论视域下，绿色政府是县域绿色治理共同体中起负责作用的主要责任主体，要以行政高效和成本节约为标准推行绿色政务和绿色行政，更主要的是要普及推行绿色理念和绿色文化，并引领和构建全县域的绿色治理生态。

（三）绿色企业

绿色企业是县域绿色治理的重要责任主体，承载着县域绿色经济发展的重任。企业的生产经营与自然环境和生态资源密切关联，是协调人与自然关系的关键环节。"绿色企业是将绿色发展理念贯穿生产经营活动和产

---

① 颜燕师：《我国绿色政府模式构建研究》，《辽宁行政学院学报》2014 年第 11 期。
② 曹雪梅、周恩毅：《生态文明视域下的绿色政府建设探讨》，《理论导刊》2016 年第 3 期。
③ 王松霈主编：《生态经济建设大辞典》上册，江西科学技术出版社 2013 年版，第 35 页。

品生命周期，运用绿色科技和绿色工艺，向社会提供绿色产品或服务，实现经济与环境、人与自然协调发展的企业。"[1] 绿色企业的主要特征是把生态过程的特点引申到企业中来，从生态与经济有机结合的角度出发，考察工业产品从绿色设计、绿色制造到绿色消费的全过程，运用绿色技术从根本上消除造成污染的根源，实现集约、高效，无废、无害、无污染的绿色工业生产。[2] 绿色管理已经成为现代企业的共识，这种共识体现在产品标准、企业营销等诸多环节。在绿色治理理念观照下，县域绿色企业主体还需在低碳环保的基础标准上，更注重企业绿色责任、企业绿色文化、企业绿色转型等领域的突破和创新，助力县域绿色经济高质量发展，促进县域经济和县域生态和谐共生共荣。

（四）绿色社会组织

绿色社会组织是县域绿色治理的重要支撑，协同其他治理主体构建和谐社会生态。社会组织指"政府与企业外面向社会自主提供某些领域公共服务的法人实体"[3]，包括社会团体、民办非企业单位、基金会、公益性中介组织等。社会组织活动空间区别于政府与市场，是"政府—市场—社会"三元框架的重要支撑。"在内在机理上，社会组织的成长植根于权力的结构性转移和多元化流动、受益于权力和权利的相互转化、社会民生的内在诉求和国家向社会回归总体趋势的驱动。"[4] 社会组织是非营利的，具有自主性、自律性、组织性和公益性等特点，在回应民众诉求、调节社会矛盾、促进社区自治等领域有着天然优势。绿色社会组织是以绿色治理理念为指导，以奉献爱心、从事公益活动、关爱弱势群体、促进社会和谐为基本内容，以推进社会进步、公平与和谐为目标的一系列非政府组织。县域绿色治理就是要培育更多的绿色社会组织，更充分地发挥社会资本，增益社会治理资源，逐步将治理重心向基层下移，助力打造共建、共治、共享的县域绿色治理格局。

（五）绿色公众

我们认为，绿色公众是指在绿色发展理念引导下，愿意接受绿色治理

① 张春霞：《绿色经济发展研究》，中国林业出版社 2008 年版，第 177 页。

② 陈彬、景冬梅：《绿色企业与生态工业园的循环经济理念》，《生态经济》2005 年第 8 期。

③ 张尚仁：《"社会组织"的含义、功能与类型》，《云南民族大学学报》（哲学社会科学版）2004 年第 2 期。

④ 马金芳：《社会组织多元社会治理中的自治与法治》，《法学》2014 年第 11 期。

理念，从事绿色生产、绿色生活、绿色消费等绿色行为的社会公众。绿色公众既是县域绿色治理的参与者，又是绿色治理绩效的体验者，还是县域绿色治理的监督方和评价方。在县域绿色治理机制下，公众可以更广泛、更便捷地参与县域绿色治理事务，参与过程中亟须提升的是公众的绿色参与能力。公众提升了绿色参与能力后，可以更充分地胜任监督和评价角色。这种能力的提升一方面源于公众对于公民意识的觉醒，更充分地发挥社会主义民主权利，更多地参与民主决策、民主管理和民主监督。另一方面源于公众为绿色理念感化。"感"指公众对于绿色理念的认知和接受，"化"指公众将绿色理念转化为日常行为。譬如，大众现在已经广泛认同了环保理念，开始自觉关注社区环境，推行垃圾分类，扭转生活观念，崇尚绿色消费、绿色生活等。绿色公众主体对于县域绿色治理而言，有着巨大的资源潜力，公众的自我教育、自我管理、自我服务是县域绿色治理机制中的澎湃动力。

三　县级政府绿色治理机制的动力要素

机制的要义在于驱动。县级政府绿色治理机制的动力要素即指促使绿色治理共同体趋向绿色治理目标的推动力。目标既定后，目标的完成程度和完成效果在很大程度上取决于主体的动力机制。分析县级政府绿色治理机制的动力要素，主要是厘清不同治理主体的动力构成及优化路径。在县级政府绿色治理共同体中，县级政府（含绿色党委、绿色政府）统筹全局，起主导作用，并与其他治理主体形成行动者网络，凝聚成县域绿色治理共同体。

（一）县级政府推动绿色治理的动力构成

机制的动力作用本身是带有抽象性的，而作用效果最终是落实到行动上的。从治理行为考察治理动力是一种务实的路径。县级政府治理行为从某种意义上来说只有两种，即执行和创新。国家治理转型是自上而下的，大部分县级政府治理行为是对上级治理政策的执行。这种执行往往是带有目标责任性质的，具有强制性的任务指标和责任考核，属于命令型驱动。除执行以外，县级政府治理行为更重要地体现为治理创新，这也是当前县级政府探索绿色治理的现实。这种创新可能是对上级模糊性、指导性意见的具体化，更多的是县级政府因地制宜的自主治理实践。优化县级政府绿色治理的关键是提升县级政府基于绿色治理理念的治理创新。驱动这种创新的动力因素主要来自四个方面。

其一是政策资源，属于资源型驱动。县级政府绿色治理机制创新依赖并受限于政策资源和县域条件。县域条件是县域资源的客观存在，相对而言，短期内是很难改变的。而政策资源则能较大程度地刺激县域绿色治理机制创新。政策资源主要包括地方扶持性政策、政策试点等，关键是要形成一定的制度空间，比如通过"放管服"改革，更充分地放权，以充足的资源来促进县级政府绿色治理。

其二是治理绩效，属于结果型驱动。相较于命令型驱动，基于治理绩效的政府考核更能激发县级政府绿色治理机制创新的动力与活力。一方面要将符合绿色治理价值的绩效指标纳入常规政府目标考核，使绿色治理固化为政府治理的常态标准，引领县级政府的绿色治理转型；另一方面要强化治理绩效的结果运用，将绩效结果与政府部门利益挂钩，强化激励和惩罚措施，以绿色治理绩效为标准倒逼县级政府绿色治理的内生动力。

其三是府际竞争，属于竞争型驱动。随着改革的不断深入，地域壁垒不断被打破，人才、资金、技术等各种资源的流动性不断增强，产业的集群效应不断显现，府际竞争也会加剧。面对可能出现的"用脚投票"的局面，自然会形成由竞争压力驱动的县级政府绿色治理动力。县域绿色治理机制就是要形成这种既竞争又合作的局面，打破壁垒，焕发绿色治理的生机与活力。

其四是需求压力，属于问题型驱动。公共需求的不满足带来治理问题，治理现实与期望的落差越大，治理问题压力就有越大。县域绿色治理的需求压力来自市场、媒体、公众、社会团体等各个方面，譬如基础设施需求、教育资源需求、党风廉政需求等。满足需求的压力将迫使县级政府积极面对治理问题，回应治理诉求。当前，人民美好生活需要呼唤着绿色环境、绿色产业、绿色出行、绿色消费。县级政府绿色治理机制创新就是对人民美好生活需要的有效回应。

（二）县域绿色治理行动者网络的动力构成

县域绿色治理共同体以共同利益和共同使命为基础，形成一个整体意义上的县域绿色治理主体。实际上，不同主体的资源禀赋、利益偏好和行为策略都是存在较大差异的，以何种方式整合不同利益，使共同体产生趋向绿色治理目标的一致动力，这是县域绿色治理机制创新的关键。拉图尔的行动者网络理论对县域绿色治理共同体的动力机制提供了一个可行的视角和方法。

行动者网络理论将不同利益主体形成的联盟解释为不同行动者通过转译结成的异质性网络。根据拉图尔的一般对等性原则，政府、市场、治理问题、治理理念等都可称为行动者，各行动者都有行动能力和不同的利益偏好。行动者结成网络的稳固程度取决于转译的过程。转译指不同行动者整合不同利益，在关键问题上取得一致，最终结成网络的过程。这一过程包括问题呈现、利益分享、成员招募和正式动员四个环节。

一是县域绿色治理共同体的问题呈现。在问题呈现环节中，县级政府作为核心行动者分析其他行动者利益诉求，将其呈现为具体的问题，并指出共同的关键问题，即强制性通行点。就县域绿色治理而言，这个强制性通行点就是绿色治理理念。只有这个结点通行，也就是说各主体认同并接受绿色治理理念时，才具备结成网络的可能。

二是县域绿色治理共同体的利益分享。利益分享环节实质上是网络中不同行动者的角色定位问题。在这一环节，县级政府依照"党委领导、政府负责、社会协同、公众参与、法治保障"的治理格局，赋予治理主体不同的角色定位。尽管不同主体角色各异，但在地位上是平等的，这是网络稳固的基础。

三是县域绿色治理共同体的成员招募。行动者通过强制通行点，获得网络角色之后，就被吸纳为网络成员。不同绿色治理主体通过利益整合、认同关键问题，被赋予一定角色后，就正式被吸纳为县域绿色治理共同体成员。各成员在地位平等的基础上都享有网络带来的权益。

四是县域绿色治理共同体的正式动员。正式动员指行动者经招募为网络正式成员后，正式成为网络的代言人，并对网络内的其他行动者行使权力，以维护网络的存续和扩张。譬如行动者基于自身所处网络的位置和利益，会自发地带有对外扩张和对内监督的动机，并享有网络扩张的资源支持和对其他成员的监督权力。

根据行动者网络理论，县级政府绿色治理共同体的动力机制有两个关键因素：一是强制通行点。也就是对于县级政府绿色治理价值及其实现路径的关键共识。共识之外的异议即行动者网络中行动者对于强制通行点的争议，会形成县域绿色治理共同体运转的阻滞。强制通行点界定的关键问题越具体，问题呈现的难度越大，行动者的利益偏差越大，争议就会越大。二是网络角色。"转译是建立行动者网络的基本途径，转译成功的关键是要使被转译者满意进入网络后的角色转变。"① 当前县域绿色治理现实中，转译最大的弊端是其他行动者角色的虚化和权利的缺失。譬如县域公众的参与角色和治理资源要落到实处还有很长一段路。因此，在现阶段要进一步完善"党委领导、政府负责、社会协同、公众参与、法治保障"的县域治理格局，充分发挥县级政府的负责作用，以核心行动者角色构建牢固的行动者网络，优化县级政府绿色治理机制的动力要素，以进一步增强县域绿色治理共同体动力、激发活力、提升能力。

四　县级政府绿色治理机制的场域要素

县级政府绿色治理机制的场域要素主要指县域绿色治理机制的生成与运行环境。场域是布尔迪厄社会学理论提出的一个核心概念。一个场域可以被定义为在各种位置之间存在客观关系的一个网络或一个架构。布尔迪厄所说的社会行动者，一旦进入某个场域，必须表现出与该场域相符合的行为，以及使用该场域中特有的表达代码。进入同一个场域的行动者之间以及场域与场域之间，共同受制于元场（政治场、经济场）。②

县级政府绿色治理机制可以看作一个特定场域。此场域有两个基础特征：一是在这个场域内以绿色治理话语体系为"表达代码"进行讨论。此话语体系来源于绿色治理特有的理论范畴和知识系统。二是该场域受制于县域绿色治理政治场、经济场、文化场、生态场等，正是这些场域构成了县域绿色治理机制生成和运行的环境。

"环境"泛指存在于特定空间、对事物和人类活动产生影响的各种因素的综合体。③ 环境不是一成不变的，讨论环境要抓住环境的变化趋势，使环境资源包容且支持县级政府绿色治理机制的构建，并保持机制优化与环境发展的趋同和协调。从广义上看，只要对县级政府绿色治理机制产生

---

①　王能能、孙启贵、徐飞：《行动者网络理论视角下的技术创新动力机制研究》，《自然辩证法研究》2009 年第 3 期。

②　李艳培：《布尔迪厄场域理论研究综述》，《决策与信息》2008 年第 6 期。

③　何颖：《行政学》，黑龙江人民出版社 1997 年版，第 384 页。

影响，与之产生有机联系的载体要素都是其环境因素。以场域理论来看，环境影响主要来自政治环境和经济环境。此外，生态环境也有举足轻重的影响。三类环境因素带来制约的同时，其发展趋势也引领了县级政府绿色治理机制构建、优化的方向与目标。

（一）县级政府绿色治理机制的政治环境

通常，政治环境指"影响并制约一定政治系统、政治行为的社会背景与历史条件"①。在这里，我们认为，县级政府绿色治理机制的政治环境是指，政治体制和政治发展给县级政府绿色治理带来的影响因素和制约条件。在政治场域的影响下，始终坚持中国特色社会主义政治发展道路是县级政府绿色治理机制的基本方向。"关键是要坚持党的领导、人民当家作主、依法治国有机统一，以保证人民当家作主为根本，以增强党和国家活力、调动人民积极性为目标，不断发展社会主义政治文明。"② 当前政治文明建设进程中不断完善的民主和法治基础，为县级政府绿色治理机制的构建和优化提供了有利的政治条件。"以人民为中心""法治保障""党委领导"等精神既是县域绿色治理的价值底色，也是构建和完善县级政府绿色治理机制的基本要求。

（二）县级政府绿色治理机制的经济环境

经济环境主要指在进一步完善中国特色社会主义市场经济的进程中，影响县级政府绿色治理机制构建的经济因素，包括经济模式、产业结构、营商环境、就业水平、通胀水平等。在经济场域的影响下，追求高质量发展是当前县级政府绿色治理机制运行的基本方向。高质量发展以满足人民日益增长的美好生活需要为目标，是适应经济发展新常态的主动选择，是贯彻新发展理念的必然路径。从高速增长转向高质量发展，既是经济增长方式和发展路径的转变，更是体制改革和机制转换的过程。高质量发展的内涵与绿色治理理念高度契合，都以实现人民美好生活为根本目的，在体制改革和机制转换路径上也高度耦合。

（三）县级政府绿色治理机制的生态环境

生态环境一般指影响人类活动的自然资源和自然条件。包括地理条

① 马国泉、张品兴、高聚成主编：《新时期新名词大辞典》，中国广播电视出版社1992年版，第631页。

② 习近平：《在首都各界纪念现行宪法公布施行三十周年大会上的讲话》，载《十八大以来重要文献选编》（上），中央文献出版社2014年版，第88—89页。

件、气候条件和生物资源等，体现人与自然的相互关系。大气污染、水污染、土地退化、气候变暖、森林和草地缩减、生物资源匮乏等生态问题严重影响并制约了生态文明的实现。在生态场域的影响下，建设"美丽中国"是县域绿色治理机制运行的基本方向。"美丽中国"是中国梦的一部分。为此，在构建和完善县级政府绿色治理机制中要追求"天蓝、地绿、水净"的美好家园，坚持"生产发展、生活富裕、生态良好"的文明发展道路，在人与自然和谐发展中实现人民美好生活的县域绿色治理目标。

以上主要论及了宏观环境对于县级政府绿色治理机制的影响。一般来说，宏观环境具有相对稳定性，短时期内各种不利条件很难得到改善。因此，我们侧重讨论了宏观环境给县级政府绿色治理机制构建带来的有力支持和趋势引领。除宏观环境外，县级政府绿色治理机制的场域要素内容还涵盖以下两个方面：一是县域内的治理环境，包括它的政治、经济、文化、生态条件等；二是在县域绿色治理系统内，治理机制与治理体系、治理文化等其他子系统形成的关系网络构成了县级政府绿色治理机制的内部环境。不同层次的内外部环境形成不同的场域，且"场域中以及场域之间充满竞争，这是场域运动的表现"①。因此，场域要素的优化在于顺应宏观场域运动和优化具体场域的关系结构。

五　县级政府绿色治理机制的方法要素

方法要素是指在驱动治理主体实现治理目标的过程中，县级政府绿色治理机制的外显方式或形态，包括治理方式、途径、体制、规则、工具、技术等。绿色治理机制通过调整绿色治理主体间关系，聚合绿色治理主体，建构行动者网络，并以一定的方式、方法和工具、途径发挥动力作用，推动县域治理共同体实现绿色治理目标。在这个目标的实现过程中，绿色治理机制的动力作用是内在的，外显表达为不同的方式、方法和工具、途径，这种外显的部分就是机制的方法要素。

（一）县级政府绿色治理机制的规则表达

规则是县级政府绿色治理机制方法要素的重要内容，是县级政府绿色治理机制外显的主要方式、方法。机制的动力作用发挥依赖于规则的建

---

① 李艳培：《布尔迪厄场域理论研究综述》，《决策与信息》2008 年第 6 期。

立。只有建立一套强力有效的规则才能形成行之有效的机制。规则即指用来遵守的规范和准则，如道德规范、法律条文等。规则既可以是通俗约定的，也可以是法律制定的；既可以是引导性的，也可以是强制性的。在县域绿色治理的场域内，绿色治理机制的规则表达主要涉及两个问题：一是规则方式；二是规则形态。

1. 县级政府绿色治理机制的规则表达方式

县级政府绿色治理机制与治理体系、治理能力同在现代化进程当中，治理机制的现代化在治理方式上表现为推动自治、法治、德治相结合，进而提高县域治理的社会化、法治化、智能化和专业化水平。其中，法治是县域绿色治理的根本保障。依法治国是中国特色社会主义的基本方略，法治基于公意表达，带有普适性和权威性，为公共利益和公共秩序提供根本保障。德治是县域绿色治理的重要支撑。道德规范和道德价值是法治的重要补充，也为自治提供了土壤和养分。德治实践的要义在于教化，自古至今，都是不可或缺的重要治理方略。自治是县域绿色治理的基础。推动社会治理重心向基层下移是县级政府绿色治理走向善治的重要途径。法律约束和道德教化最终落实于个体的自律，这种自律既包括被治理者，更指向治者自身。

2. 县级政府绿色治理机制的规则表达形态

县级政府绿色治理机制的规则形态指规则表达的具体化。规则形态主要有三个层面。一是公俗民约，即乡规公约、村规民约等。这是一种经民间约定俗成的治理规则，带有明显的地域性、宗族性和情感化等特点，是一种自我教育、自我管理和自觉履行的社会共识。以社会资本理论来解读，即一定社会网络中基于相互信任基础而共同遵守的规范。县级政府绿色治理机制就是要引导公俗民约走向公序良俗，充分发挥内生社会资本的作用，夯实自治和德治基础。二是法律法规，包括法律、法律解释、行政法规、地方性法规、自治条例等，具有普适性、规范性、稳定性和强制性，是县域法治的根本依据和根本保障。县级政府绿色治理机制正是在以法治保障为基础的治理格局下，推进县域法治建设，以法治凝聚共识，树立法治信仰，培育法治文化，弘扬法治精神。三是治理政策。一般认为，政策是关于利益与价值权威性分配的工具。作为规则而言，治理政策即治理过程中所涉公共利益的规则体系，包括利益表达、利益综合、利益分配、利益落实等。县域绿色治理政策是县级政府绿色治理机制外显的主要规则形态，是县级政府绿色治理理念和治理能力的主要体现。

（二）县级政府绿色治理机制的工具手段

方法要素的主要内容是机制的规则表达，而规则的运行还需依赖一定的工具和手段。这里讨论的工具手段主要指两个方面：一是县级政府绿色治理的机构改革；二是县域绿色治理的技术革新。

党的十九大对深化机构和行政体制改革做出重要部署，要求统筹考虑各类机构设置，科学配置党政部门及内设机构权力、明确职责。"推进政府职能转变，明晰政府职权的四个向度，即向市场放权、向社会让权、横向分权、纵向移权。"① 县级政府在推行机构改革的过程中，要秉持绿色行政和绿色服务理念，坚持以职能优化为中心进行机构调整，进一步明晰责权，厘清权力边界，要以民生、应急和安全等重点领域为突破口，满足人民美好生活的需要；要以"放管服"为主要抓手，完善公共服务管理体制，全面提高政府效能。

当前，技术工具与治理的融合主要体现在"互联网＋政务"和大数据应用两个大的趋向。"立足基本国情与现实，我国应用互联网与大数据推进政府治理可从发达国家的实践经验中获取有益借鉴，包括加快'互联网＋大数据＋政务'的技术平台建设，瞄准互联网与大数据在政府治理中应用的重点领域，构建一系列多维度、多层次和协同性的实现机制，健全制度保障体系。"② 正是"互联网＋"、大数据、云计算、人工智能、虚拟现实等技术的应用，社会治理呈现出多维互动、线上线下融合的特征，使得信息交流更加便捷、需求对接更加精准、服务产出更加高效，这就为县级政府绿色治理机制运行提供了有效的工具、手段。

第三节 县级政府绿色治理机制谱系的构建

构建县级政府绿色治理机制并非是对传统治理机制的全盘否定和改弦更张，而是在绿色治理理念框架下对既有治理机制的一种完善和创新。通

---

① 王连伟：《政府职能转变进程中明晰职权的四个向度》，《中国行政管理》2014 年第 6 期。
② 陈朝兵：《发达国家应用互联网与大数据推进政府治理的主要做法与借鉴》，《中国特色社会主义研究》2017 年第 6 期。

常论及的治理机制往往是从某一领域或某一专门治理对象出发的。这种单一视角带有孤立和松散的局限性，难以把握绿色治理机制的全貌和机制间的互动。县级政府绿色治理机制谱系以谱系的视角分析县级政府绿色治理机制，以期实现县级政府治理机制的绿色化，以及绿色治理机制间的有机衔接和良性互动。

一 县级政府绿色治理机制谱系的构建逻辑

县级政府绿色治理机制可视为一个系统，大的系统内又包含不同的小系统，大小系统内各种机制林林总总，有着不同类型、不同层次。当前关于治理机制的研究呈现出碎片化现象，尤其缺乏对于机制的类型学分析。类型学方法是在同种现象中依照具体类别的不同把握事物的思维方式，是对治理机制进行系统整合的有效手段。一般的治理机制分类以治理层次、治理领域、治理行为等为标准进行划分，如依治理层次分类，则有宏观的发展机制、中观的环保机制、微观的垃圾回收机制等；依治理领域分类，则有经济机制、文化机制、生态机制等；依治理行为分类，则有分配机制、评审机制、采购机制等。这种分类法虽然能够统合某一平行场域的治理机制，但仍然不能把握治理机制的全貌。

语言谱系是县级政府绿色治理机制类型学分析的理想参照。基于语音、词汇、语法规则间的对应关系，语言间的亲属关系分为若干个语系，语系之下又分为若干个语族，语族之下分为若干个语支，语支之下是语种，最终以谱系树的形式描述整个世界语言体系。谱系的视角给县级政府绿色治理机制的分类带来了有益启示，这种方法的移植在于找到治理谱系对应于语言谱系中"亲属关系"的分类依据。

法约尔提出，由计划、组织、指挥、协调、控制构成的五大管理要素对应五种管理职能，进而形成了一个完整的管理过程。这种"要素—功能—过程"理路恰恰契合于县级政府绿色治理机制的谱系分类。绿色治理机制正是从要素分析出发，认为机制包含目标、动力、主体、方法和场域五大要素。五大要素又对应于机制的五大功能，共同构成了机制的运行过程。在这个基础上，我们构建了一个县级政府绿色治理机制谱系（见图5-1）。在县级政府绿色治理机制谱系中，不同要素对应于不同功能，一个要素集聚一个机制模块，相当于语言谱系中的一个语系，也相对于管理过程理论当中的一个功能过程。

其一，目标模块。目标模块主要由目标要素生成，以目标制定为主要功能，以决策机制为核心机制。县级政府绿色治理机制的目标是县域绿色治理的方向，目标的制定直接反映了县级政府绿色治理的价值取向和行为策略。目标的合理制定和有效分解取决于县级政府的绿色决策机制，而绿色治理决策需要社会舆情收集和社会问题响应等配套机制。

其二，驱动模块。驱动模块主要由动力要素生成，以提升绿色治理动力为主要功能，以动力机制为核心机制。动力机制的有效性决定了绿色治理共同体实施县域绿色治理的能动性。根据动力构成，驱动模块也包含激励机制、责任机制等配套机制。

其三，合作模块。合作模块主要由主体要素生成，以调整绿色治理主体间关系为主要功能，以合作机制为核心机制。合作机制的产出是形成绿色治理共同体。绿色治理共同体各负其责、各展所长。合作机制对不同主体间的利益矛盾和行为偏好进行协调，旨在打造共建共治共享的县域绿色治理新格局。合作模块还包含参与机制、整合机制等配套机制。

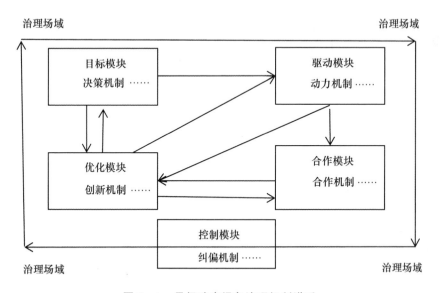

图 5 - 1　县级政府绿色治理机制谱系

其四，优化模块。优化模块主要由方法要素生成，以绿色治理创新为主要功能，以创新机制为核心机制。县级政府绿色治理机制的优化在很大程度上取决于县级政府的绿色治理创新，这种创新涵盖绿色治理方式、途径、体制、规则、工具、技术各方面。优化模块还包含培训机制、技术应用机制等配套机制。

其五，控制模块。控制模块主要由场域要素生成，以确保绿色治理目标实现为主要功能，以纠偏机制为核心机制。现实中，绿色治理实践会受到场域环境的影响，实际的治理效果和治理行为往往与绿色治理目标存在偏差，需要以纠偏机制进行及时的修正，以确保县级政府绿色治理目标的实现。控制模块还包含监督机制、责任机制等配套机制。

二 县级政府绿色治理机制谱系的核心机制

县级政府绿色治理机制谱系与语言谱系树相同，有主干，有分支，五大功能模块下有不同的派生机制和配套机制等。根据不同的研究视角和研究对象，可以进一步进行类型学分析和优化探索。这里主要讨论五大功能模块下核心机制的绿色化。

（一）县级政府绿色治理的决策机制

决策机制是指"决策组织有机体系的构成、功能及其相互关系。它首先是指决策组织机体本身固有的内在功能，即决策组织本身渗透在各个组成部分中并协调各个部分，使之按一定的方式进行的一种自动调节、应变的功能。其次是指决策组织形式、决策体系、调控手段等互相衔接所形成的一整套管理机能"①。县级政府绿色治理决策机制是在党的核心领导下，由绿色治理共同体协同商议，且具备民主、科学和法治特征的决策方式和过程。

1. 优化县级政府绿色治理决策体制

体制是机制的前置条件，任何机制都是基于一定的体制环境生成。当前我国还处于治理体系和治理能力现代化的进程当中，治理决策更多的还是在传统行政体制框架下的一种决策机制。"所谓行政决策体制，就是决策权力在决策主体之间进行分配所形成的权力格局和决策主体在决策过程中的活动程序的总体制度体系。"② 在行政决策体制下，决策系统主要由行

---

① 萧浩辉主编：《决策科学辞典》，人民出版社1995年版，第109页。
② 赵迎辉：《我国行政决策机制问题与对策研究》，《山东青年政治学院学报》2012年第4期。

政决策的中枢系统、行政决策的参谋咨询系统、行政决策的情报信息系统、行政决策的监督系统构成。

当前决策体制的主要问题在于：一是中枢系统的权责配置失调。中枢系统一般指起决断作用的党委、人大及其常委会、政府。问题表现在两个方面：其一是基层党政关系尚未理顺，决策权力、职责和决策范围不明晰。其二是人大的决策职能履行不充分，人大代表对选民的代表性没有充分体现。二是咨询系统的话语权不够。现实中的政府决策，往往表现出先决策后咨询的倒置。三是决策责任机制失效。责任机制失效的原因一方面是监督系统的缺位制约了监督主体的监督动机和监督效果；另一方面是责任制度本身的不完善和执行不力。这主要是因缺乏权责匹配的监督主体和完备的制度要件，导致决策的责任追究乏力。

县级政府绿色治理决策机制的优化关键在于绿色治理目标如何通过决策机制的运行得以合理制定。对应决策体制的主要障碍，优化措施主要有三项：一是构建绿色的权力机制。权力机制指权力的配置方式和运行过程，这里的"绿色"强调权力运行的高效低成本。要实现这种高效，需要在治理体系和治理能力现代化的背景下，深化机构改革，进一步厘清决策体制中枢系统的权责关系。二是强化绿色的专业咨询。这里的"绿色"体现在两个方面：一方面咨询系统本身应具备绿色治理基础；另一方面咨询系统的权威性要得以提升。如此才可能形成符合绿色价值的决策方案。三是强化绿色治理的决策问责机制。对于造成绿色治理问题，损害绿色治理绩效的，都应强化决策责任追究，以此倒逼治理决策的绿色化。

2. 优化县级政府绿色治理决策程序

绿色决策意味着科学决策。为此，绿色决策不仅要强调结果正义，也应注重程序正义。科学的决策程序不一定会有科学决策，但脱离程序的决策机制必然是不科学的。决策程序一般包括分析问题、确定决策目标、拟定备选方案、论证备选方案、选择决策方案、执行方案、方案执行评价等。这是从过程角度对决策程序的科学分析。此外，决策程序的科学性还来自决策活动必须遵循的决策原则以及决策过程中的决策参与。一般来讲，决策程序的不规范主要表现在三个方面：一是决策程序开放度低。决策程序表现为封闭状态，类似于"暗箱操作"，譬如议事不透明、结果不公开等。二是决策程序的严密性低。主要表现为经验决策，即忽视问题分析环节，调查分析走过场，不考证方案的可行性和风险性，以过往经验作为决策的主要依据，俗称"拍脑门式"决策。三是决策程序民主度低。在现行权力机制下，县域"一把手"的权力过于集中，导致了县级政府治理决策的成败很大程度上取决于不可预见的个人决断。

针对县级政府绿色治理决策程序的阻滞，主要有三项优化措施：一是增强绿色治理的利益表达。只有在阳光下，才能绿意盎然。要提高决策程序的透明度，通过公众参与、听证、公示等途径，充分吸纳民意诉求。二是强化绿色治理决策质量。要健全有效的社会舆情机制，在充分调研的基础上形成科学决策。此处的绿色的意蕴在于决策的高质量。三是构建绿色的政治生态。风清气正的政治生态才能保障健康的决策活动，才能保障治理决策的民主化。

（二）县级政府绿色治理动力机制

动力是推动事物向前发展的力量源泉。利益学说认为一切行动的动力来源于利益需求。我们可以从利益分析视角探讨县级政府绿色治理的动力机制，分析县域内不同治理主体的基本利益诉求。县级政府绿色治理动力机制要求治理主体利益实现路径和县域绿色治理趋向保持一致性。不同治理主体有不同的利益需求。利益需求必然产生某种动力，促使利益主体采取某种途径去实现利益。要保证利益实现后的结果呈现有利于县级政府绿色治理目标的实现，则必然要求利益实现路径的绿色化。因此，县级政府动力机制绿色化的核心在于如何让治理主体利益实现路径的绿色化。

1. 县域党委的利益动机及实现路径的绿色化

在县级政府绿色治理中，党的领导是第一位的。政党有自身的政治利益和组织利益，政治利益是政党的核心利益。作为执政党，"党的政治利益就是不断增强执政的合法性与有效性，长期保持执政地位"[1]。也就是说，执政地位是党的基本利益诉求，而长期执政利益的实现必须以加强党的建设来保障。以加强党的长期执政能力建设为主线是打造"绿色"党委的关键路径。

---

① 徐敦楷：《党的利益、党员利益、人民利益关系略论》，《社会主义研究》2010 年第 1 期。

2. 县级政府的利益动机及实现路径的绿色化

"地方政府的利益取向是本地利益最大化，其中本地利益既包含本地政府组织的自身利益，也包括本辖区内企业和公众的利益。"[①] 这些利益统一于县域公共利益。县级政府的基本诉求在于维持其合法性和公信力。为此，县级政府要凸显其服务定位，以提供公共服务为主要职能，实现县域内"政府—市场—社会"的和谐共治。其中，县级政府自身的绿色政府建设和向市场、社会提供绿色服务都是不可或缺的。

3. 绿色企业的利益动机及实现路径的绿色化

企业追求的是利润最大化。随着企业规模扩大，企业经营的外部效应趋于明显，企业也必然承担一定的社会责任。因此，现代企业应在激励相容前提下，追求绿色发展。激励相容指企业的利益实现应以不损害其他利益相关者的权益为前提。比如，"绿色发展是企业主动因应生态环境问题合意性策略行为"[②]，企业发展必须实现与生态环境和社会的和谐。这一目的实现的关键路径即以绿色产业发展绿色经济。绿色经济是以创新为核心的内涵式经济增长，以低碳、高效、和谐、可持续为主要目标。

4. 绿色社会组织的利益动机及实现路径的绿色化

社会组织的根本属性是志愿精神，与非营利组织的内涵大体相通。志愿精神的意蕴是利他主义、互助主义和慈善主义，它的内在动力表现为一种道德层面的精神追求。一个成熟的社会组织应具备组织性、志愿性、自治性、独立性等基本特征。但从现实来看，社会组织的独立性和自治性表现不充分，很大程度上存在对政府的从属性和依赖性。作为县域绿色治理的重要主体，社会组织要更有效地参与治理、更充分地发扬志愿精神，关键路径是绿色治理共同体间的平等合作。通过绿色治理共同体的有机协同，获取更多的治理资源，在治理绿色化过程中提供高品质的公共产品和更高效的公共服务。

5. 绿色公众的利益动机及实现路径的绿色化

从个体角度分析，县域公众有两个属性：一是公民属性；二是居民属

---

① 赵静、陈玲、薛澜：《地方政府的角色原型、利益选择和行为差异——一项基于政策过程研究的地方政府理论》，《管理世界》2013 年第 2 期。

② 郭斌：《绿色需求视角的企业绿色发展动力机制研究》，《技术经济与管理研究》2014 年第 8 期。

性。公民是一个法律概念，居民是一个社会概念。作为公民参与县域绿色治理的动力，主要始于公民意识的普及。所谓公民意识就是指作为公民的个人对自己的个人利益和社会的整体利益所抱有的一种基本看法。① 公民意识觉醒才能发觉基于公民角色的利益所在，公民利益的实现则依靠参与治理。对居民而言，参与县域绿色治理的动力源于实现美好生活的需要。自治是公众利益实现的重要途径。绿色治理动力机制的方法要素强调自治、德治、法治的结合。因此，就县域公众角度而言，参与绿色治理及居民自治是实现美好生活的关键路径。

（三）县级政府绿色治理创新机制

创新是推动事物发展的创造性活动，是对原有事物的变革和超越。县级政府治理创新在宏观上以政治创新、行政创新、公共服务创新三种路径推动县域治理不断优化和发展，逐步走向绿色治理。治理创新不是目的，它是实现治理目标的一种必要手段。县级政府绿色治理目标的实现需要一种绿色化的创新机制，来引领、激发、保障和支持县域治理的绿色创新。

1. 深化绿色治理理念，弘扬治理创新精神

创新精神一般指从事创造性活动的心理态势。创新精神在本质上是指一个人从事创新活动、产生创新成果、成为创新之人所具备的综合素质；在结构上涉及创新意识、创新情意、创新思维、创新个性、创新品德、创新美感、创新技法等。② 绿色治理是一种创新导向的治理理念，是在对"创新、协调、绿色、开放、共享"五大发展理念创新性整合的基础上，创造性地提出的一种新治理形态。绿色治理以全新视角描绘了"经济—政治—文化—社会—生态"全领域的治理愿景。因此，创新精神是绿色治理的重要内涵，深化绿色治理理念就是对创新精神的一种弘扬。

2. 放宽治理制度空间，释放治理创新活力

县级政府治理机制创新的动因可能来源于政治激励、改革压力、竞争压力、需求压力、政绩考核等。"主客观环境因素、制度变迁动力、以及中国特色的国家治理结构，构成了既有研究关于地方政府创新动力机制探

---

① 宋新海：《公民意识的养成及其当代意义》，《当代世界与社会主义》2009 年第 2 期。

② 秦虹、张武升：《创新精神的本质特点与结构构成》，《教育科学》2006 年第 2 期。

讨的主要视点。"① 其中，环境因素是影响政府治理机制创新是否成功并得以持续的决定性因素之一。在所有影响政府创新的宏观环境中，制度或政策环境对机制创新的成败或去留有着最为重要的作用。② "决定变革与否，主要取决于现有的制度空间。"③ 制度空间是当前抑制县级政府绿色治理机制创新活力的主要因素。因此，县级政府绿色治理机制创新应以放宽制度空间为主要突破口，释放治理创新活力，刺激绿色治理创新行为。

3. 构建县域绿色治理体系，提升治理机制创新能力

创新能力指"人在思维中通过对已有经验和知识的加工消化，提出新概念、新知识、新见解的技能和本领"④。"政府创新能力应包括政府理论创新能力、政府组织创新能力、政府制度创新能力、政府机制创新能力以及政府体制创新能力等。"⑤ 与之对应，绿色治理创新能力即就治理理论、治理组织、治理制度、治理机制、治理体制等提出新创见的能力。这种创见必然基于某种治理范式和治理话语，并受到所处治理组织和治理文化的影响。这些影响因素的整合即构成了绿色治理体系。因此，县域治理绿色治理体系囊括了县级政府绿色治理创新能力的影响因子，是形成绿色治理创新能力的基础。

4. 强化绿色治理质量测评，引导绿色治理创新实践

县级政府绿色治理质量是指县域绿色治理过程及结果中附着的固有特性，满足县域人民美好生活需求以及契合县域公园城市建设要求的程度。也就是说，县域绿色治理质量强调治理绩效与治理需求、治理目标的匹配。绿色治理创新实践是创新精神、创新活力、创新能力有机结合后的实现过程。创新带有不确定性、风险性，甚至是无序性、盲目性，可能会导致县域绿色治理创新实践的结果不匹配于绿色治理价值、绿色治理目标和绿色治理需求，或匹配程度不高。因此，必须强化绿色治理质量测评，引

① 黄六招、顾丽梅、尚虎平：《地方公共服务创新是如何生成的？——以"惠企一码通"项目为例》，《公共行政评论》2019 年第 2 期。

② 俞可平：《中国地方政府创新的可持续性（2000—2015）——以"中国地方政府创新奖"获奖项目为例》，《公共管理学报》2019 年第 1 期。

③ 陈雪莲、杨雪冬：《地方政府创新的驱动模式——地方政府干部视角的考察》，《公共管理学报》2009 年第 3 期。

④ 萧浩辉主编：《决策科学辞典》，人民出版社 1995 年版，第 41—42 页。

⑤ 王卓君：《政府创新能力的学理解析》，《学术界》2007 年第 5 期。

导绿色治理创新实践以绿色治理质量指标为标尺，进行可持续的绿色治理实践创新，并依照创新质量推动适度的创新实践扩散。

（四）县级政府绿色治理合作机制

1. 县级政府绿色治理机制框架下的合作机制

县级政府绿色治理合作机制是以绿色治理理念为指导，以"共建共治共享"为治理逻辑，依托县域绿色治理共同体对县域公共事务进行合作治理的链接和方式。"不同学科不同视角对合作治理的理解都强调了其集体的平等的决策过程、协商的决策方法和共识的导向。"[①]"合作治理的实质，就是国家与社会对公共事务的合作管理，或者说国家与社会在公共服务提供上的联合行动。"[②]县级政府绿色治理合作机制具备以下特征：一是以县域绿色治理共同体为合作治理主体，包括了政府、企业、社会组织、公民等。通过对县域内公共资源、市场资源、社会资源的整合，提升合作治理效能。二是这些主体在合作治理的过程中，既强调协商和参与，更强调在地位平等基础上的民主合作。三是合作治理主体间的治理权力共享，充分调动多元合作治理主体的能力与活力。

2. 县级政府绿色治理合作机制的构建途径

（1）形塑县域合作治理主体的合作关系

"依据政府权力谱系与社会公民性程度这两种维度，可以把合作治理划分为权威型合作与民主型合作这两种基本类型。"[③]在权威型合作模式下，政府与其他合作治理主体之间是一种"权威—依附"的关系。在民主型合作模式下，政府与其他合作治理主体之间是一种"民主—平等"的关系。后者是合作治理的理想状态，达到这种状态的关键要素是政府的权力与公民的权利在良性互动中实现对权力的共享。这种权力的共享性首先表现为县级政府的放权。只有有效的制度安排才能收缩县级政府的权力边界和职能边界。当前要通过深化"放管服"改革，科学划定政府、市场、社会三者的边界，然后才能实现合作治理主体的权力共享，从而让公民大众获得相应的权利，参与县域绿色治理的共建共治过程。

---

① 蔡岚：《合作治理：现状和前景》，《武汉大学学报》（哲学社会科学版）2013 年第 3 期。

② 唐文玉：《合作治理：权威型合作与民主型合作》，《武汉大学学报》（哲学社会科学版）2011 年第 6 期。

③ 唐文玉：《合作治理：权威型合作与民主型合作》，《武汉大学学报》（哲学社会科学版）2011 年第 6 期。

（2）加大县域合作治理主体的合作深度

合作是绿色的重要意涵。合作治理是绿色治理的重要内容。当前合作治理主体在很多情况下是一种边缘化的参与角色。当前，公民大众的合作治理行为集中在政策咨询、政策建议等领域的参与，这种形式的合作并非实质意义上的合作，而是权利严重受限情况下的有限参与。合作治理的核心是合作决策。绿色合作治理机制需在开放透明的原则下，适度开放政策决策过程，让多元主体参与决策环节中，并承担部分决策责任。这样既可以提升政策的合法性，又可以提升合作治理的效能，从而进一步彰显绿色治理中的合作精神。

（3）提升县域合作治理主体的合作能力

合作治理机制的有效性关键取决于县域合作治理主体的合作能力。在县域合作治理中，政府需要采取相应的行动使自己扮演好有边界、有限制、有效能的元治理角色，以弥补市场失灵、契约失灵、社会失灵以及志愿失灵等其他主体的种种内生性缺陷。[①] 相较于县级政府，市场和社会主体的治理能力更显薄弱，这种能力差距既影响了合作治理整体效能，也不利于合作治理机制本身的运行。绿色治理视域下的县域合作机制，意味着要以政府机制、市场机制、社会机制三者的合力来推动县域绿色治理的实现。

（五）县级政府绿色治理纠偏机制

县级政府绿色治理纠偏机制是县域绿色治理在发生偏离治理目标时的一种救济措施，其目的是保持治理行为、治理结果与治理目标的一致性。纠偏机制以政府绩效和治理责任为两大抓手，以问责导向和绩效导向对县域绿色治理行为和结果进行调控和纠正，以保障轨道多元治理行为不至于偏离绿色治理的目标。

1. 问责纠偏：构建"政府—市场—社会""三位一体"的责任体系

低碳环保、生命活力、健康和谐的绿色意蕴离不开治理主体责任的支撑。实际上，绿色治理也是一种责任治理。责任是指"在多元化、技术性的现代社会中重建义务的方法"[②]。在绿色治理视域下，治理的权力和责任

---

① 张宇：《合作性治理语境中的政府能力厘定及其提升路径》，《南京社会科学》2014 年第 8 期。

② ［美］特里·L. 库珀：《行政伦理学——实现行政责任的途径》，中国人民大学出版社2001 年版，第 11 页。

不再系于县级政府一身。随着公共权力的让渡，治理责任也与治理权力一起开始分流，呈现为"政府—市场—社会"框架下的责任共担模式。

首先，加强权力清单制度建设，强化县级政府公共责任。权力清单与责任清单相配套，以明晰县级政府部门职责、厘清责任边界、健全权力监管制度为核心，是"放管服"改革中的重要举措。权力清单通过对政府部门权力的梳理和公开透明，可以有效增强社会公众对政府的公信力。"责任清单制度是推进国家治理体系与治理能力现代化建设的一项制度创新，就本质而言，体现了政府'法定责任必须为'的法治逻辑。"① 责任清单让公众明晰了部门应承担的责任，及时知晓相关事项的责任主体，既可以实现公众对部门权力的有效监督，又可以不断增进公众对部门服务的认同度和满意感。

其次，以"承诺—信任"为核心，强化县域社会组织公共责任。在公共权力向社会回归的过程中，"公共责任的主体逐步扩展到包括政府行政之外的非营利组织"②。就县域而言，非营利组织主要是指县域社会组织。社会组织具备公益性、志愿性以及一定程度上的独立性，它的公共责任不以法律规制为主，更重要的是基于维护公益的承诺和社会的信任。社会组织参与县域绿色治理的方式在很大程度上表现为一种公共承诺机制，它更需要向它的公共服务承诺对象负责，以此来获取更多的社会信任，进而强化其社会地位。

最后，构建"经济责任—社会责任—生态责任"体系，强化县域企业社会责任。"企业作为社会经济组织获得支配社会生产的权力和利益，也就必须承担相应的责任与付出。"③ 其一，企业首先是一个经济组织，必然承担对其股东、员工、债权人的经济责任。其二，企业行使其经济职能时产出的外部性决定了企业必须承担相应的社会责任，履行对消费者、行业产业、社区等相关利益方的义务。其三，企业在生产经营过程中不可避免地会对县域生态环境造成影响，也就负有了相应的生态责任。此外，县域企业还是县域绿色治理的重要主体，随着绿色治理的深化，必然承担与之相匹配的绿色治理的责任。

① 盛明科：《政府责任清单制度的法治逻辑与实践路径》，《湖南社会科学》2016 年第 5 期。
② 陈秋苹：《公共治理视角下的非营利组织公共责任机制》，《学术月刊》2006 年第 9 期。
③ 张圣兵：《企业承担社会责任的性质和原因》，《经济学家》2013 年第 3 期。

2. 绩效纠偏：强化绿色治理绩效维度的政府绩效指标考核

绿色治理绩效是县级政府绿色治理的结果表现。县域绿色治理是为了实现县域人民美好生活，这种美好生活涵盖了经济、政治、文化、社会、生态各个领域。绿色治理绩效即美好生活在各领域的具体目标。

第一，以"低碳节约"为主要内容的经济绿色治理绩效。经济增长转向高质量发展是新时代的重要特征。高质量发展强调要加快建立绿色生产和绿色消费的法律制度和政策导向，建立健全绿色低碳循环发展的经济体系。所谓低碳即降低温室气体的排放，包括低能耗、低污染、低排放的低碳经济及低碳生活等方面内容。主要包括低碳产出指标、低碳消费指标、低碳资源指标以及低碳政策指标等。

第二，以"风清气正"为主要内容的政治绿色治理绩效。"政治生态是政治主体之间及其与从政环境之间相互影响、相互关联、相互作用形成的动态平衡的有机关系和综合系统"①，是一个地方的政治生活现状以及政治发展环境的集中体现，包括制度建设、惩治腐败、民主监督等指标。当前，要以党内政治生态建设为关键点，以党风带动政风，尽快形成政治领域的"绿水青山"。

第三，以"包容创新"为主要内容的文化绿色治理绩效。"文化治理的特征是通过主动寻求一种创造性文化增生的范式实现文化的包容性发展。"② 要始终坚持中国特色社会主义文化发展道路，激发全民族文化创新创造活力，建设社会主义文化强国。文化绿色治理要求坚持为人民服务、为社会主义服务，坚持百花齐放、百家争鸣，坚持创造性转化、创新性发展，着力形成县域绿色文化。

第四，以"公平和谐"为主要内容的社会绿色治理绩效。社会和谐、公平正义是人民美好生活需要在社会领域的具体表现。"和谐社会是指社会结构均衡、社会系统良性运行、互相协调、人与人之间相互友爱、相互帮助、社会成员各尽其能、人与自然之间协调发展的社会。"③ 公平和谐的社会生态追求人与人的和谐，强调个人、家庭、群体、社区及其他社会环境之间的和谐互动，强调人的社会生活方式和社会生活状态。包括社会安

---

① 孔川：《政治生态评价体系的逻辑要素与指标构建》，《学习论坛》2019 年第 5 期。
② 胡惠林：《国家文化治理：发展文化产业的新维度》，《学术月刊》2012 年第 5 期。
③ 胡生军：《和谐社会评价指标体系的构建》，《统计与决策》2010 年第 15 期。

定、公平正义、文明法治等指标。

第五，以"生态良好"为主要内容的生态绿色治理绩效。生态是绿色的基础意涵。生态治理是绿色治理的基础。生态治理是实现人与自然和谐，实现可持续发展的必由之路。在新时代，生态治理被提到了前所未有的高度。基于生态治理的绿色治理，要求我们必须树立和践行绿水青山就是金山银山的理念，坚持节约资源和保护环境的基本国策。生态良好就是要打造绿水青山，保障县域人民对于良好生态环境的需要，主要包括生态安全、生态支持性、生态风险等指标。

第四节　县级政府绿色治理机制的运行

县级政府绿色治理机制的运行是指县级政府绿色治理机制以县级政府绿色治理体系为运行平台，落实县级政府绿色治理机制安排，发挥县级政府绿色治理机制作用的动态过程。事物运行的过程是事物趋向特定目标的运动过程，是事物运行机制的作用结果。在此意义上，县级政府绿色治理机制的运行实际上就是关于县级政府绿色治理机制运行的机制，而县级政府绿色治理机制的运行状况取决于它自身的有效性。因此，县级政府绿色治理机制的良好运行，在很大程度上表现为县级政府绿色治理机制形成、调整、变迁的自我优化过程。

一　县级政府绿色治理机制运行过程

县级政府绿色治理机制的运行是一个复杂的过程。运行过程中治理机制受各种条件和环境因素的影响，不断进行调整、优化，甚至重构。如图5－2所示，县级政府绿色治理机制的运行可以分为四个阶段：第一阶段，主要指县级绿色治理机制系统外部的需求与支持对机制要素的调整过程；第二阶段，主要指县级绿色治理机制要素输入后对机制体系的调整过程；第三阶段，主要指县级政府绿色治理机制的成型阶段；第四阶段，主要指县级政府绿色治理机制的否定和重构过程。

活力是绿色的重要内涵，可持续是绿色治理的重要特征。因此，县级政府绿色治理机制为满足县域绿色治理需要，实现县域治理目标，需要不断构建出新的治理规则、治理方式、治理工具、治理手段等。从满足需求

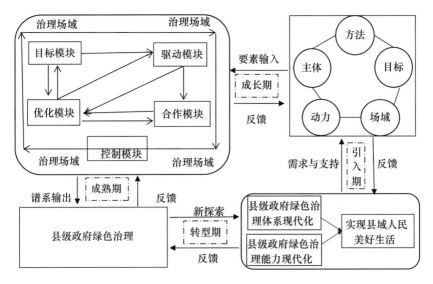

图 5 - 2 县级政府绿色治理机制运行过程

的目的来看，县级政府绿色治理机制与市场领域的产品在属性上是相近的。治理机制运行的不同阶段与产品生命周期类似。产品生命周期理论由美国哈佛大学教授雷蒙德·弗农首次提出。产品生命周期即一种新产品从开始进入市场到被市场淘汰的整个过程，产品生命要经历引入、成长、成熟、转型四个阶段形成的周期。

（一）引入期：需求与支持带来绿色治理机制的要素调整过程

伊斯顿认为系统的需求与支持是系统分析的起点。将县级政府绿色治理机制视为一个系统，以实现人民美好生活为目标的治理体系和治理能力现代化进程，是这一机制系统最为主要的需求与支持因素。绿色治理机制是在顺应这一现代化进程基础上，依照绿色治理理念做出的新的治理机制设想。治理体系和治理能力现代化的需求与支持首先作用于绿色治理机制的主体、目标、方法、动力和场域要素，赋予治理机制要素新的特征和新的要素关系。在引入期，绿色治理机制要素调整带来的机制优化往往是局部且带有试验性的。如同在市场领域引入一种新的产品满足顾客新的需求，在引入期的产品特征是知名度低、生产和营销成本高、获利小。因此，在这一阶段，县级政府绿色治理机制运行的目标应是以合理的制度安排，试验绿色治理机制创新的有效性，并加强绿色机制的运行保障，快速推进绿色机制进入成长期，创造绿色治理绩效。

（二）成长期：治理机制要素输入后绿色机制谱系的形成过程

县级政府绿色治理机制优化后的新要素输入机制系统后，作用于绿色治理机制的目标模块、驱动模块、合作模块、创新模块和控制模块，逐步完备县级政府绿色治理机制的治理功能，县级政府绿色治理机制谱系的雏形开始显现。在这一阶段，县级政府绿色治理机制得以快速构建和优化。如同产品进入成长期，市场开始逐渐接受新产品，产品成本大幅度降低，利润迅速增长。因此，此阶段县级政府绿色治理机制运行应以绿色治理机制的规范化和体系化为主，推进绿色治理机制与绿色治理体系、绿色治理文化、绿色治理政策的整合，建构良性互动的县级政府绿色治理机制谱系。

（三）成熟期：县级政府绿色治理机制谱系成熟后的持续作用过程

县级政府绿色治理机制谱系是多层次、多维度的机制体系。这种圈层结构的核心是五个功能模块，不同功能模块下又包含不同的具体机制。核心功能模块完备后，随着微观机制的不断充实和完善，县级政府绿色治理机制的运行将进入成熟期。如同产品进入成熟期，产品日益普及化，产品性能基本能满足顾客需求。这一阶段的绿色治理机制谱系基本成熟，在一段时期内能持续满足县级政府绿色治理的目标需求。因此，成熟期的县级政府绿色治理机制运行要维持县域绿色治理秩序，强化县域绿色治理机制的持续治理效果。

（四）转型期：县级政府绿色治理机制适应人民美好生活的新探索过程

县域人民美好生活的新内涵以及县级政府绿色治理场域的新变化，会导致县域绿色治理现实和治理期望的失衡。这种情形加剧后，成熟期的县级政府绿色治理机制谱系的有效性开始降低，将不再具备完全的适用性。如同市场产品进入衰退期，产品老化后不再适应需求，最终将产品撤出市场。因此，这一阶段的县级政府绿色治理机制运行应积极探索新的治理形势和治理需求，克服路径依赖，主动创新求变，探索实现县域人民美好生活的新方式和新途径。之后，县级政府绿色治理机制运行会进入新一轮的生命周期。

二 县级政府绿色治理机制的运行平台

运行平台是事物运行环境和运行条件的综合性载体。县级政府绿色治理机制运行的环境和条件都源自县级政府绿色治理体系，后者即前者的运行平台。首先，县级政府绿色治理机制的运行是以县级政府绿色治理体系为前置条件的，绿色治理机制的运行空间取决于县级政府绿色治理体系的作用场域。其次，县域绿色治理机制运行的环境因素，包括经济、政治、文化、社会、生态等各方面的变化趋势，都反映在治理体系的现代化进程中。

（一）运行平台的打造：构建县级政府绿色治理体系

县级政府治理体系是国家治理体系的一个子系统。现代国家治理体系是一个有机、协调、动态和整体的制度运行系统。[①] 作为一个多层次的、立体化的宏大系统，我国国家治理体系由三个基本的子系统构成：由"执政党的领导、人民当家作主、依法治国"三大要素有机构成了核心子系统；由各类具体规则制度构成了保障子系统；政府、市场、社会在协同与互动中形构了传动子系统。[②]

县级政府绿色治理体系是在绿色治理理念指导下构建出的整体性县域治理框架。县级政府绿色治理体系是对县域内政府治理、市场治理和社会治理的整合，是绿色治理理念在县域经济、政治、文化、社会、生态各领域的全面反映。不管从制度视角还是结构视角，县级政府绿色治理体系的内容都应"包括县级政府绿色治理环境、绿色治理主体、绿色治理客体、绿色治理行为和绿色治理质量等"[③]。县级政府绿色治理体系是县级政府绿色治理机制的运行平台，两者关系十分紧密。绿色治理体系的构建原则、要素内容、结构安排、运行方式都会直接影响县级政府绿色治理机制的有效运行。脱离治理体系的治理机制都是空中楼阁。只有与县级政府绿色治理体系相容相恰，从而具备可操作性的治理机制，才可能是一种有效运行的县级政府绿色治理机制。

（二）运行平台的优化：县级政府治理体系现代化进程中的绿色化

县级政府绿色治理体系是县级政府绿色治理机制的运行平台，这一平台的优化途径在于实现治理体系的绿色化。当前，推进国家治理体系和治理能

---

① 俞可平：《推进国家治理体系和治理能力现代化》，《前线》2014年第1期。

② 胡宁生：《国家治理现代化：政府、市场和社会新型协同互动》，《南京社会科学》2014年第1期；刘志丹：《国家治理体系和治理能力现代化：一个文献综述》，《重庆社会科学》2014年第4期。

③ 史云贵、刘晓燕：《县级政府绿色治理体系构建及其运行论析》，《社会科学研究》2018年第1期。

力现代化是国家层面对于治理改革的目标导向。因此，县级政府绿色治理体系的优化是在国家治理体系现代化的顶层设计和目标指引下的绿色化。

"推进国家治理体系和治理能力现代化，就是要适应时代变化，在改革旧体制机制、法律法规的同时，又不断构建新的体制机制、法律法规。"① 在内涵方面，治理体系现代化是从传统到现代的结构性变迁，这种变迁包括结构、功能、体制机制、规则、方式方法和观念文化等各个方面。② 在内容方面，治理体系现代化包括治理主体的现代化、治理客体的现代化、治理目标的现代化、治理方式的现代化。③ 在建构原则方面，主要包括网络化结构原则、以公民为中心原则、协商与共识达成原则、公共价值增效最大化原则、社会协同能力激发原则，以及信任、互惠与合作能力促进原则，等等。④ 在衡量标准方面，治理体系是否现代化至少有五个标准：公共权力运行的制度化和规范化，民主化、法治、效率和协调。⑤

治理体系现代化是适应新时代社会变革的必然要求和主动回应，既是自上而下的路径设计，也是自下而上的经验总结。县级政府绿色治理体系是从县域层面对治理体系现代化的一种绿色化解读。一方面，县级政府绿色治理体系依循现代化的目标指引，追求更为制度化、规范化、程序化的治理范式，打造更加科学、更加完善的体系结构、功能、体制机制、规则、方式方法和观念文化等。另一方面，县级政府绿色治理体系在绿色治理理念的指引下，对现代化进行了更深层次的破解。治理体系实际上是"理念系统—制度系统—能力系统"的整合性系统，治理理念决定了治理制度的价值取向问题，治理制度体系对治理能力起支撑作用，制度建设的外在功能体现就是治理能力。⑥ 绿色治理理念正是以整体性的视角看待县域治理，提炼出以低碳节约、风清气正、包容创新、公平和谐、生态良好为主要内容的绿色价值意蕴，从县级政府绿色治理体系、绿色治理机制、绿色治理政策、绿色治理文

① 习近平：《切实把思想统一到党的十八届三中全会精神上来》，《求是》2014 年第 1 期。
② 徐邦友：《国家治理体系：概念、结构、方式与现代化》，《当代社科视野》2014 年第 1 期。
③ 何增科：《理解国家治理及其现代化》，《马克思主义与现实》2014 年第 1 期。
④ 杨冠琼：《公共问题与治理体系——国家治理体系与能力现代化的问题基础》，《中国行政管理》2014 年第 2 期。
⑤ 俞可平：《推进国家治理体系和治理能力现代化》，《前线》2014 年第 1 期。
⑥ 范逢春：《国家治理现代化：逻辑意蕴、价值维度与实践向度》，《四川大学学报》（哲学社会科学版）2014 年第 4 期。

化、绿色治理质量不同维度找寻治理现代化的绿色路径。

三　县级政府绿色治理机制变迁的要素源流分析

县级政府绿色治理机制变迁是指原有绿色治理机制被改变或被替代的动态过程。多源流模型是金登应用于政策变迁分析的一种理论工具。多源流途径与县级政府绿色治理机制的要素系统有相通之处。要素源流模型是分析县级政府绿色治理机制变迁的可行途径。

公共政策的多源流分析认为政策系统中存在三条不同的源流：问题源流、政策源流和政治源流。问题源流由各种社会问题形成，这些社会问题并不能总是被提上政策议程，需要引起决策者的注意；政策源流是各项政策建议产生、讨论、设计的过程，过程受政策共同体主导；政治源流独立于问题源流和政策源流，是政治主体利益博弈的动态过程。三条源流彼此独立运行，当三者在某个关键时间点汇合到一起时，则出现政策窗口，或称机会窗口，公共问题在这个时机就有可能被提上政策议程。有些政策窗口是可预测的，有些则是不可预测的。窗口开启时间一般不长，政策企业家会抓住窗口开启机会，推进政策议程。

县级政府绿色治理机制要素源流分析模型中存在五个要素源流：场域源、目标源、方法源、主体源和动力源。场域源由县级政府绿色治理机制的场域要素形成，是县域治理机制的内外部环境因素的集合。场域源包括了县域治理现状和外部环境的所有需求、支持和制约条件，也规定了县域内所有治理主体和客体对治理机制的价值、方式、程序、工具等内容的前置性看法和态度。目标源由县级政府绿色治理机制的目标要素形成。这些目标基于县域治理问题产生。治理问题主要来源于县域治理质量、县域治理焦点事件、机制失灵等。对应的目标则是改进县级政府绿色治理质量，处理焦点事件，更新治理机制。方法源由县级政府绿色治理机制的方法要素形成，包含了绿色治理机制的具体规则、方式、手段和工具等内容，一般可从技术可行性、价值可接受性、未来约束预期等方面进行评价。主体源由县级政府绿色治理机制的主体要素形成。主体要素集合表现为县域绿色治理共同体形式。绿色治理共同体有政治共同体的性质。主体源内容涵盖了影响绿色治理共同体政治生态的所有内容，主要包括公共舆论的影响、共同体内部的权力配置和政府意志等。动力源由县级政府绿色治理机制的动力要素形成，是推进县级政府绿色治理机制变迁的力量源泉。主要内容有治理主体的利益需求、政治家精神和志愿精神等。利益需求是治理动力来源的主要方式，不同主体基于不同利益需求采取相应行动。政治家精神的核心就是创新，治理主体的政治抱负和创新意愿是绿色治理机制变迁的重要动力。志愿精神是一种利他主义，县域社会组织基于道德追求推动绿色治理机制变迁，也是不可忽视的动力来源。

县级政府绿色治理机制变迁的契机是机会窗口的出现。当目标源、方法源和主体源耦合后，就会开启县级政府绿色治理机制变迁的机会窗口。机会窗口可能是问题窗口，也可能是政治窗口。问题窗口的开启主要是因为县域内出现了严峻的治理问题。而传统的治理机制不足以调解该问题。政治窗口的开启主要是因为县域政治生态遭遇严重变动。治理机制必须随之调整以适应新的政治格局。机会窗口的开启提供了县级政府绿色治理机制变迁的契机。机会窗口的开启具有时效性，机制变迁的实现还需要动力源在窗口开启时间内的及时推动。如果没有动力源的机会把握和强力推动，目标源、方法源和主体源的耦合状态结束后，机会窗口会随之关闭。如图 5 - 3 所示，通过要素源流分析，基本上能反映出县级政府绿色治理机制变迁的过程，并明晰县级政府绿色治理机制构建和优化的途径和方式。

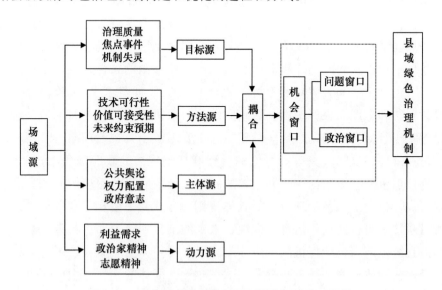

图 5 - 3　县级政府绿色治理机制要素源流分析模型

第六章　县级政府绿色政策

县级政府绿色治理体系和机制为县级政府绿色治理构建了完整、系统的运行框架，为理解县级政府绿色治理提供了制度性的分析视角。公共政策作为对利益和价值进行权威分配的手段，是政府治理的重要工具。为实现县域人民美好生活，县级政府绿色治理需要借助县级政府绿色政策作为工具，进而实现"人、城、境、业"和谐统一的县域公园城市发展目标。本章通过对县级政府绿色政策概念、内涵与特征的阐释，构建出县级政府绿色政策体系，并对其运行的目标、动力、机制和质量进行分析。本章从政治、经济、文化、社会和生态等方面全方位构建了县级政府绿色政策的测评指标体系框架，可为后续的县级政府绿色治理质量测评奠定一定的政策评价基础，进而更好地推进县域人与自然和谐发展，打造人类命运共同体的县域新形态。

第一节　县级政府绿色政策的
概念、内涵与特征

绿色发展成为新时代国家发展的重要指导理念，如何实现国家治理和国家政策的绿色转型成为当前国家发展亟须探讨的重要议题。县级政府绿色政策就是县级政府公共政策绿色化的产物。县级政府绿色政策是以公园城市实现人民美好生活的绿色治理工具。县级政府绿色政策的概念、内涵与特征是县级政府绿色政策研究的基本内容。作为一个相对较新的概念，明确其基本概念、内涵与特征是进行县级政府绿色政策研究的前提和基础。

一　县级政府绿色政策的基本概念

基本概念界定是从事社会科学研究的起点，只有明确地界定了基本概念，才能进一步明确研究的基本问题，从而对研究问题进行深入分析。对基本概念的界定过程就是界定研究内容与研究主线的过程。当前学界在县级政府绿色政策研究方面成果很少，更多的是从绿色发展宏观视角进行理念解读，缺乏对作为治理工具的绿色政策深入研究。作为一个全新的研究领域，有必要对其基本概念进行明确和阐释，进而为后续研究提供理论支撑。本节主要对绿色、政策、绿色政策、县级政府绿色政策进行概念阐释。

（一）绿色

绿，即自然的颜色。绿色，就是大自然的颜色。近些年，"绿色"成为一个使用频率很高的词语，越来越受到经济、政治、文学等领域专家学者的青睐。实际上"绿色"并非近些年的新发明，自古以来人们就对绿色深有研究，从我国古诗词中就能略窥一斑。王安石的"一水护田将绿绕，两山排闼送青来"；李白的"春草如有情，山中尚含绿"；王维的"雨中草色绿堪染，水上桃花红欲然"，等等，字里行间中都体现出对于绿色的热爱和欣赏。爱绿色就等于爱一切生命，爱大自然这个一切生命共同的摇篮。然而，绿色也并非单指生态环境领域，从我国古代先贤的诗词中也可发现，他们赞咏的绿色并不仅仅是青山绿水，也是一种热爱生命、尊重自然、人与自然成为生命共同体的思想理念。"天人合一"的思想早在西周时期就已被提出，庄子的"天地与我并生，万物与我为一"等论述体现出天地万物皆平等、万事万物都应与人类和谐共生的思想。到了现代社会，随着时代的发展，尤其是我国实施"绿色发展"战略以来，"绿色"的内涵早已超脱生态环境范畴，扩展到了治国理政的方方面面。"绿色经济""绿色政治""绿色文化""绿色社会""绿色生产"等概念应运而生，绿色也代表了包容、健康、可持续、发展等，也愈发成为更加向上、更加美好、更加符合时代发展潮流的价值理念的代名词。

（二）政策

古往今来，政策一直是中外学者热衷研究的领域和话题。西方学者对政策的研究由来已久，无论是亚里士多德和柏拉图，还是马基雅维利等学者，与政策相关的研究都曾出现在他们的经典著作中。现代公共政策是第二次世界大战后首先在西方兴起的一个跨学科、综合性的新研究领域。[①]

---

① 负杰：《中国公共政策研究的现状分析》，《政治学研究》2001 年第 1 期。

我国历代统治者相当重视政策，留下大量的治国安邦方略。《孙子兵法》不仅是兵书，更是一本"国策"，虽然内容主要是军事谋略的研究，仔细研读会发现书中含有大量的一般政策思想；《战国策》《史记》《资治通鉴》等不朽史学名著中也记载了许多涉及政策的真知灼见。

　　"政策"二字在古代汉语中分别代表了不同的含义。《说文》："政，正也，从攴，从正，正亦声。"在《左传·昭公二十年》中："政宽则民慢，慢则纠之以猛；猛则民残，残则施之以宽。宽以济猛，猛以济宽，政是以和。"①古代"政"的含义，翻译成现代语言就是管理国家和治理社会。"策"在古代指马鞭子，后也有延伸之意。《韩非子·五蠹》中记载："如欲用宽缓之政，治急世之民，尤无辔策而御马，此不知之患也。"古代对于"策"的理解多为鞭打、策划、计谋、谋划等。《孙子兵法·虚实篇》提到："故策之而知得失之计，作之而知动静之理，形之而知死生之地。"就是将"策"理解为策度、策划。可知"策"字翻译成现代语言就是策划、谋略、规定等。我国将"政"与"策"二者结合起来使用最早是在东汉时期，著名文学家蔡邕最早提出"政策"这一概念："故司徒中山祝括其余登堂据阁赋政策勋树功流化者盖不可胜载。"②西方学者所说的"政策"源于政治，起源于希腊语的"Poiteke"是指关于治理城邦的一些规定、制度等，后又逐渐获得独立构想的政策含义。《牛津现代高级英汉双解辞典》对于政策概念的界定是"plan of action，statement of aims and ideals，especially one made by a government，political party，business company，etc."③。从以上知识梳理可知，西方所讲的政策主要是政府部门为了某种特定事件或目标而采取的行动等。在近现代工具书中，《现代汉语词典》中将"政策"界定为"国家、政党为完成特定的任务而规定的行为准则，是路线、方针的具体化"。政策还被定义为"泛指某一团体组织为达到设定目标所采取的方法、策略"④。在当代社会，政策主要是指执政党、政府、企业和社会团体在治理活动中规范社会主体行为的谋略和规定。

　　（三）绿色政策

　　绿色政策并非仅仅是"绿色的"政策，而是"绿色化"的公共政策。

---

①《左传》，中华书局2016年版，第301页。
②《后汉书·蔡邕传》，中华书局1965年版，第2683页。
③《牛津现代高级英汉双解词典》，牛津大学出版社1988年版，第423页。
④《现代汉语词典》（第7版），商务印书馆2016年版，第128页。

2015 年 3 月 24 日，中央政治局会议上首次提出"绿色化"这一说法。"绿色化"作为一种发展战略，主要体现在以下几个方面：一是全局性。"绿色化"意味着多元力量协调配合、齐心协力、共同参与。需要在党的统一领导下，以政府为核心，市场和社会都参与政策，共同实现政策的绿色化。二是战略性。实现绿色化的战略性主要包含两个方面的内涵：第一，绿色化不是一蹴而就的，更非昙花一现，而应当在顶层设计的指导下进行高瞻远瞩的规划、设计。应当在生态文明建设的基础上，以绿色作为底色，就政治、经济、文化、社会和生态制定全方位、全过程、长期性的指导方案。要将高层战略、中层规划和基层实践三者连贯起来，形成一条流畅的绿色化链条。第二，绿色化还意味着国际化。当前国际问题交叉重合，绿色化也不能仅仅局限于一个国家和区域范围内，而是要实现全球性的绿色化，意味着各国要密切合作，努力构建人类命运共同体。

　　这样看来，就非常有必要对"绿色化"的内涵进行深入阐释了。第一，"绿色化"体现了发展的紧迫性。人类社会在过去的几百年里一直是在加速发展，经济等方面取得的巨大成就毋庸置疑；但因粗放式、重污染带来的环境问题也使得生态环境岌岌可危。转变经济发展方式、保护生态环境已刻不容缓。"绿色化"就是将绿色发展从理念转变为实践。第二，"绿色化"体现了发展的实践性。简单来说，就是以绿色"化"发展，在发展之前首先实现绿色，改变过去生态环境保护与经济发展的零和博弈，实现生态环境保护与经济发展的有机融合。可以看出，绿色化包含经济的绿色化、政治的绿色化、文化的绿色化、社会的绿色化、生态的绿色化等全方位的"绿色化"，其中"五大"绿色化又分别包含多项内容。例如，经济的绿色化就包括了生产方式绿色化、生活方式绿色化、价值观念绿色化和制度建设绿色化等多方面的内容。

　　本书对绿色政策的界定是广义上的绿色政策。从实践运行角度来看，绿色政策就是政策的"绿色化"，以广义的"绿色"内涵和价值理念来指导公共政策，即以绿色"化"政策，推动公共政策从"非绿色"或者"不够绿色"到"绿色"的过程。由于研究领域的新颖和空白，当前学界对绿色政策尚缺乏明确定义，已有研究主要是从生态环境保护的狭义视角提出与绿色发展相关的概念。本书结合绿色治理相关内涵与外延认为，绿色政策是以政府为基础的多元政策主体，为实现人民美好生活需要，以绿色价值理念为引导，以发展绿色经济、构建绿色政治、培育绿色文化、建设绿色社会、促进绿色生态为基本内容，综合运用法律、道德、行政等手段，制定和执行一系列方针、路线、规划、条例、办法等，实现政治、经济、文化、社会、生态等领域的健康、协调、全面、可持续发展的活动及活动过程。

（四）县级政府绿色政策

"郡县制，天下安。"县级政府自古以来在我国行政体系中都居于重要地位。"县级"是对国家权力体系层级的表示，一般包括县、自治县、县级市、不设区的市、市辖区等，其上一级为地级市、州、自治州、直辖市的区等，下一级为乡镇。县级政府作为我国五级政府体系中具有完整政府职能机构的基层政府，既是国家进行宏观管理的基层代理主体，执行国家与上级政府的方针、政策，又是县域社会的具体管理者，自主管理县域政治、经济、文化、社会等事务，直接面对基层公众，是国家宏观调控与微观治理之间的枢纽，在"承上启下，畅通政令"方面发挥着重要作用。

县级政府绿色政策显然需要从县域层面上对政府绿色政策进行解读。结合县级政府和绿色政策各自的内涵特征并将二者有机融合，本书将县级政府绿色政策界定为，以县级党委、政府为中心的多元政策主体在绿色价值理念的引导下，为实现县域人民美好生活需要，综合运用法律、行政、道德等手段，制定和执行一系列方针、路线、规划、条例等，从而实现政治、经济、文化、社会、生态等健康、协调、可持续发展的活动及活动过程。

二　县级政府绿色政策的内涵

内涵，即概念所反映的事物的本质属性的总和，一般指概念的要素内容。概念界定能够使概念的内涵与外延更加清晰，而界定概念的内涵能够帮助我们更全面理解概念的意涵，使得概念更加丰富充实。县级政府绿色政策作为绿色价值理念引导下的县域公共政策，具有深层次的内涵。本书认为，县级政府绿色政策是以县级党委、政府为中心的多元政策主体，遵循绿色价值理念的导向作用，以满足县域人民美好生活需要为要旨，以发展县域公园城市为目标载体，从而实现县域绿色发展的全面、协调和可持续。

一是以党委、政府为中心的多元政策主体。县级政府绿色政策并不是由政府作为单一的主体，而是由政府、市场和社会成员作为共同的主体协同参与的。县级政府处在国家权力体系中的下端，承担着为广大基层群众直接服务的任务，需要进一步在统筹推进"五位一体"战略布局中全面深化改革，转变政府职能。县级政府实施绿色政策就是要将县级政府的各项职能科学、有效、公平、公正地发挥出来，根本举措是实现政府、市场和社会的和谐与均衡发展。县级政府绿色政策要彰显权力从政府向市场和社会下放，实现政府的归政府、市场的归市场、社会的归社会。应充分发挥党委、政府作为绿色政策主体的领导作用，借助宏观调控防止出现"市场失灵"，同时积极引导并规范其他社会主体的政策活动。县委要在县级政府绿色政策多元主体互动中始终扮演好领导者、引导者、服务者的角色。

二是遵循绿色价值理念的导向作用。将"绿色"与"政策"相结合，是一个系统的、全面的结合，是从内涵到外延的全过程、全方位的结合。具体来说包含以下几个方面：第一，实现政治政策的绿色化。打造清正廉明、海晏河清的政治生态，"自然生态要山清水秀，政治生态也要山清水秀"①。第二，实现经济政策的绿色化。要着力发展绿色经济、构建绿色金融体系，促进经济结构绿色化，实现经济发展与生态良好的双赢。第三，实现文化政策的绿色化。"文化是一个国家、一个民族的灵魂。"② 要以社会主义核心价值观为引领，高度重视绿色文化的导向作用，加快推进文化政策的绿色化。第四，实现社会政策的绿色化。打造绿色社会政策，要聚焦到保障和改善民生的政策上面。当前，绿色社会政策集中凸显为以乡村振兴、精准脱贫政策推进社会公平与和谐上面。第五，实现生活政策的绿色化。生活政策绿色化集中体现在国家倡导绿色生活、绿色出行、绿色消费等生活行为方面。

三是满足县域人民美好生活需要。县级政府绿色政策是实现绿色治理目标的重要手段。人民美好生活需要作为新时代国家治国理政的重要政治目标，是国家治理和政府治理的根本出发点和归宿。"个人怎样表现自己的生活，他们自己就是怎样。"③ 人们对于现实生活的把握和运用决定了他们对于美好生活的价值愿景。县级政府绿色政策始终将人民美好生活需要

① 胡锦涛：《坚定不移沿着中国特色社会主义道路前进　为全面建成小康社会而奋斗——在中国共产党第十八次全国代表大会上的报告》，人民出版社 2012 年版，第 3—4 页。

② 习近平：《决胜全面建成小康社会　夺取新时代中国特色社会主义伟大胜利——在中国共产党第十九次全国代表大会上的报告》，人民出版社 2017 年版，第 4—5 页。

③ 《德意志意识形态》（节选本），人民出版社 2003 年版，第 22 页。

作为政策出发点和落脚点，发挥着价值引领和终极目标的作用。县级政府实施绿色政策过程中应当始终把人民美好生活需要作为政策目标。

四是以发展县域公园城市为目标载体。公园城市作为城市发展的新形态，以空间正义为基础，以绿色发展理念为指导，以资源共享为前提，以打造人与自然伙伴相依的命运共同体为载体。[①] 县级政府绿色政策是县域绿色治理的重要工具，内嵌于县域公园城市的治理过程之中，是实施县域公园城市的重要手段。在县级政府绿色政策制定过程中，要根据县域实际进行空间规划和调整，满足群众能够在特定时间内进行健身锻炼、学习进修、购物就医等各方面需要；对县域自然生态进行政策保护，将具有污染性的企业或工厂远离生态保护区域；优化城市资源配置，优化公共资源获取的便捷性和共享性，实现人人都具有平等的机会共享公共资源；等等。在县级政府政策执行过程中，实现县域生态价值与经济、政治、文化、社会、治理等多元要素的相互融合，从而实现政策执行中县域公园城市价值的最大化。要充分发挥绿色政策润物细无声的渲染作用，将县域公园城市的绿色、低碳、环保等理念传导给群众，形成一种公园城市的绿色文化氛围。通过县域公园城市的运转，打通县域居民与美好生活之间的通道，加快推进"人、城、境、业"和谐发展的县域命运共同体。

三　县级政府绿色政策的基本特征

县级政府绿色政策首先应具备公共政策的一般性特征。一是导向性，就是通过政策活动引导利益相关群体以及政策范围内的其他群体朝着政策期望的方向发展。二是控制性，即为实现政策活动的目标对政策范围内的社会主体的行为进行一定程度的控制和制约。三是协调性，指的是以社会公共利益的实现为目标的公共政策，必然承担着政策范围内群体之间以及个人之间的利益协调角色。作为县域层面的公共政策，县级政府绿色政策也必然具有以上特征。

同时，在以县域公园城市实现人民美好生活的进程中，县级政府绿色政策自身还具有融合性与多样性相结合、战略性与地域性相结合、绿色化与可及化相结合的特征。

---

① 史云贵、刘晴：《公园城市：内涵、逻辑与绿色治理路径》，《中国人民大学学报》2019年第5期。

一是融合性与多样性相结合。融合性通常指的是不同的事物经化解、渗透交融成为一个整体。县级政府绿色政策的融合性主要体现在两个方面：其一是县级政府绿色政策不仅仅是在生态文明建设方面的"绿色化"，更是政治、经济、文化和社会等方面政策的一种全方位"绿色化"，政策之间并非各自独立、互不相关，而是相互依存、相互影响，共同构成绿色价值理念引导下的县级政府绿色政策体系。县级政府绿色政策体现的就是县级政府绿色政治、县级政府绿色经济、县级政府绿色文化、县级政府绿色社会与县级政府绿色生态相互融合，构成县域公园城市的绿色生态融合系统。其二是县级政府处于我国五级行政级别的神经末梢，上有国家大政方针以及上级省市党委、政府制定的各类绿色政策文件需要执行，下连与广大群众直接接触的乡镇（街道）机关。县级政府需要在上下之间承担好联结的融合和枢纽功能，因地制宜地将国家及上级机关的绿色政策指令传达到乡镇及群众之间，实现大政方针和绿色政策规范的顺利贯彻与实施。同时，县级政府绿色政策还具有多样性的特征。作为绿色政策在县域层面上的体现，县政府绿色政策需要在国家绿色发展战略的指引下，根据县域实际制定出具有县域个性化特征的绿色政策规范，充分发挥县域的资源、环境等特色优势，因地制宜发展县域公园城市。

二是战略性与地域性相结合。党的十八大以来，绿色发展成为国家发展战略，在政治、经济、文化、生态、社会等各领域都得到了广泛贯彻。县级政府绿色政策就是以绿色发展这一国家战略为驱动力，在县级政府公共政策层面的体现，也是县域绿色发展的载体和依托，具有国家战略导向性的特点。县级政府绿色政策旨在实现县域人民美好生活需要，构建县域公园城市，进而实现人民美好生活的目标，亦是对新时代我国社会主要矛盾转变在县域层面上的回应。另外，县级政府绿色政策作为县域层面的公共政策，又具有地域性的特点。从地域特征来看，我国幅员辽阔，既有滨海区域，也有内陆区域；既有地势平稳的平原和盆地，也有地势高耸不一的高原和丘陵；既有自然条件优越、物产丰富的经济发达地区，也有自然条件恶劣、物资匮乏的经济落后地区。县级政府绿色政策的制定需要联系县域实际，因地制宜实施县级政府绿色政策。

三是绿色化与可及性相结合。绿色作为一种大自然的色调，代表着健康、积极向上、可持续发展的状态，县级政府公共政策的绿色化也要实现政策的健康、向上的良性循环。县级政府绿色政策就是要在绿色价值理念的引导下，实现经济政策、政治政策、文化政策、社会政策和生态政策全方位的"生态化"和"绿色化"。与其他政策特征相比，绿色政策是一种绿色价值理念引导下为实现人民美好生活需要为目标的县域公共政策。可知，县级政府绿色政策不能仅仅体现在生态环境方面，更要从政治、经济、文化、社会各个方面进行整体、系统把握，形成良性互动的绿色生态系统。同时，作为与基层群众密切联系的县域层面的公共政策，县级政府绿色政策更具有可及性。可及性是一个从心理学领域引入的概念，一般包括可获得性（Availability）、可接近性（Accessibility）、可接受性（Acceptability）和可适应性（Adaptability）。[①] 可及性具有方便便捷、可接受和大众化的特征。县级政府绿色政策的可及性就是指县级政府绿色政策能够更快捷、更近距离地与县域群众接触，更容易被县域民众接受和认可。县级政府绿色政策融合绿色化与可及性，就是要在实现政治、经济、文化、社会和生态良性互动、协调发展的同时，始终与县域居民绿色生产、绿色生活、绿色出行、绿色消费等绿色行为紧密联系，从而更好地满足县域人民美好生活需要。

第二节　县级政府绿色政策体系构建

县级政府绿色政策体系是由一系列相互联系、相互影响的绿色政策构成的整体系统。本节在分析县级政府绿色政策体系构建的基本框架基础上，明晰体系的要素构成并厘清政策要素相互间的逻辑关系，进而构建出以县域公园城市实现人民美好生活进程中的县级政府绿色政策体系。

一　县级政府绿色政策体系构建的基本框架

体系是由若干事物或某些意识互相联系而构成的一个整体。在各学科和领域中都有对相应体系的研究，如思想体系、工业体系、文化体系等。绿色政策体系就是相互联系、相互影响的绿色政策要素形成的一个系统，不同要素间相互依存和制约，共同构成绿色政策体系。我们认为，中国特色绿色政

---

① 王前、吴理财：《公共文化服务可及性评价研究：经验借鉴与框架构建》，《上海行政学院学报》2015 年第 5 期。

策体系就是以党委、政府为中心的多元政策主体为建设满足人民美好生活需要的公园城市所涉及的相关政策要素以及相互间关系的总和。

县级政府绿色政策体系构建可从以下几个方面分析。第一，研究视角的递进化，即从宏观、中观和微观不断递进的方式来分析县级政府绿色政策体系的构成要素。就宏观视角而言，县级政府绿色政策应当是建立在国家绿色政策体系之下的一种县域层面的政府政策体系，国家绿色政策体系又是国家治理体系的重要工具和手段，可知县级政府绿色政策体系应当在国家治理体系的宏观框架之下构建，是国家治理体系现代化这一国家战略导向下的一种中观层面的承接。县级政府绿色政策体系的各项构成要素即更具有落地性质的微观层面。第二，研究内容的深入化。通过对"县级政府绿色政策体系"进行概念内涵的分解，遵循"政策体系—绿色政策体系—县级政府绿色政策体系"的分析进路，对相应的概念内涵进行辨析，从而得出县级政府绿色政策体系的构成要素。第三，研究范围的系统化。体系就是由一定范围内或同一类事物按照一定的秩序和内部联系组合而成的整体。县级政府绿色政策体系即由一系列相互关联又相互影响的构成要素组成的一个系统整体。因此，县级政府绿色政策体系的构成要素相互之间并非孤立存在，而应当是相互联系、相互依存，需要从系统性和整体性的视角对县级政府绿色政策体系进行构建。

县级政府绿色政策体系是以县级政府为中心的多元政策主体在以县域公园城市实现县域人民美好生活目标进程中所产生和涉及的相互关联的诸要素的总和。由此可知，县级政府绿色政策的最终目标是实现县域人民美好生活，基本途径是建设县域公园城市，引导理念是绿色价值理念，基本内容包括县域的政治、经济、文化、社会、生态等政策要素，手段是制定和执行一系列绿色化的方针、路线、条例、规范性文件等。结合研究视角的递进化、研究内容的深入化和研究范围的系统化三个体系构建原则，本书确定了新时代县级政府绿色政策体系的目标、内容和手段。本书借鉴米德（Meter）和霍恩（Horn）在《政策执行过程：一个概念结构》① 中提出的政策执行系统理论，在其基础上进行了县级政府绿色政策体系的适用性完善，将政策执行系统理论与政策体系分析相结合构建了县级政府绿色

---

① D. S. Van Meter and C. E. Van Horn, "The Policy Implementation Process: A Conceptual Framework", *Administration and Society*, Vol. 6, No. 4, Feb., 1975, p. 463.

政策体系框架。在绿色政策活动"目的是什么——谁来做——做什么——拿什么来做——环境如何"的逻辑关系引导下，我们将县级政府绿色政策体系的构成要素总结为"县级政府绿色政策主体—县级政府绿色政策客体—县级政府绿色政策环境—县级政府绿色政策资源—县级政府绿色政策目标"五个方面。如图6-1所示。

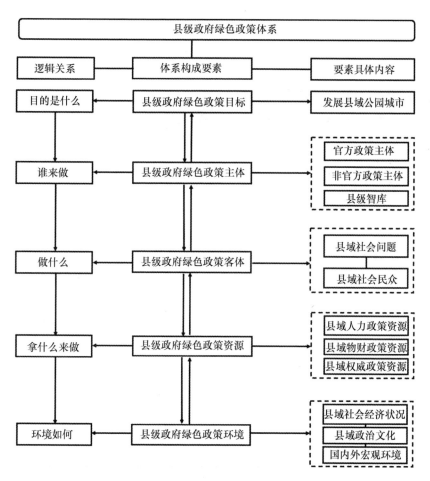

图6-1　县级政府绿色政策体系构建框架及构成要素

资料来源：作者自制。

二　县级政府绿色政策体系的构成要素

通过国家治理体系和政府系统的框架分析，将县级政府绿色政策体系的构成要素总结为县级政府绿色政策主体、县级政府绿色政策客体、县级政府绿色政策目标、县级政府绿色政策资源、县级政府绿色政策环境五项内容。这些要素相互之间并非孤立存在，而是相互联系和相互影响的。

一是县级政府绿色政策主体。"主体""客体"是一对哲学范畴，就哲学认识论而言，"主体"主要是指具有主观能动性的人或人构成的组织，"客体"指的是由人进行认识的对象，也就是客观世界。在当代，"主体"与"客体"这对范畴已经被运用到了社会科学中的各种理论中。就公共政策而言，政策主体也就是政策活动者，即直接或间接参与政策制定、执行、评估和监控的个人、团体或组织。[1]

县级政府绿色政策主体主要包括三方面内容：官方的政策主体、非官方的政策主体以及县域智库。官方的政策主体包括四大领导班子（即县委、县政府、县人大、县政协）等县级机关；非官方的政策主体包括县域企事业单位、社会团体、县域媒体与县域公众等；县域智库包括服务于县域的官方智库、半官方智库和民间智库。相对于其他层级的政府绿色政策，县级政府绿色政策能够更加突出绿色化的县级政府政策的优越性。首先，以绿色作为政策主体的底色。政策主体的绿色化是县级政府绿色政策的重要组成部分。对于官方的县级政府政策主体来说，绿色化意味着风清气正、积极向上、清正廉明，县委、县政府、县人大、县政协都要始终在以人民为中心的宗旨下开展工作。其次，政策主体的多元化。相对于过去几乎以政府作为单一政策主体的情况，县级政府绿色政策主体凸显了"共治"的逻辑，在政策过程中全面落实"党委领导、政府负责、社会协同、公众参与、法治保障"。最后，县委、县政府在政策主体中的权威性。多元政策主体共同参与易导致多角色的混乱状况，县委、县政府作为县域治理的领导者，能够切实发挥县级政府绿色政策主体的引导和整合作用，协调各政策主体走向"共治"。

二是县级政府绿色政策客体。政策客体就是政策发生作用的对象，在县级政府绿色政策客体方面主要指的是县域社会民众与县域政策运行中的问题。县级政府政策就是解决县域范围内的社会问题或者调整县域利益主

---

① 陈振明：《政策科学——公共政策分析导论》（第 2 版），中国人民大学出版社 2003 年版，第 51 页。

体间的关系。县级政府绿色政策并不仅仅是生态环境的范畴，而是县级政府公共政策的绿色化，即推动县级政府公共政策走向一种健康向上、可持续发展的状态。一般情况下，政策客体包含社会问题和社会民众两个方面。第一部分是社会问题。社会问题指的就是现实状况与目标状况之间的差距。具体来看，社会问题代表的就是社会中存在的各式各样的矛盾，需要进行解决。社会问题并非与社会客观存在状况相对等，而是那些被人们感知和察觉到的问题才构成社会问题。根据社会生活领域的不同进行划分，可将政策问题划分为政治政策、经济政策、文化政策、社会政策和生态政策。第二部分是社会民众，即受政策影响的居民。在社会生活中，人与人之间在绝大多数情况下产生矛盾的原因都在于利益纠纷，绿色政策就是要为利益冲突或其他矛盾纠纷提供和平解决的方案。在现代生活中，人的行为受到社会规则限定，才能保证社会秩序的健康、稳定运行，政策就是要发挥这一调节、影响和规导社会成员行为的作用。只有制定了能够促进人与人之间、人与组织间和谐稳定的绿色政策，才能够实现社会的健康、和谐、可持续发展。

与其他的政府政策客体相比较而言，县级政府绿色政策客体主要有两个方面的特殊之处：其一是民众客体具有更强的参与性。县级政府绿色政策客体中的民众能够意识到县级政府的绿色政策关系到自身的现实利益，有足够的动力参与绿色政策的制定、执行等一系列政策过程中。同时，为了实现满足人民美好生活需要的公园城市的现实目标，县级政府也有足够的动力推动公民参与绿色政策。绿色政策彰显着政策主体的同向性。公共利益包含个体利益，维护了公共利益也就维护了部分个体利益，因为公共利益就是个体利益的公共部分。[①] 其二是民众客体更能够将"绿色"理念内化。绿色发展已经成为国家发展战略的主导价值取向，在顶层设计方面打造了良好的战略框架。"绿水青山就是金山银山"的口号不仅仅体现在生态环境方面，更需要在政治、社会、文化等方面打造出"绿水青山"。县域民众能够将"绿色"这一底色内化，深入生产生活的各个方面，让"绿色"成为主流价值观，在脑海里打下绿色发展与绿色治理的时代烙印。

三是县级政府绿色政策目标。县级政府绿色政策的目标就是要以县域

---

① 金霞：《公民参与公共政策制度化的动力机制》，《中共天津市委党校学报》2016 年第 2 期。

公园城市实现人民美好生活需要。改革开放四十多年来的发展为我国带来了翻天覆地的变化，人民生活水平也较过去得到了极大提高。人民对美好生活的需要也由过去的单一化转变成了多层次、多样化的需要。县级政府绿色政策体系就是要将满足县域公众多样化、多层次的需求作为政策运行的目标，真正实现县域人民美好生活需要。

公园城市注重生态文明引领地域发展，是理想城市的新探索，也是绿色发展理念的集中体现。在国家治理话语体系中，公园城市的建构不仅是为描绘城市发展的绿色生态底色，而应注重经济、社会、生态等全要素全过程的绿色化。①作为"人、城、境、业"高度和谐统一的现代化城市形态，公园城市是在新的时代条件下对传统城市发展理念的升华，是可持续的城市发展新模式。公园城市首字在"公"，具有公共的、大众的、公平的时代内涵，体现了以人民为中心的服务理念。不同于城市中包含公园的"城市公园"，公园城市是将城市"公园化"，将城市打造成人人安居乐业、实现美好生活向往的"人民"公园，是从"城市中建公园"到"公园中建城市"的一种宜居体系。同时，公园城市又吸收了城市公园的"精华"，就是将"公园"所蕴含的生态宜居、绿色健康等作为其发展底色。县级政府绿色政策体系就是以绿色为政策体系的底色，以生态文明引领县域发展，从而形成县域"人、城、境、业"和谐可持续发展的生命共同体。

四是县级政府绿色政策资源。政策资源就是政策体系为实现自身价值而应具备的现实条件，一般包括人力、财力、物力和信息资源等。可以说，政策资源应是那些能给利益相关者带来影响的各种政策价值要素的总称。②公共政策本身就是一种政策资源。县级政府绿色政策资源是指县域内那些符合绿色发展理念、有助于实现人民美好生活的政策要素。这些绿色政策要素主要包括县域绿色人类资本、可持续的财力与物资保障等。

五是县级政府绿色政策环境。政策环境主要包括社会外部环境和社会内部环境。社会外部环境是某社会本身以外的系统，它们是国际社会

① 史云贵、刘晓君：《绿色治理：走向公园城市的理性路径》，《四川大学学报》（哲学社会科学版）2019年第3期。
② 杜宝贵：《公共政策资源的配置与整合论纲》，《广东行政学院学报》2012年第5期。

的功能部分，社会内部环境包括生态系统、生物系统、个人系统以及社会系统。① 在县级政府层面，政策环境主要分为县域社会经济状况、县域政治文化以及国际国内的宏观环境。其中，县域经济发展状况直接决定了县域民众的生产生活方式，对县域政策的影响作用不言而喻。县域社会经济状况是县域政策供给的出发点和基本依据。而政治文化"是一个民族在特定时期流行的一套政治态度、信仰和感情"②，是民众对有关政治方面的信仰、情绪、评价以及态度的总和，包括政治意识、政治价值观、政治理想等。由此可见，县级政府绿色政策环境是指支撑县级公共政策运行的，一个经济健康、政治清明、社会和谐、文化繁荣、生态良好的绿色环境。

综上所述，县级政府绿色政策体系的构成要素看似各自独立，实质上如同人体器官一样相互依存、紧密相关，任何一项要素单独列出都无法发挥其应有的作用，缺少其中任何一项要素都难以成为一个完整的县级政府绿色政策体系。

县级政府的绿色政策体系就是由县级政府绿色政策主体、县级政府绿色政策客体、县级政府绿色政策目标、县级政府绿色政策环境以及县级政府绿色政策资源之间相互作用共同构成的系统性体系。首先，县级政府绿色政策目标在整个体系中处于引领作用，其他政策要素的确定和改变都是以实现政策目标为宗旨，都以政策目标的完善为前提。县级政府绿色政策的目标是实现县域人民美好生活。其他构成要素都是以实现这一目标为前提。其次，就县级政府绿色政策主体与县级政府绿色政策客体而言，任何一方的存在都以另一方的存在为前提和基础，县级政府绿色政策客体的内容、性质等发生改变时，县级政府绿色政策主体也会有相应的变化，反之亦然。再次，县级政府绿色政策主体和县级政府绿色政策客体的一切活动都要建立在充分认识和了解政策环境的基础上进行，在充分了解政策资源的前提下开展。要尊重并适应政策环境，也要把握好并充分利用政策资源，从实际出发，因地制宜、因时制宜地制定并实施绿色政策。最后，政

---

① ［美］戴维·伊斯顿：《政治生活的系统分析》，王浦劬译，华夏出版社 1999 年版，第 26—27 页。

② ［美］G. A. 阿尔蒙德、G. B. 小鲍威尔：《比较政治学：体系、过程和政策》，曹沛霖译，上海译文出版社 1987 年版，第 29 页。

策资源和政策环境二者之间高度融合，在一定条件下还可能会相互转化。政策环境包括有形和无形的环境，这些因素作用于政策体系之中就可能会变为可利用的政策资源。同样，政策资源在一定程度上也是绿色政策过程中的一种政策环境。

县级政府绿色政策体系各构要素要统一于以县域公园城市实现县域人民美好生活的政策目标。县域公园城市是县级政府绿色治理的现实目标，也是实现县域人民美好生活需要的路径选择，必然成为县级政府绿色政策体系的目标取向。县级政府绿色政策体系的要素源于对县级政府绿色政策的内涵解析，从内涵视角诠释了县域公园城市作为其现实目标的历史逻辑和现实逻辑。县级政府绿色政策主体、县级政府绿色政策客体、县级政府绿色政策目标、县级政府绿色政策环境、县级政府绿色政策资源五项要素有机融合在县域公园城市之中，进而有机融合为实现县域人民美好生活的基本要素。

三 县级政府绿色政策体系的构建路径

县级政府绿色政策体系可以看作由县级政府绿色政策主体、县级政府绿色政策客体、县级政府绿色政策目标、县级政府绿色政策资源和县级政府绿色政策环境五个要素以及各要素相互之间的关系构成的整体。县级政府绿色政策体系的构建需要县级政府绿色政策目标引领、绿色价值理念引导、多元主体的有效参与，在充分汲取县域历史文化特色及资源禀赋和现实绿色政策要素中不断满足县域人民美好生活需要。

第一，强化县级政府绿色政策目标引领。县级政府绿色政策体系的构建要始终坚持以县域公园城市实现人民美好生活的目标引导。公园城市以空间正义为基础，以绿色发展理念为指导，以资源共享为前提，以打造人与自然伙伴相依的命运共同体为载体，[①] 塑造人、城、境、业和谐统一的城市新形态。县级政府绿色政策体系内嵌于县域公园城市的治理过程之中，是县域公园城市建设和绿色治理的重要手段。在县级政府绿色政策制定过程中，要根据空间正义原则对县域进行绿色空间规划与优化，不断满足县域人们对人、城、境、业的高品质需求。要始终将人民的美好生活作

---

① 史云贵、刘晴：《公园城市：内涵、逻辑与绿色治理路径》，《中国人民大学学报》2019年第5期。

为政策实施的宗旨，实现县域生态与经济、政治、文化、社会、治理等多元要素有机融合，从而实现政策执行中县域公园城市价值的最大化。同时，在政策过程中，要充分发挥绿色政策润物细无声的渲染作用，将县域公园城市的绿色、低碳、环保等理念传导给群众，形成一种公园城市的绿色文化氛围。通过县域公园城市的运转，打通县域居民与美好生活之间的通道，县级政府绿色政策体系才能够更好地实现满足人民美好生活需要的价值目标。

第二，充分发挥绿色价值理念的引导功能。2002 年，联合国提出中国应当选择绿色发展之路。此后，我国在"十一五"规划、"十二五"和"十三五"规划纲要中都涉及绿色发展。相对于以前的发展模式，绿色发展更具有包容性，强调经济系统、社会系统与自然系统的共生性和发展目标的多元化，强调全球治理，是一种具有"天人合一"内涵的发展模式。[①] 绿色价值理念就是以绿色发展为起点和支撑，并对"绿色"意涵丰富化和扩展的一种人类命运共同体的发展理念。县级政府处在我国五级行政机构的末梢，是与广大群众直接接触的基本单元，县级政策体系的构建对群众的幸福感、获得感和安全感具有关键性意义，也是满足人民群众美好生活需要的关键载体。县级政府绿色政策体系的构建需要始终坚持绿色价值理念引导，从横向、纵向双重视角构建出县级政府绿色政策体系的绿色价值网络。就纵向而言，县级政府绿色政策体系需要实现县级政府绿色政策制定、县级政府绿色政策执行、县级政府绿色政策反馈、县级政府绿色政策终结等一系列的绿色政策过程；就横向而言，县级政府绿色政策体系需要包含县级政府绿色政治政策、县级政府绿色经济政策、县级政府绿色社会政策、县级政府绿色文化政策以及县级政府绿色生态政策等全方位的县级政府公共政策的绿色化。绿色价值理念引导下的县级政府绿色政策体系是一种健康、可持续发展，是一种构建人类命运共同体的政策体系，是打造县域公园城市、实现县域人民美好生活的重要路径。

第三，推进县级政府绿色政策主体共同参与。主体要素是把公共政策从理想变为现实的中介和桥梁，其参与逻辑及行为策略直接影响公共政策

---

① 胡鞍钢、周绍杰：《绿色发展：功能界定、机制分析与发展战略》，《中国人口·资源与环境》2014 年第 1 期。

实施效果。① 县级政府绿色政策体系的构建宗旨是满足人民美好生活需要，是县级政府绿色治理体系的工具性呈现，也是国家治理体系和治理能力现代化在县域的政策性体现，多元主体参与能够更好地实现政策在贴近群众、满足群众、实现群众利益等的价值旨归。县级政府绿色政策体系本身所蕴含的"以人为本"和"为人民谋幸福"的理念也要求除政府之外的社会和公众参与其中，从而保证政策的绿色性。一是营造有利于多元主体共同参与的政策环境。通过完善参与政策过程的平台以及参与政策活动的激励政策鼓励社会和群众参与县级政府绿色政策中。二是借助现代信息技术为多元主体协同参与提供便捷通道。利用大数据、人工智能和区块链等现代信息技术手段构建群众参与平台，方便群众能够快捷、高效地参与政策活动过程之中；同时，利用"互联网＋"技术充分发挥群众在政策过程中的监督和反馈功能，能够保障群众和社会组织及时获取政策过程信息，实时监督实时反馈，保障县级政府绿色政策的顺利实施。

第四，充分汲取县域历史文化特色及资源禀赋。县级政府绿色政策体系是国家政策体系的重要组成部分。历史文化是县域发展的历史积淀和实践累积，能够起到对子孙后代以史为鉴的教育作用，并激发人民积极进取，是一个县域宝贵的精神财富，对于县域政治、经济、文化等各个方面都具有不可替代的作用。县域资源禀赋主要是指包含县域历史文化以及自然资源等在内的物质资源及文化资源的总和，是县域发展过程中自身特有的、具有区域比较优势的资源，包括为县域发展提供保障的资源以及在发展过程中产生的各种物质及文化等资源。县级政府绿色政策体系的构建需要充分汲取县域历史文化特色及资源禀赋，因地制宜地实现县域公园城市发展目标。一方面，在尊重县域历史文化特色的前提下，充分挖掘县域历史文化中有利于实现县域人民美好生活需要的特色资源，为构建县级政府绿色政策体系提供本土性依据和支撑。在此基础上，利用现代信息技术工具，实现县域历史文化资源的整合、分类，分别为县级政府绿色政策体系中的各构成要素以及要素之间关系的发展提供历史文化根据。另一方面，发挥县域资源禀赋的价值优势和比较优势。要根据县域自身的资源禀赋寻找绿色发展中的优势，发挥县域人力资源和土地资源丰富的优势特色，在

---

① 李少惠、王婷：《多元主体参与公共文化服务的行动逻辑和行为策略——基于创建国家公共文化服务体系示范区的政策执行考察》，《上海行政学院学报》2018 年第 5 期。

构建县级政府绿色政策体系中强优势、补短板，努力打造各具特色的县域公园城市。

综上所述，县级政府绿色政策体系在"目的是什么——谁来做——做什么——拿什么来做——环境如何"的逻辑关系下，形成了县级政府绿色政策主体、县级政府绿色政策客体、县级政府绿色政策目标、县级政府绿色政策资源以及县级政府绿色政策环境在内的五项政策要素。五项要素之间相互依存构成了要素良性互动的绿色政策网络。加强县级政府绿色政策目标引领，充分发挥绿色价值理念的引导功能，推进县级政府绿色政策主体共同参与，认真汲取县域历史文化特色及资源禀赋，是科学构建县级政府绿色政策体系，并在此基础上实现县域人民美好生活的理性路径。

第三节　县级政府绿色政策的运行

构建县级政府绿色政策体系是对县级政府绿色政策进行静态的解析，认识县级政府绿色政策构成要素及其相互关系，从而更深入地理解县级政府绿色政策。政策的生命在于实施，为实现满足县域人民美好生活需要的县域公园城市，非常有必要深入分析县级政府绿色政策的运行。本节主要从运行目标、运行动力、运行机制和运行质量四个方面阐述县级政府绿色政策的运行。

一　县级政府绿色政策的运行目标

目标是指"想要达到的境地或标准"。目标决定方向，只有确定了目标才能更好地开展规划和实施工作。县级政府绿色政策的运行目标就是结合政策实际和发展宗旨，根据所处的环境和掌握的各类资源，所制定的、想要达到的理想状态，并分析现状与理想状态之间的差距。

我国社会主要矛盾的转变对政策具有明显的导向作用。新时代背景下，县级政府绿色政策运行的目标就是实现县域人民美好生活，而能最大限度地包容城乡美好生活要素的县域公园城市能够满足县域人民新时代多层次、多样化的绿色需求。因而，县域公园城市是县级政府绿色政策运行的现实目标，是实现县域人民美好生活的理性路径。

在县域公园城市里面，多层次意味着既可以是基础层次的目标追求，如老有所养、病有所医、住有所居、学有所教、弱有所扶等，也可以是更可靠的社会保障、更健全的医疗卫生服务、更舒适的居住条件、更优质的教育水平、更优美的生活环境、更丰富的精神文化生活等。多层次"美好生活需要"状态的满足，取决于不同个体的民众对于自身经济实力状况的理性判断，也体现了个体对于相关的条件和个体追求等的综合考量，是一种基于主体自觉的多层次"美好生活需要"状态的彰显。对于县域民众而言，不同的经济基础、文化价值取向等因素都会对其各自的美好生活产生不同层次的需求。

就人民美好生活需要的多样性而言，主要反映的是县域民众需求的个性化，其根本在于人民满足了生存需要和生活需要之后的个体性需求差异。进入新时代，人们物质生活和基本精神生活得到满足后开始追求自身的多样性需要。个体的成长环境、教育背景以及生活体验的差异，也使得群众各自对于美好生活有着不同的诠释和理解。部分民众侧重于物质生活的改善，另一部分则更重视精神境界的提升；部分人强调生活品位和档次，另一部分人则认为随性、平淡才是最理想的生活状态。总的来说，新时代背景下，县级政府绿色政策的运行目标是构建一种满足人民对美好生活需要的县域公园城市，实现"各美其美，美人之美，美美与共，天下大同"的理想生活状态。

二 县级政府绿色政策的运行动力

动力原属于物理学的学科范畴，指的是使机械做功的各种作用力。现代意义上的动力泛指对事物运动、变化和发展起到推动作用的一切力量。[1]任何社会的经济、政治、文化、社会制度，根本上都是要以一定的方式来保持社会的动力和活力。[2] 县级政府绿色政策需要充分发挥动力的驱动作用才能良好运行，因此，有必要对县级政府绿色政策运行的动力进行论析。

县级政府绿色政策运行的动力一般包括需求动力与使命驱动两种。需

---

① 郑敬斌、刘敏：《中国特色社会主义文化自信生成的动力机制》，《山东大学学报》2019年第5期。

② 李忠杰：《论社会发展的动力与平衡机制》，《中国社会科学》2007年第1期。

求动力主要指人民群众的需求，包括市场需求和社会需求。市场需求要求政策主体在供给绿色政策时一定要遵循市场经济和价值规律，政策运行与市场机制运行要基本同向。社会需求主要是人民群众的生活需求。政策供给侧要瞄准社会需求侧，通过供给不断满足人民需要的公共产品和公共服务来提高人民群众的满意度与幸福感。所谓使命驱动这里特指作为执政党的中国共产党，不忘初心、牢记"为人民谋幸福"的使命，永远把"人民对美好生活的向往"作为党员领导干部的奋斗目标。实际上，在当代中国，社会需求驱动与使命驱动本质上是一回事。二者都有机融合在实现中华民族伟大复兴的中国梦的奋斗实践中。

三　县级政府绿色政策运行机制

机制作为潜藏于各种社会表象之后的运行机理和内在逻辑，本身是一个抽象的概念。[1] 但它的具体表现是实在的，一般通过制度、规范、政策等来表现。县级政府绿色政策的运行同样也要通过一定的运行机制来体现，通过机制作用的发挥不断朝着运行目标推进。

县级政府绿色政策的运行机制就是在政策环境的影响下，将绿色政策目标、要求和支持输入政策主体中，通过处理和转化进行输出，并将输出的绿色政策成果反馈到政策环境之中，形成动态的闭环机制，在循环之中不断实现绿色政策的运行目标。具体来讲，"政策目标"就是发展满足县域人民美好生活需要的县域公园城市，"要求"指的是县域范围内的社会组织或民众为满足自身的利益和要求对县级政府绿色政策主体提出的行为主张，"支持"是指县域团体或民众接受并赞同绿色政策的行为，三者都是在政策环境作用下县域社会对县级政府绿色政策的反映，共同作用于政策主体从而构成运行机制中的"输入"环节。县级政府绿色政策的运行始终将绿色价值理念作为运行宗旨。因此，必须把绿色价值理念贯穿政策系统的全过程。具体就是在绿色价值理念的引导下，对县级政府绿色政策客体和县级政府绿色政策资源进行处理，使其相互之间发生作用，这些构成了县级政府绿色政策运行机制中的处理环节的"绿色化"。接着就是运行机制的"输出"环节，县级政府绿色政策根据输入和处理环节做出利益和

---

[1]　李忠杰：《论社会发展的动力与平衡机制》，《中国社会科学》2007 年第 1 期。

价值分配的方案，其体现出来的即县级政府绿色政策体系运行的目标——以县域公园城市实现县域人民美好生活需要。在此环节之后，"输出"的政策可能会对县域整体的政策环境产生影响，改变政策环境的要求以及整个运行机制的绿色特征，由此可能使得输出机制产生新的要求，这种新的要求进一步导致新的绿色政策，此一循环往复的过程即为运行机制中的"反馈"环节。县级政府绿色政策的运行机制便是在此"输入—处理—输出—反馈"的动态循环过程中不断更新和发展，进而不断接近县域人民美好生活的政策目标。如图 6 - 2 所示。

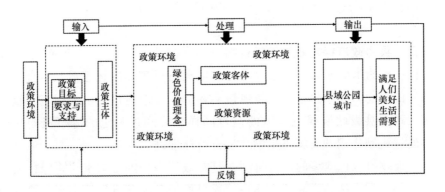

图 6 - 2　县级政府绿色政策的运行机制

资料来源：作者自制。

四　县级政府绿色政策运行质量

质量作为一个物理名词现在已经被广泛应用于社会科学以及其他领域，指的是产品或者工作的优劣程度。县级政府绿色政策的运行质量即县级政府绿色政策运行的优劣程度，需要对其运行情况进行评估。"如果把政策过程看作某种有序的活动的话，那么，它的最后一个阶段便是政策评价……政策评价能够而且确定发生在整个政策过程中，而不能简单地将其作为最后的阶段。"[1] 县级政府绿色政策运行的质量对与县级政府绿色政策运行具有关键性意义，并且应当贯穿于县级政府绿色政策运行的全过程。

政策质量测评不仅有利于发现政策取得的成绩、存在的问题，而且还有利于根据政策的执行情况并根据具体环境对政策进行及时修正。在政府

---

① ［美］詹姆斯·E. 安德森：《公共决策》，唐亮译，华夏出版社 1990 年版，第 183 页。

治理方面，还有利于责任政府的建立，有助于推动政策科学化、提高政策执行能力。因此，政策测评对于公共政策的制定、执行、终止、废除都具有重要的作用和意义。在县级政府绿色政策运行过程中，应当加强政策评估的相关体制机制建设，完善政策测评机制，促进县级政府绿色政策更加"绿色"。因此，绿色度或绿色化应是县级政府绿色政策运行质量测评最重要的维度。县级政府绿色政策运行的目标是以县域公园城市实现县域人民美好生活。因此，应为以绿色度为基础的美好生活要素确定测评标准，构建出县级政府绿色政策质量测评的指标体系。通过科学运行县级政府绿色政策质量测评指标体系，进一步提升县级政府绿色政策的运行质量，加快以县域公园城市建设实现县域人民美好生活的步伐。

第四节　县级政府绿色政策测评

县级政府绿色政策是县级政府绿色治理的重要工具，承载着国家治理现代化在县域层面的政策性功能导向，其现实目标是构建"人、城、境、业"高度融合的县域公园城市，进而实现县域人民美好生活。为更好地实现县级政府绿色政策的运行目标，非常有必要构建县级政府绿色政策质量测评体系，以评促建，加快县级政府绿色政策实现县域人民美好生活的进程。

一　县级政府绿色政策测评的原则

县级政府绿色政策运行质量测评需要遵循一定的原则。我们认为，县级政府绿色政策测评除了要坚持科学性原则、可行性原则、民主性原则等一般性原则外，尤其要坚持绿色发展原则和为人民谋幸福的原则。

第一，绿色发展原则。所谓绿色发展，就是在生态环境容量和资源承载能力的制约下，通过保护自然环境实现可持续发展的新型发展模式和生态发展理念。[①] 县级政府绿色政策是在绿色价值理念引导下进行的公共政策活动，县级政府绿色政策测评体系需要遵循绿色发展原则。一是县级政府绿色政策测评体系从整体设计上要符合绿色发展的价值内涵，遵循绿色、可持续的发展导向。二是县级政府绿色政策测评体系在具体的指标选

---

① 王玲玲、张艳国：《"绿色发展"内涵探微》，《社会主义研究》2012 年第 5 期。

择上要遵循绿色发展原则的指导作用。县级政府绿色政策是包含了绿色政治、绿色经济、绿色文化、绿色社会和绿色生态在内的全方位县域绿色公共政策，在具体的指标设计中不仅要有整体性的绿色发展理念，也要充分发挥绿色发展的指导作用，让绿色发展的理念和原则潜移默化到县级政府绿色政策测评体系的构成指标之中，形成绿色、生态、可持续的县级政府绿色政策测评体系。

第二，为人民谋幸福的原则。中国共产党的初心和使命，就是为中国人民谋幸福，为中华民族谋复兴。党和国家始终将人民利益作为一切工作的出发点和归宿。新时代人民对美好生活的需要就是党和国家为人民谋幸福的指向和目标，也是国家大政方针和政策导向的目标和旨归。县级政府绿色政策的目标是建设满足县域人民美好生活需要的公园城市，也是县级政府绿色政策测评的原则和指向。在构建县级政府绿色政策测评体系过程中，要始终把握为人民谋幸福的原则，县级政府绿色政策运行质量的指标体系设计和各项指标选择应当是能够更好地满足县域人民美好生活的元素。

二 县级政府绿色政策测评体系的框架构建

在明确县级政府绿色政策测评原则的基础上，构建县级政府绿色政策测评体系框架是开展县级政府绿色政策测评工作的重要前提。"不测量结果，就不能分辨成功与失败；看不见成功，就不能奖励成功；如果不能奖励成功，或许就是在鼓励失败；如果不能辨识失败，就不能去改正。"[1] 开展县级政府绿色政策测评对于以县级政府绿色政策推进县域人民美好生活具有重要的现实意义。

（一）框架构建基础：史密斯政策执行过程模型

研究县级政府绿色政策测评应首先确定绿色政策测评的基本维度。史密斯政策执行过程模型中的理想化政策、目标群体、执行机构和环境因素为县级政府绿色政策测评提供了基本的维度参考和模式借鉴。理想化政策、目标群体、执行机构和环境因素四者相互作用和影响，形成一个公共政策执行的过程模型（见图6-3）。

---

① David Osborne and Ted Gaebler, *Reinventing Government*：*How the Entrepreneurial Spirit Is Transforming the Public Sector*, Addison Wesley Publishing Company, 1992.

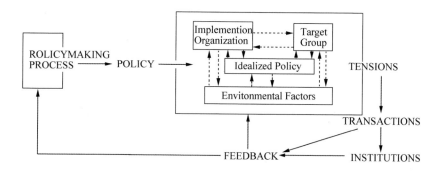

图 6 - 3　史密斯政策执行过程理论模型①

　　一是理想化政策（The Idealized Policy）。理想化政策就是政策制定者尝试引导出一种理想化的互动模式，强调政策方案的合理性和可操作性，它主要受政策的形式、政策的类型、政策方案、政策形象等关键性变量的影响。二是目标群体（The Target Group）。目标群体指的是被要求去适应政策产生的新的相互关系的群体，他们是受政策影响最大的群体或者个人，必须要进行一定的改变来适应政策。目标群体主要有群体的组织化程度、群体的领导者、以往的政策经验等三个影响因素。三是执行机构（The Implementing Organization），即负责政策执行的部门。影响政策执行机构主要有组织和人员、执行组织的领导能力、方案执行的能力三个关键性影响因素。四是环境因素（Environmantal Factors）。环境因素对于政策执行具有重要的考量作用。不同的经济、政治、社会、文化、生态等环境要素对政策执行有着不同的影响，而不同国家、地区的政策对经济、政治、社会、文化、生态等方面的影响有较大的区别。

　　因此，"政策的形式、类型、渊源、范围及支持度、社会对政策的印象；执行机关的结构与人员，主管领导的方式和技巧、执行的能力与信心；目标群体的组织或制度化程度、接受领导的情形以及先前的政策经验、文化、社会经济与政策环境的不同，凡此等等均是政策执行过程中影响其成败所需考虑和认定的因素"②。史密斯政策执行过程模型为县级政府

---

　　① T. B. Smith，"The Policy Implementation Process"，*Policy Sciences*，Vol. 4，No. 2，1973，p. 203.

　　② T. B. Smith，"The Policy Implementation Process"，*Policy Sciences*，Vol. 4，No. 2，1973，pp. 203 - 205.

绿色政策测评研究提供了维度与框架基础。在此基础上，本节对政策执行过程模型进行了适用性调整，制定了县级政府绿色政策测评框架，结合县级政府绿色政策的内涵、特征与目标，以及县级政府绿色政策测评的原则，构建出了县级政府绿色政策测评的政策过程模型，如图6-4所示。

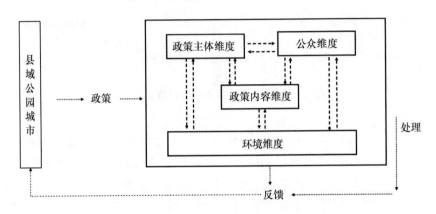

图6-4　县级政府绿色政策测评的政策过程模型

资料来源：作者自制。

如图6-4所示，本研究以史密斯政策执行过程模型为基本框架，按照县级政府绿色政策测评需要对原有模型进行了调整，将原有的目标群体、理想化政策、政策执行机构以及政策环境变更为公众维度、政策内容维度、政策主体维度以及环境维度四个方面。四个维度统一于县级政府绿色政策的目标，即实现县域人民美好生活需要的县域公园城市之中。通过对维度的剖析，为更加清晰地展现县级政府绿色政策测评政策过程模型图，本节将原有模型进行县级政府绿色政策适用性调整。详细的县级政府绿色政策测评的政策过程模型调整如图6-5所示。

（二）县级政府绿色政策测评指标体系的外在结构

"指标体系可以分成三个层级架构，或者成为三级指标体系。一级指标即评估维度，关注评估的战略思路和战略理念。二级指标也叫做基本指标，关注组织内的职能结构。三级标称为具体指标。"[1]（见图6-6）

---

　　①　卓越：《政府绩效评估指标设计的类型和方法》，《中国行政管理》2007年第2期。

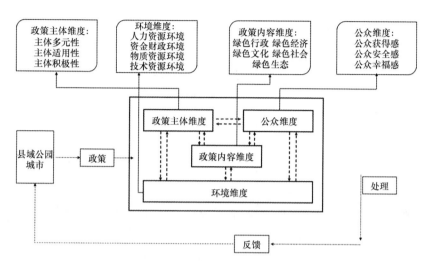

图 6-5　县级政府绿色政策测评的政策过程调整模型

资料来源：作者自制。

图 6-6　三级评估指标体系树状图①

---

①　邱东：《多指标综合评价方法的系统分析》，中国统计出版社 1997 年版，第 45 页。

三　政府绿色政策测评的指标体系设计

县级政府绿色政策测评的政策过程调整模型为指标体系的设计提供了基本框架。通过适用性调整，县级政府绿色政策测评的指标体系确定了政策主体维度、公众维度、政策内容维度和环境维度四个一级指标。测评指标体系设计的目的是对目标进行层层分解，从而形成指标体系。在进行分解过程中，我们注意到了子维度与总指标之间的一致性。同时，根据研究问题的复杂性进行不同程度的细分。结合县级政府绿色政策的内涵、特征，县级政府绿色政策体系和运行，以及政策执行过程模型的框架引导，本节确定了由 4 个一级指标、15 个二级指标和 90 个三级指标构成的县级政府绿色政策测评指标体系。其中"政策主体维度"设置了 3 个二级指标和 13 个三级指标；"公众维度"设置了 3 个二级指标和 22 个三级指标；"政策内容维度"设置了 5 个二级指标 26 个三级指标；"环境维度"设置了 4 个二级指标 29 个三级指标。

（一）"政策主体维度"的二级指标和三级指标

政策主体就是政策活动者，指的是直接或间接参与政策过程中的政策制定、执行等一系列政策活动的个人、团体或者组织。对县级政府绿色政策主体维度的考量就是要了解县级政府绿色政策的参与主体是否多元、参与主体是否积极以及参与主体是否适合等问题。

多元主体参与是保证县级政府绿色政策活动科学性、民主性的重要前提。社会组织和群众参与县级政府绿色政策活动过程之中，对政策问题的选择、政策制定以及政策制定过程能够起到民主监督和献计献策的作用。同时，社会组织和群众在参与政策过程中能加深对绿色政策的认识和了解，减少政策执行过程中的社会阻力，推进绿色政策运行效率。由此，将"主体多元性"二级指标细分为社会组织参与度、群众参与度、社会与群众参与渠道以及社会与群众参与的制度健全度四个维度的三级指标。

参与主体的积极性指的是县级政府绿色政策的参与主体在政策活动全过程中的参与意愿以及参与的程度如何，是县级政府绿色政策民主性和有效性的重要保证。政府、社会组织以及群众作为政策活动的主体，对于政策活动全过程的推进和发展具有重要的调节作用，积极参与县级政府绿色政策活动之中的政策主体，能够针对提出的政策问题制定科学的政策目标和执行程序，在政策执行中能够积极参与各方面问题的考察和调研之中，为政策活动的顺利开展提供保障。而政策活动主体若消极参与政策活动之中，则会因未对现实情况进行翔实了解而导致政策活动的开展偏离政策目标或无法保证公共利益的实现，从而会造成政策失败。由此，"主体积极性"二级指标可以进一步细分为主体参与志愿度、主体参与满意度、主体参与广泛度、主体参与激励度四个维度的三级指标。

　　参与主体的适用性指的是县级政府绿色政策的参与主体是否适合该项县级政府绿色政策活动，即实际的参与主体与政策活动需要的参与主体是否匹配的问题。县级政府绿色政策活动包括政治、经济、文化、社会和生态各方面，不同类型和目标的公共政策活动需要由相应的政策主体参与进来，提供具有建设性和能够保障群众根本利益的政策实施方案。不合适的政策主体在政策活动中难以发挥其应有的作用。由此，将"主体适用性"二级指标细分为参与主体文化程度分层、参与主体综合素质分层、参与主体工作职位分层、参与主体年龄段分层以及参与主体对绿色政策认知度五个维度的三级指标。表6-1是政策主体维度的二级指标和三级指标。

表6-1　　　　　　　　　政策主体维度指标细分

目标维度	二级指标	三级指标
政策主体维度	主体多元性	社会组织参与度
		群众参与度
		社会与群众参与渠道
		社会与群众参与的制度健全度
	主体积极性	主体参与志愿度
		主体参与满意度
		主体参与广泛度
		主体参与激励度
	主体适用性	参与主体文化程度分层
		参与主体综合素质分层
		参与主体工作职位分层
		参与主体年龄段分层
		参与主体对绿色政策认知度

资料来源：作者自制。

（二）"公众维度"的二级指标和三级指标

"公众维度"指的是政策活动的目标群体。结合党的十九大报告提出关于群众获得感、幸福感和安全感的相关论述，以及县级政府绿色政策目标本身，将县级政府绿色政策测评的公众维度细分为公众安全感、公众获得感以及公众幸福感。

公众安全感就是安全需要，是公众在日常生活中的人身及财产安全、对环境的稳定需求等。对县级政府绿色政策测评来说，公众安全感更多的是一种主观感受。无论是个人生命财产还是个人主观上对生活的掌控和预期稳定性，都构成了公众在美好生活追求中的安全感。本书将"公众安全感"二级指标进一步细分为公众人身安全感、公众个人财产的安全感、公众对社会秩序的安全感、公众对社会法治化的安全感、公众对政府办事的安全感以及公众对个人生活保障的安全感六个方面。

公众获得感指的是公众获得某种利益之后的一种满足感。党的十八大以来，习近平总书记多次强调要让人民有获得感，并将其作为检验改革成效的重要标准。在县级政府绿色政策测评中，公众获得感主要体现在衣食住行的获得感、政府行为反馈的获得感、科教文卫的获得感以及对于收入等方面的获得感。具体来说，可将"公众获得感"二级指标进一步细分为居住环境的获得感、生活水平的获得感、政府办事和反馈的获得感、子女教育的获得感、文化发展的获得感、医疗卫生的获得感、收入与付出的获得感、县域生态环境的获得感以及个体受到尊重和重视的获得感九个维度。

公众幸福感是对县级政府绿色政策满足公众需求质量的衡量，是一种公众满意度的测评。党和政府的初心是为人民谋幸福，落实到县级政府，就是要将一切工作的出发点和落脚点放在人民的幸福和满意上，满足人民美好生活的需要。县级政府绿色政策所要构建和发展的县域公园城市亦是为了追求县域人民更高的幸福感和满意度。"公众幸福感"这一维度需要细分为基层政治活动的满意度、收入水平的满意度、基层文化活动的满意度、社会公共生活的满意度、人际关系的满意度、社会保障的满意度、周边绿化的满意度七个维度。表6-2为公众维度的指标细分。

表 6 - 2 公众维度指标细分

目标维度	二级指标	三级指标
公众维度	公众安全感	公众人身安全感
		公众个人财产的安全感
		公众对社会秩序的安全感
		公众对社会法治化的安全感
		公众对政府办事的安全感
		公众对个人生活保障的安全感
	公众获得感	居住环境的获得感
		生活水平的获得感
		政府办事和反馈的获得感
		子女教育的获得感
		文化发展的获得感
		医疗卫生的获得感
		收入与付出的获得感
		县域生态环境的获得感
		个体受到尊重和重视的获得感
	公众幸福感	基层政治活动的满意度
		收入水平的满意度
		基层文化活动的满意度
		社会公共生活的满意度
		人际关系的满意度
		社会保障的满意度
		周边绿化的满意度

资料来源：作者自制。

（三）"政策内容"维度的二级指标和三级指标

政策内容维度主要是对县级政府绿色政策的政策要素本身进行考量。作为新发展理念重要内容的绿色发展必然要借助政策在政治、经济、文化、社会、生态等方面充分彰显。县级政府绿色政策作为县域绿色治理的工具，是县域公园城市的重要支撑。对县级政府绿色政策内容的测评就需要遵循绿色发展的理念和原则，充分结合县级政府绿色政策实际，可将"政策内容"维度进一步细分为绿色行政、绿色经济、绿色文化、绿色社会和绿色生态五个二级指标。

　　绿色行政指标指的是县域政府行为是否遵循了绿色发展理念。县级政府绿色行政可细分为县级政府物资采购的绿色化，县级政府履行基本公共服务均等化能力，县级政府市场调控能力，县级政府政务服务效率，县级政府政务公开程度，县级党委、政府干部考核"绿色化"能力六个方面。

　　绿色经济指的是县域在经济发展过程中遵循绿色发展理念的程度，具体可将其细分为县域低碳环保政策执行力、县域"三产"联动能力、县域绿色企业占比、县域第三产业所占比率、县域年蓝天白云天数。

　　绿色文化指标是对绿色发展理念在县域文化方面的导向作用的考量，具体可分为县域民众对绿色发展的认知、县级政府对绿色文化的宣传、街居对绿色文化的认知、居民对绿色文化的认知。

　　绿色社会指的是在民众的日常社会生活中对绿色发展理念的考量，具体可分为公众出行方式的低碳环保率、公众垃圾投放的分类情况、县域公共区域绿化率、县域健身场所及设施配套情况、公众低碳节能家电使用率、县域绿色建筑比率六个方面。

　　绿色生态指的是在县域生态环境方面遵循绿色发展理念的实施情况，具体包括县域森林覆盖率、县域绿道覆盖率、县域空气质量达标率、重特大环境污染发生率、县域公园覆盖率、县域企业事业单位环评达标率六个方面（见表6-3）。

表6-3　　　　　　　　　政策内容维度指标细分

目标维度	二级指标	三级指标
政策内容	绿色行政	县级政府物资采购的绿色化
		县级政府履行基本公共服务均等化能力
		县级政府市场调控能力
		县级政府政务服务效率
		县级政府政务公开程度
		县级党委、政府干部考核"绿色化"能力
	绿色经济	县域低碳环保政策执行力
		县域"三产"联动能力
		县域绿色企业占比
		县域第三产业所占比率
		县域年蓝天白云天数

续表

目标维度	二级指标	三级指标
政策内容	绿色文化	县域公众对绿色发展的认知
		县级政府对绿色文化的宣传
		街居对绿色文化的认知
		居民对绿色文化的认知
	绿色社会	公众出行方式的低碳环保率
		公众垃圾投放的分类情况
		县域公共区域绿化率
		县域健身场所及设施配套情况
		公众低碳节能家电使用率
		县域绿色建筑比率
	绿色生态	县域森林覆盖率
		县域绿道覆盖率
		县域空气质量达标率
		重特大环境污染发生率
		县域公园覆盖率
		县域企业事业单位环评达标率

资料来源：作者自制。

（四）环境维度的二级指标和三级指标

环境维度指的是县级政府绿色政策在实现和满足县域人民美好生活需要的目标过程之中所处的环境及拥有的环境资源。通常情况下，公共政策目标的实现离不开人、财、物三个方面的保障，县级政府绿色政策的目标实现同样需要结合县域人力资源环境、财政资源环境、物质资源环境的实际情况，为其提供整体环境支撑。结合新时代信息技术对政策运行的重要影响，本节将县级政府绿色政策测评的"环境维度"细分为人力资源环境、财政资源环境、物质资源环境以及技术资源环境四个二级指标。

人力资源环境主要指的是县域公众的素质和能力对县级政府绿色政策所能产生的积极影响。可将其细分为县域人口中公务员占比、县域志愿者配置比例、县域教育工作人员配置比例、县域医疗卫生人员配置比例、县域体育健身工作人员配置比例、县域社区专职社工人员配置比例、县域环卫工作人员配置比例、县域专职文化活动工作人员配置比例。

财政资源环境指的是为打造县域公园城市，县级政府绿色政策在资金方面的保障水平。具体可细分为县域教育投入资金比例、县域公共文化活动投入资金比例、县域医疗卫生保障投入资金比例、县域民生发展投入资金比例、县域体育健身发展投入资金比例、县域绿色文化宣传投入资金比例、县域环保治污投入资金比例、县域"三公"经费占比。

物质资源环境就是在物质方面为保障县级政府绿色政策顺利运行而需拥有的设施等。具体可细分为县域拥有的养老院及床位数量、县域教育机构占地面积及容纳人员数量、县域医疗卫生机构占地面积及容纳人员数量、县域公共文化活动场所占地面积、县域环保场所占地面积以及县域法治场所占地面积及容纳人员数量。

技术资源环境指的是为打造县域公园城市,县级政府绿色政策实施过程中技术支撑的情况。具体可细分为县域电子政务应用情况、县域"互联网+"使用率、县域大数据覆盖率及使用效率、县域电信覆盖率及网络开通率、县域社会治安网络覆盖率、政务平台网络使用率、县域生态环境监控平台运行质量(见表6-4)。

表6-4　　　　　　　　　　环境维度指标细分

目标维度	二级指标	三级指标
环境维度	人力资源环境	县域人口中公务员占比
		县域志愿者配置比例
		县域教育工作人员配置比例
		县域医疗卫生人员配置比例
		县域体育健身工作人员配置比例
		县域社区专职社工人员配置比例
		县域环卫工作人员配置比例
		县域专职文化活动工作人员配置比例
	财政资源环境	县域教育投入资金比例
		县域公共文化活动投入资金比例
		县域医疗卫生保障投入资金比例
		县域民生发展投入资金比例
		县域体育健身发展投入资金比例
		县域绿色文化宣传投入资金比例
		县域环保治污投入资金比例
		县域"三公"经费占比

续表

目标维度	二级指标	三级指标
环境维度	物质资源环境	县域拥有的养老院及床位数量
		县域教育机构占地面积及容纳人员数量
		县域医疗卫生机构占地面积及容纳人员数量
		县域公共文化活动场所占地面积
		县域环保场所占地面积
		县域法治场所占地面积及容纳人员数量
	技术资源环境	县域电子政务应用情况
		县域"互联网＋"使用率
		县域大数据覆盖率及使用效率
		县域电信覆盖率及网络开通率
		县域社会治安网络覆盖率
		政务平台网络使用率
		县域生态环境监控平台运行质量

资料来源：作者自制。

综上所述，通过对县级政府绿色政策测评的意义及原则分析，构建了县级政府绿色政策测评指标体系的框架，为县级政府绿色政策开展测评研究提供了基本分析思路。县级政府绿色政策的测评对于县级政府绿色政策体系及运行质量提供了衡量标准和参考依据。通过绿色政策测评体系的构建，能够更好地发挥县级政府绿色政策对县级政府绿色治理的重要工具作用。

本章通过对县级政府绿色政策概念、内涵与特征的界定和研究，结合米德和霍恩提出的政策系统理论，遵循政策活动"目的是什么——谁来做——做什么——拿什么来做——环境如何"的逻辑关系构建了包括县级政府绿色政策主体、县级政府绿色政策客体、县级政府绿色政策目标、县级政府绿色政策资源和县级政府绿色政策环境在内的县级政府绿色政策体系。以此为基础，本章分析了县级政府绿色政策的运行目标、运行动力、运行机制和运行质量。为实现县级政府绿色政策有效运行，我们还以史密斯政策过程模型为基础框架构建了县级政府绿色政策测评指标体系，以期更充分地发挥县级政府绿色治理的工具作用，加快推进以县域公园城市实现县域人民美好生活的步伐。

第七章　县级政府绿色治理文化

县级政府绿色治理文化可为县级政府绿色治理体系、机制、政策的构建与运行提供绿色治理理念引导和价值支撑。打造县级政府绿色治理文化要以不断满足县域人民美好生活需要为出发点和落脚点，以县域公园城市为现实目标，从构成要素、运行载体、运行机制等维度深入探讨县级政府绿色治理文化的构建、完善与运行。

第一节　县级政府绿色治理文化的
概念与内涵

县级政府绿色治理文化是县级政府绿色治理的价值和精神载体，而县级政府绿色治理活动则是落实并充分彰显县级绿色治理文化的活动和过程。因此，剖析县级政府绿色治理文化的概念、内涵与特征，是县级政府绿色治理文化构建的前提和基础。

一　县级政府绿色治理文化的概念

明确县级政府绿色治理文化概念是培育县级政府绿色治理文化的必要前提，而要明确县级政府绿色治理文化，必须先分别明晰县级政府绿色治理与文化的概念。

1. 县级政府绿色治理文化的概念

"县既是一个政治地理概念，也是一个区域文化概念。"① 县级政府不仅仅是一个政治共同体或治理共同体，也是一个文化共同体。从这个意义

---

① 丁志刚、陆喜元：《论县级政府治理能力现代化》，《甘肃社会科学》2016 年第 4 期。

上讲，县级政府既是负责县域治理的政治共同体，也是发展县域文化、传承县域文明的文化共同体。

"治理"从概念产生的那一天起就与文化有着水乳交融的密切关系。"治理是各种公共的或私人的个人和机构管理其共同事务的诸多方式的总和，是使相互冲突或不同利益得以调和并且采取联合行动的持续的过程"；"治理应当根据一定的基本原则，并建立在一系列明确的价值观之上。作为治理过程的一部分，治理者必须对分析的、道德的和政治的原则进行仔细考量，并与之进行沟通"①。"治理的重要性不仅在于理解具体的治理行动和结构，还在于使这些行动'有意义'的共有含义和背景以及对构成这些背景的人与过程的认知。"② 这些论述将治理的概念从过程扩展到了治理价值观、治理规范、治理原则、治理道德、治理意义等文化层面的内容，这就为我们进一步研究治理文化提供了一定的理论基础。

关于绿色治理的概念，学术界还处于初步研究阶段，远没有就此达成共识。如杨立华等认为"绿色治理是以生态环境问题为中心，以政府、公共组织、私人组织等为复合型主体，基于自愿、平等原则，以协同与合作为主要手段，以生态环境问题、社会问题、经济问题为治理对象，以促进人类与自然的和谐共生为目标的政治活动"③。翟坤周认为"绿色治理是将生态文明建设理念、原则、目标等融贯到经济系统各方面和全过程进而从根本上转变经济发展方式"④。苑琳等认为"绿色治理是一个由政府绿色治理、社会绿色治理、市场绿色治理等子系统构成的协同体系"⑤。上述对绿色治理概念的不同阐释，反映了绿色治理以生态环境问题为治理对象和多元主体性特征。我们认为，绿色治理是由绿色治理共同体基于共建共治共享原则，以绿色治理文化为引导，以绿色治理正式制度和非正式制度为保障，以推动社会生产方式和生活方式绿色转型为主要路径，以实现"政

---

①　Jan Kooiman and Svein Jentoft, "Me, Ta-Governance: Values, Norms and Principles, and the Making of Hard Choices", *Public Administration*, Vol. 87, 2009, pp. 818 – 836.

②　H. K. Colebatch, "Making Sense of Governance", *Policy and Society*, Vol. 33, 2014, p. 312.

③　杨立华、刘宏福:《绿色治理：建设美丽中国的必由之路》,《中国行政管理》2014 年第 11 期。

④　翟坤周:《经济绿色治理：框架、载体及实施路径》,《福建论坛》（人文社会科学版）2016 年第 9 期。

⑤　苑琳、崔煊岳:《政府绿色治理创新：内涵、形势与战略选择》,《中国行政管理》2016 年第 11 期。

治—经济—社会—文化—生态"全域绿色化为目标的一系列活动或活动过程。县级政府绿色治理就是县级政府绿色治理共同体以绿色治理文化为引领，基于共建共治共享的原则，以县域绿色治理正式制度和非正式制度为保障，以推动县域生产生活方式绿色转型为关键点，推动县域"政治—经济—文化—社会—生态"全域绿色化为基本路径，以县域公园城市建设为现实目标，以最终实现人民群众美好生活需要为目的的一系列活动或活动过程。

关于文化的概念，国内外学者有不同的界定。西方语境下的"文化"对应的英文"culture"源于拉丁语"cultura"，原意指农业方面的动植物栽培。16—18 世纪始，西方"文化"的概念逐渐由农业方面动植物的栽培转变为"人类发展的历程"，并逐渐发展为"culture"的人的心灵陶冶的意涵。[①] 1871 年，泰勒在《原始文化》一书中提出，"文化或文明是一个复杂的整体，它包括知识、信仰、艺术、道德、法律、风俗以及作为社会成员的人所具有的其他一切能力和习惯"[②]。这个后来被称为"经典定义"的提出，标志着现代科学意义上的文化概念正式形成。"文化是通过某个民族的生活而表现出来的一种思维和行动方式"[③]，指的是"某个人类群体独特的生活方式，他们整套的生存式样"[④]。文化是人类完善的一种状态或过程，是知性和想象作品的整体，是对一种特殊的生活方式的描述。不仅表征了艺术和学问中的价值和意义，还表征了制度和日常行为中的意义和价值。[⑤] 文化也是"从历史沿袭下来的体现于象征符号中的意义模式，是由象征符号体系表达的传承概念体系"[⑥]。我国学术界主要从广义和狭义的层面来定义文化。"文化从最广泛的意义上说可以包括一切生活方式和为满足这些方式所创造的事事物物以及基于这些方式所形成的心理和行

---

① ［英］雷蒙·威廉斯：《关键词：文化与社会的词汇》，刘建基译，生活·读书·新知三联书店 2005 年版，第 102 页。

② ［英］泰勒：《原始文化》，蔡江浓译，浙江人民出版社 1988 年版，第 1 页。

③ ［法］维克多·埃尔：《文化概念》，康新文等译，上海人民出版社 1988 年版，第 8 页。

④ ［美］克鲁克洪：《文化与个人》，高佳译，浙江人民出版社 1986 年版，第 4 页。

⑤ ［英］雷蒙·威廉斯：《文化分析》，转引自罗钢、刘象愚主编《文化研究读本》，中国社会科学出版社 2000 年版，第 128 页。

⑥ ［美］克利福德·格尔兹：《文化的解释》，纳日碧力戈等译，上海人民出版社 1999 年版，第 103 页。

为。"① 实际上广义的"文化"凝聚了"生活方式和生产方式的总和特征"②。广义的文化指的是人类所创造的物质的和精神的所有成果。狭义的文化就是人类所创造的精神成果。③ 狭义的文化主要讨论涉及价值观、审美情趣、思维范式等精神创造领域的文化现象。④ 我们从狭义的角度将文化定义为：人们在实践的基础上形成的，由价值观、道德观、思维方式、审美情趣等构成的，以符号为基本载体，以特定生产、生活方式为根本特征的有机要素整体。

关于治理文化的概念最早可追溯至福柯的"治理术"理论。福柯"治理术"思想包括三个层面：一是"治理术"是一个由机构、程序、分析、反思、计算和策略构成的整体，这个整体使得治理这种十分具体又十分复杂的权力形式得以施行。二是"治理术"涉及某种趋势以及一系列特定的知识机构与知识形式。三是"治理术"还涉及对治理化的过程及结果的理解。⑤ 福柯"治理术"中包含的治理机制、治理工具、治理知识、治理过程、治理结果等内容从一定程度上反映了治理理念的基本方面，但还没有涉及价值观、道德观等核心层面的治理文化内容。亚历山大·保尔森等学者对治理文化的概念做出了明确界定，他们认为治理文化是指通过制度结构和治理规范调节的经验和生活实践的意义及价值，并以政治、共同体和政策为主要构成要素。⑥ 结合文化的概念，我们认为治理文化是治理共同体在治理实践基础上形成的，以治理价值、治理道德、治理理念、治理心理等为主要内容，以特定生产生活方式为基本特征，以文化符号为基本载体，以治理制度和公共政策为重要保障的文化要素整体。

综合文化、绿色治理以及治理文化的概念，我们可将绿色治理文化的概念界定为：绿色治理文化共同体在绿色治理过程中形成的，以绿色治理价值、绿色治理道德、绿色治理理念、绿色治理心理等要素为主要内容，

① 庞朴：《文化结构与近代中国》，《中国社会科学》1986年第5期。

② 李燕：《文化释义》，《哲学研究》1994年第7期。

③ 许嘉璐：《什么是文化？一个不能不思考的问题》，《中国社会报》2006年6月2日第2版。

④ 张岱年等编：《中国文化概论》，北京师范大学出版社2004年版，第4—5页。

⑤ Foucault, M. Security, *Territory*, *Population*: *Lectures at the Collège de France*, *1977 – 78*, Basingstoke and New York: Palgrave Macmillan, 2009, pp. 108 – 109.

⑥ Alexander Paulsson, Jens Hylander, Robert Hrelja, "What Culture does to Regional Governance: Collaboration and Negotiation in Public Transport Planning in Two Swedish Regions", *Transportation Research Procedia*, Vol. 19, 2016, p. 19.

以绿色符号为基本载体，以绿色生产方式和绿色生活方式为基本特征，以绿色治理制度和绿色政策为重要保障，以满足人民群众美好生活需要为目标的文化要素有机整体。

综上所述，我们认为，县级政府绿色治理文化就是县级政府绿色治理共同体在绿色治理活动中形成的以绿色治理价值、绿色治理道德、绿色治理理念、绿色治理心理等为主要内容，以绿色符号为基本载体，以绿色生产方式和绿色生活方式为基本特征，以绿色治理制度和绿色政策为重要保障，通过县域"政治—经济—文化—社会—生态"全面绿色化，助推县域公园城市建设进而满足人民群众美好生活需要的新型文化形态。

2. 县级政府绿色治理文化体系的概念

县级政府绿色治理文化体系是由县级政府绿色治理文化体系诸要素耦合而成的结构系统。体系这一概念最早是哲学领域的用语，即由被特殊因素限制的小圆圈构成。① 在政治学中，体系是指"各部分之间的相互依存关系以及体系同环境之间的某种界限"②。体系常与系统等同使用，基于此，我们认为体系是由构成事物的基本要素耦合形成的并能与环境进行能量与信息互换的有机整体。关于文化体系的研究，不同的学派有不同的观点。文化人类学认为文化体系是各文化元素之间的相互关系。结构功能主义认为文化体系是由具有关联性的要素形成的体系以及体系内部各要素之间的功能互动。文化地理学认为文化体系由文化特质和文化复合体组合而成。马克思主义认为文化体系是文化要素在历史过程中相互整合形成的具有独立价值体系和目标取向的，为群体所共享的集合体。尽管不同的学派从不同的研究视角出发界定了文化体系，但我们从中可以看到文化体系是由文化要素耦合的结构形成的、能与环境进行能量与信息互换的系统。文化要素是构成文化体系的基本单元，然而"文化要素只有按一定的方式相互联系和相互作用，才能形成文化结构然后形成文化体系"③。因此，明确文化要素和文化结构是构建文化体系概念的重要前提。一般而言，"描述文化的内容要包括如下诸点，讲出什么人、在什么时候，以及在什么环境

① ［德］黑格尔：《小逻辑》，贺麟译，商务印书馆 1980 年版，第 55—56 页。

② ［美］加布里埃尔·A. 阿尔蒙德、小 G. 宾厄姆·鲍威尔：《比较政治学：体系、过程和政策》，曹沛霖等译，东方出版社 2007 年版，第 5 页。

③ 周洪宇、俞怀宁、程继松：《文化系统论纲——文化学系列研究之二》，《华中师范大学学报》（哲学社会科学版）1988 年第 6 期。

下做了些什么，说了些什么以及造成了些什么"①。研究文化还要研究文化是什么以及文化怎样运作的问题。②

　　由于文化要素的多元性以及文化结构的复杂性，因此文化体系的建构就需要系统方法论来指导。文化系统理论认为，文化系统包括环境、文化要素和文化要素载体以及文化结构四个方面的内容。第一，文化系统要与环境进行能量与信息的互换。第二，文化系统是由物、思想和人三个核心要素构成的。第三，物质文化是文化系统的基础，制度文化是文化系统的保障，精神文化是文化系统的核心。第四，文化系统结构从纵向上分为物质文化的表层结构、制度文化的中层结构以及精神文化的深层结构；从横向上文化系统结构又可以分为政治文化系统、法律文化系统、军事文化系统，等等。③ 文化系统理论分别从文化环境、文化主体、文化客体、文化结构、文化运行五个方面探析了文化系统的基本方面。这为我们进一步探析县级政府绿色治理文化体系的构成要素奠定了理论基础。

　　结合县级政府绿色治理文化的概念，从"县级政府绿色治理文化所处的环境—县级政府绿色治理文化的主体是谁—县级政府绿色治理文化的对象是什么—县级政府绿色治理文化的构成要素包括哪些—县级政府绿色治理文化如何运行—县级政府绿色治理文化运行效果如何"的逻辑出发，我们认为，县级政府绿色治理文化体系是由县级政府绿色治理文化所处环境、县级政府绿色治理文化的主体、县级政府绿色治理文化的客体、县级政府绿色治理文化的结构、县级政府绿色治理文化的运行以及县级政府绿色治理文化的运行质量六个要素构成的有机整体。

　　县级政府绿色治理文化的环境包括县域内外的政治环境、经济环境、社会环境、文化环境和生态环境。县级政府绿色治理文化的主体是县级政府绿色治理文化的共同体，该共同体主要由县级党委、县级政府、县域企业、县域社会组织、县域公民大众等构成。县级政府绿色治理文化的客体包括县域自然要素、县级党委、县级政府、县域企业、县域社会组织以及县域公民。在县域中，一些县级政府绿色治理文化的主体与客

---

　　① ［美］克莱德·克鲁克洪：《文化与个人》，何维凌等译，浙江人民出版社1986年版，第8页。

　　② ［英］托尼·本尼特：《文化、治理与社会》，王杰等译，东方出版社2016年版，第261页。

　　③ 周洪宇、俞怀宁、程继松：《文化系统论纲——文化学系列研究之二》，《华中师范大学学报》（哲学社会科学版）1988年第6期。

体间并没有绝对的界限，二者有时候会交叉重叠与适时转化。县级政府绿色治理文化的结构仅指狭义文化结构，即精神文化结构，可分为纵向结构和横向结构。纵向结构由县域绿色治理价值、县域绿色治理道德、县域绿色治理理念和县域绿色治理心理构成。横向结构由县域绿色文化、县域绿色政治文化、县域绿色行政文化、县域绿色社会文化、县域绿色企业文化以及县域绿色公民文化构成。县级政府绿色治理文化体系以运行场域、运行符号、运行机制、运行工具、运行保障等载体运行。县级政府绿色治理文化运行质量评价是对县级政府绿色治理文化运行效果的评价，是县域政府绿色治理文化共同体通过构建科学的绿色文化评价指标体系进行质量评估，并将结果反馈给县级政府绿色治理文化体系的过程。具体如图 7 - 1 所示。

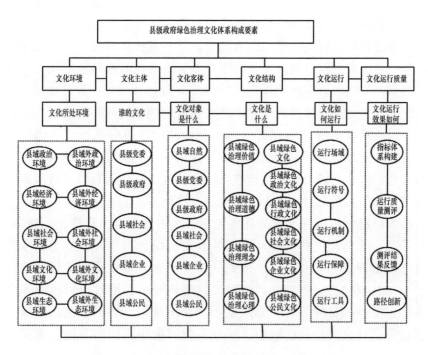

图 7 - 1　县级政府绿色治理文化体系构成要素

二　县级政府绿色治理文化的内涵

县级政府绿色治理文化是现阶段以绿色发展和生态文明为主要内容的

习近平新时代中国特色生态文明思想的具体体现。具体来说，县级政府绿色治理文化的内涵表现在以下四个方面。

一是县级政府绿色治理文化是新时代绿色发展理念的集中反映。现阶段，绿色发展新理念和生态文明理论正推动着绿色发展向绿色治理转型。绿色发展已由强调经济和生态的"二元"绿色化发展转向"政治—经济—文化—社会—文化—生态"多元绿色化发展。县级政府绿色治理文化是县级政府绿色治理活动的产物，是新时代绿色发展理念的集中反映。具体表现在：（1）县级政府绿色治理文化是县域绿色政治发展的客观要求。（2）县级政府绿色治理文化是县域绿色经济发展的理论呼唤。（3）县级政府绿色治理文化凝聚县域绿色社会共识的时代诉求。（4）县级政府绿色治理文化是营造县域良好绿色文化生态的直接诉求。（5）县级政府绿色治理文化是实现县域自然生态良好的根本诉求。

二是县级政府绿色治理文化的主体是县域绿色治理文化共同体。县级政府绿色治理文化共同体由"党委—政府—企业—社会—公民"等多元主体构成。县级党委是县级政府绿色治理文化共同体的领导主体，履行政治领导责任。县级政府包括立法机关、行政机关和司法机关在内的广义政府主体，作为治理的共同体，县级政府绿色治理文化共同体还应在一定程度上包括政治协商组织、社会团体等单位或组织。县级政府是县域绿色治理文化共同体的负责主体，履行执行绿色治理制度和实施绿色政策的职能。企业和社会组织是县域绿色治理文化共同体中的参与主体。企业和社会组织对于推动绿色文化治理具有强大的推动力。通过打造绿色企业和绿色社会组织可以广泛凝聚社会的绿色共识。公民是县域绿色治理文化共同体的基础性参与主体。完善县级政府绿色治理文化需要培育公民绿色思维，倡导公民绿色行动，让绿色治理文化内化于公民之心，外化于公民之行。县域公民大众广泛、有效、有序的绿色行动可以凝聚最广泛的社会绿色共识，动员起全民绿色治理的磅礴力量。

三是县级政府绿色治理文化是绿色治理实践活动的产物。"文化的产生是与文化主体（人类）的社会活动相伴随的，人不仅是文化的出发点，而且人的物质实践活动是文化产生的条件。"① 绿色发展理念和生态文明建

---

① 杨海波：《列宁文化理论研究》，人民出版社 2015 年版，第 110 页。

设思想推动着县级政府治理模式向绿色治理转型，而绿色治理正是县级政府绿色治理共同体为解决生态环境危机，进而实现"政治—经济—文化—社会—生态"全域绿色化的实践活动。实践基础上产生的县级政府绿色治理理论，抽象概括了县级政府绿色治理文化的基本意蕴，而县级政府绿色治理文化体系诸要素反过来又进一步推动了县级政府绿色治理的实践活动，进而推动县级政府绿色治理理论创新。正是在"理论—实践—理论"的循环反复过程中，县级政府绿色治理文化日臻完善。

四是县级政府绿色治理文化运行的目标是助推县域公园城市建设。县级政府绿色治理文化是县级政府绿色治理的符号系统。县级政府绿色治理的现实目标是县域公园城市。为此，县级政府绿色治理文化构建和完善应以实现县域公园城市为现实目标导向。县域公园城市是以绿色发展新理念与生态文明理论为指导思想，以"城乡融合的公园体系"为载体，以"以人为本"为指导原则，将城市文明和田园风光有机结合，通过打造生产、生活、生态空间相宜，政治、经济、社会、生态、文化相融合的复合系统以满足人民美好生活需要的新型县域城市形态。换言之，县域公园城市以引领县域"政治—经济—文化—社会—生态"各领域发展方式绿色变革为旨归，以"创新—协调—绿色—开放—共享"为基本手段，以推动高质量发展、创造高品质生活、实现高效能治理为目标导向。县域公园城市的推进过程也是县域城市文化的绿色转型过程，这就为与县域公园城市价值相契合的县级政府绿色治理文化的运行创造了绿色空间载体和绿色实践场域。

三　县级政府绿色治理文化的特征

县级政府绿色治理文化本质上是一种社会文化。因此县级政府绿色治理文化即具有文化的普遍性特征。同时，由于县级政府绿色治理文化作为县级政府绿色治理实践的产物，又具有一般文化所不具有的其他特征。生态性和可及性是县级政府绿色治理文化区别与其他治理文化的根本特征。公共性、符号性、整合性、时代性和地域性是县级政府绿色治理文化所具有的普遍文化特征。

一是县级政府绿色治理文化的生态性。生态性是县级政府绿色治理文化的显著特征。"理解绿色思维的关键，在于把握它的核心性原则，即人类的一切生产、生活必须体现出对自然生态价值的应有尊重。"① 县级政府绿色治理文化的生态性体现为"深入挖掘自然生态与政治生态、社会生态的互动关系，力求实现自然生态—政治生态—社会生态的健康发展、和谐共生"②。县级政府绿色治理文化的生态性凸显为"自然生态—政治生态—社会生态"的全域绿色化。自然生态的绿色化就是通过绿色政策推动自然环境的绿色治理，形成绿水青山的自然生态，进而奠定县域公园城市的绿色生态底蕴。社会生态的绿色化就是要建立健康和谐可持续的绿色社会，推动社会生产方式和生活方式的绿色化，进而奠定公园城市健康和谐的绿色社会生态。政治生态的绿色化就是要实现政治制度、政治行为、政治过程以及政治文化的绿色化，继而打造公园城市风清气正的政治生态和廉洁高效的行政生态。

二是县级政府绿色治理文化的公共性。公共性是县级政府绿色治理文化的本质特征。公共性首先指出现在公共场合的东西具有最广泛的公开性，能为每个人所看见和听见。其次是公共的就不仅是我们与跟我们生活在一起的人共有的世界，而且也是我们与我们的先辈和后代共有的世界。③据此，我们认为县级政府绿色治理文化的公共性包括：（1）县级政府绿色治理文化是公共利益的集中体现。县级政府绿色治理文化是县域绿色治理文化共同体追求县域绿色公共利益最大化实践活动的产物，是对日益增长的县域绿色文化发展需求的系统性回应。（2）县级政府绿色治理文化的公开性。县级政府绿色治理文化只有具有公开性，才能为县级政府绿色治理文化发挥批判和参与功能创造条件。（3）县级政府绿色治理文化的共享性。县级政府绿色治理文化是由县域绿色治理文化共同体共享的价值共识、道德规范、理想信念和行为规范构成，是县域绿色治理共同体共建共治共享的绿色底蕴。

三是县级政府绿色治理文化的可及性。县级政府绿色治理文化是一种公共文化服务。能够为广大人民群众获得和共享，应是绿色治理文化公共性的集中体现。在县域治理中，"公共文化服务可及性主要用于评价公共

---

① 郇庆治：《绿色乌托邦：生态主义的社会哲学》，泰山出版社 1998 年版，第 159 页。

② 史云贵、孟群：《县域生态治理能力：概念、要素与体系构建》，《四川大学学报》（哲学社会科学版）2018 年第 2 期。

③ ［德］汉娜·阿伦特：《公共领域和私人领域》，转引自陈燕谷主编《文化与公共性》，生活·读书·新知三联书店 1998 年版，第 81—83 页。

文化服务体系与城乡居民之间的适合度概念"①。县级政府作为职能最完整的基层政府,通过社会治理和公共服务直接与县域老百姓打交道。因此,可及性是县级政府绿色治理文化的重要特征。县域居民可以通过不同的方式和途径享受到县级政府提供的便捷、高效、高质量的公共产品和服务。相较于其他层级的地方政府提供的公共产品和公共服务来说,县级政府提供的公共产品和公共服务不仅能够回应中央或省级政府的文化发展战略要求,更可以直接回应县域居民对美好生活需要的现实文化诉求,因而具有较高程度的可及性。我们认为,县级政府绿色治理文化的可及性是指县域绿色治理文化与县域公民大众绿色文化需求之间的"适应性"。具体来说:(1)县域绿色公共文化服务体系构成要素的可及性。(2)县域大众绿色话语表达机制的可及性。(3)县域大众绿色文化交往的可及性。

四是县级政府绿色治理文化的符号性。任何文化构成要素都是以某种符号为载体而存在的。在一定程度上,我们甚至可以说文化要素本身就是一种符号。作为社会文化体系的一种,县级政府绿色治理文化是由诸多文化符号有机构成的。县级政府绿色治理文化的符号性表现在以下两个方面:(1)县级政府绿色治理文化作为县级政府绿色治理的符号体系,表征着县级政府绿色治理文化的一系列价值追求、道德行为规范等。(2)县级政府绿色治理文化的运行是以符号或符号系统为基本载体的。县级政府绿色治理文化是通过符号或符号系统实现县级政府绿色治理文化多元主体间的共建共治共享的。(3)绿色话语是县级政府绿色治理文化中的重要符号。

五是县级政府绿色治理文化的时代性。任何文化和文化体系都是一定时代的符号,也是一定社会的产物。"文化的时代性是指由社会发展特定历史阶段上的一般状况所决定的文化的时代特征。它表现为文化进化过程的不同时间维度及其代谢和更迭。"② 县级政府绿色治理文化既是对我国传统绿色文化的传承和西方绿色文化的扬弃,又是习近平新时代中国特色社会主义思想中绿色发展新理念和生态文明理念的具体体现,是历时性和共时性的统一。另外,县级政府绿色治理文化又是县域在绿色治理实践过程

① 王前、吴理财:《公共文化服务可及性评价研究:经验借鉴与框架建构》,《上海行政学院学报》2015 年第 3 期。

② 李庆宗:《文化的民族性、时代性与文化模式的选择》,《理论学刊》2000 年第 3 期。

中形成的，具有鲜明的历时性特征。概言之，县级政府绿色治理文化的时代性既是对县域生态文化的继承和发扬，同时也反映新时代政府绿色治理文化的基本特征。

六是县级政府绿色治理文化的地域性。文化是在一定地域内经过长时间的历史积淀形成的。因此，文化与其所处的地域具有密切的关系。作为一种社会文化，县级政府绿色治理文化也具有鲜明的地域性。县级政府绿色治理文化的地域性指的是县级政府绿色治理文化是在县域空间范围内经过长期的历史积淀而形成的，是县域自然生态、历史传统、风俗习惯的长期积淀，是增进县域社会主体绿色治理共识和认同的情感纽带。从一定程度上来说，县级政府绿色治理文化是县级地域文化的集中反映。总之，县级政府绿色治理文化是对县域绿色治理诉求的积极回应。只有将县域绿色文化融入县级政府绿色治理的全过程，才能为县级政府绿色治理文化的高质量运行创造良好的生态环境。

七是县级政府绿色治理文化的整合性。文化是由不同要素依据一定的方式耦合形成的系统，各个构成要素在文化中具有不同的功能和作用力。因此，文化是以系统的形式运行和发挥功能的，这就意味着文化具有整合性。县级政府绿色治理文化是县域多元主体在绿色治理实践中形成的关于县级政府绿色治理的多元价值诉求的耦合，从根本上来说反映的是县域人民群众的根本利益诉求。现阶段，随着县域公众对绿色文化认知程度和参与程度的提高，县域绿色治理文化已成为县域公众普遍的文化需求。然而，就县域绿色治理文化的需要而言，城乡之间、不同社会群体之间还存在较大的差异。作为政府回应县域群众绿色文化诉求的集中体现，县级政府绿色治理文化是在充分整合不同群体文化诉求的基础上形成的县域绿色文化的集中反映。

第二节　县级政府绿色治理文化与绿色治理

县级政府绿色治理文化与县级政府绿色治理以县域公园城市为目标，并分别为县域公园城市提供了文化引领和实践理路。县级政府绿色治理文化是沟通县域绿色治理和县域公园城市的精神纽带。深入剖析县级政府绿色治理文化与绿色治理的逻辑关系，对于推动县级政府绿色治理文化的具象落地进而打造县域公园具有深远意义。县级政府绿色治理文化归根结底是县级政府绿色治理共同体在绿色治理实践活动过程中形成的绿色治理理念、绿色治理价值、绿色治理道德的有机整体。因而，县级政府绿色治理文化与县级政府绿色治理相互作用、相互促进，共同推进人民群众美好生活需要的时代进程。

一 治理与文化的逻辑属性

辨析县级政府绿色治理文化与绿色治理之间的关系，首先要弄清楚治理与文化之间的逻辑属性。福柯的治理术思想和托尼·本尼特的文化治理性理论为我们明晰治理与文化间的逻辑属性奠定了理论基础。总的来说，治理活动为文化的运行奠定了实践基础，而文化自身也具有一定的治理功能。

1. 治理为文化运行奠定了实践基础

文化是人类实践活动的产物，而治理为文化形成奠定了实践基础。"治理不只是单纯对人或对物的管理，而是还涉及对人与物的关系的治理，不仅是人治理物，而且是对治理过程、治理关系本身的治理。"① "文化是一系列通过历史特定的制度形成的治理关系。"② 因此，从一定程度上来说，治理的过程也是文化生成的过程。具体来说，治理之于文化的实践基础作用具体体现在：（1）治理主体的多元性为人民群众参与文化生产创造了条件。（2）治理价值的多元性为整合不同价值的张力和冲突，进而为凝聚新的价值共识创造了条件。（3）治理实践是治理理论产生的实践基础，而治理理论是治理文化的抽象概括与集中反映；治理实践为治理文化的形成提供了前提条件。（4）不同治理要素之间作用耦合形成的合力创造了文化善治的场域。（5）不同治理机制动力的耦合为文化的生产提供了强劲的动力。（6）治理制度为文化的生产提供了框架性保障。（7）作为治理工具的政策为文化的生产提供了工具保障。总之，从一定程度上来说，治理实践是治理文化的前提与基础。

2. 文化对治理的引领功能

通过追溯文化概念的起源，我们可以看到文化对治理活动具有引领

---

① 徐一超：《"文化治理"：文化研究的"新"视域》，《文化艺术研究》2014 年第 3 期。

② ［英］托尼·本尼特：《文化、治理与社会》，王杰等译，东方出版社 2016 年版，第 210 页。

功能。我国关于文化概念的记载最初出现在《易经》："小利有攸往，天文也；文明以止，人文也；观乎天文以察时变，观乎人文以化成天下。"①由此我们可以看出，自古以来人们就非常重视文化的治理功能，"上古结绳而治，后世圣人易之书契，百官以治，万民以察，盖取诸夬"②，便是最好的诠释。托尼·本尼特的文化与治理关系理论表明，文化是一个特别的治理领域，是一系列通过历史特定的制度形成的，以通过审美知性的形式、技术和规则转变为人们思想和行为为目的的治理关系。他进一步指出文化包括四个要素：（1）特殊的行为品行和行为方式的技术；（2）用来培养或转变这样的行为品行或行为方式的技术；（3）这样的技术集合成特别的管理手段；（4）这种手段在特定文化技术运转程序中的刻写。另外，他还指出文化是构建社会关系的语言和表征机制运作，以组织管理社会行动者行为的意义结构。治理性是指以促进我们更积极参与自身管理和监督并促进我们自身发展为目的，通过特定的政治制度和叙述事实的策略而运转的治理机制和方案。③ 在托尼·本尼特看来，虽然文化与治理之间还存在一些不和谐的地方，但通过社会交往的相似机制，文化和治理之间的交集可以充分发挥作用。由此，我们认为文化本身就具有治理的功能，文化对治理的引领作用具体表现在：（1）提供价值指引；（2）提供道德规范；（3）阐释治理的意义；（4）文化是治理行为的过滤器；（5）文化为治理提供非正式制度约束力。概而言之，"文化是治理的工具"④。

综上所述，治理与文化密切相关，治理是文化运行的理性路径，而文化为治理提供了价值和理念引领。治理与文化之间的逻辑属性为我们辨明县级政府绿色治理文化体系与绿色治理的辩证关系奠定了理论基础。总的来说，县级政府绿色治理文化体系是绿色治理的抽象概括，绿色治理是县级政府绿色治理文化体系的具象表达。

---

① （魏）王弼：《周易注疏》，（晋）韩康伯注，中央编译出版社2013年版，第143页。
② （魏）王弼：《周易注疏》，（晋）韩康伯注，中央编译出版社2013年版，第385页。
③ ［英］托尼·本尼特：《文化、治理与社会》，王杰等译，东方出版社2016年版，第210—211、255页。
④ ［英］托尼·本尼特：《文化、治理与社会》，王杰等译，东方出版社2016年版，第210—211、208页。

二 县级政府绿色治理文化是绿色治理活动的抽象概括

县级政府绿色治理文化与绿色治理相互促进、相互影响，总体来说，县级政府绿色治理文化是绿色治理的前提和基础，而绿色治理是县级政府绿色治理文化的实践保障。县级政府绿色治理文化对绿色治理的重要作用主要体现在县级政府绿色治理文化为绿色治理提供了价值引领、理论支撑、法治保障以及行为导向。县级政府绿色治理文化各要素作用力耦合形成的绿色公共空间为绿色治理活动提供了善治场域。因此，县级政府绿色治理文化是对县级政府绿色治理具体内容的抽象概括。具体来说，表现在以下四个方面：（1）县级政府绿色治理文化体系为绿色治理提供了价值引领。绿色治理价值是政府绿色治理文化的核心内容，是绿色公共利益的集中体现，象征着绿色治理的意义。作为一种实践活动的绿色治理，如果没有绿色价值观的引领，将会变成无源之水、无本之木。（2）县级政府绿色治理文化体系为绿色治理活动奠定了理论基础。县级政府绿色治理文化体系是在对新时代县域社会发展主要矛盾转变的科学研判及批判继承传统政府治理理念的基础上形成的，以解决生态环境恶化问题为出发点，以实现县域"政治—经济—社会—文化—生态"全域绿色化为目标的全新的政府治理理念，是在实践基础上产生的对绿色治理活动的理性认知。（3）县级政府绿色治理文化体系外显为县域绿色治理行为。绿色治理文化体系为绿色治理活动规定了绿色治理的基本行为规范，涵盖了不同绿色治理共同体成员的行为规范和要求，避免和消解了不同绿色治理主体间以及公民自身面临的不同角色文化之间的冲突和张力，进而为绿色治理行为提供了绿色行为规范。县级政府绿色治理文化体系只有通过绿色治理文化共同体成员行为的外化，才能永葆县级政府绿色治理文化的生机。（4）县级政府治理文化体系为绿色治理提供了非正式制度的柔性规导力。（5）县级政府绿色治理文化体系为绿色治理活动创造了善治场域。县级政府绿色治理文化体系的不同要素以特定的形式耦合形成县域绿色公共能量场，为绿色治理提供了善治场域。

三 绿色治理活动是县级政府绿色治理文化的具象

县级政府绿色治理就是县级政府绿色治理共同体以绿色治理文化为引领，基于共建共治共享的原则，以县域绿色治理正式制度和非正式制度为保障，以推动县域生产生活方式绿色转型进而推动县域"政治—经济—文化—社会—生态"全域绿色化为主要路径，以县域公园城市建设为现实目标，最终满足人民群众美好生活需要为目的的一系列活动或活动过程。因此，县级政府绿色治理是县级政府绿色文化体系的具象。具体而言，县级政府绿色治理对绿色治理文化体系的具象作用体现在以下四个方面：（1）县级政府绿色治理理论是绿色治理文化体系的高度凝练和集中反映。绿色治理文化是县级政府绿色治理文化共同体在科学研判县级政府绿色治理运行规律基础上形成的理性认识，这些理性认识集中表现为县级政府绿色治理理论。（2）县级政府绿色治理制度是绿色治理文化体系高质量运行的法治保障。县级政府绿色治理制度是县级政府绿色治理共同体在绿色治理的实践过程中依法制定的正式制度和非正式制度的有机整体，这些正式制度和非正式制度耦合形成制度合力共同为县级政府绿色治理行为提供制度约束，这就为以县级政府绿色治理制度为重要保障的县级政府绿色治理文化的高质量运行提供了法治保障。（3）县级政府绿色政策是绿色治理文化体系高质量运行的工具保障。县级政府绿色治理政策是县级政府绿色治理共同体依据县域具体情境制定的贯彻落实县级政府绿色治理制度的理性工具。这就为县级政府绿色治理文化从理念形态转变为现实状态提供了工具保障。（4）县级政府绿色治理机制为绿色治理文化体系高质量运行提供动力保证。县级政府绿色治理机制指"县级政府绿色治理共同体在治理场域内，针对绿色治理问题，以绿色治理为价值向度和行为逻辑，协调各种绿色治理主体间关系，形成绿色治理合力的机制谱系"[①]。县级政府绿色治理机制按照"要素—功能"逻辑建构的以决策机制、动力机制、协同机制、测评机制、创新机制为基础的机制谱系，有利于整合县级政府绿色治理要素的合力进而形成推动县级政府绿色治理文化体系高质量运行的动力。

综上所述，县级政府绿色治理文化与绿色治理二者互为条件，相互促进、相互影响。一方面，县级政府绿色治理文化源于绿色治理实践活动并对绿色治理实践活动提供价值指引、道德约束、理念指导和行为规范，是对县级政府绿色治理的抽象概括。另一方面，县级政府绿色治理是在县级政府绿色治理文化

---

① 史云贵、谭小华：《县级政府绿色治理机制：概念、要素、问题与创新》，《上海行政学院学报》2018 年第 5 期。

的基础上，制定绿色治理制度和绿色政策并付诸实施的活动过程。县级政府绿色治理实践活动为县级政府绿色治理文化的形成奠定了实践基础，而县级政府绿色治理实践活动也是联结县级政府绿色治理文化要素的中介。

第三节　县级政府绿色治理文化
体系的构成要素

文化体系是文化诸要素有机结合的系统。破解县级政府绿色治理文化体系的诸要素并阐明诸要素之间的结构功能关系是县级政府绿色治理文化体系构建的重要方面。县级政府绿色治理文化体系的构成要素包括县级政府绿色治理文化的环境、县级政府绿色治理文化的主体、县级政府绿色治理文化的客体、县级政府绿色治理文化的结构。

一　县级政府绿色治理文化体系的环境

县级政府绿色治理文化体系是各要素耦合形成的，并能够与环境进行能量和信息交换的系统。因此，环境对县级政府绿色治理文化体系的构建具有非常重要的作用。县级政府绿色治理文化体系只有健全与环境交往的输入、输出机制才能为县级政府绿色治理文化的繁荣提供持久动力。县级政府绿色治理文化体系的环境可以分为县域内部环境和县域外部环境。县域内部环境是由县域政治生态—县域社会生态—县域自然生态耦合形成的内部生态环境。具体来说，主要包括县域政治—经济—社会—文化—生态五大环境。县级政府绿色治理文化的外部环境是指县域以外的环境，包括省域、国家乃至国际社会的政治环境、经济环境、社会环境、文化环境和生态环境。县级政府绿色治理文化的不同环境并不是单独起作用的，而是多种环境融合形成的整体状态。

二　县级政府绿色治理文化体系的主体

县级政府绿色治理文化的主体是由县域"党委—政府—企业—社会—公民"组成的县域绿色治理文化共同体。文化共同体的概念起源于 C. P. 斯诺的两种文化理论。他指出，19 世纪 90 年代整个西方社会由于文学知识分析和科学家两个极端集团的分裂，导致两个集团之间的鸿沟日益加

第七章 县级政府绿色治理文化

剧，进而形成了两种相互分裂的文化。科学家和文学知识分子都认为文化存在于人类学领域中，并且具有共同的态度、行为标准和模式以及共同的方法和设想，这就需要弥合文化之中的这种鸿沟，但斯诺并没有指明弥合这种分裂的文化的路径。① 雷蒙·威廉斯的"文化共同体"的概念为消除不同文化诉求之间的鸿沟，进而形成文化共同体指明了方向。在他看来，"文化共同体是基于相互责任、相互调整、相互理解的基础上达成的，不仅会营造空间，而且也会积极鼓励所有人，还会协助推进公众所普遍需要的意识的发展，也会鼓励倾听其他立场的发表看法并全神贯注地思考每一种情感及每一种价值观"②。现阶段随着我国社会主要矛盾的转变，人民美好生活需要日益广泛，不仅对物质文化生活提出了更高要求，而且在民主、法治、公平、正义、安全、环境等方面的要求日益增多，然而这些不同的美好生活需要往往是相互矛盾甚至是相互冲突的，而要弥合不同文化需求之间的鸿沟，就需要融合不同的价值诉求形成绿色价值共识，进而构建绿色治理文化共同体。县级政府绿色治理文化共同体是指基于绿色价值共识基础建立起来的，既能充分继承和发扬县域优秀历史文化传统，又能促进县级政府绿色治理文化生产和供给的文化共同体。县级政府绿色治理文化共同体的形成既是对县域优秀历史文化的传承与发扬，同时还是县域新时代背景下文化发展的新趋向的集中反映。因此，构建县级政府绿色治理文化共同体、化解不同亚文化之间的冲突是新时代县域绿色治理文化培育的应有之义。

三 县级政府绿色治理文化体系的客体

依据马克思主义理论，"客体是主体实践和认识活动指向的对象，是包括自然客体、社会客体和精神客体的现实存在物"③。按照马克思主义唯物辩证法，主体与客体是相对的，二者在一定条件下可以相互转化。文化属于人类精神生产的范畴，作为实践基础上产生的精神生产的客体包括"自然界、社会与人的自身在内的客观现实世界"④。因此，我们认为县级政府绿色治理文化的客体是县域自然界、县级党委、县级政府、县域企

① ［英］C. P. 斯诺：《两种文化》，生活·读书·新知三联书店1994年版，第4、17、62页。
② ［英］雷蒙·威廉斯：《文化与社会：1780—1950》，高晓玲译，商务印书馆2018年版，第466—468页。
③ 《中国大百科全书》，中国大百科全书出版社1987年版，第1240页。
④ 周积泉：《试论精神生产的主体与客体》，《广东社会科学》1987年第1期。

281

业、县域社会组织和县域公民等。以县域自然界为客体，就是要将自然界作为人类命运共同体的重要成员，尊重、保护自然进而实现自然生态和谐，这反映的是人与自然关系的和谐。以县级党委、县级政府、县域企业、县域社会组织为客体，就是要让县级政府绿色治理文化规导这些社会主体的治理行为，推进治理活动的绿色化进程，这反映的是人与人关系的和谐。以县域公民为客体，就是要通过县级政府绿色治理文化的社会化过程，使县域公民将县级政府绿色治理文化内化于心、外化于行，实现县域公民行为的知行合一，这反映的是人自身的和谐。因此，从某种程度上来说，县级政府绿色治理文化的客体是包括"县域自然界—县级党委—县级政府—县域企业—县域社会组织—县域公民"在内的县域命运共同体。

四 县级政府绿色治理文化体系的结构

文化结构是县级政府绿色治理文化体系的重要组成单元。"结构就是指系统诸要素之间确定的构成关系。"① 文化结构就是指文化体系诸要素之间确定的构成关系。庞朴认为文化结构可以分为外层、中层和核心层三个层次。最外层是物的部分，中层是种种制度和理论体系，核心层是文化心理状态，包括价值观念、思维方式、审美情趣、道德情操、宗教信仰、民族性格等。文化的三个层面，彼此相关，形成一个系统，构成了文化的有机体。② 周洪宇等人认为"文化系统的结构一般可分为表层结构、中层结构和深层结构。表层结构是物质文化，中层结构是制度文化，深层结构是指精神文化"③。张岱年等认为，文化结构主要包括四个层次，即"物化的知识力量构成的物态文化层、由人类在社会实践中建立的各种社会规范构成的制度文化层、由人类在社会实践尤其是人际交往中约定俗成的习惯性定势构成的行为文化层、以及由人类社会实践和意识活动中长期氤氲化育出来的价值观念、审美情趣、思维方式等构成的心态文化层"④。从广义的角度来看，文化结构可以分为物质文化、制度文化、行为文化和精神文化。但究其根本，物质文化、制度文化、行为文化都是精神文化的外在表

---

① 《中国大百科全书》，中国大百科全书出版社 1987 年版，第 358 页。

② 庞朴：《要研究文化的三个层次》，《光明日报》1986 年 1 月 17 日第 2 版。

③ 周洪宇等：《关于文化学研究的几个问题》，《华中师范大学学报》（哲学社会科学版）1987 年第 6 期。

④ 张岱年、方克立主编：《中国文化概论》，北京师范大学出版社 1994 年版，第 4—6 页。

征和物质载体。从一定程度上来说，精神文化是文化的内涵，而物质文化、制度文化和行为文化都属于精神文化的物质载体，是精神文化与物质、制度和行为在实践过程中形成的结果，属于文化概念的外延范畴。据此，我们从狭义文化结构的角度认为，县级政府绿色治理文化体系的结构是在精神文化诸要素之间确定的关系。具体来说，县级政府绿色治理文化体系的结构可以分为横向结构和纵向结构。"横向结构指同一层次不同要素的构成方式，纵向结构则揭示不同层次之间的联结方式。"① 依据县级政府绿色治理文化要素同一层次、不同要素之间的联结方式，县级政府绿色治理文化从横向上可以分为县域绿色治理价值、县域绿色治理道德、县域绿色治理理念、县域绿色治理心理。依据县级政府绿色治理文化对象的不同，县级政府绿色治理文化从纵向上可以分为县域绿色政治文化、县域绿色行政文化、县域绿色社会文化、县域绿色企业文化和县域绿色公民文化六个层次。

（一）县级政府绿色治理文化体系的横向结构

县级政府绿色治理文化体系横向结构以县域绿色治理价值为核心，依次是县域绿色治理价值、县域绿色治理道德、县域绿色治理理念、县域绿色治理心理。县域绿色治理价值处于核心层，县域绿色治理道德处于第二层，县域绿色治理理念处于第三层，县域绿色治理心理处于最外层。具体如图 7－2 所示。

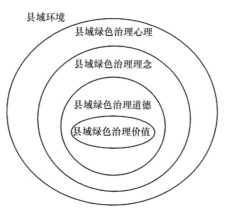

图 7－2　县级政府绿色治理文化横向结构

① 江泽慧主编：《生态文明时代的主流文化——中国生态文化体系研究总论》，人民出版社 2013 年版，第 70 页。

1. 县域绿色治理价值

县域绿色治理价值是县级政府绿色治理文化横向结构的核心，在县级政府绿色治理文化体系中具有较强的凝聚力。县域绿色治理价值是绿色价值观在治理层面上的综合体现。现代绿色价值观起源于西方绿色社会运动。丹尼尔·A. 科尔曼将卡普拉和斯普雷纳克提出的四种绿色价值观扩展为十种绿色价值观，主要包括"生态、社会正义、基层民主、非暴力、权力下放、社群为本的经济、女性主义、尊重多样性、个人与全球责任、注重未来"①。郇庆治认为"生态理性、新经济理性和新民主观应当成为未来社会的三维价值坐标"②。由此观之，生态价值的优先性构成绿色价值观的本质规定，"绿色思维的关键在于人类的一切生产生活必须体现出对自然生态价值的应有尊重"③。因此，县级政府绿色治理文化的首要价值就是对自然生态价值的尊重和保护。以绿色发展理念为重要内容的新时代生态文明思想为尊重自然、保护自然，进而实现人与自然的和谐发展奠定了良好的意识形态基础。另外，大力培育和弘扬社会主义核心价值观是推进国家治理体系和治理能力现代化的重要内容，这就对县域绿色治理价值做出了根本性规定。因此，县域绿色治理价值必须自觉把培育和弘扬社会主义核心价值体系和核心价值观作为时代使命和政治责任。由此观之，县域绿色治理价值优先考虑自然生态价值，更要对新时代人民群众物质、民主、法治、公平、正义、安全、环境等方面的价值诉求进行回应，更是对社会主义核心价值观的培育和践行。概而言之，县域绿色治理价值是社会主义核心价值观的高度凝练，同时是对自然生态价值的具体体现。以社会主义核心价值观为引领可以为自然生态价值的尊重和保护凝聚广泛的绿色价值共识。只有将社会主义核心价值观融入县域绿色治理价值中，进而融入县级政府绿色治理文化体系中，最终通过县级政府绿色治理文化体系的运行实现社会主义核心价值观对绿色政治文化、绿色行政文化、绿色社会文化、绿色企业文化和绿色公民文化潜移默化地浸润，进而将社会主义核心价值观融入县域绿色政治、绿色经济、绿色社会、绿色文化和绿色生态的

---

① ［美］丹尼尔·A. 科尔曼：《生态政治：建设一个绿色社会》，梅俊杰译，上海译文出版社 2006 年版，第 96 页。
② 郇庆治：《绿色乌托邦：生态主义的社会哲学》，泰山出版社 1998 年版，第 168 页。
③ 郇庆治：《绿色乌托邦：生态主义的社会哲学》，泰山出版社 1998 年版，第 159 页。

全域绿色治理实践活动过程中，才能为县域绿色治理价值的形成和培育凝聚广泛的绿色社会共识。

2. 县域绿色治理道德

县域绿色治理道德是县级政府绿色治理文化横向结构的重要组成部分，在县级政府绿色治理文化体系中具有较强的道德约束力。县域绿色治理道德与县域绿色治理价值相辅相成。县域绿色治理价值和县域绿色治理道德既相互联系又相互区别。一方面，县域绿色治理价值不同于县域绿色治理道德。县域绿色治理价值是衡量利弊得失的标准，而县域绿色治理道德是衡量好与坏、对与错的善恶标准。另一方面，县域绿色治理价值包含着县域绿色治理道德。只有将绿色治理价值转化为县域绿色治理道德，才能为县域绿色治理价值共识和绿色治理制度的稳定性提供道德自律机制。在罗尔斯看来，"道德观是原则、理想、准则的一个及其复杂的结构，而且涉及思想、行为和情感的所有因素"[1]。道德的形成要经历"权威的道德—社团的道德—原则的道德"三个阶段的道德心理学法则才能最终形成完整的道德观。这就为具有高度复杂性的县域绿色治理道德的培育提供了方法论的导引。县域绿色治理道德从根本上就是强调生态道德的优先性，而生态道德的培育关键在于，生态道德与"社会公德、职业道德、家庭美德、个人品德"的社会思想道德体系的融合，进而形成"县域绿色政治道德、绿色行政道德、绿色社会公德、绿色职业道德、绿色家庭美德、绿色公民品德"的绿色社会思想道德体系。而要实现县域绿色治理价值向县域绿色治理道德的转化，就需要经过"权威的道德—社团的道德—原则的道德"三个阶段的转换。据此，我们认为，县域绿色治理道德的形成由对县域自然的爱与尊重的绿色道德情感以及对县域自然敬畏、服从的绿色道德德性为基本内容的"绿色权威的道德"，发展到以县级政府绿色治理文化共同体的公平正义的道德情感以及合作的绿色道德德性为主要内容的"绿色社团的道德"，最后发展到以绿色正义感为主要内容的"绿色原则的道德"三个道德发展阶段。而绿色治理道德发展的三个阶段也正是将绿色治理道德融入县域绿色政治道德、绿色行政道德、绿色社会公德、绿色职业道德、绿色家庭美德、绿色公民品德的绿色社会思想道德体系的过程。经

---

[1] ［美］约翰·罗尔斯：《正义论》，何怀宏等译，中国社会科学出版社1988年版，第447页。

历了绿色权威的道德、绿色社团的道德和绿色原则的道德的发展，绿色治理道德将形成稳定全面的绿色道德约束机制，一旦违背这些道德就会产生一种负罪感。总之，县域绿色治理道德是县级政府绿色治理文化体系的重要组成部分，在县级政府绿色治理文化体系中拥有较强的约束力。

3. 县域绿色治理理念

县域绿色治理理念是构成县级政府绿色治理文化的重要内容，在县级政府绿色治理文化体系中具有较强的思想力。"绿色思考的核心是从人与自然关系的新理解出发，重新设计和创造一种可持续的生存生活模式。"[①]从根本上来说，绿色治理理念的核心就在于在绿色治理价值观的引导下重新设计和创造一种绿色的生存生活模式。据此，我们认为，县域绿色治理理念是指绿色治理文化共同体在绿色治理的实践过程中形成的，以县域公园城市建设为目标，以培育县域绿色生产生活方式为着力点，以推进"县域绿色政治、县域绿色经济、县域绿色社会、县域绿色文化、县域绿色生态"为发展路径，以实现人与自然和谐、人与人和谐以及人与自身和谐，进而满足人民群众美好生活需要的一系列思想观念的有机整体。县域绿色治理理念既是对我国传统博大精深的生态文明思想的继承和发扬，又是我国长期以来绿色发展理念的结晶，更是习近平新时代中国特色社会主义思想在生态文明建设领域的现实要求。现阶段，以绿色发展理念和生态文明建设为主要内容的习近平新时代中国特色社会主义思想为县域绿色治理理念奠定了理论基础。"绿色是永续发展的必要条件和人民对美好生活追求的重要体现。"[②]为此，要以坚持人与自然和谐共生，用最严格制度、最严密法治保护生态环境，加快构建生态文明体系，全面推动绿色发展，把解决突出生态环境问题作为民生优先领域，有效防范生态环境风险。[③]贯彻实施绿色发展理念和生态文明思想必须以基于县域绿色治理价值为引领的县级政府绿色治理为理性路径，以县域绿色公园城市为目标，全面推进县域绿色政治、绿色经济、绿色社会、绿色文化和绿色生态的发展，加快推进县域绿色生产和绿色生活，进而不断满足县域人民群众美好生活的现实

---

① 郇庆治：《绿色乌托邦：生态主义的社会哲学》，泰山出版社1998年版，第153页。
② 《中华人民共和国国民经济和社会发展第十三个五年规划纲要》，人民出版社2016年版，第14页。
③ 习近平：《推动我国生态文明建设迈上新台阶》，《求是》2019年第3期。

需求。一方面，县域绿色政治发展是县域绿色治理文化发展的重要保证，县域绿色经济发展是县域绿色治理文化发展的物质基础，县域绿色社会发展是县域绿色治理文化发展的重要社会基础，县域绿色文化发展是县级政府绿色治理文化发展的直接目标，县域绿色生态发展是县级政府绿色治理文化发展的底蕴。另一方面，县域绿色政治、县域绿色经济、县域绿色社会、县域绿色文化和县域绿色生态的发展统一于县域公园城市的构建进程中。这是因为县域公园城市是县级政府绿色治理文化体系运行和县级政府绿色治理的空间载体与实践场域。只有将县级政府绿色治理文化贯穿到县域公园城市建设的全过程才能最终实现县域全领域绿色化的目标。概而言之，县域绿色治理理念认为，只有以绿色治理为理性路径推动县域"政治—经济—社会—文化—生态"的全域绿色化，只有以县域公园城市为空间载体进行表征，才能为县级政府绿色治理文化体系的形成与运行创造良好的绿色文化生态。

4. 县域绿色治理心理

县域绿色治理心理处于县级政府绿色治理文化横向结构的最外层。关于治理心理的研究，现阶段还处于起步阶段。胡元梓认为"要实现有效的治理必须坚持协商主义、合作主义、妥协主义原则，建设民主政治，奠定有效治理的社会政治心理基础"[1]。近年来，辛自强比较关注社会治理中的心理学问题，并提出了社会治理心理学的概念，他认为"社会治理的过程中需要关注治理心理，通过心理建设的路径实现社会治理"[2]。《中共中央关于制定国民经济和社会发展第十三个五年规划的建议》中规定，在"构建全民共建共享的社会治理格局中要健全社会心理服务体系和疏导机制，危机干预机制"。由此我们看出，治理心理在社会治理中的重要作用。而从文化心理学的角度来说，治理心理也属于文化的范畴。我们认为，县域绿色治理心理的研究也是县级政府绿色治理文化横向体系的重要组成部分。根据马克思主义哲学理论，"心理是感觉、知觉、表象、记忆、想象、思维、感情、性格、能力和意志的总称，是客观事物在人脑中的反映"[3]。因此，所谓县域绿色治理心理就是县级政府绿色治理文化共同体成员在绿

---

① 胡元梓：《论中国实现有效治理的社会政治心理基础》，《文史哲》2004 年第 1 期。

② 辛自强：《社会治理中的心理学问题》，《心理科学进展》2018 年第 1 期。

③ 金炳华主编：《马克思主义哲学大辞典》，上海辞书出版社 2003 年版，第 203—204 页。

色治理实践的活动过程中形成对绿色治理的心理反应，具体表现为绿色治理认知、绿色治理情感、绿色治理态度、绿色治理动机、绿色治理信念、绿色治理能力等。县域绿色治理心理是人们对县级政府绿色治理初级阶段的认识，处于县级政府绿色治理文化的最外层，与县域绿色治理理念、县域绿色治理道德和县域绿色治理价值密切相关，是实现县级政府绿色治理文化体系与环境直接进行能量与信息互换的介质，是县域绿色治理理念、县域绿色治理道德、县域绿色治理价值得以形成的重要的精神容器。绿色治理认知是县级政府绿色治理文化共同体在绿色治理实践基础上形成的理解和判断县级政府绿色治理的认识。绿色治理情感是县级政府绿色治理文化共同体在绿色治理实践中依据体验所引发的内心评判。绿色治理态度是县级政府绿色治理文化共同体对绿色治理实践活动的态度，包括积极态度和消极态度。绿色治理信仰是县级政府绿色治理文化共同体成员参与绿色治理活动的精神支撑及维系治理关系的纽带。绿色治理能力是县级政府绿色治理文化共同体成员促成绿色治理目标达成的能量或程度。总之，绿色治理认知、绿色治理情感、绿色治理态度、绿色治理动机、绿色治理信念、绿色治理能力构成县域绿色治理心理的总体，是反映县级政府绿色治理文化的"晴雨表"。

（二）县级政府绿色治理文化体系的纵向结构

依据县级政府绿色治理文化的研究对象，县级政府绿色治理文化体系的纵向结构由县域绿色政治文化、县域绿色行政文化、县域绿色社会文化、县域绿色企业文化、县域绿色公民文化、县域绿色文化等构成。在县级政府绿色治理文化体系纵向结构中，县域绿色政治文化居于核心，其他依次是县域绿色行政文化、县域绿色社会文化、县域绿色企业文化、县域绿色公民文化、县域绿色文化。具体如图 7-3 所示。

1. 县域绿色政治文化

县域绿色政治文化居于县级政府绿色治理文化体系纵向结构的中心，是县级政府绿色治理文化体系构建最为关键的要素，在县级政府绿色治理文化纵向体系中具有强大的引领与整合功能。县域绿色政治文化是县级政府绿色治理共同体在绿色治理的实践过程中形成的包括县域绿色政治价值、县域绿色政治道德、县域绿色政治思想、县域绿色政治心理的文化结构。绿色政治文化起源于西方国家的绿色政治运动。我国学者李泊言在总

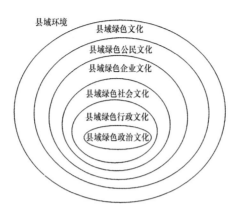

图 7 – 3 县级政府绿色治理文化体系纵向结构

结西方绿色政治的具体特征的基础上提出了绿色政治文化的概念。他认为"绿色政治文化是传统政治文化在吸收围绕生态环境问题而形成的新认识新观念基础上形成的，以绿色政治思想为主要内容，以强调环境权、环境质量标准、公民参与为主要特征，以绿色政治文化的社会化为主要路径的政治文化"[①]。我们认为，县域绿色政治文化是指县级政府绿色治理文化共同体在绿色治理的实践中形成的关于绿色治理的绿色政治价值、绿色政治道德、绿色政治思想和绿色政治心理的文化结构，其中县域绿色政治价值位于县域绿色政治文化的核心，县域绿色政治道德是县域绿色政治价值的具象，县域绿色政治心理处于县域绿色政治文化的最外层，县域绿色政治思想是沟通县域绿色政治价值、县域绿色政治道德和县域绿色政治心理的中介和桥梁。县域绿色政治文化的县域绿色政治价值、县域绿色政治道德、县域绿色政治思想、县域绿色政治心理等要素之间的相互作用和相互影响共同推动绿色政治文化对县域绿色行政文化、县域绿色社会文化、县域绿色企业文化和县域绿色公民文化的潜移默化的浸润，进而为推动县级政府绿色治理文化体系的高质量运行提供政治保障。

　　县域绿色政治文化由县域绿色政治价值、县域绿色政治道德、县域绿色政治思想、县域绿色政治心理构成。县域绿色政治价值是县级政府绿色治理文化的核心，是县级政府绿色治理的根本价值遵循，是县级政府将社

---

　　① 李泊言：《绿色政治》，中国国际广播出版社 2000 年版，第 61—62 页。

会主义核心价值观具象融入县域绿色治理全过程中形成的县域绿色政治价值观。县域绿色政治道德是指县级政府在绿色治理活动过程中，自觉将绿色治理道德和县域绿色道德融入绿色政治实践中形成的。绿色治理道德和绿色道德是绿色政治制度和绿色政策制定的道德评价标准。县域绿色政治思想是指县级政府绿色治理文化共同体在绿色治理实践中形成的一系列关于县域绿色政治发展的观念和理论的总称，是县级政府绿色治理文化共同体基于县域环境形成的对县域绿色政治发展的理性认识，是县级政府绿色治理文化共同体运用县域绿色政治思想解决县域政治、经济、社会、文化生态绿色化面临问题的过程中经过科学分析形成的对县域绿色政治制度和绿色政策的制定和执行具有重要指导作用的绿色治理理论。县域绿色政治心理是县级政府绿色治理文化共同体在绿色治理的实践活动中形成的关于绿色治理的认知、情感、评价、信仰和能力的总和。县域绿色政治心理对县域绿色政治文化的形成具有十分重要的作用，是县域绿色政治价值、县域绿色政治道德、县域绿色政治思想形成的重要的认知基础。

概言之，县域绿色政治文化是县级政府绿色治理文化共同体将县级政府绿色治理文化融入绿色治理制度和绿色政策的制定和执行等绿色政治活动的结果，是由县域绿色政治价值、县域绿色政治道德、县域绿色政治思想和县域绿色政治心理等构成的绿色政治文化结构。

2. 县域绿色行政文化

县域绿色行政文化在县级政府绿色治理文化体系中具有关键性的作用，是县级政府绿色治理文化的重要组成部分，从根本上来说，县域绿色行政文化属于县域绿色政治文化的范畴。现阶段，随着绿色治理实践活动的逐步扩散，绿色行政成为绿色治理实践活动的重要向度，而绿色行政的发展为绿色行政文化的形成和发展提供了重要的实践基础。改革开放以来，我国"社会公众对绿色行政理念的认同度在不断提高，行政的绿色化已成为一种全社会的共识"[①]。行政的绿色化共识为绿色行政文化的形成奠定了良好的基础。

要辨明县域绿色行政文化的概念，首先要明确行政文化和绿色行政文化的概念。关于行政文化的概念，不同的学者有不同的观点。从广义的角

---

① 王燕：《绿色行政实践滞后的成因及回归路径探析》，《长春理工大学学报》（社会科学版）2014 年第 2 期。

度来说，行政文化是行政主体在行政实践的基础上形成的行政精神文化、行政制度文化、行政物质文化和行政行为文化的总和。从狭义的角度上来说，行政文化仅指行政精神文化。我国很多学者大都是狭义的角度定义行政文化。王沪宁认为，"行政文化主要是主观意识领域，包括人们对行政活动的态度、信仰、情感和价值"①。吕元礼认为，"行政文化是人们在行政实践中产生的并反映行政实践的观念意识，是客观行政过程在社会成员心理反映上的积累和沉淀，是人们在一定的社会内学习和社会传递获得的行政的态度、道德、思想、价值观等观念"②。葛荃认为，"行政文化属于狭义的文化范畴，是在一定历史条件下通过行政社会化而影响着行政主体的行政行为、行政倾向、行政态度、行政价值观、行政情感和行政心理等一切主观因素的总称"③。我们认为，行政文化是行政主体在行政实践活动中形成的精神文化的总和，是由行政价值、行政道德、行政思想和行政心理构成的文化结构。现阶段国内外对绿色行政文化的概念研究还处于碎片化的阶段，绿色行政文化的概念散见于关于绿色行政研究的文献中。这种绿色行政文化的概念仅仅反映了绿色行政文化对节约能源、保护环境等现实问题的回应以及实现人与自然和谐相处的价值追求层面，并不能充分反映绿色行政文化的全貌。例如，有学者认为"绿色行政文化就是一种节约能源、保护环境、人与自然和谐相处的行政价值观念"④。这种定义仅反映绿色行政文化的部分内容。结合行政文化的概念，我们认为，县域绿色行政文化是县级政府绿色治理共同体在绿色治理实践中形成的，关于县域绿色行政价值、县域绿色行政道德、县域绿色行政思想和县域绿色行政心理的行政文化结构。其中，县域绿色行政价值位于县域绿色行政文化的核心。县域绿色行政道德是县域绿色行政价值的具象。县域绿色行政心理位于县域绿色行政文化的最外层，是县域绿色行政文化得以产生的前提与基础。县域绿色行政思想是沟通县域绿色行政价值、县域绿色行政道德和县域绿色行政心理的中介和桥梁。县域绿色行政价值是由县域绿色治理共同体认可的绿色行政的价值追求和评价绿色行政活动的价值标准。县域绿色

　① 王沪宁：《行政生态分析》，复旦大学出版社 1989 年版，第 105 页。

　② 吕元礼：《政治文化：转型与整合》，江西人民出版社 1999 年版，第 87 页。

　③ 葛荃：《行政文化与行政发展管见》，《中国行政管理》2007 年第 9 期。

　④ 王燕：《绿色行政实践滞后的成因及回归路径探析》，《长春理工大学学报》（社会科学版）2014 年第 2 期。

行政道德就是县级政府在绿色治理实践中形成的对自然尊重、保护和敬畏的道德情感和绿色正义的道德德性。县域绿色行政思想是指县级政府关于绿色行政在绿色治理实践活动中功能和地位的理性认识，是绿色行政服务县域绿色治理在理论上的集中体现。县域绿色行政心理就是县级政府绿色治理文化共同体在绿色治理实践过程中形成的关于绿色行政的态度、情感、认知、信仰、动机和能力等的总和。从根本上来说，县域绿色行政文化属于县域绿色政治文化的范畴，但又因为县域绿色行政文化结构具有与县域绿色政治文化结构不同的功能，因此县域绿色行政文化与县域绿色政治文化既具有一致性又具有差异性。就一致性方面来说，两者都是以绿色价值、绿色道德、绿色理念和绿色心理构成的绿色文化的具象。就差异性而言，县域绿色政治文化在县域绿色治理文化体系中具有重要的引领作用，而县域绿色行政文化是县级政府在绿色政治制度、绿色政策的贯彻落实中形成的。

3. 县域绿色社会文化

县域绿色社会是县级政府绿色治理文化的作用对象之一，因此县域绿色社会文化也是县级政府绿色治理文化体系的重要组成部分。要明确县域绿色社会文化的概念，首先需要先明确社会文化和绿色社会的概念。文化是特定生活方式和生产方式的总和特征。社会文化意指由"社会和文化共同形成的超有机形态"①。"社会文化是社会的价值观念系统，是由经济利益所决定的反映人们社会价值取向和历史选择特征的思想体系。"我们认为，社会文化就是广大人民群众基于社会价值观念系统形成的特定生活方式和生产方式的总和。绿色社会的概念最早是由美国学者丹尼尔·A. 科尔曼提出的。他认为，"绿色社会是基于生态、社会正义、基层民主、非暴力、权力下放、社群为本的经济、女性主义、尊重多样性、个人与全球责任、注重未来（或可持续性）的绿色价值共识形成的，以合作和社群为组织模式，以参与性基层民主为基石，以拥有生产与投资决策权力为保障的，以追求健康、愉快、可持续的生活方式为目标的社会"②。郁庆治认为，"绿色社会就是以由生态理性、新经济理

---

① 覃光广、冯利、陈朴主编：《文化学辞典》，中央民族学院出版社1988年版，第425页。

② ［美］丹尼尔·A. 科尔曼：《生态政治：建设一个绿色社会》，梅俊杰译，上海译文出版社2006年版，第96、126、138、151页。

性和新民主观构成的三维价值坐标为基础，以追求一种全面而有意义的生活为目标，以直接民主为最高价值论向，以人类经济社会生活方式的绿色化重建为路径的人与自然和谐共生的可持续的生存模式"①。"绿色是永续发展的必要条件和人民对美好生活追求的重要体系，要加快建设资源节约型、环境友好型社会。"② "形成绿色发展方式和绿色生活方式。"③ 我们认为，县域绿色社会文化是县域人民群众在绿色治理过程中形成的以县域绿色社会价值为核心，以县域绿色社会公德、县域绿色社会理念、县域绿色社会心理为主要内容的一种绿色文化结构。县域绿色社会价值是县域绿色治理主体评价绿色社会的价值标准。县域绿色社会公德是县域人民群众形成的对尊重、保护、顺从自然和权威，自觉践行绿色生活和绿色消费、遵守绿色道德规范的县域绿色社会公德。县域绿色社会理念是县域人民群众对绿色社会的理性认识。县域绿色社会心理是县域人民群众在参与绿色治理活动中形成的对绿色社会的认知、情感、态度、信仰、能力的总和。县域绿色社会价值、县域绿色社会公德、县域绿色社会理念、县域绿色社会心理共同构成了县域绿色社会文化的结构。县域绿色社会价值位于县域绿色文化结构的核心。县域绿色社会公德是县域绿色社会价值的具体体现。县域绿色社会理念是沟通县域绿色社会价值、县域绿色社会公德和县域绿色社会心理的重要的桥梁和中介。县域绿色社会心理是县域绿色社会文化得以形成的重要基础。

作为绿色发展方式和绿色生活方式的集中反映，县域绿色社会文化在县级政府绿色治理文化体系中具有非常重要的作用。

4. 县域绿色企业文化

绿色企业是推动县域绿色生产和绿色消费的关键主体。绿色企业文化作为实现县级绿色生产方式和绿色生活方式的重要推动力，是县域绿色治理文化的重要组成部分。经济发展与生态环境保护之间的矛盾是导致现阶段生态环境恶化的关键因素。绿色经济是化解经济发展与生态环境保护间

① 郇庆治：《绿色乌托邦：生态主义的社会哲学》，泰山出版社1998年版，第153、165、168、275页。

② 《中华人民共和国国民经济和社会发展第十三个五年规划纲要》，人民出版社2016年版，第14页。

③ 习近平：《决胜全面建成小康社会　夺取新时代中国特色社会主义伟大胜利——在中国共产党第十九次全国代表大会上的报告》，人民出版社2017年版，第24页。

矛盾的经济基础。而绿色企业是推动绿色经济发展的主体。培育县域绿色企业文化是发展县域绿色治理文化的重要抓手。"绿色企业文化是企业信奉并付诸于实践的以可持续发展为目标的，由绿色企业精神文化、绿色制度文化、绿色行为文化和绿色物质文化构成的，以企业与自然、社会和谐为原则的意识形态、价值观和共同遵守的行为规范。"[1] 换言之，"绿色企业文化是指在企业文化建设中以绿色文化为指导思想，以绿色生产为基础，以满足员工和消费者的绿色需求为目标，以绿色经营为实现方式，以实现员工、企业和社会和谐共处的可持续发展的企业文化"[2]。我们认为，县域绿色企业文化就是县域企业在参与绿色治理的实践活动中形成的，以县域绿色价值为引领，以绿色生产方式为基本特征，以绿色企业制度为重要保障，以绿色企业行为为外在表征的企业生态文化结构。绿色企业文化是解决现阶段生态环境危机恶化的必然选择，对增强企业内部绿色凝聚力，增进企业内部绿色文化认同度，进而提高企业软实力和竞争力都有着重要的理论和现实意义。打造绿色企业文化是新时代国家绿色发展赋予企业的公共责任与时代使命。县域绿色企业文化就是指县域范围内的企业在参与县域绿色治理的过程中形成的，由县域绿色企业价值、县域绿色企业道德、县域绿色企业理念、县域绿色企业心理构成的县域企业生态文化形态。县域绿色企业价值是县域绿色企业文化的核心，是县域企业经济价值、社会价值在绿色发展中的集中反映，是县域企业自觉培育和践行社会主义核心价值观的具体体现，是县域自身发展的价值诉求和社会主义核心价值观融合的结果。县域绿色企业道德是指县域企业不能为了追求自身的经济利益最大化而牺牲绿色公共利益，是对县域企业评价的善恶标准和道德规范。县域绿色企业道德的培育有利于在县域范围内形成广泛的绿色职业道德，在潜移默化中形成一种促进县域企业绿色生产的重要道德约束力。县域绿色企业理念是县域企业在参与县域绿色治理实践活动中形成的关于企业功能和作用的理性认识。绿色企业理念对推动县域绿色生产经营具有重要的价值引导作用，有利于增进企业内部对绿色治理的认知，进而为绿色企业发展提供理论支撑。绿色企业心理是指县域企业在落实绿色发展中逐步形成的对绿色治理的认知、情感、态度、信仰、能力等要素的总

① 李顺祥：《论绿色企业文化的内涵及构建策略》，《山东社会科学》2012 年第 6 期。

② 顾寰：《解析绿色企业文化建设》，《商业文化》2016 年第 20 期。

和。概言之，县域绿色企业文化是县域绿色治理文化体系的重要组成部分，是促进绿色生产方式和绿色消费方式形成的重要抓手，对于全面提升县域绿色治理文化体系运行质量具有十分重要的作用。

5. 县域绿色公民文化

公民是绿色治理的微观主体，而绿色公民文化的培育对充分发挥公民在绿色治理中的积极性与创造性具有重要意义。绿色公民文化也就成为县域绿色治理文化体系的重要内容。绿色公民文化从根本上来说，就是公民文化向着绿色文化发展形成的一种新公民文化趋向。目前，人们还没有就绿色公民文化的概念达成共识。绿色公民文化的概念与绿色公民的概念密切相关。绿色公民的概念，最早可追溯至安德鲁·多步森的环境公民权或生态公民权理论以及约翰·巴里的绿色公民权理论。"建立在吸纳女权主义和世界主义公民权理论合理成分基础上的环境公民权或生态公民权，是对公民权基本内涵与性质理解的全面拓展，它旨在为发挥公众在创建生态可持续社会过程中的作用确立一个理论与实践基点。"① "公民权的绿色化是沿着从环境公民权到可持续公民权的轨道拓展。可持续公民权是以环境议题为核心，但它不仅仅是由环境行动来限定的，其涵盖的范围实际上超越了环境的活动，而涉及经济、社会、政治和文化领域。"② 绿色公民是解决环境问题乃至环境相关问题的最重要的关系因素，要通过引导并增加绿色公民主体的绿色消费、提升并强化绿色公民主体的绿色参与以及发展并完善绿色公民主体的绿色保障，进而为实现人与自然和谐与中华民族复兴梦想创造条件。③ 我们认为，绿色公民是公民权利向自然生态环境领域延伸和拓展形成的新的公民观。这种绿色公民的概念反映了公民在自然生态环境领域的权利和义务，目的在于实现人与自然关系的和谐。据此，我们认为，绿色公民应是那些既享有绿色公民权利又必须履行绿色公民义务的公民。县域绿色公民文化就是县域公民在绿色治理实践活动中形成的关于绿色治理的认知、情

---

① ［英］安德鲁·多步森：《政治生态学与公民权理论》，转引自郇庆治主编《环境政治学：理论与实践》，山东大学出版社 2007 年版，第 3 页。

② ［英］约翰·巴里：《从环境公民权到可持续公民权》，转引自郇庆治主编《环境政治学：理论与实践》，山东大学出版社 2007 年版，第 24—25 页。

③ 李桂丽：《超越正义论与权利论：公民主体的绿色维度》，《西南科技大学学报》（哲学社会科学版）2017 年第 5 期。

感、态度、信仰、能力的总和。县域绿色公民文化集中体现为县域公民的绿色理性和绿色精神。县域公民的绿色治理认知是县域公民在参与绿色治理实践中形成的，对县级政府绿色治理体系以及自身在县级政府绿色治理体系中的权利和义务的系统认知。县域公民绿色治理情感是县域公民在参与县级政府绿色治理中形成的，对绿色治理的内心评判。县域公民绿色治理态度是县域公民在参与县级政府绿色治理实践活动中形成的态度，包括积极态度或消极态度。绿色治理信仰是县域绿色公民参与县级政府绿色治理实践活动中形成的精神支撑与行为动力。县域公民绿色治理能力是县域公民促成绿色治理目标达成的能量或程度。

县域绿色公民文化位于县级政府绿色治理文化体系的最外层，是县级政府绿色治理文化体系运行客体在县域公民头脑的客观反映，是公民形成的对县级政府绿色治理文化的感性认识，是县级政府绿色治理心理的集中体现，无疑也是县级政府绿色治理文化体系形成的重要前提与基础。县域绿色公民文化的重要内容在于践行绿色参与、绿色消费、绿色出行等绿色生活方式。县域绿色公民文化是县域公民将县级政府绿色治理文化内化于心外化于行的结果，有利于县域绿色价值共识的达成、有利于县域绿色道德的养成，有利于县域公民绿色治理能力的提升。总之，县域绿色公民文化是县域绿色治理文化形成的重要标准，只有县域公民大众践行绿色生活方式并最终形成绿色生活习惯才标志着县域绿色治理文化体系的最终形成。

6. 县域绿色文化

县域绿色文化是县级政府绿色治理文化的基础，位于县级政府绿色治理文化体系纵向结构的最外层，具有广泛性与包容性。广义绿色文化包括绿色精神文化、绿色制度文化、绿色物质文化和绿色行为文化。狭义的绿色文化仅指绿色精神文化。我们认为，县域绿色文化是县域文化共同体在长期发展过程中形成的以绿色精神文化核心，以绿色生产和绿色生活为基本表现形式的生态文化。县域绿色文化以县域绿色价值为核心，依次由县域绿色价值、县域绿色道德、县域绿色理念、县域绿色意识耦合形成的地域文化结构。县域绿色文化的价值是县域绿色文化结构的核心，在县域绿色文化中具有十分重要的地位。县域绿色价值的首要价值是生态价值，

"生态兴则文明兴，生态衰则文明衰"①。绿色文化的价值观不仅仅包括生态价值观，而是在县域生态价值观优先基础上形成的包括更广泛的经济、民主、法治、公平、正义、安全、环境等在内的绿色价值共识。社会主义核心价值观正是对这些绿色价值共识的抽象凝练。我们认为，县域绿色价值就是社会主义核心价值观在县域绿色发展中的具体价值追求。绿色道德是指县域绿色治理文化共同体对自然尊重、保护和敬畏的道德情感、合作的道德以及绿色正义感的道德德性的集中体现。绿色理念要从根本上解决生态危机，就要以绿色价值为核心的绿色文化的培育为关键，以制定和执行绿色治理制度和绿色政策为主要内容的绿色治理实践活动为重点，以全面实施县域绿色发展方式和绿色生活方式为根本路径，从而从根本上实现人与自然、人与人以及人与自身的和谐，进而推动县域"政治—经济—文化—社会—生态"的全域绿色发展，实现县域公园城市建设的目标。绿色心理是县域绿色文化共同体基于绿色发展方式和绿色生活方式形成的关于绿色发展、绿色治理的认知、情感、态度、信仰、能力等要素的总和。

概言之，县域绿色文化是县域绿色治理共同体以县域绿色价值为核心，以县域绿色道德、县域绿色理念和县域绿色心理为主要内容的绿色文化结构，是县级政府绿色治理文化结构中最具有广泛性与包容性的要素，是县域绿色治理文化体系的"底色"。

综上所述，县级政府绿色治理文化体系的结构是由横向结构和纵向结构组成的。横向结构包括县域绿色治理价值、县域绿色治理道德、县域绿色治理理念和县域绿色治理心理。纵向结构包括县域绿色政治文化、县域绿色行政文化、县域绿色社会文化、县域绿色企业文化、县域绿色公民文化、县域绿色文化等。县级政府绿色治理文化体系是由县级政府绿色治理文化体系的各要素有机构成的整体性形态。县级政府绿色治理文化体系各要素间的相互作用共同推动县级政府绿色治理文化体系的高质量运行。

第四节　县级政府绿色治理文化的运行

县级政府绿色治理文化的运行是指县级政府绿色治理文化体系是如何

---

① 习近平：《推动我国生态文明建设迈上新台阶》，《求是》2019 年第 3 期。

运作的。"文化的存在依赖于人们创造和运用符号的能力。语言使我们文化中的观念、价值和准则找到了最完整的表达重要符号。"① 话语可以把"文化表征为一套独特的知识、技能、技术和机制。"② "话语不仅考察语言和表征如何生产出意义，而且考察一种特有的话语所生产的知识如何与权力联结，如何规范行为，产生或构造各种认同和主体性，并确定表征、思考、实践和研究各种特定事物的方法。"③ 文化要生存和发展就必须进入文化空间（符号圈），符号圈是人类文化模式得以实现的场所。④ 依据文化结构功能理论，文化遵循"输入—内加工—输出—调控—整合"⑤ 的机制谱系进行能量转化。"文化是制度形成的价值取向，制度是文化践行的根本保障。"⑥ 载体是指能够传递能量或运输其他物质的物体。我们认为，县级政府绿色治理文化的运行载体要素包括运行场域、运行符号、运行机制、运行保障和运行工具，不同载体之间的协调运转为县级政府绿色治理文化的高质量运行创造了条件。具体如图 7-4 所示。

（一）县级政府绿色治理文化运行的场域

"场域"应是"位置间客观关系的一种网络或一个型构"⑦。这里的场域不能简单地理解为一种被包围的领地，也不等同于一般的领域，而是在其中有内含力量的、有生气的、有潜力的存在。从这个意义上讲，布迪厄的场域实际上指的是一种能量场。县级政府绿色治理文化体系运行的场域是由县级政府绿色治理文化体系在要素整合的基础上形成的县域绿色治理文化交汇的公共能量场。公共能量场是"以话语理论为核心概念，以少数人的对话、多数人的对话和一些人的对话为话语形式，进行表演社会话

① ［美］戴维·波普诺：《社会学》（上册），刘云德、王戈译，辽宁人民出版社1987年版，第102—104页。

② ［英］托尼·本尼特：《文化、治理与社会》，王杰等译，东方出版社2016年版，第273页。

③ ［英］斯图亚特·霍尔编：《表征：文化表征与意指实践》，徐亮等译，商务印书馆2013年版，第9—10页。

④ 康澄：《文化符号学的空间阐释——尤里·洛特曼的符号圈理论研究》，《外国文学评论》2006年第2期。

⑤ 覃光广、冯利、陈朴主编：《文化学辞典》，中央民族学院出版社1988年版，第422页。

⑥ 江泽慧主编：《生态文明时代的主流文化——中国生态文化体系研究总论》，人民出版社2013年版，第322页。

⑦ L. D. Wacquant, "Towards a Reflexive Sociology: A Workshop with Pierre Bourdieu", *Sociological Theory*, Vol. 7, 1989, p. 39.

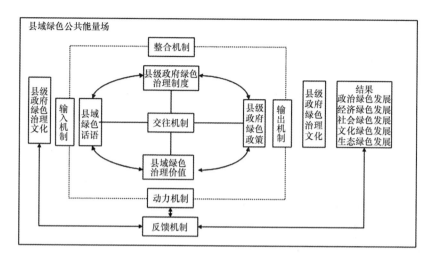

图 7 - 4　县级政府绿色治理文化运行模型

语、制定和修订公共政策的场所"①。据此，我们认为县域绿色公共能量场是以绿色话语为核心概念，以一些人的对话为有效对话形式，进行县域绿色话语表演、县级政府绿色治理制度体系、县级政府绿色政策体系制定和执行的县域绿色公共能量场。

　　县域绿色公共能量场具有如下特征：（1）县级政府绿色治理文化体系的多结构性与公共能量场的特征相契合。县级政府绿色治理文化体系是由不同的文化结构构成的，每一个结构又可以进一步划分为更小的结构，每一个结构在文化结构中都具有不同的作用力，因此形成小型的文化能量场，最后这些小型的文化能量场耦合形成县域绿色公共能量场。（2）县域绿色话语是构成县域绿色公共能量场的核心。县域绿色公共能量场不仅是县域绿色话语表达的场所，同时还是县域绿色话语进行交汇的场所。随着信息时代的到来，人们生活在符号世界中，县级政府绿色治理文化只有在符号互动中取得主导权才能够对共同体的成员产生影响。在这个场域中规则是由每一个参与者基于绿色价值共识制定并通过绿色符号而表现出来。只有充分理解并认同绿色符号所承载的意义的公民才能进入这个场域。在

---

　　①　［美］查尔斯·J. 福克斯、休·T. 米勒：《后现代公共行政：话语指向》，楚艳红等译，中国人民大学出版社 2012 年版，第 8 页。

绿色公共能量场中每一个共同体成员在理解和认同绿色符号意义的基础上享有公平表达绿色话语的权力。不同成员在绿色公共能量场中的地位取决于其所享有的话语权。围绕着话语权争夺绿色公共能量场又进一步演化为互动的场域，共同体的成员在这个场域中进行激烈的话语权斗争。（3）县域公共能量场同时是县级政府绿色治理文化共同体进行交往的场所。县级政府绿色治理文化共同体是包括县域自然、县域社会和县域公民在内的人类命运共同体。县级政府绿色治理文化共同体的交往就包含着"人与自然的物质生产的交往、人与人的社会关系生产的交往以及人与自然的精神生产的交往"①。具体来说，县级政府绿色治理文化共同体的交往就是县级政府绿色治理文化共同体基于绿色理性，以县域绿色话语为媒介，达成县域绿色治理价值共识的过程。（4）县域绿色公共能量场还是县级政府绿色治理制度体系和县级政府绿色政策体系制定的场所。县级政府绿色治理实际上也是县级政府绿色治理文化共同体在县域绿色话语权充分互动的基础上，整合不同话语之间的分歧和张力，形成县域绿色治理价值共识，进而依据县域绿色治理价值共识，制定并执行县级政府绿色治理制度体系和绿色政策体系的过程。（5）县域公园城市也是一个县域绿色公共能量场。县级政府绿色治理文化体系运行的目标是为县级政府绿色治理营造良好的绿色文化生态，而县级政府绿色治理的现实目标在于建好县域公园城市。实现"人、城、境、业"有机统一的县域公园城市已不仅是一个县域物理空间，也是县域人民群众实践美好生活的空间场域，还是县级政府绿色治理文化生成的重要空间载体。因此，基于县域公园城市的县域绿色公共能量场是县级政府绿色治理文化体系高质量运行的重要场域。

（二）县级政府绿色治理文化运行的符号

符号既是用来指称和代表其他事物的一种象征物，也是社会主体信息交流与传播的有效载体。县级政府绿色治理文化的运行以绿色符号为基本载体，而绿色话语是最主要的绿色符号。"在实现中华民族伟大复兴的征程中，'中国梦'作为具有广泛凝聚力和深远感召力的文化符号，已深深地融入社会主义现代化强国建设的伟大历史叙事中。"② 县级政府绿色治理体系是国家治理体系和治理能力现代化的重要组成部分，这就规定了县级

---

① 栾文莲：《交往与市场：马克思交往理论研究》，社会科学文献出版社 2000 年版，第 1 页。
② 参见范玉刚《没有文化支撑的事业难以长久》，《光明日报》2014 年 1 月 8 日第 2 版。

政府绿色治理文化体系运行必须以"中国梦"为文化符号。中国梦是汇聚亿万人民的梦,"中国梦归根到底是人民的梦,必须紧紧依靠人民来实现,必须不断为人民造福"。因此,"中国梦"赋予了县域居民实现美好生活的绿色话语权。随着绿色发展和生态文明建设的纵深推进,人民群众绿色文化需求日益高涨,县域绿色文化需求正成为县域居民美好生活需要的重要组成部分。因此,赋予县域居民绿色话语表达权和完善县域居民绿色话语表达机制,可以为县级政府绿色治理文化的繁荣和发展凝聚广泛的绿色价值共识和磅礴的社会力量,进而为县级政府绿色治理文化的生产和体系的构建提供源源不绝的动力源泉。

绿色话语在西方国家经历了从"浅绿"到"深绿"的话语转换。约翰·德赖泽克通过对西方国家绿色话语转换的研究建构了环境话语理论。他认为,"环境话语分析的要素包括被承认或建构的基本实体、对自然关系的假定、施动者与其动机以及关键隐喻和其他修辞手法"[1]。德赖泽克的环境话语理论仅仅从环境的角度出发,而忽视了话语所具有的公共属性。公共话语的表达必须遵循"真诚、切合情境的意向性、参与意愿以及实质性的贡献"[2] 的话语规则。我们认为,中国特色县域绿色话语的表达应以"真诚、切合情境的意向性、参与意愿以及实质性的贡献"为要件。只有遵循这一有效性要件才能平等地进入县域绿色公共能量场,而违背这一有效性要件就有可能被排除在县域绿色公共能量场之外。

(三) 县级政府绿色治理文化的运行机制

机制是"人们在交往过程中的某个场域内,通过某种动力促使参与主体通过某种方式、途径或方法趋向或解决目标的过程"[3]。县级政府绿色治理文化体系是县级政府绿色治理体系的产物。"县级政府治理本质上是一种政治行为,而促使其运转的根本要素是政治权力。"[4] 因此,县级政府绿色治理文化体系的运行机制既是遵循文化运行的机制,也是遵循政治文化运行的机制。文化的运行遵循"输入—内加工—输出—调控—整合"的机

① [澳] 约翰·德赖泽克:《地球政治学:环境话语》,山东大学出版社 2008 年版,第 20 页。
② [美] 查尔斯·J. 福克斯、[美] 休·T. 米勒:《后现代公共行政:话语指向》,楚艳红等译,中国人民大学出版社 2012 年版,第 8 页。
③ 霍春龙:《论政府治理机制的构成要素、涵义与体系》,《探索》2013 年第 1 期。
④ 史云贵、刘晓燕:《县级政府绿色治理体系构建及其运行论析》,《社会科学研究》2018 年第 1 期。

制谱系。① 政治文化的运行遵循"输入—转换—输出—交往—反馈"② 的机制谱系运行。结合文化运行机制和政治文化运行机制，我们认为，县级政府绿色治理文化体系运行机制是由"输入机制—动力机制—交往机制—整合机制—输出机制—反馈机制"构成的机制谱系。县级政府绿色治理文化体系运行的输入和输出机制是县级政府绿色治理文化体系与环境进行交往，进而实现信息和能量交换的重要通道。县级政府绿色治理文化体系运行的动力机制、交往机制和整合机制是绿色政府绿色治理文化体系的内部转换机制。县级政府绿色治理文化体系的反馈机制是县级政府绿色治理文化体系运行质量评估和质量反馈的重要机制。县级政府绿色治理文化的输入机制是县级政府绿色治理文化共同体绿色话语表达的重要机制。通过输入机制承载着利益诉求的县域绿色话语进入县域绿色公共能量场，进而形成推动县级政府绿色治理文化体系有效运行的动力。县级政府绿色治理文化体系运行的动力机制是由县级政府绿色治理文化体系中的各要素力量耦合形成的合力。县域绿色话语代表着县域绿色公共利益，而实现县域公共利益最大化是县级政府绿色治理文化体系运行的根本动力，这必将形成推动县级政府绿色治理文化体系运行的外部动力，而这一动力必然对县级政府绿色治理文化体系产生作用力进而要求县级政府绿色治理体系进行回应。县级政府绿色治理文化体系运行的外部动力进而转化为县级政府绿色治理文化体系运行的内部动力。这一阶段绿色治理文化体系运行的动力仍然是柔性的。一旦县级政府绿色治理制度形成，就形成了推动县级政府绿色治理文化体系运行的刚性约束力。县级政府绿色治理文化的交往机制，是指政府绿色治理文化共同体在以县域绿色话语为主要符号的县域绿色文化交往过程中整合相互冲突的价值追求，进而达成县域绿色价值共识的过程。这一交往机制贯穿县级政府绿色治理文化体系运行的全过程。县级政府绿色治理文化的整合机制是县级政府绿色治理共同体基于县域绿色价值共识形成县级政府绿色治理制度体系的过程。县级政府绿色治理文化体系的输出机制是县级政府绿色治理文化共同体制定、完善、实施县级政府绿色治理制度与绿色政策的过程。县级政府绿色治理文化体系的反馈机制，

---

① 覃光广、冯利、陈朴主编：《文化学辞典》，中央民族学院出版社 1988 年版，第 422 页。

② ［美］加布里埃尔·A. 阿尔蒙德、小 G. 宾厄姆·鲍威尔：《比较政治学：体系、过程和政策》，曹沛霖译，东方出版社 2007 年版，第 9—12 页。

是指县级政府绿色治理文化共同体通过制定科学的县级政府绿色治理文化体系运行质量测评指标体系，对县级政府绿色治理文化体系运行结果进行测评，并将结果以县级政府绿色治理文化为媒介反馈给县级政府绿色治理文化体系的过程。

（四）县级政府绿色治理文化运行的制度保障

制度是规范和制约社会行为的一系列正式制度和非正式制度的总称。文化是制度之母，制度是规则化的文化形态。一定的制度可为文化体系的运行提供规则边界和框架支撑。县级政府绿色治理文化体系的高质量运行应以县级政府绿色治理的制度体系为保障。自古希腊政治哲学产生伊始，制度便具有维护政体稳定性以及实现政体目标的重要功能。县级政府绿色治理文化本质上属于观念的范畴，它对县级政府绿色治理文化共同体行为的约束仅仅是一种柔性规导力，并不必然导致县级政府绿色治理共同体的绿色治理行为。县级政府绿色治理共同体的绿色治理行为的产生会受到多种多样的不确定性、不稳定性因素的影响，尤其受到权力行使中存在的搭便车、权力寻租等各种问题的影响和制约。因此，只有绿色治理制度的有效供给才能保障合理正确的绿色治理行为，才能实现县级政府绿色治理文化体系运行的既定目标。绿色制度是以公正和平等为原则，以改革和完善社会制度和规范为路径构建新人类社会共同体，使社会具有保护公民利益以及环境和生态的机制，进而实现社会的全面进步。① "绿色制度是由政府、公众和社会各界共同讨论协商制定并由国家提供的，围绕社会经济可持续发展作出的以生态政治制度、绿色经济管理制度和绿色文化制度为主要内容的制度安排的集合。"② 县级政府绿色治理制度是基于县域绿色价值共识基础上形成的一系列县级政府绿色治理正式制度和非正式制度的总和。县级政府绿色治理的正式制度要经过 "县域绿色价值选择—县域绿色治理的法律制定—县域绿色治理制度实施" 三个阶段。只有县级政府绿色治理的正式制度和非正式制度有机衔接、互为支撑、良性互动，才能在法治强制力和文化柔性规导力互动中推动县级政府绿色治理文化体系高效运行。

---

① 邓燕雯、吴声怡：《构建绿色文化》，《管理与财富》2004 年第 8 期。
② 谭宗宪：《对构建绿色制度体系的探讨》，《重庆交通学院学报》（社会科学版）2005 年第 1 期。

（五）县级政府绿色治理文化运行的政策工具

县级政府绿色治理文化体系的运行还需要以县级政府绿色政策体系为工具保障。"公共政策在社会这样一个大的符号系统建构起来，同时公共政策自身也形成一个符号系统，政策过程流动着符号，政策结果通过符号表现出来。"① 县级政府绿色政策的贯彻实施为县级政府绿色治理文化高质量运行提供了工具保障。县级政府绿色政策体系是县级政府依据县域环境，基于绿色价值共识和县级政府绿色治理制度，通过共建共治共享的绿色决策机制制定和执行的一系列县级政府绿色政策。县级政府绿色政策体系包括县级政府绿色政治政策、绿色经济政策、绿色社会政策、绿色文化政策和绿色生态政策等。县级政府绿色政策体系实现了县域绿色话语向县级政府绿色政策话语的转向，这就以"绿色话语"为媒介实现了县级政府绿色治理文化从观念形态向政策形态的转化。县级政府绿色政策的运行为县级政府绿色治理文化体系的高质量运行提供了重要的载体工具，并借由县域绿色话语实现了县级政府绿色政策工具理性与价值理性的融合。

具体来说，县级政府绿色政策对县级政府绿色治理文化体系运行的工具作用主要表现在以下四个方面：（1）县级政府绿色政策的制定是指县级政府绿色治理共同体制定与县级政府绿色治理制度体系相应的绿色政策的过程，这为实现县级政府绿色治理文化由观念形态转向现实治理形态创造了前提条件。（2）县级政府绿色政策的执行是县级政府绿色治理共同体依法组织人力、物力、财力资源将绿色政策付诸实施的过程，这一环节是县级政府绿色政策运行的关键环节，这是将县级政府治理文化从观念状态转变为现实的关键一步。（3）县级政府绿色政策的评估是指县级政府绿色治理共同体通过建构科学的县级政府绿色政策评估指标体系对政策结果进行评估，这将有利于发现县级政府绿色政策中存在的不足和缺陷，并通过县级政府绿色治理文化为媒介反馈给县级政府绿色治理文化体系，正是通过县级政府绿色政策评估环节促进了县级政府绿色治理文化的日臻完善。（4）县级政府绿色政策的终结就是要及时将无法有效解决县域绿色公共问题的政策及时进行终结，以避免造成县域绿色公共资源的浪费。

在县级政府绿色治理文化体系运行的过程中，场域、符号、机制、制

---

① 向玉琼：《把时间和空间带回来：论政策过程中的符号变革》，《河南师范大学学报》2019年第1期。

度、政策五大运行要素的有机衔接和良性互动为县级政府绿色治理文化体系的高质量运行奠定了重要基础。以绿色公共能量场、绿色符号、绿色制度、绿色政策为基本载体，经由"输入机制—动力机制—交往机制—整合机制—输出机制—反馈机制"，县级政府绿色治理文化体系得以高效运转，使得县级政府绿色治理文化体系的各要素以及各要素之间的关系得到优化，进而也为县级政府绿色治理文化体系的高质量运行提供了更加生态的绿色场域。

县级政府绿色治理文化体系是县级政府绿色治理体系的重要组成部分，构建和运行县级政府绿色治理文化体系可为县域公园城市奠定良好的绿色文化生态，进而进一步提升县级政府绿色治理质量，不断满足县域人民对美好生活的现实需要。

第八章　县级政府绿色治理质量测评

县级政府绿色治理质量评估是实现县级政府绿色治理目标的重要突破口。本章从政治、经济、文化、社会、生态等多元维度来评估县级政府绿色治理质量与公园城市目标的实现程度。通过"以评估找问题、以评估促发展、以评估促质量"的评估目标，在不断提升县域绿色治理质量过程中推进人与自然和谐发展的县域公园城市建设进程，进而不断满足县域人民美好生活的绿色需要。

第一节　县级政府绿色治理质量的概念与内涵

县级政府"绿色治理"已成为当前国家治理体系和治理能力现代化的重要内容。而如何评估治理的"绿色化"程度则成为当前县域绿色治理研究的关键。绿色治理质量概念的提出正好契合了新时代"国家治理现代化""绿色发展""高质量"发展的新要求。本节在前述"绿色治理"概念阐释的基础上，重点破解"质量"的内涵，提出并界定了绿色治理质量的概念，并在此基础上深入剖析县级政府绿色治理质量的内涵特征。

一　绿色治理质量中"质量"的界定

"质量"一词，原指产品的"品质"。随着经济社会的快速发展，质量不断被赋予了新的内涵。国际标准化组织（ISO）认为"质量"是"反映实体满足明确和隐含需要能力的特性总和"，是"一组固有特性满足需要的程度"①。课题组认为，质量应具有如下特征，如图 8 - 1 所示。

---

① 王红梅、赵胜刚：《现代工业企业管理》，东南大学出版社 2007 年版，第 142 页。

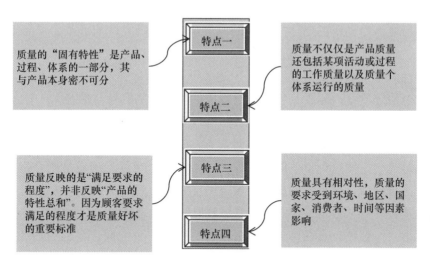

图 8 - 1　质量的特征

从 ISO9000 的 2000 年版关于质量的界定出发，质量是指"产品、过程或体系的一组固有特性满足要求的程度"。该定义具有更大的包容性，既可以指产品与服务，也可以指产品或服务的过程。"产品"主要是指过程的结果，而"过程"则主要是指使用资源将输入转化为输出的活动系统运作，"要求"可以是明示的、习惯上隐含的或者必须履行的需求或者期望，"特性"主要是指质量的安全性、舒适性、耐久性等特征。

二　县级政府绿色治理质量的内涵及其特征

对质量的研究多集中在工商管理领域。政治学、公共管理学的学者们多聚焦在公共服务质量的研究上面。吕维霞把公共服务质量分为主观质量与客观质量，主观质量主要是指公众的满意度与感知质量，客观质量则是指公共服务的产出与结果质量。[①] 陈振明、李德国认为公共服务质量具有可获得性、可及性、及时性、经济性、回应性等特征。[②] 在此基础上，芮国强、宋典认为政府服务质量是指政府为了满足公众与社会的需求而提供

[①]　吕维霞：《论公众对政府公共服务质量的感知与评价》，《华东经济管理》2010 年第 9 期。

[②]　陈振明、李德国：《基本公共服务的均等化与有效供给——基于福建省的思考》，《中国行政管理》2011 年第 1 期。

的产品与服务的总称，^① 公共服务质量是指民众每次接受政府服务时，该服务所能满足民众的期望与需求的程度。^② 当前研究政府或社会"治理质量"的成果寥若晨星。范逢春认为，社会治理质量是"社会治理活动的固有特性满足公众需要的程度"^③。上述关于服务质量和治理质量的研究为本书绿色治理质量内涵及其特征的阐释提供了一定的启发与借鉴。

毋庸置疑，质量的本质是品质。治理质量意指治理活动满足社会主体对某种事物品质的需求程度。我们认为，绿色治理质量是指绿色治理的品质满足社会主体绿色价值需求的程度。县级政府绿色治理质量则是指县级政府主导的绿色治理活动满足县域人民美好生活的"绿色"需要程度。

从破解概念出发，我们认为县级政府绿色治理质量包含如下特征。

第一，县级政府绿色治理质量具有过程性。一方面，绿色治理经由一个从治理"非绿"到"绿色"的过程。即使从结果来看，治理"绿色化"的结果也是一个相对的状态，即绿色治理需要达到目标预期的状态或效果。另一方面，绿色治理需要以"绿色"价值理念引领治理活动，使治理过程与结果符合绿色价值标准。因此，县级政府绿色治理质量需要从动态的"过程"来考察县级政府绿色治理的固有特性。如民生性、民主性、法治性、服务性、透明性、安全性、公平性、有效性、廉洁性、生态化等要素就反映了县级政府绿色治理"过程性"的特征。

第二，县级政府绿色治理质量的现实性。这种现实性不仅表现为"质量强国"的宏观需求，更凸显为县级政府绿色治理活动满足县域公园城市的现实要求。县域公园城市不仅强调城乡内部结构关系、城乡与自然关系，重视城乡社会与自然生态环境建设，注重开拓县域绿色文明、绿色经济、绿色生产、绿色生活等丰富内涵，也把县域公共空间使用的公平性、公共服务的可及性和城乡绿色治理的参与性、绿色文化的感染性、绿色生产的可操作性等要素作为评价县级政府绿色治理质量的一项重要依据，从而让县域公众共享绿色福利，共建绿色家园。公园城市价值理念、目标、内容是评价县级政府绿色治理质量的重要参考标准。这就要求县级政府绿

---

① 芮国强、宋典：《政府服务质量影响政府信任的实证研究》，《学术界》2012 年第 9 期。

② 马飞炜：《政府公共服务质量改进的对策：一种系统的视角》，《理论导刊》2010 年第 4 期。

③ 范逢春：《县级政府社会治理质量价值取向及其测评指标构建——基于社会质量理论的视角》，《云南财经大学学报》2014 年第 3 期。

色治理活动要不断地向县域公园城市建设目标趋近，把建好公园城市作为实现人民美好生活需要的现实目标。

第三，县级政府绿色治理质量具有融合性。如果说，绿色治理质量是指绿色治理的品质满足社会主体绿色价值需求的程度，该概念就意味着绿色治理质量包含着客观质量与主观质量。县级政府绿色治理的客观质量是指县域治理过程与结果的固有特性能够满足客观制定的、可见的、能够标准化的、可供遵循与对照的"绿色价值要求"与"公园城市要求"的程度。绿色治理主观质量则是指县域绿色治理的固有特性能够满足县域公众心中主观要求与期待的程度，可以通过县域公众的主观心理期望与绿色治理实际过程与结果对比的满意度评价来进行主观感知方面的测度。所以，县级政府绿色治理质量是主观质量与客观治理高度融合的有机体。

第四，县级政府绿色治理质量有具象性。无论是从人民美好生活，还是从公园城市来看，县级政府绿色治理质量的要求实质上是推动县域绿色治理活动不断满足县域人民美好生活的绿色需要、期待与向往。县域绿色治理中"需求"主要是指县级政府绿色治理活动要满足县域公众生存与发展的"绿色"需求，如民生问题、环境保护问题。"期望"与"向往"则是指县域公众在基本需求满足的基础上形成对绿色治理活动更高的要求与期待，如公平正义、风清气正、公共文化等问题。因此，县级政府绿色治理质量要以县域公众的感知与体验作为重要的内容，县域公众通过将其对绿色治理的心理预期与绿色治理实际现状进行对比感知，然后通过满意度呈现，从而可以有效地从主观的视角对县域绿色治理质量进行测度，进而反映县域绿色治理的主观质量。

第二节　县级政府绿色治理质量测评的原则与环节

构建县级政府绿色治理质量测评指标体系是科学测评县级政府绿色治理质量的前提条件。而科学构建县级政府绿色治理评估指标体系就必须明确构建评估指标体系应遵循的基本原则与基本流程。

一　县级政府绿色治理质量评估指标体系构建的基本原则

如任何其他评价指标体系一样，县级政府绿色治理评估指标体系构建也必须遵循科学性、可行性等常规性原则。就县级政府绿色治理质量评价指标体系的特殊性而言，构建应从绿色治理质量概念内涵出发，要充分彰显中国特色社会主义新时代的特征。为此，指标体系构建必须充分体现"以人民为中心""绿色发展""公平正义""民主""法治""共建共治共享"的新时代原则。

（一）科学性原则

科学性原则强调要运用科学的评估方法，选择科学的评估标准，制定科学的评估方案，来保证评估结果的科学性。也就是说，县级政府绿色治理质量评估指标体系的构建需要遵循科学理论、方法、标准与流程。

第一，县级政府绿色治理质量评估指标体系构建要坚持以习近平新时代中国特色社会主义理论为指导，充分吸收绿色政治、社会质量、可持续发展等理论为指标体系的构建提供理论支撑。

第二，要科学构建县级政府绿色治理质量评估指标体系模型。借助科学模型修正与调整能够清晰地彰显县级政府绿色治理质量的逻辑结构，从而充分彰显县级政府绿色治理质量评估指标体系的逻辑性与科学性。

第三，县级政府绿色治理质量评估指标体系构建需要科学的方法。现实中，人们总要运用一定的方法、遵循一定的原则和步骤，才能获得一定的认识。[1] 必须通过科学的指标设计与筛选，才能保证县级政府绿色治理质量评估指标体系的客观性与科学性。

（二）可行性原则

构建县级政府绿色治理质量评估指标体系的目的是科学测评县级政府绿色治理质量，进而不断满足县域人民群众美好生活的绿色需求。由此也决定了可行性是指标体系构建中必须遵循的基本原则。

第一，评估指标体系要具有针对性。评估指标体系的设计要根据县域绿色治理的优势与特色进行考量，要充分考虑县域经济、政治、社会、自然生态在绿色治理中的特殊性。

第二，县级政府绿色治理质量评估指标体系要具有可测性。要对县级政府绿色治理质量评估指标体系中的各项指标进行严格筛选，要以关键性品质指标真实反映县级政府绿色治理质量。对一些只能用定性指标衡量

---

① 金炳华：《马克思主义哲学大辞典》，上海辞书出版社 2003 年版，第 397 页。

的，要尽量通过满意度的等级测量来增强结果的准确性、客观性以及可操作性。

第三，构建县级政府绿色治理评估指标体系要具有现实的可行性。构建县级政府绿色治理评估指标体系的目的是测评绿色治理质量，如果没有现实可行性就陷入"为构建而构建"的学术研究怪圈了。在构建县级政府绿色治理质量评估指标体系时，要尽量选择定量的指标进行测量，以便评估指标体系能够真正运转起来。

（三）"绿色发展"原则

党的十八届五中全会把"绿色发展"作为新发展理念之一，明确提出要坚持绿色发展，建设美丽中国。绿色发展不仅是经济的绿色发展与环境绿色发展，也应包括政治绿色发展与社会绿色发展，从而全面推进政治、经济、社会、生态的"绿色化"，进而实现各系统共生共荣、良性循环的生态状态。绿色发展要求把政府治理放在政治生态、社会生态以及自然生态系统中进行整体、系统的把握，要以政府绿色治理推动政治系统、社会系统、自然系统在有机衔接与良性互动中实现绿色发展。因此，坚持"绿色发展"原则是构建县级政府绿色治理质量评估指标体系的特质要求与时代使命。

第一，县级政府绿色治理质量评估指标体系应充分彰显政治、经济、社会、文化、生态的良性互动。县级政府绿色治理质量评估就是要从"绿色发展"的视角探讨县级政府是如何在有效推动政治、经济、社会、生态的良性互动中提升绿色治理质量的。因此，各项评估指标要充分彰显绿色思维、绿色特征、绿色机理、绿色法则，充分彰显县级政府绿色治理能力在推动县域政治、社会、自然生态有机衔接和良性互动的角色与作用。

第二，县级政府绿色治理质量评估指标体系要注重政府内部生态绿色发展与外部生态绿色发展的有机协调。一方面，指标体系要充分体现政府内部生态系统以及各子系统的有机衔接和良性互动；另一方面，也要充分彰显出政府与外部的自然生态系统、社会生态系统的和谐互动状态。为此，评估指标体系设计要充分体现政府内部政治生态指标，更要充分体现出外部的自然生态、社会生态的相关指标。换言之，要根据政府自身的政治生态维度、政府与社会生态维度、政府与自然生态维度来设计相应的

一、二、三级指标。同时，要以整体性思维统筹不同指标间的逻辑关系，充分彰显整个指标体系的"绿色化"特征。

（四）"以人民为中心"原则

党的十九大报告明确提出必须坚持以人民为中心的执政方略，把人民对美好生活的向往作为党的奋斗目标。"以人民为中心"的绿色发展观要求必须始终把不断满足人民美好生活需要作为县域绿色治理的出发点与落脚点。坚持"以人民为中心"的原则要求县级政府绿色治理质量评估指标体系要充分体现"以公众需要为核心""以服务质量为重点"。

第一，县级政府绿色治理质量评估指标体系构建必须以不断满足县域公众美好生活需要为主线。县级政府绿色治理的核心就是通过一系列绿色政策推动政治生态、社会生态、自然生态的良性互动来不断满足县域公众对民主、公平、廉洁、环境、法治等方面美好生活的需要。要想让群众满意，必须让群众参与和评议。这就要求在指标设置上充分体现出评估主体需由传统"以政府为中心"向"以公众为中心"的转变。

第二，县级政府绿色治理质量评估指标体系要充分彰显"以服务质量为重点"的内容。治理就是服务。新时代绿色治理在很大程度上要求政府为公众提供高质量的公共服务，从而有效满足公众对美好生活的需要。绿色服务是绿色治理的主题特征之一，也是满足公众对美好生活需要的重要途径。为此，必须明确高品质公共服务在县级政府绿色治理质量评估指标体系中的角色与权重。相关指标要充分彰显出县级政府在教育、就业、劳动保障、基础设施建设、医疗卫生、文化体育、环境保护、社会治安等方面的公共服务能力。

以人民为中心的原则，要求县级政府绿色评估指标体系必须充分彰显那些能够促进人全面发展、能够凸显人民群众获得感、幸福感、安全感的要素，真正让指标体系彰显县域公众的利益诉求与民生需求元素。

（五）"公平正义"的原则

公平正义是实现美好生活的重要价值目标。政府绿色治理的重要目标之一就是营造公平和谐的社会生态环境。"必须以促进社会公平正义、增进人民福祉为出发点和落脚点全面深化改革。"① "要不断促进社会公平正

---

① 《中共中央关于全面深化改革若干重大问题的决定》，《求是》2013年第22期。

义，形成有效的社会治理、良好的社会秩序，使人民获得感、幸福感、安全感更加充实、更有保障、更可持续。"① 因此，构建县级政府绿色治理质量评估指标体系时必须充分考虑，要把县级政府促进社会公平正义作为考量绿色治理质量的重要标准。基于社会公平正义原则的要求，县级政府绿色治理质量评估指标体系构建应遵循如下导向。

第一，权利本位导向。新时代是一个以共治促民治的时代，如何彰显以公民为中心的权利本位也就成为绿色治理的重要内容。"21 世纪的改革家们将今天的创新视为是一个创建以公民为中心的社会治理结构的复兴实验过程。"② 只有体现了以公民权利为导向的评价指标才能彰显绿色治理的公平正义价值。

第二，社会公平导向。绿色治理的目的不仅是提高治理效率，更重要的是，要能够创造公平和谐的社会生态环境，促进人的全面发展。必须把公平性作为衡量县级政府绿色治理质量评估指标体系的科学性与县级政府绿色治理质量的基本尺度。

第三，程序正义导向。没有正义的程序就无法保证结果的公平。当程序正义实现时，即使治理主体的治理能力导致社会治理实践的良性效果难以充分实现，社会治理活动本身的合法性也不会遭受不同治理主体或治理对象的挑战和质疑。③ 程序正义应成为绿色治理质量评估指标体系构建的重要价值参考，指标体系中既要有实质性公平的指标内容，也要有程序正义的指标内容。

（六）"民主"原则

民主已成为新时代人民美好生活需要的重要内容之一。坚持民主原则意味着绿色治理活动要充分体现民主选举、民主决策、民主管理、民主监督，并以民主治理提升绿色治理质量。

第一，指标体系构建要体现政府治理过程的民主性。绿色治理的民主性要求政府在绿色治理中必须实行民主决策，有效推动民主管理与民主监

---

① 习近平：《决胜全面建成小康社会　夺取新时代中国特色社会主义伟大胜利》，人民出版社 2017 年版，第 45 页。

② 曾维和、贺连辉：《社会治理体制创新：主体结构及其运行机制》，《理论探索》2015 年第 5 期。

③ 赵孟营：《治理主体意识：现代社会治理的技术基础》，《中国特色社会主义研究》2015 年第 3 期。

督，积极引导多元社会利益主体参与到绿色治理中来。因此，在县级政府绿色治理质量评估指标体系设计中必须着重考虑政府绿色治理的民主性要素，要以民主质量提升绿色治理质量。

第二，指标体系设计要体现基层自治的民主性。以民主质量提升县级政府绿色治理质量，关键在于加强基层民主。当前在我国基层社会治理中广泛开展以"五个民主"和"四个自我"为基本内容的基层自治活动，是落实基层群众自治制度、提升基层社会治理质量的关键所在。民主质量的高低，很大程度体现在基层治理民主化程度上。因此，在县级政府绿色治理质量评估指标体系的指标设计中要着力彰显基层民主性要素。

（七）"法治"原则

法治是绿色治理的前提和基础。县级政府绿色治理质量评估离不开法治保障。坚持法治原则要求把"法治保障"作为保障县域政治、社会、自然生态良性互动的重要评估维度，并在指标体系中充分彰显法治要素。

第一，评估指标体系要彰显法治思维。要以法治思维和法治方式推进绿色治理，把法治精神贯穿于绿色治理的各个环节，在一体化推进法治国家、法治政府和法治社会中促进政治、社会、自然生态既充满活力又和谐有序，进而形成政治清明、社会和谐、生态良好的"大生态"格局。

第二，评估指标体系要融入"法治指标"。法治指标是衡量和保障反映绿色治理质量的重要元素。法治指标不仅包括政治生态、社会生态、自然生态建设的法治化，还包括程序上的合法化。

（八）"共建共治共享"原则

新时代是一个共建共治共享的时代。多元主体只有在共建共治共享中才能获得支撑绿色治理的可持续动力，并不断提升绿色治理质量。

第一，指标体系构建应体现"政府与社会合作共治"的内容。绿色治理是一个多元主体互动的过程。打造共建共治共享的绿色治理共同体，要求我们在发挥政府主导作用的同时，也要充分调动社会组织和公众参与绿色治理的积极性与创造性，加快形成县域绿色治理的新格局。因此，在县级政府绿色治理质量评估指标体系构建过程中，应充分考虑政府与其他社会主体共建共治的相关指标内容。

第二，指标体系构建应体现"不同群体利益共享"的内容。绿色治理涉及政治、社会、自然生态各利益主体的利益协调与平衡，如何实现多元利益主体共享绿色治理成果，就成为衡量县级政府绿色治理质量的重要标准。因此，在指标体系的设计中彰显不同利益主体共享的指标内容是衡量绿色治理质量的重要因素。

二　县级政府绿色治理质量测评的关键环节

明确县级政府绿色治理质量测评的关键环节是评估指标体系构建的重要前提。县级政府绿色治理质量评估指标体系构建流程如图 8-2 所示。

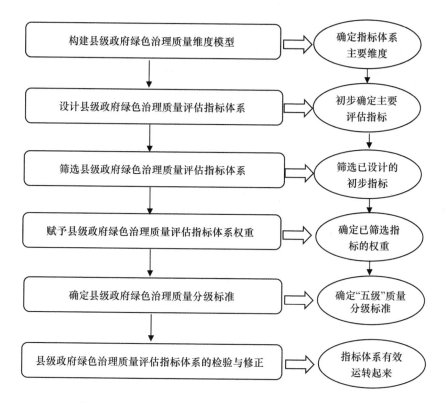

图 8-2　县级政府绿色治理质量评估指标体系构建流程

（一）构建县级政府绿色治理质量绩效棱柱维度模型

绩效棱柱维度模型（Performance Prism）是安迪·尼利（Andy Neely）、克里斯·亚当斯（Chris Adams）、迈克·肯尼尔利（Mike Kennerley）等学者在完善平衡记分卡的基础上提出的一种新的绩效评估方法。绩效棱柱模型运行理念与绿色治理质量之间具有高度契合性。本书依据绩效棱柱模型来构建并确定县级政府绿色治理质量评估指标体系的主要维度。

绩效棱柱是一个以利益相关者为主要核心的三维框架模型，框架设计具有很大的弹性空间。绩效棱柱模型框架主要有以下三方面的设计考量：[1]其一，对于组织长期发展而言，应考虑所有相关者的利益。其二，如果组织想使自己处于一个有利的地位，就应考虑战略、流程（过程）、能力等方面的排列组合。其三，应明确组织及利益相关者之间是互惠互利的。绩效棱柱展示的是全面的绩效衡量结构，它建立在那些已经存在，并且一直寻求弥补其不足的最优结构的基础之上。[2]

如图 8-3 所示，我们可以把绩效棱柱模型形象地表现为一个由五个方面所构成的三维图形——三棱柱。绩效棱柱模型主要由利益相关者的贡献、利益相关者的满意度、组织流程、组织战略与组织能力这五大要素组成。[3] 其中，利益相关者的贡献与利益相关者的满意度分别位于棱柱的上下两个底面，组织能力、组织流程、组织战略分别位于棱柱的三个侧面。

输入端是利益相关者的贡献，输出端是利益相关者的满意度，中间部分分别是组织能力、组织流程与组织战略。

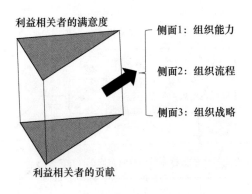

图 8-3 绩效棱柱三维框架模型图[4]

---

① 江南春、徐光华：《企业战略绩效评价模型研究》，《企业经济》2007 年第 11 期。

② 郑立群、王佳：《企业综合绩效评价方法研究——基于 ANP、平衡计分卡和绩效棱柱理论》，《西安电子科技大学学报》（社会科学版）2007 年第 4 期。

③ 李开琴：《多维度创新社会治理绩效评估》，《中国社会科学报》2016 年 4 月 27 日第 7 版。

④ ［英］安迪·尼利、克里斯·亚当斯、迈克·肯尼尔利：《战略绩效管理：超越平衡计分卡》，李剑锋译，电子工业出版社 2004 年版，第 125 页。

绩效棱柱模型的五个方面为组织绩效的评价提供了全面综合的分析框架，这五方面维度遵循环环相扣的原则，从而使其在逻辑上形成了一条"因果闭环"，如图8-4所示。

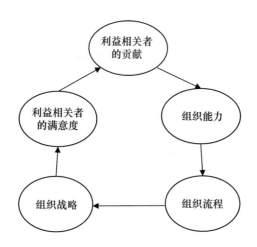

图8-4　绩效棱柱中的因果闭环

资料来源：作者整理。

基于绩效棱柱模型，本书确定了县级政府绿色治理质量评估的基本维度。从破解县级政府绿色治理质量概念出发，在综合考虑县级政府在绿色治理中的主体、投入、过程、产出等要素过程的基础上，本书建立了县级政府绿色治理质量的绩效棱柱模型（见图8-5）。

本书把绩效棱柱模型与绿色治理质量有机结合，把绩效棱柱模型的组织战略、组织流程、组织能力、利益相关者的满意度、利益相关者的贡献五大维度调整为战略、公众、过程、能力、结果五大维度。具体简化的模型如图8-6所示。

（二）设计县级政府绿色治理质量评估的指标体系

县级政府绿色治理质量评估指标体系的设计包括逻辑框架、外在表现形式、类型设置等内容。

1. 县级政府绿色治理质量评估指标体系的逻辑框架

县级政府绿色治理质量评估指标体系的逻辑框架是设计县级政府绿色治理质量评估指标体系的逻辑理路。据前文论述，本书把基于绩效棱柱模型的

县级政府绿色治理体系构建与质量测评

县级政府绿色治理质量评估模型作为指标体系设计与运行的逻辑框架。

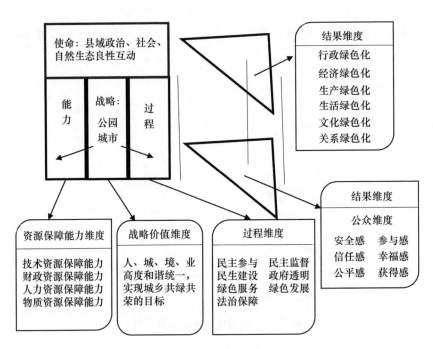

图 8 - 5　县级政府绿色治理质量的绩效棱柱模型

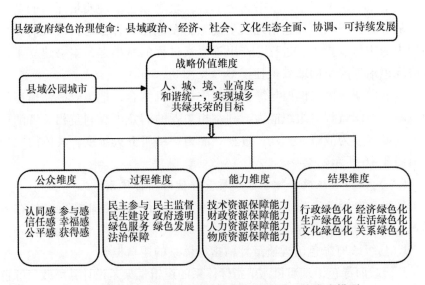

图 8 - 6　县级政府绿色治理质量绩效棱柱修正的维度模型

2. 县级政府绿色治理质量评估指标体系的外在表现形式

县级政府绿色治理质量评估指标体系的外在结构表现为由不同维度、不同层次的诸要素在相互关联中形成的一套有机组合方式。县级政府绿色治理质量评估指标体系的外在结构由三级指标构成。"维度指标"是一级指标，主要是指绿色治理的方向性指标；"二级指标"主要指绿色治理的中观解释指标，涉及绿色治理的主体、流程、特征等要素；"三级指标"是具体评价县级政府绿色治理活动的指标，主要涉及绿色治理的各维度评估的具体细节。遵循上述层次逻辑，本书层层分解了县级政府绿色治理质量评估指标，得到了县级政府绿色治理质量评估树状式的指标体系结构（见图8-7）。

图8-7　树状式指标体系结构

（三）筛选县级政府绿色治理质量评估指标体系中的诸项指标

县级政府绿色治理质量评估指标的筛选主要有两种方法。一种是就初步构建起来的评估指标征求相关领域专家的建议意见。在专家打分的基础上，通过信度检验、效度检验等方法将关键性的指标挑选出来作为县级政府绿色治理质量评估指标。另一种是根据前期访谈的结果对评估指标进行修订完善，从而使评估指标体系更具合理性与可操作性。评估指标既要反映评估的主要目标，还要善于抓住主要矛盾，找出影响评估目标实现的主要因素，简化较为次要的因素，尽可能用较少的指标满足评估工作现实的需要。①

（四）赋予县级政府绿色治理质量评估体系的指标权重

指标权重是衡量评价指标重要程度的尺度。指标权重的设置直接影响着评估指标的科学性与可靠性。确定指标权重的基本方法包括主观赋权法和客观赋权法两种。主观赋权法主要包括专家打分法、德尔菲法、层次分析法（AHP）等。客观赋权法主要包括主成分分析法、因子分析法、熵值法等。指标权重设置的方法选择必须同所要研究问题有机结合。本书根据本课题特点，决定采用主观赋权方法中的层次分析法（AHP）来确定县级政府绿色治理质量评估指标体系的权重。

（五）确定县级政府绿色治理质量的分级标准

为了让县级政府绿色治理质量评估指标体系更具有操作性，权重赋分后，还需要对县级政府绿色治理质量进行标准分级。确定县级政府绿色治理质量的等级程度，亦即将绿色治理进行"可视化"度量。本书在参照国家标准、国际标准、经验标准、计划标准的基础上把县级政府绿色治理质量划分为"优秀""良好""中等""合格""较差"五个等级标准，分别对应"绿色治理质量优秀的县级政府""绿色治理质量良好的县级政府""绿色治理质量中等的县级政府""绿色治理质量合格的县级政府""绿色治理质量预警的县级政府"。具体如表8-1所示。

表8-1 县级政府绿色治理质量等级划分

等级划分	等级描述
优秀	绿色治理质量优秀的县级政府
良好	绿色治理质量良好的县级政府
中等	绿色治理质量中等的县级政府
合格	绿色治理质量合格的县级政府
较差	绿色治理质量预警的县级政府

---

① 袁国敏：《中国民生保障评估与对策研究》，中国经济出版社2014年版，第36页。

（六）县级政府绿色治理质量评估指标体系的检验与修正

构建县级政府绿色治理质量评估指标体系的目的是有效测度县级政府绿色治理质量。通过指标体系的实证检测来修正和完善相关评估指标，可以进一步提高县级政府绿色治理质量评估指标体系的科学性与可操作性，进而进一步提升县级政府绿色治理质量。

首先，就县级政府绿色治理质量评估指标体系检验而言，可在全国范围内选择若干县级政府作为实证检测样本，运用设计好的评估指标体系进行样本检测，依据评估结果分析评估指标体系的科学性、合理性与可靠性。其次，修正县级政府绿色治理质量评估指标体系。依据实证检测的结果，对现有的指标进行增减。县级政府绿色治理评估指标要随县域绿色治理的新实践、新问题而不断完善。因此，构成县级政府绿色治理质量评估指标体系的过程也是一个动态完善评估指标体系的过程。

第三节　县级政府绿色治理质量评估指标体系的构建

在前述构建原则、构建流程、构建模型、构建维度的基础之上，本节重点在于确定县级政府绿色治理质量评估指标体系的具体指标。

一　县级政府绿色治理质量评估指标的初步设计

本书从县级政府绿色治理质量的概念内涵出发，遵循科学的构建原则与构建方法，以绿色政治、质量管理、社会质量等理论为基础，基于绩效棱柱模型，在借鉴相关质量评估指标体系的基础上，初定由"公众维度""过程维度""资源保障能力维度""结果维度"4个一级指标、24个二级指标、259个初选具体指标构成的县级政府绿色治理质量评估指标体系。

（一）"公众维度"的基本指标及其具体指标

本维度的各项指标主要用于对"公众满意度的评估"。满意是个体在比较期望与现实需求后的感觉。[①] 县级政府绿色治理公众满意度则主要是指公众对政府绿色治理活动的期望与政府绿色治理实际活动相比较所形

---

① 奚从清：《社会调查理论与方法》，浙江大学出版社1992年版，第168页。

成的感觉状态。县域公众的满意度是衡量县级政府绿色治理质量的重要尺度。

本书在借鉴顾客满意度模型的基础上，把党的十九大报告关于获得感、幸福感、安全感等方面的论述与县级政府绿色治理实践有机结合，设计了包括公众认同感、公众信任感、公众获得感、公众公平感、公众参与感、公众幸福感6个基本指标和48个初选具体指标构成的县级政府绿色治理质量公众满意度评价维度指标体系。具体如表8-2所示。课题组认为，公众认同感、信任感、获得感、公平感、参与感、幸福感是衡量县级政府绿色治理质量主观评价的重要参考标准。

表8-2　　县级政府绿色治理质量"公众维度"指标（第一轮）

维度指标	基本指标	具体指标
公众维度	公众认同感	廉洁自律的认同感
		廉洁文化的认同感
		社会主流价值观的认同感
		社会公德的认同感
		社会和谐的认同感
		重大决策的认同感
		生态文明认同感
	公众信任感	行政机关信任感
		司法机关信任感
		人大机关信任感
		政协机构信任感
		基层自治组织的信任感
		社会组织的信任感
		亲朋邻里的信任感

续表

维度指标	基本指标	具体指标
公众维度	公众获得感	诉求回应的获得感
		共享经济发展成果的获得感
		社会地位与尊严的获得感
		工作就业的获得感
		收入获得感
		生态文明建设的获得感
		居住环境的获得感
		社会安全的获得感
		参与公共事务的获得感
	公众公平感	收入分配的公平感
		教育公平感
		社会保障公平感
		环境保护公平感
		基层政治参与的公平感
		司法（程序）的公平感
		社会流动的公平感
		城乡发展的公平感
	公众参与感	基层政治活动的参与感
		基层文化活动的参与感
		生态环境保护的参与感
		社会组织活动的参与感
		公共服务供给的参与感
		社会监督的参与感
		重大决策的参与感
	公众幸福感	医疗卫生的满意度
		生态环保满意度
		就业满意度
		住房条件满意度
		公共文化满意度
		社会保障满意度
		人际关系满意度
		个人权益保障满意度
		民主法治满意度
		领导干部工作作风满意度

资料来源：作者自制。

（二）"过程维度"的基本指标及其具体指标

质量不仅是一种结果，也是一种过程。没有过程的科学性就无法保证结果的高质量。县级政府绿色治理过程，则是县级政府如何通过一系列有效的行为、政策、程序、方法等来实现政治、社会、自然生态良性互动的绿色治理目标。只有当县级政府绿色治理有了"民主""法治""民生""服务""透明""监督""发展"的过程保障，才能有效保障和提升县级政府绿色治理的质量。本书经过精心论证后认为，县级政府绿色治理质量"过程维度"指标应包括"民主参与""法治保障""民生建设""政府服务""政府透明""多元监督""绿色发展"7个基本指标和93个具体指标。具体如表8-3所示。在"过程维度"指标中，民主性指标是关键，民生性指标是根本，服务性指标是核心，透明性指标与监督性指标是重点，法治与发展性指标是保障。

表8-3　　县级政府绿色治理质量"过程维度"指标（第一轮）

维度指标	基本指标	具体指标
过程维度	民主参与	民主生活会召开率
		县委常委会民主决策率
		县政府常务会议民主决策率
		基层党组织正常开展民主生活的比率
		重大决策听证率
		重大决策专家咨询率
		社会组织参与社会重大活动率
		村（居）民委员会直选率
		村（居）委会按时完成换届选举的比率
		村（居）民参与村（居）民代表大会的比率
		村（居）民参选代表的比率
		预算过程中的公众参与率
		县级人大代表向选民定期述职率
		县级人大政协提案采纳率
		县级法院对热点案件的民意采纳率

续表

维度指标	基本指标	具体指标
过程维度	法治保障	贪污腐败立案率
		重大决策合法率
		规范性文件合法率
		行政诉讼率
		行政复议率
		执法程序合法率
		执法主体合法率
		执法规范落实率
		万人刑事案件发生率
		公民接受普法教育率
		党政干部接受法律培训率
		村（社区）依法自治达标率
	民生建设	GDP 年增长率
		人均 GDP 年增长率
		恩格尔系数
		城乡居民收入比率
		城乡居民消费比率
		基本社会保险覆盖率
		九年义务教育完成率
		新型农村合作医疗覆盖率
		公办养老院覆盖率
		最低生活保障平均标准
		人均基础设施覆盖率
		每万人拥有公共厕所数
		乡村公路村村通率
		住房支出占人均可支配收入比例
		贫困户识别率
		贫困户帮扶率
		贫困户脱贫率
		贫困村摘帽率

续表

维度指标	基本指标	具体指标
过程维度	政府服务	基本公共服务覆盖率
		县域基本公共服务均等化率
		公益性领域投入资金占 GDP 的百分比
		基础性领域投入资金占 GDP 的百分比
		一站式政务服务标准化率
		政府服务项目占总项目百分比
		行政审批项目年递减率
		政务服务承诺期办结率
		公众参与公共服务项目的年递增率
		行政审批事项网上办结率
		民营经济组织年增长率
		自主性社会组织年增长率
	政府透明	县级政府信息公开率
		乡（镇）、街道信息公开率
		执法信息与司法审判公开率
		财政预算执行率
		审批事项信息公开完整率
		环保信息公开率
		权力清单公开率
		"三公"经费公开率
		电子政务开通率
		微信/微博征集民意开通率
		微信/微博互动的有效回复率
		对媒体与公众质疑的回复率
		网上政务信息更新率
		"一把手"网上信箱开通率
		县委书记/县长接待日公示率

续表

维度指标	基本指标	具体指标
过程维度	多元监督	县级人大向县级政府建议频率
		县级人大对县级政府的质询率
		县级政协向县级政府建议的频率
		法律法规合法性审查覆盖率
		不当行政行为的变更或撤销率
		行政强制执行的撤销或者驳回率
		社会舆论监督平台数目完善率
		公众监督举报制度的完善率
		公众监督渠道的完善率
		人民群众反映问题的有效回应率
	绿色发展	第三产业占 GDP 比重
		高新技术产业增长率
		产业发展环境影响评价实施率
		污染企业排污限期治理率
		高污染企业环保整改率
		高污染企业淘汰率
		农业废弃物综合利用率
		绿色农产品种植面积的比重
		政府绿色采购实施率
		绿色发展理念的知晓度
		"绿色发展"纳入党政领导干部考核指标的落实率

资料来源：作者自制。

（三）"资源保障能力维度"的基本指标及其具体指标

县级政府绿色治理质量必须以强有力的资源保障作为后盾。提升县级政府绿色治理质量，应从"资源保障能力维度"对县级政府绿色治理资源保障能力进行评估。县级政府绿色治理质量的"资源保障能力"主要包括绿色治理技术资源保障能力、绿色治理财力资源保障能力、绿色治理人力资源保障能力、绿色治理物质资源保障能力4个基本指标和40个初选具体指标构成了县级政府绿色治理质量评估指标体系的"资源保障能力维度"指标集。如表8－4所示。

表8－4　　县级政府绿色治理质量"资源保障能力维度"指标（第一轮）

维度指标	基本指标	具体指标
能力维度	绿色治理技术资源保障能力	电信基础设施完备率
		电子政务完备率
		微博反腐应用率
		微信反腐应用率
		大数据反腐实施率
		互联网＋政务实施率
		社会治安网络视频监控覆盖率
		公众网络互动平台完善率
		生态环境监测系统完善率
		环境监测信息互通共享率
	绿色治理财力资源保障能力	民生支出占财政支出比率
		教育支出占财政支出比率
		公共卫生支出占财政支出比率
		社会保障支出占财政支出比率
		人均普法经费年增长率
		文体开支占财政支出比率
		科研支出占财政支出比率
		治理环境污染支出占财政支出比率
		"三公"支出占财政支出比率
		"三公"经费支出下降率
	绿色治理人力资源保障能力	本科及以上公务员占比
		执纪问责人员占比
		每万人拥有社工人员占比
		每万人拥有志愿者占比
		每万人拥有律师占比
		每万人拥有警察占比
		县域每万人拥有教师占比
		每万人拥有卫生技术人员占比
		每万人拥有公共文体服务人员占比
		每万人拥有专业环保人员占比
		每万人拥有环境科技人员占比

续表

维度指标	基本指标	具体指标
能力维度	绿色治理物质资源保障能力	每万人拥有"三馆一站"公用建筑面积
		每万人拥有医院病床数
		每万人拥有养老床位数
		每万人拥有村（社区）服务设施面积
		社会组织孵化园建成率
		九年义务教育学生人均占校面积
		每万人拥有环保基础设施面积
		基层纠纷调解室覆盖率
		纪检监察室覆盖率

资料来源：作者自制。

（四）"结果维度"基本指标及其具体指标

县级政府绿色治理质量的"结果维度"评估就是要测评县级政府主导的县域绿色治理绩效是否满足以及在多大程度上满足人民美好生活需要的"绿色要求"。县级政府绿色治理质量的高低在很大程度上可由县域生态化、廉洁化、共治性、稳定性、公平性、节约性指标彰显出来。也就是说，县级政府绿色治理就是要通过经济、政治、行政、社会、文化、生产、生活、人际关系等方面的绿色化来不断满足县域人民美好生活需要。县级政府绿色治理质量评估的"结果维度"指标体系包含"生态良好""政府廉洁"等 7 个基本指标和 78 个初选具体指标。具体如表 8-5 所示。

表 8-5　　县级政府绿色治理质量"结果维度"指标（第一轮）

维度指标	基本指标	具体指标
结果维度	生态良好	生态文明建设规划实施率
		环境监管体系建成率
		规划环评执行率
		森林覆盖率
		人均公共绿地面积达标率
		居民饮用水达标率

续表

维度指标	基本指标	具体指标
结果维度	生态良好	水土流失率
		空气质量达标率
		城乡生活垃圾无害化处理率
		工业废水处理达标率
		固体废弃物利用率
		国家生态文明建设示范乡镇占比
		重特大环境污染事件发生率
	政府廉洁	廉政法规执行率
		领导干部个人生活重大事项申报率
		职务犯罪涉案人员占比率
		被举报的公职人员查办率
		受党纪处分的党员领导干部占比
		受政纪处分的公务员占比
		正科及以上领导干部犯罪率
		县乡"一把手"违法违纪案件发生率
		领导干部"裸官"发生率
		党员领导干部贪污受贿判决率
	共建共治共享	政府购买社会组织服务的比率
		PPP 项目的实施率
		万人拥有社会组织数量
		社会组织附加值占 GDP 比重
		社会组织支出占 GDP 比重
		环保社会组织自然增长数
		志愿者人数占县域人口比重
		基层协商民主开展率
		县人大（政协）提案立案率
		公民参与工程项目环境影响评价占比
		慈善捐赠占财政收入比重

续表

维度指标	基本指标	具体指标
结果维度	社会公平	城乡居民人均可支配收入比
		县域基尼系数
		贫困人口比率
		社会救济人数占比
		再就业率
		低保覆盖率
		基本养老保险覆盖率
		新型农村合作医疗参与率
		九年义务教育巩固率
		不公平司法判决案件发生次数
		县域司法审判案件的上诉率
	社会稳定	县域重大生产事故发生数
		县域食品安全监测抽查合格率
		县域城镇登记失业率
		贫困发生率
		劳动争议案件结案率
		治安刑事案件发案率
		治安刑事案件结案率
		出生人口性别比
		年度上访人员占比
		群体性事件发生次数
	低碳节约	单位 GDP 能源消耗降低率
		单位 GDP 二氧化碳排放降低率
		新兴产业产值占规模以上工业总产值比重
		新建绿色建筑比例
		公众绿色出行率
		节能节水器具普及率
		政府采购节约率
		"三公"支出占财政支出比重
		"三公"经费年下降率

续表

维度指标	基本指标	具体指标
结果维度	文化合力	廉政警示教育活动开展率
		"不忘初心牢记使命"群众路线教育活动开展率
		"三严三实""两学一做"专题教育落实率
		"反四风"落实率
		"八项规定"落实率
		廉政文化普及率
		社会主义核心价值观普及率
		道德模范评选活动落实率
		文明社区、村镇、行业创建覆盖率
		文化产业产值占 GDP 比重
		公共文化服务标准化率
		参加生态文明培训的公务员占比
		生态文明知晓率
		生态文明满意度

资料来源：作者自制。

二 县级政府绿色治理质量评估指标体系的实证筛选与最终指标

为进一步增强县级政府绿色治理质量评估指标体系的科学性、针对性与可操作性，非常有必要对各项初始指标进行隶属度、相关性、鉴别力、信度与效度进行检测分析与实证筛选。

（一）隶属度分析

课题组找了 60 位相关专家进行调查问卷，回收了 47 份有效问卷。以该 47 份有效问卷为基础，课题组对初步遴选的县级政府绿色治理质量评估的各项指标进行隶属度分析。

课题组把县级政府绿色治理质量评估指标体系 {X} 视为一个模糊集合，将每个评估指标视为一个元素。假设在 i 个评估指标 X_i 上，专家根据重要程度打分总分为 M_i，那么该评价指标的隶属度为 $R_i = M_i/47$；R_i 值越大，说明该指标属于模糊集合的可能性越大，亦即评估指标 X_i 在评估指标体系中越重要。[1]

---

[1] 范柏乃、阮连法：《干部教育培训绩效的评估指标、影响因素及优化路径研究》，浙江大学出版社 2012 年版，第 104 页。

课题组将 R 的临界值设为 3，当单项指标的 R 值大于或者等于 3 时，就予以保留；单项指标的 R 值小于 3 时，则需要删除。通过对 47 份有效专家问卷统计分析，得到了 259 个评估指标，删除了隶属度低于 3 的 64 个指标，保留了 195 个评估指标，从而构成了下一轮筛选的主要指标体系集合。

（二）相关性分析

在完成县级政府绿色治理质量评估指标的隶属度分析后，发现评估指标之间依然存在较高的相关性。具有高度相关性的指标会导致被评估对象信息的过度重复使用，容易降低评估结果的科学性与合理性。本书借助SPSS19.0 对经过隶属度筛选的县级政府绿色治理质量评估指标进行相关性分析，又剔除了 43 个指标。这样，初定的县级政府绿色治理质量评估指标体系中还剩下 152 个指标。

（三）鉴别力分析

评估指标的鉴别力是指评估指标区分评估对象特征差异的能力。县级政府绿色治理质量评估指标体系的鉴别力则是指评估指标区分和鉴别不同县级政府绿色治理质量差异的能力。课题组借助 SPSS19.0 统计软件包对剩余的 152 个评估指标进行方差分析后，删除了鉴别力低于 0.5 的 13 个具体指标。这样，初始指标体系中还有 139 个指标。

（四）信度与效度检测

课题组借助 SPSS19.0 软件包对原初县级政府绿色治理质量评估指标体系剩下的 139 个评估指标进行克劳伯克 α 系数分析来被测度指标的一致性与稳定性程度。分析结果表明，县级政府绿色治理质量评估指标体系的四个维度指标的 α 系数都达到了 0.70 以上，说明县级政府绿色治理质量评估指标体系具有较高的信度。根据 47 位专家的判断，对构建的评估指标体系是否能够反映县级政府绿色治理质量的核心内容进行评价，有 39 位专家一致认为构建的评估指标体系能够反映县级政府绿色治理质量的内容。计算出的内容效度比 CVR = 0.66，说明县级政府绿色治理质量评估指标体系具有较高的效度。

在经过指标隶属度、相关性、鉴别力、信度与效度检验后，本书最终确定了包含 139 个具体指标的县级政府绿色治理质量评估指标体系。

第一，"公众维度"。"公众维度"包括主要包括认同感、信任感、获得感、公平感、参与感、幸福感 6 个基本指标以及 32 个具体指标（见表 8–6）。

表 8 - 6　　　县级政府绿色治理质量"公众维度"指标（第二轮）

维度指标	基本指标	具体指标
公众维度	认同感	廉洁自律认同感
		社会公德认同感
		社会和谐认同感
		重大决策认同感
		生态文明认同感
	信任感	对行政机关的信任感
		对司法机关的信任感
		对基层自治组织的信任感
		对社会组织的信任感
		对亲朋邻里的信任感
	获得感	诉求回应获得感
		共享经济发展成果的获得感
		社会尊严的获得感
		收入获得感
		生态文明建设成果获得感
		社会安全获得感
	公平感	教育公平感
		社会保障公平感
		环境保护公平感
		司法（程序）公平感
		社会流动的公平感
	参与感	监督政府参与感
		重大决策参与感
		文体活动参与感
		生态环保参与感
		公共服务供给参与感
	幸福感	医疗卫生满意度
		生态环保满意度
		就业满意度
		住房满意度
		公共文体生活满意度
		个人权益保护满意度

资料来源：作者自制。

第二，"过程维度"。"过程维度"主要包括民主参与、多元监督、法治保障、民生建设、政府服务、政府透明、绿色发展7个基本指标和40个具体指标（见表8－7）。

表8－7　　　县级政府绿色治理质量"过程维度"指标（第二轮）

维度指标	基本指标	具体指标
过程维度	民主参与	正常开展民主生活的基层党组织比率
		重大决策听证率
		政府治理的社会组织参与率
		村（居）民委员会直选率
		村（居）民代表大会的村（居）民参与率
	多元监督	县级人大对政府的质询率
		县级法院对不当行政行为的变更或撤销率
		社会舆论监督平台完善率
		群众监督渠道的完善率
		群众或媒体反映问题的有效回应率
	法治保障	重大决策程序合法率
		县级政策法规合法率
		执法程序合法率
		执法主体合法率
		执法规范落实率
		村（居）依法自治达标率
	民生建设	人均GDP年增长率
		恩格尔系数
		基本社会保险覆盖率
		九年义务教育完成率
		新型农村合作医疗覆盖率
		贫困村摘帽率
	政府服务	基本公共服务覆盖率
		基本公共服务均等化率
		政务服务标准化率
		行政审批项目年递减率
		政务服务承诺期提前办结率
		民营经济组织年增长率

维度指标	基本指标	具体指标
过程维度	政府透明	政务信息公开率
		审批事项公开完整率
		环保信息公开率
		权力清单公开率
		"三公"经费公开率
		政务信息更新率
	绿色发展	第三产业产值占 GDP 比重
		产业发展环境影响评价实施率
		污染企业排污限期治理落实率
		高污染企业环保整改率
		绿色无公害农产品种植面积的比重
		"绿色发展"纳入党政领导干部考核指标的落实率

资料来源：作者自制。

第三，"资源保障能力维度"。"资源保障能力维度"主要包括技术资源保障能力、财政资源保障能力、人力资源保障能力、物质资源保障能力4个基本指标和23个具体指标（见表8－8）。

表8－8　县级政府绿色治理质量"资源保障能力维度"指标（第二轮）

维度指标	基本指标	具体指标
资源保障能力维度	技术资源保障能力	大数据反腐落实率
		互联网＋政务实施率
		社会治安网络视频监控覆盖率
		公众网络互动平台完善率
		生态环境监测信息系统完善率
	财政资源保障能力	民生支出占财政支出比率
		教育支出占财政支出比率
		公共卫生支出财政支出比率
		文体支出占财政支出比率
		生态环境治理支出占财政支出比率
		"三公经费"支出下降率

续表

维度指标	基本指标	具体指标
资源保障能力维度	人力资源保障能力	本科及以上公务员占比
		被执纪问责人员占比
		每万人拥有律师占比
		每万人拥有警察占比
		每万人拥有教师占比
		每万人拥有专业环保人员占比
	物质资源保障能力	每万人拥有"三馆一站"公用建筑面积
		每万人拥有医院病床数
		每万人拥有村（社区）公共服务设施面积
		社会组织孵化园建成率
		九年义务教育学生人均占地面积
		每万人拥有环保基础设施面积

资料来源：作者自制。

第四，"结果维度"。"结果维度"主要包括生态良好、政府廉洁、共建共治共享、社会公平、社会稳定、低碳节约、文化合力7个基本指标和44个具体指标（见表8-9）。

表8-9 **县级政府绿色治理质量"结果维度"指标（第二轮）**

维度指标	基本指标	具体指标
结果维度	生态良好	森林覆盖率
		人均公共绿地面积
		城乡生活垃圾无害化处理率
		工业废水处理达标率
		固体废弃物利用率
		环境污染事件发生率
	政府廉洁	领导干部个人生活重大事项申报率
		涉案人数占公务员的比率
		正科及以上干部涉案人员立案率
		县、乡（部门）"一把手"违法违纪发生率
		"裸官"发生率

维度指标	基本指标	具体指标
结果维度	共建共治共享	政府购买社会组织公共服务的比率
		PPP 项目占比率
		基层协商民主开展率
		县人大（政协）提案立案率
		公民参与工程项目环境影响评价的占比
	社会公平	城乡居民人均可支配收入比
		基尼系数
		贫困人口率
		再就业率
		低保覆盖率
		基本养老保险覆盖率
		九年义务教育巩固率
		不公正判决案件发生率
	社会稳定	重大生产安全事故发生次数
		食品安全抽查合格率
		城镇登记失业率
		治安刑事案件发案率
		年度信访人口比率
		突发群体性事件发生次数
	低碳节约	单位 GDP 能源消耗降低率
		单位 GDP 二氧化碳排放降低率
		新兴产业产值占规模以上工业总产值比重
		公众绿色出行率
		节能节水器具普及率
		政府采购节约率
		"三公"经费占财政支出比重
	文化合力	"三严三实""两学一做"专题教育落实率
		"八项规定"落实率
		社会主义核心价值观普及率
		社会道德模范评选活动落实率
		文化产业产值占 GDP 比重
		参加生态文明建设专题培训的公务员占比
		生态文明知识知晓率

资料来源：作者自制。

三 县级政府绿色治理质量评估指标权重确定

本书主要运用层次分析法（AHP）对已经构建的指标体系进行权重赋分。层次分析法（analytic hierarchy process，AHP）是美国运筹学家T. L. Saaty（萨迪）提出的一种对决策方案进行比较排序的方法。层次分析法核心思想是将复杂化的评价问题层次化，将评价问题、评价目标、评价指标的顺序分解为不同层次的结构，并通过判断矩阵特征向量的办法，求得每一层次各元素对上一层次某元素的权重，再利用加权和的方法递阶归并，从而求出最低层次（评价指标）相对于最高层次（评价的总目标）的相对重要性，从而对最低层次的元素进行优劣等级的排序。[1] 通过建立县级政府绿色治理质量评估指标体系的阶梯层次的结构模型、构造县级政府绿色治理质量评估指标体系的判断矩阵、计算各指标之间的相对权重、一致性检验等流程确定了县级政府绿色治理质量评估指标的权重分配。

县级政府绿色治理质量评估指标体系总共分为四个层次：第一层为县级政府绿色治理质量总层次目标 A；第二层为准则层的四个基本维度 B_i（i＝1，2，3，4）；第三层为由 24 个基本指标所组成；第四层由 139 个具体指标所组成。本研究基于上述层次分析法的基本思路与方法，确定了县级政府绿色治理质量评估指标体系的基本权重系数。

（一）县级政府绿色治理质量"公众维度"指标权重

"公众维度"在县级政府绿色治理质量评估指标体系中的权重为 0.1348，其中公众认同感、信任感、获得感、公平感、参与感、幸福感分别为 0.0139、0.0084、0.0453、0.0269、0.0117、0.0286。具体指标权重分配见表 8 – 10。

表 8 – 10　　　　县级政府绿色治理质量"公众维度"权重分配

维度指标	基本指标	具体指标	权重
公众维度 （0.1348）	认同感 （0.0139）	廉洁自律认同感	0.0035
		社会公德认同感	0.0010
		社会和谐认同感	0.0052
		重大决策认同感	0.0026
		生态文明认同感	0.0016

---

① 范柏乃：《政府绩效管理》，复旦大学出版社 2012 年版，第 257 页。

续表

维度指标	基本指标	具体指标	权重
公众维度 （0.1348）	信任感 （0.0084）	对行政机关的信任感	0.0014
		对司法机关的信任感	0.0007
		对基层自治组织的信任感	0.0020
		对社会组织的信任感	0.0011
		对亲朋邻里的信任感	0.0032
	获得感 （0.0453）	诉求回应获得感	0.0073
		共享经济发展成果的获得感	0.0135
		社会尊严的获得感	0.0096
		收入获得感	0.0083
		生态文明建设成果的获得感	0.0040
		社会安全获得感	0.0026
	公平感 （0.0269）	教育公平感	0.0052
		社会保障公平感	0.0074
		环境保护公平感	0.0027
		司法（程序）公平感	0.0019
		社会流动的公平感	0.0097
	参与感 （0.0117）	基层文体活动参与感	0.0022
		生态环保参与感	0.0009
		公共服务供给参与感	0.0047
		监督政府的参与感	0.0014
		重大决策参与感	0.0025
	幸福感 （0.0286）	医疗卫生满意度	0.0024
		生态环保满意度	0.0014
		就业满意度	0.0048
		住房满意度	0.0077
		公共文体生活满意度	0.0032
		个人权益保护满意度	0.0091

资料来源：作者自制。

（二）县级政府绿色治理质量"过程维度"指标权重

"过程维度"在县级政府绿色治理质量评估指标体系中的权重为0.3326，其中，民主参与、多元监督、法治保障、民生建设、政府服务、政府透明、绿色发展分别为0.0284、0.0228、0.1005、0.0726、0.0387、0.0186、0.0510。具体指标权重分配见表8－11。

表8－11　　　　县级政府绿色治理质量"过程维度"权重分配

维度指标	基本指标	具体指标	权重
过程维度 (0.3326)	民主参与 (0.0284)	正常开展民主生活的基层党组织比率	0.0026
		重大决策听证率	0.0078
		政府治理的社会组织参与率	0.0018
		村（居）民委员会直选率	0.0050
		村（居）民代表大会的村（居）民参与率	0.0112
	多元监督 (0.0228)	县级人大对县级政府的质询率	0.0014
		县级法院对不当行政行为的变更或撤销率	0.0052
		社会舆论监督平台完善率	0.0023
		公众监督渠道完善率	0.0045
		人民群众或媒体反映问题的有效回应率	0.0094
	法治保障 (0.1005)	重大决策程序合法率	0.0295
		县级政策文件合法率	0.0068
		执法程序合法率	0.0143
		执法主体合法率	0.0081
		执法规范落实率	0.0333
		村（社区）依法自治达标率	0.0085
	民生建设 (0.0726)	人均GDP年增长率	0.0031
		恩格尔系数	0.0049
		基本社会保险覆盖率	0.0113
		九年义务教育完成率	0.0077
		新型农村合作医疗覆盖率	0.0184
		贫困村摘帽率	0.0272

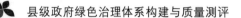

续表

维度指标	基本指标	具体指标	权重
过程维度 （0.3326）	政府服务 （0.0387）	基本公共服务覆盖率	0.0127
		基本公共服务均等化率	0.0098
		政务服务标准化率	0.0029
		行政审批事项年递减率	0.0030
		政务服务承诺期办结率	0.0072
		民营经济组织年增长率	0.0031
	政府透明 （0.0186）	政务信息公开率	0.0011
		审批事项公开完整率	0.0032
		环保信息公开率	0.0023
		权力清单公开率	0.0057
		"三公"经费公开率	0.0053
		政务信息更新率	0.0010
	绿色发展 （0.0510）	第三产业产值占 GDP 比重	0.0089
		产业发展环境影响评价实施率	0.0024
		污染企业排污限期治理落实率	0.0081
		高污染企业环保整改率	0.0046
		绿色无公害农产品种植面积的比重	0.0082
		"绿色发展"纳入党政领导干部 考核指标的落实率	0.0188

资料来源：作者自制。

（三）县级政府绿色治理质量"资源保障能力维度"指标权重

"资源保障能力维度"在县级政府绿色治理质量评估指标体系中的权重为0.1012，其中技术资源保障能力、财政资源保障能力、人力资源保障能力、物质资源保障能力分别为0.0080、0.0293、0.0464、0.0175。具体指标权重分配见表8－12。

表 8 - 12　县级政府绿色治理质量"资源保障能力维度"权重分配

维度指标	基本指标	具体指标	权重
资源保障能力维度（0.1012）	技术资源保障能力（0.0080）	大数据反腐落实率	0.0011
		互联网＋政务实施率	0.0020
		社会治安网络视频监控覆盖率	0.0007
		公众网络互动平台完善率	0.0033
		生态环境监测信息系统完善率	0.0009
	财政资源保障能力（0.0293）	民生项目支出占财政支出比率	0.0079
		教育支出占财政支出比率	0.0047
		公共卫生支出财政支出比率	0.0017
		公共文体支出占财政支出比率	0.0022
		生态环境治理支出占财政支出比率	0.0089
		"三公"经费支出下降率	0.0039
	人力资源保障能力（0.0464）	本科及以上学历公务员占比	0.0036
		被执纪问责人员占比	0.0026
		每万人拥有律师占比	0.0055
		每万人拥有警察占比	0.0156
		每万人拥有教师占比	0.0124
		每万人拥有专业环保人员占比	0.0067
	物质资源保障能力（0.0175）	每万人拥有"三馆一站"公用建筑面积	0.0020
		每万人拥有医院病床数	0.0010
		每万人拥有村（社区）公共服务设施面积	0.0041
		社会组织孵化园建成率	0.0013
		九年义务教育学生人均占地面积	0.0059
		每万人拥有环保基础设施面积	0.0032

资料来源：作者自制。

（四）县级政府绿色治理质量"结果维度"指标权重

"结果维度"在县级政府绿色治理质量评估指标体系中的权重为 0.4314，其中生态良好、政府廉洁、共建共治共享、社会公平、社会稳定、低碳节约、文化合力分别为 0.0528、0.1170、0.0347、0.0734、

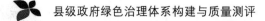

0.0225、0.0327、0.0983。具体指标权重分配见表8-13。

表 8 - 13　　　　　县级政府绿色治理质量"结果维度"权重分配

维度指标	基本指标	具体指标	权重
结果维度 (0.4314)	生态良好 (0.0528)	森林覆盖率	0.0060
		人均公共绿地面积	0.0025
		城乡生活垃圾无害化处理率	0.0045
		工业废水处理达标率	0.0084
		固体废弃物利用率	0.0102
		突发环境污染事件	0.0212
	政府廉洁 (0.1170)	领导干部个人生活重大事项申报率	0.0068
		涉案公职人员占比	0.0185
		正科及以领导干部涉案立案率	0.0304
		县、乡(部门)"一把手"违法违纪发生率	0.0113
		"裸官"发生率	0.0500
	共建共治共享 (0.0347)	县级政府购买社会组织公共服务比率	0.0041
		县域 PPP 项目占比	0.0125
		基层协商民主开展率	0.0023
		县人大(政协)提案立案率	0.0098
		公民参与工程项目环境影响评价占比	0.0060
	社会公平 (0.0734)	城乡居民人均可支配收入比	0.0043
		基尼系数	0.0079
		贫困人口率	0.0177
		再就业率	0.0085
		低保覆盖率	0.0170
		基本养老保险覆盖率	0.0112
		九年义务教育巩固率	0.0024
		不公正判决案件发生次数	0.0044

续表

维度指标	基本指标	具体指标	权重
结果维度 (0.4314)	社会稳定 (0.0225)	重大安全生产事故发生数	0.0016
		食品安全抽查合格率	0.0013
		城镇失业率	0.0034
		治安刑事案件发案率	0.0026
		年度信访人口比率	0.0049
		突发群体性事件发生次数	0.0087
	低碳节约 (0.0327)	单位 GDP 能源消耗降低率	0.0034
		单位 GDP 二氧化碳排放降低率	0.0047
		新兴产业产值占规模以上工业总产值比重	0.0019
		公众绿色出行率	0.0061
		节能节水器具普及率	0.0021
		政府采购节约率	0.0061
		"三公"经费占财政支出的比重	0.0084
	文化合力 (0.0983)	"三严三实""两学一做"专题教育落实率	0.0183
		"八项规定"落实率	0.0262
		社会主义核心价值观普及率	0.0044
		社会道德模范评选活动落实率	0.0170
		文化产业产值占 GDP 比重	0.0159
		参加生态文明建设专题培训的公务员占比	0.0068
		生态文明知识知晓率	0.0097

资料来源：作者自制。

四 县级政府绿色治理质量评估指标体系的正向化与无量纲化

为了消除由于单位和指标的不同所产生的一致性，保证各项指标能够综合计算与有效集成，这就需要对各项指标进行正向化与无量纲化处理。

所谓正向化是指把县级政府绿色治理质量评估指标体系中的逆向指标与适度指标的正向化。县级政府绿色治理质量评估指标体系中的各项指标分为正向指标、逆向指标、适度指标三类。正向指标是指标的变化能对上一级指标产生积极作用的指标。正向指标值越大说明评价越好，如在县级政府绿色治理质量评估指标体系中的公众获得感、公众幸福感、县域贫困村的摘帽率、政务服务承诺期提前办结率、县域森林覆盖率、县域再就业率等。逆向指标（反向指标）是指标的变化会对上一级指标产生消极作用的指标，亦即指标值越大评价越差的指标。在县级政府绿色治理质量评估指标体系中，恩格尔系数、县域重特大突发环境污染事件发生次数、"裸官"发生率、县域基尼系数、县域贫困人口比率、县域年度信访人口比率、政府采购节约率等指标就属于逆向指标。适度指标的指标值既不应过大，也不应过小，而是趋于一个适度的点。县级政府绿色治理质量评估指标体系中的县域等级失业率等指标就是属于该类指标。为了使得不同单位的指标能够进行直接的比较，需要首先对数据进行预处理，实现逆向指标与适度指标的正向化（即同趋势化）。

无量纲化处理是指借助一定的数学变换消除原始指标量纲影响的方法，以实现评价指标数值的标准化、正规化。在县级政府绿色治理质量评估指标体系中，评估指标没有统一的量纲，有"百分率""千分率""人数""次数""面积（平方米）"等。这就需要课题组对县级政府绿色治理评估指标进行统一的无量纲化处理。课题组对县级政府绿色治理质量评估指标无量纲处理均按照［0—10］的范围进行计分，为了使县级政府绿色治理质量评估指标对绿色治理质量表示的形象化，本研究取5个等级，即0—2、2—4、4—6、6—8、8—10。县级政府绿色治理质量越高，则得分就越大，各个指标的分值与县级政府绿色治理质量的高低成正比关系。

五 县级政府绿色治理质量评估指标体系的质量分级与风险等级说明

如同企业经营存在产品质量风险一样，政府治理同样也存在治理质量风险。本书在科学赋值与评估的基础上，把县级政府绿色治理质量进行等级划分，不同的治理质量等级对应不同的质量风险，进而确定预防治理质量风险的等级。

（一）县级政府绿色治理质量评估指标体系的质量分级

本书根据前述县级政府绿色治理质量五个等级标准（优秀、良好、中等、合格、较差）的划分，结合绿色治理质量评估指标体系的权重分配与无量纲化处理的具体要求，对县级政府绿色治理质量等级进行了分值分配与质量等级划分，具体如表 8 – 14 所示。

表 8 – 14　　　　　　　县级政府绿色治理质量等级赋值

质量等级划分	等级量化标准
优秀	≥8.5 分
良好	8.0（≥8.0）—8.5（<8.5）分
中等	7.0（≥7.0）—8.0（<8.0）分
合格	6.0（≥6.0）—7.0（<7.0）分
较差	<6.0 分

资料来源：作者自制。

（二）县级政府绿色治理风险预警等级划分

本书依据县级政府绿色治理质量等级标准划分了县级政府绿色治理的五级风险预警等级，具体如图 8 – 8 所示。

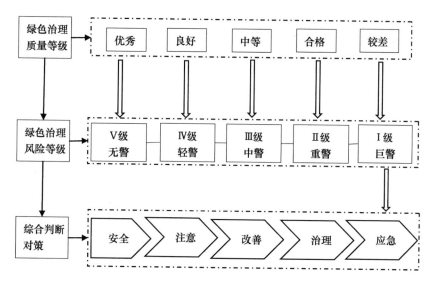

图 8 – 8　县级政府绿色治理风险预警等级划分

如图 8 – 8 所示，课题组依据县级政府绿色治理质量"优秀""良好""中等""合格""较差"五个等级，把治理质量风险等级对应为"无警"

"轻警""中警""重警""巨警"五个等级,并根据五个不同等级的质量风险警情,对应提出五种不同的应对预案。

综上而言,县级政府绿色治理质量评估指标体系的构建是基于评估指标、权重分配、计分标准、分级标准、风险等级等基本内容所构成的。该评估指标体系仅是衡量县级政府绿色治理质量的相对评估标准,或者说提供一个相对的参考尺度。另外,由于县域绿色治理是一个动态的过程,构建县级政府绿色治理质量评估指标体系必然也是一个不断完善的过程。

第四节　县级政府绿色治理质量
评估指标体系的验证

构建一套指标体系的意义在于使它有效运转起来,发挥预期作用,否则,指标设计也就无实际价值可言。[①] 构建县级政府绿色治理质量评估指标体系的目的是让其运转起来,进而达到测评绿色治理质量的目的。县级政府绿色治理质量评估指标体系的运行,主要是通过实证,对已构建的评估指标体系进行有效的检测,并找出指标本身存在的主要问题,从而使得评估指标体系在实证运行中真正发挥其应用价值。

一　检测目的与研究样本选取

(一) 实证检测的目的

县级政府绿色治理质量评估指标体系构建的目的是借助指标的有效运行测评绿色治理质量。而指标体系运行的过程也是发现指标体系自身以及绿色治理活动存在问题的过程。课题组在第三节对评估指标体系的筛选、赋权以及质量分级基础上所构建的县级政府绿色治理质量评估指标体系不能仅仅停留在理论的构建方面,而是要通过指标体系的运行来对评估指标体系进行实证检测。通过指标体系运行的实证检测一方面可以对县级政府绿色治理质量评估指标体系的科学性与适用性进行评估,另一方面也能够深入挖掘制约县级政府绿色治理质量提升的主要因素。

[①] 史云贵、孙宇辰:《我国农村社会治理效能评价指标体系的构建与运行论析》,《公共管理与政策评论》2016 年第 1 期。

（二）研究样本的选取

由于本书研究的主要对象是县级政府，而我国当前共有 2000 多个县级政府，基于时间、精力等各方面的限制，本研究不可能对所有县级政府都进行实证测评，这就决定了本研究只能采取抽样调查的方法对县级政府绿色治理评估指标体系进行实证检测。

课题组主要采取分层简单随机抽样的方法来选取样本。分层简单随机抽样首先是将总体按某一特征划分为若干次级总体，这一过程成为"分层"，然后在每一层内独立地抽取一个简单的随机样本，最后将这些样本合成一个整体样本。这就是分层随机抽样方法的基本原理。本研究按照分层随机抽样方法的基本要求，首先根据区位、发展水平等特征对全国的主要县级政府进行东中西的归类分层，然后采用简单随机抽样的方法①分别从东中西各个范畴的县级政府中随机抽取一个县级政府进行绿色治理质量的实证检测。因此，本研究主要在全国抽取了江苏省徐州市 X 区、安徽省蚌埠市 Y 县、四川省绵阳市代管的 Z 市为实证检测的样本。三个县级行政单位概况如下。

X 区地处江苏西北部，环绕徐州主城区，山水秀美、底蕴深厚，人文资源丰富。总面积 2010 平方公里，人口 130 万，辖 28 个乡镇（街道）和 1 个国家级高新区。近年来，X 区坚定不移走生态优先、绿色发展的新路子，经济社会保持平稳较快发展。综合实力居中国市辖区第 29 位，居全国投资潜力百强区第 28 位、全国科技创新百强区第 51 位、全国绿色发展百强区第 38 位、全国新型城镇化质量百强区第 51 位。②

Y 县地处皖北，辖 18 个乡镇、362 个村（居），1 个省级经济开发区，面积 2192 平方公里，总人口数 133 万。工业基础良好、产业门类齐全、区位优势突出、历史文化厚重和皖北独一的山水资源禀赋。近年来，Y 县坚持以新发展理念为引领，实施"工业强县、农业固县、生态立县"发展战略，实现经济社会高质量发展。③

Z 市面积 2719 平方公里，总人口 88 万，辖 39 个乡镇、3 个办事处和

---

① 简单随机抽样（simple random sampling），它是从 N 个项目的总体中抽选出 n 个项目，总体中每个单位都有均等的机会被选中，而且每个样本单位是被单独选出的，是一种元素抽样。在某种程度上，这是简便、适用且能满足获得代表性样本要求的一种方法。

② 《铜山概况》，2020 年 2 月 11 日，徐州市铜山区人民政府网（https://www.zgts.gov.cn）。

③ 《怀远概况》，2020 年 3 月 30 日，安徽省怀远县人民政府网（https://www.ahhy.gov.cn）。

1个省级高新技术产业园区。近年来，Z市高度重视绿色发展，山水田园城市特色鲜明，绿化覆盖率51%，生态公园星罗棋布，形成了"一半山水一半城"的生态格局。曾荣获"国家级电子商务进农村示范县""中国西部最具投资潜力百强县"等荣誉称号。①

三个样本县（市、区）覆盖了东、中、西部，它们中既有平原型县（市、区），也有山地型县（市、区），既有全国经济百强县（市、区），又有工业强县（市），也有农业大县。三个县域虽然经济社会发展水平、风俗习惯有较大的差异，但都坚决贯彻落实新发展理念，高度重视县域生态文明建设，坚定不移地走绿色发展道路，通过绿色治理实现了县域经济社会的高质量发展。

二 数据收集与分析

在确定研究样本县（市、区）后，就需要根据已构建的县级政府绿色质量治理评估指标的要求来收集样本县（市、区）的相关数据，并在数据收集的基础上，对相应的数据进行整理、运算、分析，最后得到样本县（市、区）的绿色治理质量的基本情况。

（一）数据收集

数据收集是县级政府绿色治理质量评估指标体系实证运行的关键环节。县级政府绿色治理质量评估指标体系主要包括主观指标与客观指标两大类，不同类型的指标收集数据的方式也有所不同。

主观指标主要涉及公众维度，其他维度也少量涉及。主观指标评估数据的收集主要通过对样本县（市、区）的公众问卷调查获取。课题组在三个样本县（市、区）各自发放问卷1000份，共发放了3000份问卷，有效回收问卷2866份。其中，X区收回976份，Y县收回957份，Z市收回933份，有效回收率达95.53%。主观指标的数据均全部采用调查问卷的途径获得。问卷被调查者的信息采集情况如表8-15、表8-16、表8-17所示。

---

① 《市情简介》，2019年4月28日，江油市人民政府网（https://www.jiangyou.gov.cn/4371789.html）。

表 8－15　　　　　　　　　　　X 区被试者基本信息

被试群体	类别	统计变量	人数	百分比（%）
公众	性别	男	496	50.82
		女	480	49.18
	年龄	20—30 周岁（含）	183	18.75
		31—45 周岁（含）	172	17.62
		46—55 周岁（含）	247	25.31
		55 周岁以上	374	38.32
	职业	村（居）民	407	41.70
		企事业单位人员	308	31.56
		个体户	107	10.96
		学生	118	12.09
		其他	36	3.69
	家庭年平均收入	3 万元以下	56	5.74
		3 万—5 万元	197	20.18
		6 万—10 万元	475	48.67
		10 万元以上	248	25.41
	居住时间	5 年以下	126	12.91
		5—10 年	186	19.06
		11—20 年	248	25.41
		20 年以上	416	42.62

资料来源：作者自制。

表 8－16　　　　　　　　　　　Y 县被试者基本信息

被试群体	类别	统计变量	人数	百分比（%）
公众	性别	男	435	45.45
		女	522	54.55
	年龄	20—30 周岁（含）	198	20.69
		31—45 周岁（含）	201	21.00
		46—55 周岁（含）	302	31.56
		55 周岁以上	256	26.75

续表

被试群体	类别	统计变量	人数	百分比（％）
公众	职业	村（居）民	504	52.66
		企事业单位人员	219	22.88
		个体户	98	10.24
		学生	109	11.39
		其他	27	2.82
	家庭年平均收入	3万元以下	126	13.17
		3万—5万元	327	34.17
		6万—10万元	378	39.50
		10万元以上	126	13.17
	居住时间	5年以下	56	5.85
		5—10年	132	13.80
		11—20年	201	21.00
		20年以上	568	59.35

资料来源：作者自制。

表8-17　　　　　　　　　Z市被试者基本信息

被试群体	类别	统计变量	人数	百分比（％）
公众	性别	男	478	51.23
		女	455	48.78
	年龄	20—30周岁（含）	176	18.86
		31—45周岁（含）	189	20.26
		46—55周岁（含）	287	30.76
		55周岁以上	281	30.12
	职业	村（居）民	476	51.02
		企事业单位人员	227	24.33
		个体户	108	11.58
		学生	112	12.00
		其他	10	1.07

续表

被试群体	类别	统计变量	人数	百分比（%）
公众	家庭年平均收入	3 万元以下	65	6.97
		3 万—5 万元	219	23.47
		6 万—10 万元	518	55.52
		10 万元以上	131	14.04
	居住时间	5 年以下	178	19.08
		5—10 年	211	22.62
		11—20 年	265	28.40
		20 年以上	279	29.90

在客观指标方面。客观指标主要涉及过程维度、资源保障能力维度与结果维度，主要通过三个县（市、区）所公开的统计年鉴、政府年度工作报告、统计公报、国民经济和社会发展公报、报纸、县域各级部门网站公开的信息以及实地访谈调研获得的客观数据资料等收集数据。由于政府在信息公开方面的信息与本研究理想的信息获取状态还存在较大的差距，因此，在客观数据收集方面，还需要对相关缺失的数据采取灵活的方式（均值插补①或回归插补②）进行处理。鉴于客观指标数据获取的有效性与可及性，本书主要以样本县（市、区）2019 年度（截至 2019 年底）的情况作为客观指标的检测对象。因此，客观指标所有的数据都是以 2019 年度的具体情况为准。

（二）数据分析

课题组在获得了县级政府绿色治理质量评估指标体系的原始统计数据之后，下一步的任务就是对照第四章各维度确定的无量纲化表对数据进行无量纲分析，并在无量纲化分析的基础之上根据县级政府绿色治理质量的分级标准计算 3 个样本县级政府绿色治理质量的总分值。

1. 样本数据的无量纲化处理

本书已获取的县级政府绿色治理质量评估指标的原始统计数据并不能直接用于分析与评估县级政府绿色治理质量，而需要将获取的原始统计数

---

① 均值插补是指对已有数据取平均值作为缺失数据的估计值。

② 回归插补是指从含缺失数据的变量对不含缺失数据的变量的回归，利用回归方程的预测值对缺失数据进行插补。

县级政府绿色治理体系构建与质量测评

据通过无量纲化处理方法对评估指标进行统一的无量纲化的分值处理。这就需要根据第四节关于无量纲化的标准与要求对县级政府绿色治理质量的"公众维度""过程维度""资源保障能力维度""结果维度"——进行无量纲化的标准化分值处理。具体分析处理的指标值如表 8-18 至表 8-21 所示。

表 8-18　县级政府绿色治理质量"公众维度"无量纲化标准指标值

基本指标	具体指标	无量纲化标准指标值		
		X 区	Y 县	Z 市
认同感	廉洁自律认同感	8.0	8.7	8.0
	社会公德认同感	8.5	8.5	8.1
	社会和谐认同感	8.1	9.4	8.7
	重大决策认同感	8.0	8.7	7.8
	生态文明认同感	8.4	6.9	8.5
信任感	行政机关信任感	8.4	9.2	8.1
	司法机关信任感	8.1	7.7	8.3
	基层自治组织信任感	7.8	8.6	7.9
	社会组织信任感	8.0	8.6	8.2
	亲朋邻里信任感	8.8	10.0	10.0
获得感	诉求回应获得感	7.7	9.0	6.5
	共享经济发展成果获得感	8.2	8.1	8.3
	地位尊严获得感	8.5	8.8	8.3
	收入获得感	8.1	9.0	6.3
	生态文明获得感	8.3	6.7	7.9
	总体安全获得感	8.4	9.2	7.8
公平感	教育公平感	8.2	8.5	9.8
	社会保障公平感	8.2	8.7	8.9
	环境保护公平感	8.0	8.3	8.2
	司法（程序）公平感	8.1	7.7	8.4
	社会流动的公平感	7.7	7.0	6.5

续表

基本指标	具体指标	无量纲化标准指标值		
		X 区	Y 县	Z 市
参与感	政府监督参与感	7.7	8.6	7.1
	政府重大决策参与感	7.4	8.0	6.1
	基层文化活动参与感	7.3	7.9	6.0
	生态环保参与感	7.4	7.8	6.2
	公共服务供给参与感	7.4	8.0	6.1
幸福感	医疗卫生满意度	7.5	9.0	8.4
	生态环保满意度	8.3	6.7	7.9
	就业满意度	7.6	8.5	6.6
	住房满意度	8.0	8.3	7.8
	公共文化满意度	7.3	8.0	6.6
	个人权益保护满意度	7.3	8.3	6.2

资料来源：作者自制。

表 8 – 19 县级政府绿色治理质量"过程维度"无量纲化标准指标值

基本指标	具体指标	无量纲化标准指标值		
		X 区	Y 县	Z 市
民主参与	基层党组织民主生活正常开展比率	9.4	9.6	9.8
	重大决策听证率	7.5	8.3	8.1
	政府治理的社会组织参与率	8.1	8.5	7.9
	村（居）民委员会直选率	9.2	9.0	8.6
	村（居）民代表大会的村（居）民参与率	9.8	9.5	9.4
多元监督	县级人大对政府的质询率	9.6	9.8	9.5
	县级法院对不当行政行为的变更或撤销率	9.3	9.0	8.9
	社会舆论监督平台数目完善率	9.5	8.9	9.7
	公众监督渠道的完善率	9.3	9.1	9.4
	社会监督的问题有效回应率	8.8	9.3	9.0

续表

基本指标	具体指标	无量纲化标准指标值		
		X 区	Y 县	Z 市
法治保障	重大决策程序合法率	8.0	7.9	5.0
	规范性文件合法率	7.9	5	5.8
	执法程序合法率	5.6	4.5	3.0
	执法主体合法率	6.0	4.5	2.0
	执法规范落实率	5.8	3.2	4.0
	村（社区）依法自治达标率	6.5	4.3	2.0
民生建设	人均 GDP 年增长率	7.5	7.1	7.6
	恩格尔系数	6.3	4.2	5.0
	基本社会保险覆盖率	9.7	9.7	9.5
	九年义务教育完成率	9.2	8.9	8.9
	新型农村合作医疗覆盖率	10.0	10.0	10.0
	贫困村摘帽率	6.6	0.0	2.2
政府服务	基本公共服务覆盖率	9.7	9.5	9.4
	基本公共服务均等化完成率	8.5	7.5	7.3
	一站式政务服务标准化率	9.6	9.3	9.8
	行政审批项目年递减率	5.0	10.0	9.9
	政务服务承诺期办结率	10.0	9.5	8.7
	民营经济组织年增长率	9.9	2.0	2.2
政府透明	政务信息公开率	9.7	9.8	9.7
	审批事项公开完整率	10.0	10.0	10.0
	环保信息公开率	7.5	7.7	8.5
	权力清单公开率	8.9	9.2	9.4
	"三公"经费公开率	10.0	10.0	10.0
	网上政务信息更新率	9.7	9.8	9.6
绿色发展	第三产业占 GDP 比重	8.0	8.2	7.9
	产业发展环境影响评价实施率	10.0	10.0	10.0
	污染企业限期治理达标率	9.6	9.2	9.0
	高污染企业环保整改率	9.6	9.6	9.8
	绿色、无公害农产品种植面积的比重	7.1	6.0	7.6
	"绿色发展"纳入党政领导干部考核指标体系的落实率	9.2	9.5	8.9

资料来源：作者自制。

表 8 – 20 　　**县级政府绿色治理质量"资源保障能力维度"**
无量纲化标准指标值

基本指标	具体指标	无量纲化标准指标值		
		X 区	Y 县	Z 市
技术资源保障能力	大数据反腐实施率	0.0	0.0	4.0
	"互联网 + 政务"实施率	9.4	9.6	9.5
	社会治安网络视频监控覆盖率	9.5	8.0	7.5
	公众网络互动平台完善率	9.4	9.7	9.8
	生态环境监测平台完善率	7.9	7.4	7.5
财政资源保障能力	民生支出占财政支出比率	10.0	10.0	7.0
	教育事业占财政支出比率	9.5	8.0	7.0
	公共卫生事业占财政支出比率	6.0	10.0	8.6
	文体广播事业占财政支出比率	10.0	2.0	8.0
	治理环境污染占财政支出比率	9.5	7.5	10.0
	"三公经费"支出下降率	6.3	5.6	8.8
人力资源保障能力	公务员中本科及以上学历比率	7.8	6.7	7.1
	被执纪问责人员占比	8.4	7.9	7.5
	每万人拥有律师占比	10.0	7.3	7.6
	每万人拥有警察占比	5.6	4.1	5.0
	每万人拥有教师占比	8.5	7.7	7.2
	每万人拥有专业环保人员占比	7.6	4.0	7.5
物质资源保障能力	每万人拥有"三馆一站"公房建筑面积	7.5	6.5	7.8
	每万人拥有医院病床数	2.6	2.9	9.2
	每万人拥有村（社区）综合服务设施面积	5.5	5.2	4.9
	社会组织孵化园建成率	10.0	0.0	10.0
	九年义务教育学生人均占校园面积	3.0	1.2	1.0
	每万人拥有环保基础设施面积	7.0	4.5	7.5

资料来源：作者自制。

表 8–21　县级政府绿色治理质量"结果维度"无量纲化标准指标值

基本指标	具体指标	无量纲化标准指标值		
		X 区	Y 县	Z 市
生态良好	森林覆盖率	3.1	5.8	4.9
	人均公共绿地面积	6.3	2.4	4.7
	城乡生活垃圾无害化处理率	9.5	9.3	8.9
	工业废水处理达标率	8.5	8.5	10.0
	固体废弃物利用率	9.6	9.3	9.0
	重特大突发环境污染事件发生率	10.0	10.0	10.0
政府廉洁	领导干部个人重大事项申报率	7.0	7.6	7.0
	公务员涉案率	8.0	4.0	8.7
	正科及以上领导干部犯罪立案率	7.2	5.3	3.5
	县、乡两级"一把手"严重违法违纪发生率	3.5	5.5	4.0
	"裸官"发生率	10.0	10.0	10.0
共建共治共享	政府购买社会组织公共服务的比率	8.0	5.0	4.0
	PPP 项目的实施率	6.3	3.9	4.5
	基层协商民主开展率	8.8	9.2	8.3
	县人大（政协）提案立案率	10.0	10.0	10.0
	公民参与项目环境影响评价比例	3.6	3.1	2.9
社会公平	城乡居民人均可支配收入比	7.0	8.8	6.0
	县域基尼系数	7.9	9.0	6.3
	贫困人口比率	7.0	6.9	7.2
	再就业率	8.9	9.2	8.6
	低保覆盖率	10.0	10.0	10.0
	基本养老保险覆盖率	9.9	9.6	9.5
	九年义务教育巩固率	10.0	9.9	9.9
	司法不公案件发生次数	10.0	10.0	10.0

基本指标	具体指标	无量纲化标准指标值		
		X 区	Y 县	Z 市
社会稳定	重大安全生产事故年度发生次数	10.0	10.0	10.0
	食品安全抽查合格率	9.8	9.9	9.3
	城镇登记失业率	9.4	10.0	7.8
	治安刑事案件发案率	9.6	9.9	10.0
	年度上访人口比率	7.7	8.2	9.0
	重特大突发群体性事件年度发生次数	10.0	10.0	10.0
低碳节约	单位 GDP 能源消耗降低率	8.9	8.2	7.9
	单位 GDP 二氧化碳排放降低率	6.0	8.2	5.8
	新兴产业产值占规模以上工业总产值比重	8.2	4.0	3.6
	公众绿色出行率	6.6	5.4	6.5
	节能节水器具普及率	9.1	8.6	7.9
	政府采购节约率	5.0	8.0	4.0
	行政经费占财政支出的比重	6.0	4.0	0.0
文化合力	"不忘初心牢记使命"专题教育活动落实率	6.4	5.3	7.2
	"八项规定"落实率	7.7	5.0	3.6
	社会主义核心价值观普及率	5.1	7.0	2.0
	社会道德模范评选活动落实率	10.0	5.2	10.0
	文化产业增加值占 GDP 比重	9.2	6.8	8.0
	参加生态文明教学培训的公务员比例	3.9	5.8	7.0
	生态文明系列知识的群众知晓率	9.2	6.7	8.1

资料来源：作者自制。

2. 样本县级政府绿色治理质量总分值计算

在对县级政府治理质量评估指标进行无量纲化的标准值处理后，就需要根据第四章县级政府绿色治理质量评估指标的权重赋分，将标准值与权重赋分进行加权计算，就可以得到 3 个样本县级政府绿色治理质量的总分值。3 个样本县级政府绿色治理质量的得分情况如表 8 - 22 所示。

表 8 – 22   3 个样本县级政府绿色治理质量得分统计

维度	X 区	Y 县	Z 市
公众维度	1.0729	1.1369	1.0247
过程维度	2.7003	2.3306	2.2628
资源保障能力维度	0.7707	0.6199	0.7275
结果维度	3.5030	3.1546	3.1745
总计	8.0469	7.2420	7.1895

3. 样本县级政府绿色治理质量总体得分与质量分级情况

依据县级政府绿色治理质量评估指标体系的计分方法，江苏省的 X 区、安徽省的 Y 县、四川省的 Z 市绿色治理质量得分分别为 8.0469、7.2420、7.1895，按照得分的高低排序，依次排序为 X 区、Y 县、Z 市，按照中、东、西区域选取的 3 个样本县级政府绿色治理质量排名顺序与总分的排名顺序一致。3 个样本县级政府绿色治理质量的得分情况如图 8 – 9 所示。

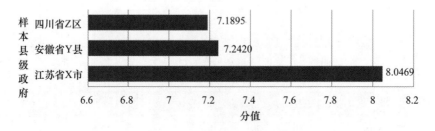

图 8 – 9　3 个样本县级政府绿色治理质量总体得分

资料来源：作者自制。

按照县级政府绿色治理质量分级标准的办法，江苏省 X 区样本县级政府绿色治理质量等级为"绿色治理质量良好的县级政府"，安徽省 Y 县、四川省 Z 市的两个样本县级政府的绿色治理质量等级为"绿色治理质量中等的县级政府"。具体情况如表 8 – 23 所示。

表8-23   3个样本县级政府绿色治理质量分级

县级政府	质量等级划分	等级描述
—	绿色治理质量优秀的县级政府	绿色治理质量综合评分≥8.5分
江苏省X区	绿色治理质量良好的县级政府	绿色治理质量综合评分在8.0（≥8.0）—8.5（<8.5）分
安徽省Y县 四川省Z市	绿色治理质量中等的县级政府	绿色治理质量综合评分在7.0（≥7.0）—8.0（<8.0）分
—	绿色治理质量合格的县级政府	绿色治理质量综合评分在6.0（≥6.0）—7.0（<7.0）分
—	绿色治理质量较差的县级政府	绿色治理质量综合评分<6.0分

　　另外，根据县级政府绿色治理风险等级预警划分的办法，江苏省X区样本县级政府绿色治理风险预警等级为"Ⅳ级（轻警）"，安徽省Y县、四川省Z市的两个样本县级政府的绿色治理风险预警等级为"Ⅲ级（中警）"。具体情况如表8-24所示。

表8-24   3个样本县级政府绿色治理风险预警分级

县级政府	质量等级划分	风险等级	综合判断对策
—	绿色治理质量优秀的县级政府	Ⅴ级（无警）	安全
江苏省X区	绿色治理质量良好的县级政府	Ⅳ级（轻警）	注意
安徽省Y县 四川省Z市	绿色治理质量中等的县级政府	Ⅲ级（中警）	改善
—	绿色治理质量合格的县级政府	Ⅱ级（重警）	治理
—	绿色治理质量较差的县级政府	Ⅰ级（巨警）	应急

资料来源：作者自制。

　　综上，从表8-23、表8-24的3个样本县级政府绿色治理质量分级与风险等级情况可以看出，3个样本县级政府中没有一个县级政府的绿色治理质量达到"绿色治理质量优秀的县级政府"等级，也没有一个县级政府绿色治理处于"Ⅰ级（巨警）"的风险等级状态。地处东部的X区，在区位、政治、经济、社会、文化、生态等各方面的整体绿色治理质量高于中部的Y县与西部的Z市。与此同时，在总体质量得分对比方面，虽然X区处于良好等级状态，但其得分在良好等级领域处于起步的最低分（8.0分）。因此，X区在绿色治理方面还有较大的提升空间，在风险等级方面也需要提高警惕、"防患于未然"。中部的Y县与西部的Z市在总体质量得分上比较接近，处于中等等级状态，但是二者也在中等等级领域的起步分（7.0分）的范围内徘徊，如果治理不好很有可能掉入合格等级状态，容易出现较大的风险隐患。因此，这两个县级政府需要有效改善县域政治、经济、文化、社会、生态环境，防范和化解各领域存在的风险，有效提升县域绿色治理质量。

4. 样本县级政府绿色治理质量各维度主要得分情况

在绿色治理质量分析过程中，本研究除了对3个样本县级政府绿色治理质量总体得分进行分析之外，还需要对3个样本县级政府绿色治理质量各个维度的得分情况进行具体分析。通过分析可看出，3个样本县级政府绿色治理质量四个维度的得分情况存在不平衡的状态，除了"公众维度"得分相对较高之外，3个样本县级政府绿色治理质量的"过程维度""资源保障能力维度""结果维度"的得分相较于对应维度的总分值并不高，需要进一步加强。

第一，"公众维度"的得分情况。在总分值得分10分中，"公众维度"满分为1.348分，X区、Y县、Z市3个样本县级政府绿色治理质量"公众维度"得分分别为1.0729、1.1369、1.0247。按照得分高低，依次排序为Y县、X区、Z市。安徽省Y县的得分高于江苏省X区、四川省Z市，反映了该县公众对县级政府绿色治理的总体满意度较高。3个样本县级政府绿色治理质量"公众维度"具体得分如图8-10所示。

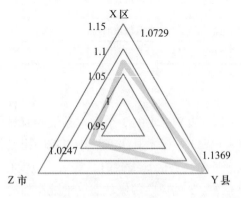

图8-10 3个样本县级政府绿色治理质量"公众维度"得分

资料来源：作者自制。

第二，"过程维度"的得分情况。在总分值得分 10 分中，"过程维度"满分为 3.326 分，X 区、Y 县、Z 市 3 个样本县级政府绿色治理质量"过程维度"得分分别为 2.7003、2.3306、2.2628。按照得分高低，依次排序为 X 区、Y 县、Z 市。"过程维度"的得分情况与 3 个样本县级政府区位及县域经济发展水平顺序一致。同时，相对于"过程维度"的总分值而言，3 个样本县级政府绿色治理质量"过程维度"得分并不高，需要进一步加强对绿色治理活动的过程保障力度，从而有效提升绿色治理质量。3 个样本县级政府具体得分如图 8-11 所示。

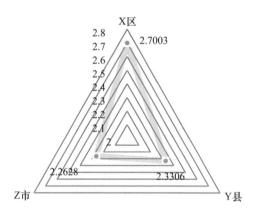

图 8-11　3 个样本县级政府绿色治理质量"过程维度"得分

资料来源：作者自制。

第三，"资源保障能力维度"的得分情况。在总分值得分 10 分中，"资源保障能力维度"满分为 1.012 分，X 区、Y 县、Z 市 3 个样本县级政府绿色治理质量"资源保障能力维度"得分分别为 0.7707、0.6199、0.7275。按照得分高低，依次排序为 X 区、Z 市、Y 县。其中江苏省的 X 区凭借其区位与经济水平优势在绿色治理"资源保障能力"方面得分高于安徽的 Y 县与四川的 Z 市。同时位于四川省的 Z 市在"资源保障能力"方面得分略高于安徽省的 Y 县，反映了位于西部的 Z 市在绿色治理质量的资源保障能力方面具有较好的表现与较强的实力。3 个样本县级政府具体得分如图 8-12 所示。

第四，"结果维度"的得分情况。在总分 10 分中，"结果维度"满分为 4.314 分，X 区、Y 县、Z 市 3 个样本县级政府绿色治理质量"结果维度"得

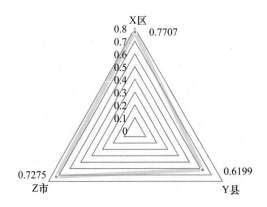

图 8 – 12　3 个样本县级政府绿色治理质量"资源保障能力维度"得分

资料来源：作者自制。

分分别为 3.5030、3.1546、3.1745。按照得分高低，依次排序为 X 区、Z 市、Y 县。其中江苏省的 X 区凭借其区位、政治、经济、社会等方面的综合优势在绿色治理质量"结果维度"方面得分高于安徽的 Y 县与四川的 Z 市。同时，位于四川省的 Z 市在绿色治理质量"结果维度"方面略高于安徽省的 Y 县，反映了位于西部的 Z 市近年来高度重视绿色发展与生态文明建设，在绿色治理质量"结果维度"方面并不逊色于中部的县级政府。但是，与"结果维度"总分值相比，3 个样本县级政府绿色治理质量"结果维度"总体得分并不是很高，说明我国通过县域绿色治理提升县域生态质量、不断满足县域人民美好生活依然任重道远。3 个样本县级政府具体得分如图 8 – 13 所示。

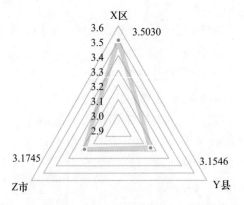

图 8 – 13　3 个样本县级政府绿色治理质量"结果维度"得分

资料来源：作者自制。

本章从县级政府绿色治理质量的概念内涵出发，围绕着县域"美好生活"如何测评，构建了"县级政府绿色治理质量测评指标体系"。指标体系的生命在于运行。通过科学运行县级政府绿色治理质量测评指标体系，以评促建，加快推进县域人民美好生活实现进程。本章最后以江苏省 X 区、安徽省 Y 县、四川省 Z 市（县级）为例，运用县级政府绿色治理质量测评指标体系对上述三个县级行政区绿色治理质量进行动态测评，一方面验证了县级政府绿色治理质量测评指标体系的科学性与可行性，另一方面为全国县级政府绿色质量进行全面测评和发布《中国县域绿色治理质量研究报告》创造了重要条件。

结　语

　　绿色发展驱动着区域经济、政治、社会、文化、生态全方位的"绿色化"。全方位的"绿色化"追求经济的低碳环保、政治的风清气正、社会的公平和谐、文化的健康繁荣、生态的绿水青山。而全方位的"绿色化"则意味着绿色发展逐步从经济绿色发展走向全方位的绿色治理。绿色治理是一场治理方式的深刻变革，是推进国家治理体系和治理能力现代化的重要内容和现实表现。作为最具有完整政府职能的基层政府，县级政府绿色治理体系和治理能力现代化是国家绿色治理体系和绿色治理能力现代化的重要组成部分和关键环节。本书从县级政府绿色治理的目标引领、体系构建、机制运行、政策推动、文化培育、质量测评六个维度对县域绿色治理进行了系统而深入的研究。

　　不断满足人民美好生活需要是县级政府绿色治理的根本目标。任何社会主体做任何事情都有一个需求动机。我国以人民为中心的各级党委、政府始终把实现人民美好生活作为自己的初心和使命。满足人民美好生活需要是县域绿色治理的目标引领，也是县域绿色治理的动力需求。作为根本目标的人民美好生活应是历史的、现实的和具体的。当前中国特色社会主义进入新时代，人民美好生活的诸要素汇聚在县域公园城市之中。因而，县域公园城市就成为县级政府以绿色治理实现县域人民美好生活的重要环节和现实目标。作为目标引导和动力需求的人民美好生活需要贯穿于县级政府绿色治理的全部过程之中。

　　县级政府绿色治理体系是县级政府绿色治理能力的基础和前提。县级政府绿色治理体系是由县域党委、政府、县域企业组织、县域社会组织、县域公众等在绿色治理理念引导下，遵循共建共治共享的逻辑理路，形成的县域绿色治理要素共同体。县级政府绿色治理体系的价值和生命在于运行。而县级政府绿色治理体系运行必须要借助一定的载体，而机制就是体制运行的最好载体。

县级政府绿色治理机制是县级政府绿色治理体系运行的载体和工具。县级政府绿色治理体系和绿色治理机制之间既存在整体与部分的关系，又存在二者间有机衔接和良性互动的关系。二者互动的能力和水平在很大程度上影响着县级政府绿色治理质量。作为县级政府绿色治理体系运行的链条，县级政府绿色治理机制的每一个个体都发挥着不可或缺的作用。实际上，县级政府绿色治理体系的良性运行更需要相关绿色治理机制在各自发挥作用的同时，结成绿色治理机制谱系，形成绿色治理机制的运行合力，以更好地发挥绿色治理机制整体性运行的能力和质量，进而与时俱进地提升县级政府绿色治理质量。

县级政府绿色治理文化是县级政府绿色治理体系运行的底蕴。文化与治理不可分，任何治理都是基于一定文化的治理，而任何文化都是一定条件下治理活动在文化层面的彰显。县级政府绿色治理文化包括县域绿色治理理念、县域绿色政治文化、县域绿色行政文化、县域绿色企业文化、县域绿色社会文化、县域生态文化。这些县域绿色文化要素的有机融合，就形成了县级政府绿色治理文化体系。县级政府绿色治理文化体系运行有着内在动力、运行场域和运行机理。

县级政府绿色治理质量是县级政府绿色治理共同体运用绿色治理理念，遵循绿色治理逻辑，推进县域治理全方位、全过程"绿色化"的能力和水平。科学构建和完善县级政府绿色治理质量评价指标体系是进一步推进县域绿色治理，不断提升县级政府绿色治理质量，与时俱进地满足人民美好生活需要的重要内容和关键环节。科学运行县级政府绿色治理质量评价指标体系，可以不断发现县级政府绿色治理中的问题与短板，以评促建，在不断完善和科学运行县级政府绿色治理指标体系中不断提升县级政府绿色治理质量，加快以公园城市推进县域人民美好生活需要的步伐。

本书从"探索以县域公园城市绿色治理实现县域人民美好生活的逻辑理路""构建和完善县级政府绿色治理体系""构建和完善县级政府绿色治理机制谱系""构建和完善县级政府绿色政策""加快培育县级政府绿色治理文化""构建和完善县级政府绿色治理质量评估指标体系"六个维度，以县域人民美好生活为目标引领，以基于绿色底蕴的县域公园城市为现实目标，以"构建和运行县级政府绿色治理体系"为关键点，以"构建和运行县级政府绿色治理机制谱系""构建和完善县级政府绿色政策""培育县级政府绿色治理文化""构建和运行县级政府绿色治理质量评估指标体系"为着力点，聚焦讲好中国特色县域绿色治理故事，全面推进中国县域绿色治理体系和绿色治理能力现代化。

限于时间、技术和研究水平，我们的主要贡献还仅是从理论上搭建了一个"县级绿色治理体系与质量测评"的研究框架和运行体系，虽然也进行了大量的实践调查与实证分析，但县级政府绿色治理体系和机制运行的可行性、县级政府绿色治理质量评估指标体系的科学性与可操作性等研究，与不断满足人民美好生活需要的县域绿色治理实践还有一定的距离。下一步，我们认为还非常有必要定期发布"中国县域绿色治理质量年度蓝皮书"，进一步提升我们研究县域绿色治理的能力和水平，进一步提升我们研究县域绿色治理系列成果的质量。

附录一　县级政府绿色治理体系构建与质量测评研究公务员调查问卷

教育部重大委托项目访问者编号：

样本编号：

尊敬的先生/女士：

您好！

我是教育部哲学社会科学研究重大委托项目"县级政府绿色治理体系构建与质量测评研究"（项目编号：16JZDW019）的调查员。为客观反映县级政府绿色治理的基本情况，切实提升县级政府绿色治理能力与绿色治理质量，四川大学公共管理学院县级政府绿色治理体系构建与质量测评研究课题组组织了此次问卷调查。希望通过本问卷了解您对绿色治理体系、绿色治理机制、绿色治理文化、绿色治理质量的主观感知情况。本次调查所有信息仅供学术研究使用。

您是我们随机抽中的，本问卷采用无记名方式进行填写，因此请不要有任何顾虑。希望您在百忙之中认真填答问卷，您的回答受到《统计法》的保护，我们将为您保密。

衷心感谢您的合作！

《县级政府绿色治理体系构建与质量测评研究》课题组
2017 年 3 月 30 日

调查员：

调查完成时间：

A 基本信息

A1. 您的性别：

1. 男　　　　2. 女

A2. 您的年龄＿＿＿＿周岁

A3. 您的政治面貌：

1. 中共党员　　　2. 团员　　　　3. 民主党派　　　4. 群众

A4. 您的文化程度：

1. 小学及以下　　　　2. 初中　　　　　3. 高中（中专、职高）

4. 大学专科　　　　　5. 大学本科　　　6. 研究生

A5. 您的工作年限：

1. 0—5 年　　　　　2. 6—10 年　　　　3. 11—15 年

4. 16—20 年　　　　5. 20 年以上

A6. 您的行政级别是：

1. 正厅级领导职务　　　　　　2. 正厅级非领导职务

3. 副厅级领导职务　　　　　　4. 副厅级非领导职务

5. 正处（县）级领导职务　　　6. 正处（县）级非领导职务

7. 副处（县）级领导职务　　　8. 副处（县）级非领导职务

9. 正科级领导职务　　　　　　10. 副科级领导职务

11. 正科级非领导职务（主任科员）

12. 副科级非领导职务（副主任科员）

13. 科员　　　　14. 办事员　　　　15. 试用期人员

B 县级政府绿色治理体系

（5 分为最高分，1 分为最低分，请用"√"勾选出您认为最合适的分数，每行只打一个"√"）

B1. 请对您所在县（市、区）治理参与者进行评价：

类别	评分				
1. 党委严格落实党风廉政任务和反腐败工作	5	4	3	2	1
2. 政府机关、事业单位厉行节约（节水节电、降低公务活动成本等）	5	4	3	2	1
3. 企业严格落实低碳生产、节能环保政策	5	4	3	2	1
4. 非政府组织（志愿组织等）数量多，能有效承担社会治理职能	5	4	3	2	1
5. 公众形成了绿色消费、绿色出行等绿色生活习惯	5	4	3	2	1
6. 非政府组织（志愿组织等）和公众能依法有效地参与党委领导、政府负责的县（市、区）域治理活动	5	4	3	2	1

B2. 请对您所在县（市、区）治理制度进行评价：

类别	评分				
1. 法律制度完善	5	4	3	2	1
2. 有效落实国家和上级党委、政府的低碳、环保、节能政策	5	4	3	2	1
3. 地方各部门出台的政策不冲突、不扯皮	5	4	3	2	1
4. 绿色发展、低碳环保政策体系完备	5	4	3	2	1
5. 对违法违规行为惩处到位	5	4	3	2	1

B3. 请对您所在县（市、区）治理资源进行评价：

类别	评分				
1. 权责匹配：有相应的权力办事	5	4	3	2	1
2. 财权与事权匹配：有钱办事	5	4	3	2	1
3. 人岗匹配：人尽其才	5	4	3	2	1
4. 物资集约管理：物尽其用，避免重复建设	5	4	3	2	1
5. 信息透明：信息公开及时，获取方便，内容全面真实	5	4	3	2	1

B4. 请对您所在县（市、区）治理工具进行评价：

类别	评分				
1. 政务平台（网站/客户端/微博/微信公众号）全部开通并有效运行	5	4	3	2	1
2. 运用大数据分析社会舆情、公共服务需求或为决策提供参考	5	4	3	2	1
3. 多用行政劝导、行政服务手段，少用行政处罚	5	4	3	2	1
4. 公共政策有效运行	5	4	3	2	1

C　县级政府绿色治理机制

C1. 请对您所在县（市、区）不同领域的治理效果进行评价：

治理领域	评分				
1. 政治领域：政治生态清明、官员清正廉洁	5	4	3	2	1
2. 经济领域：创新、协调、低碳、环保	5	4	3	2	1
3. 社会领域：诚信、公平、法治、和谐	5	4	3	2	1
4. 文化领域：先进、繁荣、乐民、自信	5	4	3	2	1
5. 生态领域：安全、健康、循环、可持续	5	4	3	2	1

C2. 以下治理机制中，按重要性排序，您认为最重要的是，第一____；第二____；第三____。

1. 目标机制　　2. 动力机制　　3. 责任机制　　4. 参与机制

5. 决策机制　　6. 合作机制　　7. 评估机制　　8. 创新机制

9. 协调机制　　10. 监督机制　　11. 安全机制　　12. 其他

C3. 您认为您所在县（市、区）当前治理机制存在的最大问题是？

1. 缺少解决现实问题的治理机制

2. 当前已有的治理机制本身存在问题

3. 有好的机制，但没有得到好的运行

4. 各机制间缺乏良性互动

5. 其他

C4. 请对您所在县（市、区）采取的绿色治理措施进行评价：

类别	评分				
1. 全面推进从严治党，打造风清气正的政治生态	5	4	3	2	1
2. 大力扶持绿色能源、绿色产业的发展	5	4	3	2	1
3. 大力保障和改善民生	5	4	3	2	1
4. 倡导低碳环保和绿色消费	5	4	3	2	1
5. 加大生态环境保护力度	5	4	3	2	1

C5. 请对您所在县（市、区）发展的协调性进行评价：

类别	评分				
1. 统筹物质文明和精神文明	5	4	3	2	1
2. 统筹经济社会发展	5	4	3	2	1
3. 统筹城乡发展，加快城乡融合	5	4	3	2	1
4. 统筹区域经济发展	5	4	3	2	1
5. 构建和谐劳动关系	5	4	3	2	1

C6. 请对您所在县（市、区）企事业单位、社会组织、公众参与社会治理的情况进行评价：

类别	评分				
1. 企事业单位、社会组织、公众参与制度科学合理	5	4	3	2	1
2. 企事业单位、社会组织、公众参与积极性高	5	4	3	2	1
3. 企事业单位、社会组织、公众参与能力强	5	4	3	2	1
4. 政府对企事业单位、社会组织、公众参与的支持力度大	5	4	3	2	1
5. 企事业单位、社会组织、公众参与作用明显	5	4	3	2	1

C7. 请对您所在县（市、区）权力监督的效果进行评价：

类别	评分				
1. 党内监督：党组织的监督和党员相互间的监督效果	5	4	3	2	1
2. 国家权力机关监督：人大的监督效果	5	4	3	2	1
3. 政协监督：人民政协的监督效果	5	4	3	2	1
4. 纪检监察监督：纪检监察机关的监督效果	5	4	3	2	1
5. 司法监督：人民法院和人民检察院的监督效果	5	4	3	2	1
6. 群众监督：公民或社会组织的监督效果	5	4	3	2	1
7. 舆论监督：新闻舆论、网络舆论、自媒体等形式的监督效果	5	4	3	2	1

C8. 请对您所在县（市、区）的安全发展情况进行评价：

类别	评分				
1. 政治安全：政治信仰、政治制度、政治活动等不受非法侵害	5	4	3	2	1
2. 经济安全：经济持续稳定增长、失业率不高、金融稳定、通货膨胀适度、实体经济发展良好	5	4	3	2	1
3. 社会安全：犯罪率低，社会稳定、有序、和谐、安宁	5	4	3	2	1
4. 生态安全：生态系统平衡，结构功能完整，生态环境可持续发展	5	4	3	2	1
5. 网络安全：网络设施可靠、网络信息安全、网络秩序良好	5	4	3	2	1
6. 粮食安全：粮食生产安全、粮食供应稳定、粮食储备充裕	5	4	3	2	1
7. 食品安全：食品无毒、无害，符合应有的营养标准	5	4	3	2	1

D 县级政府绿色治理文化

D1. 请对您所在县（市、区）的党风政风、社会风气、生态环境状况

进行评价：

类别	评分				
1. 党风：全面从严治党，积极、向上、先进、廉洁的党内政治文化	5	4	3	2	1
2. 政风：廉洁高效、服务能力强	5	4	3	2	1
3. 社会风气：诚信、自由、平等、公正、法治	5	4	3	2	1
4. 生态环境：绿水青山，低碳、环保、健康、持续	5	4	3	2	1

D2. 请您对所在单位开展的党内政治文化活动进行评价：

类别	评分				
1. 十九大精神专题讲座	5	4	3	2	1
2. 党内政治文化专题讲座	5	4	3	2	1
3. 中国梦专题学习	5	4	3	2	1
4. 社会主义核心价值观学习	5	4	3	2	1
5. 党风廉政建设学习	5	4	3	2	1
6. 群众路线教育实践专题活动	5	4	3	2	1
7. 党史著作专题学习	5	4	3	2	1
8. 整治"四风"问题专题学习	5	4	3	2	1
9. "两学一做"专题学习	5	4	3	2	1
10. "三严三实"专题学习	5	4	3	2	1

D3. 以下党内政治文化活动形式中，您认为最好的是，第一____；第二____；第三____。

1. 党委中心组学习　　2. 听专题讲座　　3. 现场参观学习

4. 借助互联网、微信、微博自主性学习

5. 多种学习方式相结合

D4. 请对您所在单位开展党内政治文化活动的效果进行评价：

类别	评分				
1. 正风肃纪、反腐惩恶	5	4	3	2	1
2. 党内政治生活气象更新，政治生态好转	5	4	3	2	1
3. 增强党组织的创造力、凝聚力、战斗力	5	4	3	2	1
4. 巩固了党组织的团结统一	5	4	3	2	1
5 提升了党组织和党员的纯洁性	5	4	3	2	1
6. 解决了党组织面临的精神懈怠等危险	5	4	3	2	1
7. 强化了党组织的政治纪律和组织纪律，带动了廉洁纪律、群众纪律、工作纪律、生活纪律的根本好转	5	4	3	2	1
8. 增强了群众观念，密切了党群干群关系	5	4	3	2	1

D5. 请对您所在县（市、区）公共文化服务进行评价：

类别	评分				
1. 文化专题讲座	5	4	3	2	1
2. 电影放映	5	4	3	2	1
3. 社区（村）图书室	5	4	3	2	1
4. 自发性的群众文化活动	5	4	3	2	1
5. 文化活动培训	5	4	3	2	1
6. 文艺表演	5	4	3	2	1
7. 博物馆参观	5	4	3	2	1

D6. 您认为党风政风的好转能带动社会风气的好转吗？

1. 能　　　　　　2. 不能　　　　　　3. 不知道

D7. 您在生活中能做到绿色消费、低碳生产、环保出行吗？

1. 完全做得到　　2. 经常能做到　　3. 偶尔能做到

4. 做不到　　　　5. 不知道

D8. 请根据您所在县（市、区）的实际情况，对下列事项进行评价：

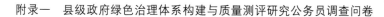

类别	评分				
1. 绿色生产：采用高科技，使用清洁能源，资源循环再利用	5	4	3	2	1
2. 绿色出行：出行时尽可能坐公共交通，使用共享单车	5	4	3	2	1
3. 绿色生活：节约水电，种植花卉，保护绿化植被	5	4	3	2	1
4. 绿色消费：合理消费，不浪费，购买绿色节能产品	5	4	3	2	1

E 县级政府绿色治理质量

E1. 您所在县（市、区）的重大决策是否进行专家论证？

1. 是　　　　　　　2. 否　　　　　　　3. 不知道

E2. 您所在县（市、区）的重大决策是否进行社会听证？

1. 是　　　　　　　2. 否　　　　　　　3. 不知道

E3. 您所在县（市、区）政府及其相关部门是否对人民群众检举或新闻媒体反映的问题进行了有效回应？

1. 是　　　　　　　2. 否　　　　　　　3. 不知道

E4. 您所在县（市、区）是否将"绿色发展"纳入对党政领导干部考核的指标体系？

1. 是　　　　　　　2. 否　　　　　　　3. 不知道

E5. 您所在县（市、区）党政领导干部个人重大事项（财产、婚姻状况）申报的效果如何？

1. 很好　　　　　　2. 一般

3. 较差　　　　　　4. 不知道

E6. 您所在县（市、区）政府是否开展了PPP（政府与社会资本合作）项目？

1. 是　　　　　　　2. 否　　　　　　　3. 不知道

E7. 您所在县（市、区）开展道德模范评选活动的影响如何？

1. 影响很大　　　　2. 影响一般

3. 影响很小　　　　4. 不知道

E8. 您所在单位对中央"八项规定"的落实情况如何？

1. 很好 　　　　 2. 一般

3. 较差 　　　　 4. 不知道

E9. 您所在单位是否开展过生态文明建设的教育培训?

1. 是 　　　　 2. 否 　　　　　　 3. 不知道

E10. 请对您所在县（市、区）的扶贫工作进行评价:

类别	评分				
1. 扶贫资金使用透明、到位	5	4	3	2	1
2. 实施绿色产业（如经济林、新能源、旅游等）扶贫	5	4	3	2	1
3. 扶贫与扶智、扶志相结合	5	4	3	2	1
4. 加大贫困地区劳动力就业培训	5	4	3	2	1
5. 扶贫中高度重视生态环境保护	5	4	3	2	1

E11. 您对绿色治理还有哪些想法、意见及建议?

问卷到此结束，谢谢您的合作!

附录二　县级政府绿色治理体系构建与质量测评研究公众调查问卷

教育部重大委托项目访问者编号：

样本编号：

尊敬的先生/女士：

您好！

我是教育部哲学社会科学研究重大委托项目"县级政府绿色治理体系构建与质量测评研究"（项目编号：16JZDW019）的调查员。为客观反映县级政府绿色治理的基本情况，切实提升县级政府绿色治理能力与绿色治理质量，四川大学公共管理学院县级政府绿色治理体系构建与质量测评研究课题组组织了此次问卷调查。希望通过本问卷了解您对绿色治理体系、绿色治理机制、绿色治理文化、绿色治理质量的主观感知情况。本次调查所有信息仅供学术研究使用。

您是我们随机抽中的，本问卷采用无记名方式进行填写，请不要有任何顾虑。希望您在百忙之中认真填答问卷，您的回答受到《统计法》的保护，我们将为您保密。

衷心感谢您的合作！

《县级政府绿色治理体系构建与质量测评研究》课题组
2017 年 3 月 30 日

调查员：

调查完成时间：

A 基本信息

A1. 您的性别：

1. 男　　　　　　　2. 女

A2. 您的年龄____周岁

A3. 您的政治面貌：

1. 中共党员　　　　2. 团员　　　　　3. 民主党派　　　　4. 群众

A4. 您的文化程度：

1. 小学及以下　　　2. 初中　　　　　3. 高中/中专/技校/职高

4. 大专　　　　　　5. 大学本科及以上

A5. 您的身份（可多选）：

1. 村（居）民　　　2. 事业单位人员　　　3. 退休赋闲人员

4. 企业从业人员　　5. 外来打工人员　　　6. 学生

7. 个体户　　　　　8. 其他

A6. 您的家庭年平均收入状况：

1. 3 万元以下　　　　2. 3 万—5 万元

3. 6 万—10 万元　　　4. 10 万元以上

A7. 您在本县（市、区）居住的时间：

1. 5 年以下　　　　　2. 5—10 年

3. 11—20 年　　　　　4. 20 年以上

A8. 您的户口类型是：

1. 本县（市、区）农业户口　　　2. 本县（市、区）城镇户口

3. 外地农业户口　　　　　　　　4. 外地城镇户口

B 县级政府绿色治理体系

（5 分为最高分，1 分为最低分，请用"√"勾选出您认为最合适的分数，每行只打一个"√"）

B1. 作为参与者，请对您所在县（市、区）发生的下列变化进行评价：

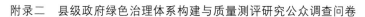

类别	评分				
1. 到政府办事，不用托人帮忙或送礼也能办好	5	4	3	2	1
2. 企业重视环境保护，污染变少	5	4	3	2	1
3. 志愿者组织或行业协会（如消费者协会）自主发展	5	4	3	2	1
4. 老百姓注重节能环保（节约水电、不乱丢垃圾等）	5	4	3	2	1

B2. 请对您所在县（市、区）政府的管理和服务制度进行评价：

类别	评分				
1. 政府严格约束自己，不滥用权力	5	4	3	2	1
2. 政府对社会的管理和服务到位	5	4	3	2	1
3. 公务员依法按流程办事和服务	5	4	3	2	1
4. 依法处理违法违规行为	5	4	3	2	1

B3. 请对您所在县（市、区）政府运用管理资源的能力进行评价：

类别	评分				
1. 老百姓的意见或建议能够影响政府决策	5	4	3	2	1
2. 政府有钱为老百姓办事	5	4	3	2	1
3. 公务员素质高，服务能力强	5	4	3	2	1
4. 政府修建的基础设施（如道路、桥梁、广场等）能够有效利用	5	4	3	2	1
5. 老百姓能从政府那里获得全面而真实的信息	5	4	3	2	1

B4. 请对您所在县（市、区）政府运用管理工具的效能进行评价：

类别	评分				
1. 在政务平台（政府网站/客户端/微博/微信公众号）查询信息或办理业务（如工商登记网上申报、水电气网上缴费等）很方便	5	4	3	2	1

续表

类别	评分				
2. 政府在管理的时候多采取劝导、说服的手段	5	4	3	2	1
3. 县（市、区）乡政府落实上级政策（如生二胎、扶贫等）效率高	5	4	3	2	1

C 县级政府绿色治理机制

C1. 请对您所在县（市、区）不同领域的治理效果进行评价：

治理领域	评分				
1. 政治领域：官员清正廉洁，风清气正	5	4	3	2	1
2. 经济领域：企业生产能耗少，污染少	5	4	3	2	1
3. 社会领域：社会风气好，社会整体和谐	5	4	3	2	1
4. 文化领域：文化活动丰富	5	4	3	2	1
5. 生态领域：生态环境良好	5	4	3	2	1

C2. 您对您所在县（市、区）老百姓参与社会治理的情况满意吗？

1. 满意　　　　2. 一般　　　　3. 不满意　　　　4. 不清楚

C3. 如果不满意，主要原因是？

1. 不知道如何参与　　　　2. 没有兴趣参加

3. 没有能力参加　　　　4. 其他

C4. 您认为在何种情况下您会参与社会治理？

1. 有条件的情况下都会参与　　　　2. 只在受到邀请时才参与

3. 只有在涉及自身利益时才参与　　　　4. 任何情况下都不参与

C5. 您认为政府能否代表老百姓的利益？

1. 充分代表　　　2. 部分代表　　　3. 不能代表　　　4. 不清楚

C6. 您认为您所在县（市、区）政府及其部门能否及时解决老百姓集中反映的问题？

1. 能及时解决　　　　2. 能解决，有拖延

3. 不关心，不解决　　　　4. 不清楚

C7. 您认为您所在县（市、区）老百姓能否对政府及其工作人员进行有效监督？

1. 能有效监督　　　　　　2. 不能有效监督

3. 不能监督　　　　　　　4. 不清楚

C8. 您认为您所在县（市、区）党委、政府、企事业单位、社会组织、公众等在社会治理中的关系是怎样的？

1. 共建共治共享，能充分发挥各方力量

2. 主要靠党委、政府，其他主体发挥作用小

3. 党委、政府说了算，其他主体不起作用

4. 不清楚

D　县级政府绿色治理文化

D1. 您对党的十八大以来反腐倡廉工作取得的成效满意吗？

1. 很满意　　　　　　2. 满意　　　　　　3. 一般

4. 不满意　　　　　　5. 不知道

D2. 您所在社区（村）党组织和党员干部模范带头作用发挥得如何？

1. 很好　　　　　　　2. 一般

3. 不好　　　　　　　4. 不知道

D3. 请对您所在县（市、区）的党风、政风、社会风气、生态环境状况进行评价：

类别	评分				
1. 党风：党员思想觉悟高，带头示范作用好	5	4	3	2	1
2. 政风：廉洁高效、服务能力强	5	4	3	2	1
3. 社会风气：诚信、自由、平等、公正、法治	5	4	3	2	1
4. 生态环境：绿水青山，生活环境好，空气好，污染少	5	4	3	2	1

D4. 请对您所在县（市、区）公共文化服务进行评价：

类别	评分				
1. 文化讲座	5	4	3	2	1
2. 电影放映	5	4	3	2	1
3. 社区（村）图书室	5	4	3	2	1
4. 自发性群众文化活动	5	4	3	2	1
5. 文化活动培训	5	4	3	2	1
6. 文艺表演	5	4	3	2	1
7. 博物馆参观	5	4	3	2	1

D5. 您所在县（市、区）宣传和落实社会主义核心价值观的实际效果如何？

1. 很好　　　　　2. 一般　　　　　3. 不好　　　　　4. 不知道

D6. 您是否参加过单位或社区组织倡导社会公德、职业道德、家庭美德、个人品德等方面的教育实践活动？

1. 都参加过　　2. 有些参加过　　3. 没有参加过　　4. 不想参加

D7. 您认为党风政风的好转能否带动社会风气的好转？

1. 能　　　　　　2. 不能　　　　　　3. 不知道

D8. 您在生活中能否做到绿色消费、低碳生产、环保出行？

1. 完全能做到　　2. 经常能做到　　3. 偶尔能做到

4. 做不到　　　　5. 不知道

D9. 请根据实际情况，对下列事项进行评价：

类别	评分				
1. 绿色生产：采用高科技，使用清洁能源，资源循环再利用	5	4	3	2	1
2. 绿色出行：出行时尽可能搭乘公共交通，使用共享单车	5	4	3	2	1
3. 绿色生活：节约水电，种植花卉，保护环境	5	4	3	2	1
4. 绿色消费：合理消费，不浪费，购买绿色食品、节能产品	5	4	3	2	1

E　县级政府绿色治理质量

E1. 请对下列事项的认同感进行评价：

类别	评分				
1. 党委、政府能够公正地为老百姓办事	5	4	3	2	1
2. 党委、政府决策合法合规	5	4	3	2	1
3. 社会公德（文明礼貌、助人为乐）良好	5	4	3	2	1
4. 社会安定、诚信、公平、和谐	5	4	3	2	1
5. 生态环境一年比一年好	5	4	3	2	1

E2. 请对下列事项的信任感进行评价：

类别	评分				
1. 对党委、政府的信任程度	5	4	3	2	1
2. 对司法机关（法院、检察院）的信任程度	5	4	3	2	1
3. 对村（居）民委员会的信任程度	5	4	3	2	1
4. 对社会组织的信任程度	5	4	3	2	1
5. 对亲戚、朋友、邻居的信任程度	5	4	3	2	1

E3. 请对下列事项的公平感进行评价：

类别	评分				
1. 教育（学前、九年义务教育等）公平	5	4	3	2	1
2. 社会保障（医疗、救济、优抚）公平	5	4	3	2	1
3. 司法（法院、检察院）公正	5	4	3	2	1
4. 环境执法公正	5	4	3	2	1
5. 农民和市民能享受一样的公共服务	5	4	3	2	1

E4. 请对下列事项的参与感进行评价：

类别	评分				
1. 能对公务员贪污、违法行为进行监督、检举	5	4	3	2	1
2. 能参与基层政府重大决策的听证活动	5	4	3	2	1
3. 能参与社会组织开展的活动	5	4	3	2	1
4. 经常参加基层群众文化活动	5	4	3	2	1
5. 经常参加生态环境保护活动	5	4	3	2	1
6. 政府提供的公共服务会征求老百姓的意见	5	4	3	2	1

E5. 请对下列事项的获得感（满足程度）进行评价：

类别	评分				
1. 合理要求能得到政府及时的回应与处理	5	4	3	2	1
2. 能明显感受经济社会发展给老百姓生活带来的巨大变化	5	4	3	2	1
3. 从事的工作、身份能够得到别人的尊重	5	4	3	2	1
4. 对自己目前的收入感到知足	5	4	3	2	1
5. 本地区的社会治安能够保障老百姓生产、生活的需要	5	4	3	2	1
6. 对现在的生态环境比较满意	5	4	3	2	1

E6. 请对下列事项的满意度进行评价：

类别	评分				
1. 医疗卫生的满意度	5	4	3	2	1
2. 教育的满意度	5	4	3	2	1
3. 就业的满意度	5	4	3	2	1
4. 住房条件的满意度	5	4	3	2	1
5. 群众文化的满意度	5	4	3	2	1
6. 权益保护的满意度	5	4	3	2	1

E7. 请对您所在县（市、区）扶贫工作进行评价：

类别	评分				
1. 召开村（居）民代表大会对贫困户进行民主评议评选	5	4	3	2	1
2. 贫困户评定公平公正，没有出现错评、漏评的现象	5	4	3	2	1
3. 政府定期对扶贫资金、物资、项目跟踪审计	5	4	3	2	1
4. 贫困户生活水平不断提高	5	4	3	2	1
5. 贫困户居住环境不断改善	5	4	3	2	1

E8. 您知道什么是"绿色发展"吗？

1. 知道　　　2. 大概知道　　　3. 知道一点　　　4. 完全不知道

E9. 您了解社会主义核心价值观吗？

1. 了解　　　2. 大概了解　　　3. 了解一点　　　4. 完全不了解

E10. 您对绿色治理还有什么想法、意见及建议？

问卷到此结束，谢谢您的合作！

参考文献

一　中文文献

（一）图书

《马克思恩格斯选集》第1—4卷，人民出版社1995年版。

《列宁选集》第1—2卷，人民出版社1995年版。

《毛泽东选集》第1—4卷，人民出版社1991年版。

《邓小平文选》第1—3卷，人民出版社1994年版。

陈建成、张玉静：《绿色行政》，机械工业出版社2011年版。

范逢春：《县级政府社会治理质量测度标准研究》，中国人民大学出版社2015年版。

高新军：《美国地方政府治理》，西北大学出版社2007年版。

韩美群：《和谐文化论》，中国社会科学出版社2010年版。

贺雪峰：《乡村治理的社会基础》，中国社会科学出版社2003年版。

胡锦涛：《高举中国特色社会主义伟大旗帜　为夺取全面建设小康社会新胜利而奋斗——在中国共产党第十七次全国代表大会上的报告》，人民出版社2007年版。

胡锦涛：《坚定不移沿着中国特色社会主义道路前进　为全面建成小康社会而奋斗——在中国共产党第十八次全国代表大会上的报告》，人民出版社2012年版。

郇庆治、高兴武、仲亚东：《绿色发展与生态文明建设》，湖南人民出版社2013年版。

江泽民：《全面建设小康社会　开创中国特色社会主义新局面——在中国

共产党第十六次全国代表大会上的讲话》，人民出版社 2002 年版。

金观涛、刘青峰：《开放中的变迁：再论中国社会超稳定结构》，法律出版社 2011 年版。

金太军：《村庄治理与权力结构》，广东人民出版社 2008 年版。

李泊言：《绿色政治》，中国国际广播出版社 2000 年版。

李梦玲：《绿色政府构建研究》，辽宁人民出版社 2011 年版。

李晓西：《绿色经济与绿色发展测度》，中国金融出版社 2016 年版。

林尚立：《当代中国政治形态研究》，天津人民出版社 2000 年版。

林毓生：《中国传统的创造性转化》，生活·读书·新知三联书店 1988 年版。

蔺雪春：《绿色治理：全球环境事务与中国可持续发展》，齐鲁书社 2013 年版。

刘京希：《政治生态论——政治发展的生态学考察》，山东大学出版社 2007 年版。

刘泽华、张荣明等：《公私观念与中国社会》，中国人民大学出版社 2003 年版。

柳新元：《利益冲突与制度变迁》，武汉大学出版社 2002 年版。

卢福营：《当代浙江乡村治理研究》，科学出版社 2011 年版。

吕薇：《绿色发展：体制机制与政策》，中国发展出版社 2015 年版。

罗荣渠：《现代化新论》，北京大学出版社 1993 年版。

迈克尔·豪利特、M. 拉米什：《公共政策研究：政策循环与政策子系统》，庞诗等译，生活·读书·新知三联书店 2006 年版。

潘小娟：《中国基层社会重构：社区治理研究》，中国法制出版社 2004 年版。

彭勃：《乡村治理：国家介入与体制选择》，中国社会出版社 2002 年版。

钱乘旦等：《世界现代化进程》，南京大学出版社 1997 年版。

萨孟武：《中国社会政治史》，台湾三民书局 1983 年版。

《十四大以来重要文献选编》（上），人民出版社 1996 年版。

《十四大以来重要文献选编》（中），人民出版社 1997 年版。

《十五大以来重要文献选编》（上），人民出版社 2000 年版。

史云贵：《中国基层社会治理机制创新研究》，天津人民出版社 2015 年版。

孙柏瑛：《当代地方治理》，中国人民大学出版社 2004 年版。

孙立平：《博弈：断裂社会的利益冲突与和谐》，社会科学文献出版社 2006 年版。

《孙中山选集》，人民出版社 1981 年版。

童星：《中国转型期的社会风险及其识别》，南京大学出版社 2007 年版。

王沪宁：《行政生态分析》，复旦大学出版社 1989 年版。

王巍：《社区治理结构变迁中的国家与社会关系研究：以盐田区为研究个案》，中国社会科学出版社 2009 年版。

王伟光、郭宝平：《社会利益论》，人民出版社 1988 年版。

王亚南：《中国官僚政治研究》，中国社会科学出版社 1981 年版。

《我们共同的未来》，王之佳等校，吉林人民出版社 1997 年版。

吴志华、翟桂萍、汪丹：《大都市社区治理研究——以上海为例》，复旦大学出版社 2008 年版。

习近平：《决胜全面建成小康社会　夺取新时代中国特色社会主义伟大胜利——在中国共产党第十九次全国代表大会上的报告》，人民出版社 2017 年版。

徐勇：《乡村治理与中国政治》，中国社会科学出版社 2003 年版。

徐勇：《现代国家、乡土社会与制度建构》，中国物资出版社 2009 年版。

许义平、李慧凤：《社区合作治理实证研究》，中国社会出版社 2009 年版。

俞可平：《国家治理评估：中国与世界》，中央编译出版社 2009 年版。

张康之：《走向合作的社会》，中国人民大学出版社 2015 年版。

张念瑜：《绿色文明形态》，中国市场出版社 2014 年版。

张宇燕：《经济发展与制度选择：对制度的经济分析》，中国人民大学出版社 1992 年版。

郑功成：《科学发展与共享和谐：民生视角下的和谐社会》，人民出版社 2006 年版。

郑杭生：《转型中的中国社会和中国社会的转型》，首都师范大学出版社 1996 年版。

《中共中央关于构建社会主义和谐社会若干重大问题的决定》，人民出版社 2006 年版。

《中国新农村建设：乡村治理与乡镇政府改革》，中国经济出版社 2006 年版。

诸大建:《生态文明与绿色发展》,上海人民出版社 2008 年版。

[德] 哈贝马斯:《公共领域的结构转型》,曹卫东译,学林出版社 1999 年版。

[德] 马克斯·韦伯:《经济与社会》（上卷），林荣远译，商务印书馆 1997 年版。

[德] 乌尔里希·贝克:《风险社会》，何博闻译，译林出版社 2004 年版。

[德] 乌尔里希·贝克:《自反性现代化:现代社会秩序中的政治、传统与美学》，赵文书译，商务印书馆 2014 年版。

[法] 阿兰·佩雷菲特:《官僚主义的弊害》，孟鞠如等译，商务印书馆 1981 年版。

[法] 卢梭:《论人类不平等的起源和基础》，李常山译，商务印书馆 1962 年版。

[法] 卢梭:《社会契约论》，何兆武译，商务印书馆 2003 年版。

[法] 孟德斯鸠:《论法的精神》，张雁深译，商务印书馆 1959 年版。

[法] 皮埃尔·卡兰默:《破碎的民主》，庄晨燕译，生活·读书·新知三联书店 2005 年版。

[法] 托克维尔:《论美国的民主》（下），董果良译，商务印书馆 1988 年版。

[古希腊] 亚里士多德:《政治学》，吴寿彭译，商务印书馆 1965 年版。

[美] F. J. 古德诺:《政治与行政》，王元译，华夏出版社 1987 年版。

[美] J. R. 麦克尼尔:《阳光下的新事物:20 世纪世界环境史》，韩莉、韩晓雯译，商务印书馆 2013 年版。

[美] S. M. 李普塞特:《政治人:政治的社会基础》，张绍宗译，上海人民出版社 1997 年版。

[美] 巴林顿·摩尔:《民主和专制的社会起源》，拓夫等译，华夏出版社 1987 年版。

[美] 保罗·A. 萨巴蒂尔:《政策过程理论》，彭宗超等译，生活·读书·新知三联书店 2004 年版。

[美] 彼得·M. 布劳:《社会生活中的交换与权力》，孙非、张黎勤译，华夏出版社 1987 年版。

[美] 丹尼尔·A. 科尔曼:《生态政治:建设一个绿色社会》，梅俊杰译，

上海译文出版社 2006 年版。

［美］丹尼斯·米都斯：《增长的极限——罗马俱乐部关于人类困境的报告》，李宝恒译，吉林人民出版社 1997 年版。

［美］道格拉斯·C.诺思：《经济史中的结构与变迁》，陈郁等译，生活·读书·新知三联书店、上海人民出版社 1994 年版。

［美］道格拉斯·C.诺思：《制度、制度变迁与经济绩效》，刘守英译，上海三联书店 1994 年版。

［美］道格拉斯·C.诺思：《经济史上的结构和变革》，厉以平译，商务印书馆 1992 年版。

［美］杜赞奇：《文化、权力与国家》，王福明译，江苏人民出版社 2003 年版。

［美］菲利普·克莱顿、贾斯廷·海因泽克：《有机马克思主义——生态灾难与资本主义的替代选择》，孟献丽等译，人民出版社 2015 年版。

［美］费正清等：《中国：传统与变革》，陈仲丹等译，江苏人民出版社 1992 年版。

［美］弗·卡普拉、斯普雷纳克：《绿色的政治——全球的希望》，石音译，东方出版社 1988 年版。

［美］弗里蒙特·E.卡斯特等：《组织与管理》，傅严等译，中国社会科学出版社 2000 年版。

［美］盖伊·彼得斯：《政府未来的治理模式》，吴爱民等译，中国人民大学出版社 2001 年版。

［美］汉密尔顿、杰伊、麦迪逊：《联邦党人文集》，程逢如等译，商务印书馆 1980 年版。

［美］赫伯特·西蒙：《管理行为：管理组织决策过程的研究》，杨砾等译，北京经济学院出版社 1988 年版。

［美］吉尔伯特·罗兹曼：《中国的现代化》，国家社会科学基金"比较现代化"课题组译，沈宗美校，江苏人民出版社 1988 年版。

［美］加布里埃尔·A.阿尔蒙德等：《公民文化：五国的政治态度和民主制》，徐湘林等译，华夏出版社 1989 年版。

［美］加布里埃尔·A.阿尔蒙德、小鲍威尔：《比较政治学：体系、过程与政策》，曹沛霖等译，译文出版社 1987 年版。

［美］加里沃塞曼：《美国政治基础》，陆震伦等译，中国社会科学出版社
1994 年版。

［美］科恩：《论民主》，聂崇信、朱秀贤译，商务印书馆 1988 年版。

［美］蕾切尔·卡逊：《寂静的春天》，吕瑞兰、李长生译，京华出版社
2000 年版。

［美］理查德·C. 博克斯：《公民治理：引领 21 世纪的美国社区》，孙柏
瑛译，中国人民大学出版社 2005 年版。

［美］罗伯特·A. 达尔：《现代政治分析》，王沪宁等译，上海译文出版社
1987 年版。

［美］罗伯特·D. 帕特南：《使民主运转起来》，王列、赖海榕译，江西人
民出版社 2001 年版。

［美］萨托利：《民主新论》，冯克利等译，东方出版社 1998 年版。

［美］塞缪尔·亨廷顿：《变革社会中的政治秩序》，李盛平译，华夏出版
社 1988 年版。

［美］唐奈勒·H. 梅多斯等：《超越极限：正视全球性崩溃，展望可持续
的未来》，赵旭等译，上海译文出版社 2001 年版。

［美］特里·L. 库珀：《行政伦理学：实现行政责任的途径》，张秀琴译，
中国人民大学出版社 2001 年版。

［美］文森·特奥斯特罗姆、罗伯特·比什、埃莉诺·奥斯特罗姆：《美国
地方政府》，井敏等译，北京大学出版社 2004 年版。

［美］吴量福：《运作、决策、信息与应急管理：美国地方政府管理实例研
究》，天津人民出版社 2004 年版。

［美］约翰·克莱顿·托马斯：《公共决策中的公民参与：公共管理者的新
技能与新策略》，孙柏瑛等译，中国人民大学出版社 2005 年版。

［美］詹姆斯·M. 伯恩斯等：《民治政府：美国政府与政治》，吴爱明等
译，中国人民大学出版社 2007 年版。

［美］詹姆斯·W. 费斯勒、唐纳德·F. 凯特尔：《行政过程的政治——公
共行政学新论》，陈振明等译，中国人民大学出版社 2002 年版。

［美］珍妮特·V. 登哈特、罗伯特·B. 登哈特：《新公共服务：服务，而
不是掌舵》，丁煌译，中国人民大学出版社 2004 年版。

［英］J. S. 密尔：《代议制政府》，汪瑄译，商务印书馆 1982 年版。

［英］安德鲁·多布森：《绿色政治思想》，郇庆治译，山东大学出版社 2005 年版。

［英］哈耶克：《自由秩序原理》（上），邓正来译，生活·读书·新知三联书店 1997 年版。

［英］克里斯托弗·卢茨：《西方环境运动：地方、国家和全球向度》，徐凯译，山东大学出版社 2005 年版。

［英］拉尔夫·达仁道夫：《现代社会冲突》，林荣远译，中国社会科学出版社 2000 年版。

［英］罗素：《权力论》，靳建国译，东方出版社 1988 年版。

［英］洛克：《政府论》（上、下），瞿菊农、叶启芳译，商务印书馆 1964 年版。

（二）中文期刊

蔡先凤、成红：《论当代西方绿色政治理论的形成和发展》，《世界经济与政治》2003 年第 9 期。

曹雪梅、周恩毅：《生态文明视域下的绿色政府建设探讨》，《理论导刊》2016 年第 3 期。

陈建成、佘晖惠：《迈向行政哲学构建绿色行政》，《北京林业大学学报》（社会科学版）2003 年第 1 期。

陈石明：《论当代中国国家治理现代化的绿色向度》，《中南林业科技大学学报》（社会科学版）2016 年第 1 期。

戴秀丽：《我国绿色发展的时代性与实施途径》，《理论视野》2016 年第 5 期。

范逢春：《县级政府社会治理质量价值取向及其测评指标构建——基于社会质量理论的视角》，《云南财经大学学报》2014 年第 3 期。

方兰、陈龙：《"绿色化"思想的源流、科学内涵及推进路径》，《陕西师范大学学报》（哲学社会科学版）2015 年第 5 期。

冯之浚、刘燕华、金涌：《中国特色绿色化之路》，《群言》2015 年第 7 期。

顾金土：《环保 NGO 监督机制分析》，《浙江学刊》2008 年第 4 期。

郭永园、彭福扬：《元治理：现代国家治理体系的理论参照》，《湖南大学学报》（社会科学版）2015 年第 2 期。

韩艳萍、于浩：《太原市政府绿色治理的创新实践》，《山西财经大学学报》2011 年第 4 期。

郝栋：《绿色发展的思想脉络——从"浅绿色"到"深绿色"》，《洛阳师范学院学报》2013 年第 1 期。

胡鞍钢、周绍杰：《绿色发展：功能界定、机制分析与发展战略》，《中国人口·资源与环境》2014 年第 1 期。

江永清：《绿色政府绩效研究：逻辑起点、模型构建与技术路径——基于绿色 GDP 核算的相容性设计》，《南京社会科学》2014 年第 1 期。

解亚红：《国家治理体系现代化的三个维度——〈政府治理体系创新〉评介》，《中国行政管理》2014 年第 3 期。

柯伟、毕家豪：《绿色发展理念的生态内涵与实践路径》，《行政论坛》2017 年第 3 期。

蓝志勇、魏明：《现代国家治理体系：顶层设计、实践经验与复杂性》，《公共管理学报》2014 年第 11 期。

黎祖交：《准确把握"绿色化"的科学涵义》，《绿色中国》2015 年第 4 期。

李晖：《绿色政府评价方法的比较与改进》，《生态经济》（学术版）2012 年第 1 期。

李锦学：《论绿色经济转型中的绿色政府建设》，《学术评论》2010 年第 2 期。

李俊生、乔宝云、刘乐峥：《明晰政府间事权划分　构建现代化政府治理体系》，《中央财经大学学报》2014 年第 3 期。

李维安：《包容性创新教育与绿色治理》，《南开管理评论》2017 年第 2 期。

李维安、秦岚：《绿色治理：参与、规则与协同机制——日本垃圾分类处置的经验与启示》，《现代日本经济》2020 年第 1 期。

李翔：《面向绿色发展转型的政治学分析》，《华中科技大学学报》（社会科学版）2016 年第 6 期。

李砚忠、缪仁康：《公共政策执行梗阻的博弈分析及其对策组合——以环境污染治理政策执行为例》，《中共福建省委党校学报》2015 年第 8 期。

梁斌、戴安良：《绿色发展下经济生态与政治生态的统一》，《江西社会科学》2016年第12期。

廖小东、史军：《西部地区绿色治理的机制研究——以贵州为例》，《贵州财经大学学报》2016年第5期。

廖小东、史军：《绿色治理：一种新的分析框架》，《管理世界》2017年第6期。

林柏：《探解"绿色化"：定位、内涵与基本路径》，《学习与实践》2015年第9期。

蔺雪春：《地方政府生态文明建设职能评析》，《中国特色社会主义研究》2015年第3期。

刘广为、刘建军、韩冰曦：《激活社会资本 洁净美丽乡村 探索乡村环境治理的新路径——全椒县引入PPP模式实现农村生活垃圾治理全覆盖专题调研报告》，《人民论坛》2016年第30期。

刘海潮：《当代中国国家治理体系建构的内在逻辑诠释——基于政府与市场、社会关系的分析》，《新视野》2014年第3期。

刘京希：《再论生态政治》，《东岳论丛》1998年第6期。

刘铮、雷志松：《绿色行政的定位、价值及其实施路径》，《江汉大学学报》（社会科学版）2005年第2期。

刘治彦：《习近平总书记的绿色治理观》，《人民日报》2017年第25期。

罗文东、张曼：《绿色发展：开创社会主义生态文明新时代》，《当代世界与社会主义》2016年第2期。

马飞炜：《政府公共服务质量改进的对策：一种系统的视角》，《理论导刊》2010年第4期。

梅凤乔：《论生态文明政府及其建设》，《中国人口·资源与环境》2016年第3期。

潘墨涛：《"公共性"管理框架与政府治理体系的构建》，《陕西行政学院学报》2015年第4期。

潘享清：《完善政府治理体系建设全面深化"5+1"改革》，《中国机构改革与管理》2014年第4期。

秦国伟、李铁铮：《绿色化引领"五化协同"的哲学基础和价值意蕴》，《甘肃社会科学》2016年第4期。

秦鹏、唐道鸿、田亦尧：《环境治理公众参与的主体困境与制度回应》，《重庆大学学报》（社会科学版）2016 年第 4 期。

冉连：《绿色治理：变迁逻辑、政策反思与展望——基于 1978—2016 年政策文本分析》，《北京理工大学学报》（社会科学版）2017 年第 6 期。

石国亮：《基于生态主义语境的绿色政策网络探析》，《人文杂志》2011 年第 6 期。

史云贵：《当前我国城市社区治理中的问题与若干思考》，《上海行政学院学报》2013 年第 2 期。

史云贵、刘晴：《公园城市：内涵、逻辑与绿色治理路径》，《中国人民大学学报》2019 年第 5 期。

史云贵、刘晓君：《绿色扶贫：基本内涵、演变逻辑与实现路径》，《长安大学学报》（社会科学版）2017 年第 5 期。

史云贵、刘晓君：《绿色治理：走向公园城市的理性路径》，《四川大学学报》（社会科学版）2019 年第 3 期。

史云贵、刘晓燕：《实现人民美好生活与绿色治理路径找寻》，《改革》2018 年第 2 期。

史云贵、刘晓燕：《县级政府绿色治理体系的构建及其运行论析》，《社会科学研究》2018 年第 1 期。

史云贵、孟群：《县域生态治理能力：概念、要素与体系构建》，《四川大学学报》（社会科学版）2018 年第 2 期。

史云贵、谭小华：《县级政府绿色治理机制：概念、要素、问题与创新》，《上海行政学院学报》2018 年第 5 期。

史云贵、唐迓丹：《论中国特色绿色治理文化体系的构建》，《行政论坛》2019 年第 2 期。

孙晓莉：《西方国家政府社会治理的理念及其启示》，《社会科学研究》2005 年第 2 期。

唐皇凤：《中国国家治理体系现代化的路径选择》，《福建论坛》（人文社会科学版）2014 年第 2 期。

唐兴和：《基于博弈模型构建的横向府际竞争研究》，《南京大学学报》（哲学·人文科学·社会科学版）2015 年第 4 期。

陶火生、宁启超：《环境治理中政府领导责任探析》，《长江论坛》2010 年第 4 期。

陶克涛、郭欣宇、孙娜：《绿色治理视域下的企业环境信息披露与企业绩效关系研究——基于中国 67 家重污染上市公司的证据》，《中国软科学》2020 年第 2 期。

陶希东：《国家治理体系应包括五大基本内容》，《理论参考》2014 年第 2 期。

田凯、黄金：《国外治理理论研究：进程与争鸣》，《政治学研究》2015 年第 6 期。

王刚、宋锴业：《治理理论的本质及其实现逻辑》，《求实》2017 年第 3 期。

王国红、瞿磊：《县域治理研究述评》，《湖南师范大学社会科学学报》2010 年第 6 期。

王焕炎：《国家治理的形而上学思考——论现代国家治理体系的三重建构》，《马克思主义与现实》2015 年第 4 期。

王辉：《运动式治理转向长效治理的制度变迁机制研究——以川东 T 区"活禽禁宰"运动为个例》，《公共管理学报》2018 年第 1 期。

王玲玲、张艳国：《"绿色发展"内涵探微》，《社会主义研究》2012 年第 5 期。

王浦劬：《国家治理、政府治理和社会治理的含义及其相互关系》，《国家行政学院学报》2014 年第 3 期。

王琦、鞠美庭、张磊：《绿色政府管理体系的构建思路与实践》，《生态经济》（中文版）2011 年第 7 期。

王习元、陆根法、袁增伟：《我国绿色政府模式研究》，《生态经济》2005 年第 6 期。

王玉珍：《践行绿色化发展的政治承诺》，《群众》2015 年第 9 期。

王卓君、孟祥瑞：《全球视野下的国家治理体系：理论、进程及中国未来走向》，《南京社会科学》2014 年第 11 期。

徐猛：《社会治理现代化的科学内涵、价值取向及实现路径》，《学术探索》2014 年第 5 期。

许广月：《从黑色发展到绿色发展的范式转型》，《西部论坛》2014 年第 1 期。

许耀桐、刘祺：《当代中国国家治理体系分析》，《理论探索》2014 年第 1 期。

薛维然、秦铁铮：《从环境建设样板城看绿色政府的理念与制度》，《生态经济》2010 年第 4 期。

颜燕师：《我国绿色政府模式构建研究》，《辽宁行政学院学报》2014 年第 11 期。

杨昌军、吴明红、严耕：《论绿色生活对人类需要的全面满足》，《商业研究》2017 年第 10 期。

杨多贵、高飞鹏：《"绿色"发展道路的理论解析》，《科学管理研究》2006 年第 5 期。

杨立华、刘宏福：《绿色治理：建设美丽中国的必由之路》，《中国行政管理》2014 年第 11 期。

杨卫军：《习近平绿色发展观的价值考量》，《现代经济探讨》2016 年第 8 期。

杨作精：《"绿色行政"与 ISO14001 环境管理》，《环境保护》2001 年第 10 期。

余潇枫、王江丽：《"全球绿色治理"是否可能？——绿色正义与生态安全困境的超越》，《浙江大学学报》（人文社会科学版）2008 年第 1 期。

俞可平：《治理和善治：一种新的政治分析框架》，《南京社会科学》2001 年第 9 期。

俞可平：《全球治理引论》，《马克思主义与现实》2002 年第 1 期。

俞可平：《没有法治就没有善治——浅谈法治与国家治理现代化》，《马克思主义与现实》2014 年第 6 期。

苑琳、崔煊岳：《政府绿色治理创新：内涵、形势与战略选择》，《中国行政管理》2016 年第 11 期。

曾光霞：《西方绿色政治理论及其影响》，《当代世界》2004 年第 8 期。

曾贤刚、李琪、孙瑛、魏东：《可持续发展新里程：问题与探索——参加"里约 +20"联合国可持续发展大会之思考》，《中国人口·资源与环境》2012 年第 8 期。

翟坤周：《经济绿色治理的整合型实施机制构建》，《中国特色社会主义研究》2016 年第 4 期。

翟坤周：《经济绿色治理：框架、载体及实施路径》，《福建论坛》（人文社会科学版）2016 年第 9 期。

张紧跟：《参与式治理：地方政府治理体系创新的趋向》，《廉政文化研究》2015 年第 1 期。

张军：《面向绿色发展的超大城市生态文明治理体系与治理能力现代化的成都样本》，《环境与可持续发展》2020 年第 1 期。

张勉：《绿色发展战略视野下我国农村环境治理的法律规制》，《农业经济》2019 年第 11 期。

张敏：《英国绿色治理创新机制及对中国的启示》，《当代世界》2015 年第 10 期。

张平、韩艳芳、黎永红：《国家治理体系视野下政府三个维度的关系问题研究》，《华东理工大学学报》（社会科学版）2014 年第 5 期。

张琦、孔梅：《治理现代化视角下新时代中国绿色减贫思想研究》，《西安交通大学学报》（社会科学版）2020 年第 1 期。

张晓忠：《政府生态治理现代化主体体系构建与结构变迁》，《福州大学学报》（哲学社会科学版）2016 年第 5 期。

张雅勤：《论国家治理体系现代化的公共性价值诉求》，《南京师大学报》（社会科学版）2014 年第 4 期。

张玉静、高兴武、陈建成：《社会公众对绿色行政的认知状况调查研究》，《中国行政管理》2013 年第 1 期。

张泽：《两岸基层社会治理模式比较》，《北华大学学报》（社会科学版）2010 年第 5 期。

郑吉峰：《国家治理体系的基本结构与层次》，《重庆社会科学》2014 年第 4 期。

钟其：《"县域善治"：一项推动基层社会管理创新的探索》，《南通大学学报》（社会科学版）2012 年第 28 期。

周红云：《全民共建共享的社会治理格局：理论基础与概念框架》，《经济社会体制比较》2016 年第 2 期。

周庆智：《代理治理模式：一种统治类型的讨论——以基层政府治理体系为分析单位》，《北京行政学院学报》2016 年第 3 期。

周亚敏：《全球绿色治理中的美国行为与中国选择》，《中国发展观察》

2019 年第 2 期。

周毅：《现代化理论的六大学派及其特点》，《当代世界与社会主义》2003 年第 2 期。

朱德米：《网络状公共治理：合作与共治》，《华中师范大学学报》（人文社会科学版）2004 年第 2 期。

朱辉宇：《国家治理的伦理逻辑——道德作为国家治理体系的构成性要素》，《北京行政学院学报》2015 年第 4 期。

庄友刚：《准确把握绿色发展理念的科学规定性》，《中国特色社会主义研究》2016 年第 1 期。

二　英文文献

Agranoff Robert，"Managing Collaborative Public Performance"，*Public and Management Review*，Vol. 29，2005.

Andrews，R.，"Exploring the Impact of Community and Organizational Social Capital on Government Performance：Evidence from England"，*Political Research Quarterly*，Vol. 6，2011.

Arevalo，J. A.，"Critical Reflective Organizations：An Empirical Observation of Global Active Citizenship and Green Politics"，*Journal of Business Ethics*，Vol. 96，2010.

Armitage，D.，Loě，R. D.，Plummer，R.，"Environmental Governance and Its Implications for Conservation Practice"，*Conservation Letters*，Vol. 5，2012.

Barry，J.，Doran，P.，"Refining Green Political Economy：From Ecological Modernisation to Economic Security and Sufficiency"，*Analyse & Kritik*，Vol. 28，2016.

Berman，Y.，Phillips，D.，"Indicators of Social Quality and Social Exclusion at National and Community Level"，*Social Indicators Research*，Vol. 50，2000.

Bhuiyan，S. H.，"Social Capital and Community Development：An Analysis of Two Cases from India and Banglades"，*Journal of Asian & African Studies*，

Vol. 46, 2011.

Bulkeley, H., "Reconfiguring Environmental Governance: Towards a Politics of Scales and Networks", *Political Geography*, Vol. 24, 2005.

Burkett, P., "Marxism and Ecological Economics: Toward a Red and Green Political Economy", *Brill Academic Pub*, Vol. 58, 2006.

Candidate, B. G. B., "From Limits to Growth to Degrowth within French Green Politics", *Environmental Politics*, Vol. 16, 2007.

Cashore, B., "Legitimacy and the Privatization of Environmental Governance: How Non-State Market-Driven (NSMD) Governance Systems Gain Rule-Making Authority", *Governance*, Vol. 15, 2002.

Chris Ansell, Alison Gash, "Collaborative Governance in Theory and Practice", *Journal of Public Administration Research and Theory*, Vol. 18, 2007.

Comfort, L. K., Waugh, W. L., Cigler, B. A., "Emergency Management Research and Practice in Public Administration: Emergence, Evolution, Expansion, and Future Directions", *Public Administration Review*, Vol. 72, 2012.

Cooke, P., "Green Governance and Green Clusters: Regional & National Policies for the Climate Change Challenge of Central & Eastern Europe", *Journal of Open Innovation: Technology, Market, and Complexity*, Vol. 1, 2015.

Davidson, C., "Green Politics and Spiritual Concerns", *New Zealand Sociology*, Vol. 9, 1994.

David Wells, "Green Politics and Environmental Ethics: A Defence of Human Welfare Ecology", *Australian Journal of Political Science*, Vol. 28, 1993.

Deborah G. Martin, "Nonprofit Foundations and Grassroots Organizing: Reshaping urban Governance", *The Professional Geographer*, Vol. 56, 2004.

Derrick Purdue, "Neighborhood Governance: Leadership, Trust and Social Capital", *Urban Studies*, Vol. 38, 2001.

Docherty, B., Geus, M. D., "Democracy and Green Political Thought", *Political Studies*, Vol. 5, 1997.

Doern, G. B., "From Sectoral to Macro Green Governance: The Canadian Department of the Environment as an Aspiring Central Agency", *Governance*, Vol. 6, 2005.

Eckersley, R., "Green Politics and the New Class: Selfishness or Virtue?", *Political Studies*, Vol. 37, 2006.

Eikeland, Per Ove, "US Environmental NGOs: New Strategies for New Environmental Problems", *The Journal of Social, Political, and Economic Studies*, Vol. 19, 1994.

Elliott, C., "Book Review: Gender and Green Governance", *Studies in Indian Politics*, Vol. 1, 2013.

Estes, R. J., "World Social Vulnerability: 1968 – 1978", *Social Development Issues*, Vol. 8, 1984.

Franklin, M. N., Rüdig, W., "On the Durability of Green Politics Evidence from the 1989 European Election Study", *Comparative Political Studies*, Vol. 28, 1995.

Galindo, G., Batta, R., "Review of Recent Developments in OR/MS Research in Disaster Operations Management", *European Journal of Operational Research*, Vol. 230, 2013.

Gordon, D., "Editorial: Indicators of Social Quality", *European Journal of Social Quality*, Vol. 5, 2005.

Hay, P. R., Haward, M. G., "Comparative Green Politics: Beyond the European Context?", *Political Studies*, Vol. 36, 2006.

Hunold, C., Dryzek, J. S., "Green Political Theory and the State: Context is Everything", *Global Environmental Politics*, Vol. 2, 2002.

Ingolfur Blühdorn, "Reinventing Green Politics: On the Strategic Repositioning of the German Green Party", *German Politics*, Vol. 18, 2009.

Jonathan Schwariz, "Environmental NGOs in China: Roles and Limits", *Pacific Affairs*, Vol. 77, 2004.

Kalpana Sharma, "Gender and Green Governance: The Political Economy of Women's Presence within and beyond Community Forestry", *Journal of Development Studies*, Vol. 48, 2010.

Kapucu, N., Arslan, T., "Collaborative Emergency Management and National Emergency Management Network", *Disaster Prevention & Management*, Vol. 19, 2010.

Karaki, N. , "Japanese Government Measures which Promote Environmental Labelling and Green Purchasing", *Material Cycles & Waste Management Research*, Vol. 10, 1999.

Kate Ervine, "The Greying of Green Governance: Power Politics and the Global Environment Facility", *Capitalism Nature Socialism*, Vol. 18, 2007.

Legault, L. , "Towards Green Government Procurement: An Environment Canada Case Study", *Environment Canada*, Vol. 4, 1990.

Lemos, M. C. , Agrawal, A. , "Environmental Governance", *Environment and Resources*, Vol. 31, 2006.

Luigi Pellizzoni, "Responsibility and Environmental Governance", *Environmental Politics*, Vol. 13, 2004.

McGuire, Michael, "Collaborative Public Management: Assessing What We Know and How We Know It", *Public Administration Review*, Vol. 66, 2006.

Meyer, J. M. , "The Promise of Green Politics: Environmentalism and the Public Sphere", *Durham*, NC: Duke University Press, 1999.

Minarchek, R. D. , "Gender and Green Governance: The Political Economy of Women's Presence Within and Beyond Community Forestry", *Journal of Women Politics & Policy*, Vol. 36, 2015.

Nagy, Gábor, "The Liberal and The Green Political Groups in The European Parliament", *Review of Political Science*, Vol. 4, 2004.

Nicholas Deakin, "Religion, state and third sector in England", *Journal of Political Ideologies*, Vol. 15, 2010.

O'Brien, K. J. , "Implementing Political Reform in China's Villages", *Australian Journal of Chinese Affairs*, Vol. 32, 1994.

Phillips, D. , Berman, Y. , "Social Quality and Ethnos Communities: Concepts and Indicators", *Community Development Journal*, Vol. 38, 2003.

Powers, M. B. , "A Green Administration in More Ways Than One", *Engineering News-Record*, Vol. 230, 1993.

Russell, K. C. , Harris, C. , "Dimensions of Community Autonomy in Timber Towns in the Inland Northwest", *Society & Natural Resources*, Vol. 14, 2001.

S. J. Silvia, "The Fall and Rise of Unemployment in Germany: Is the Red-Green

Government Responsible?", *German Politics*, Vol. 11, 2002.

Shaw, V. N., Shaw, V. N., "China Under Reform Social Problems in Rural Areas", *China Report*, Vol. 42, 2006.

Smith, G., "Taking Deliberation Seriously: Green Politics and Institutional Design", *Environmental Politics*, Vol. 10, 2001.

Soma, K., Onwezen, M. C., Salverda, I. E., "Roles of Citizens in Environmental Governance in the Information Age-four Theoretical Perspectives", *Current Opinion in Environmental Sustainability*, Vol. 18, 2016.

Steve Waddell, L. David Brown, "Fostering Intersectoral Partnering: A Guide to Promoting Cooperation Among Government, Business, and Civil Society Actors", *IDR Reports*, Vol. 13, 1997.

Sullivan, H., "Modernisation, Democratisation and Community Governance", *Local Government Studies*, Vol. 27, 2001.

Timothy Doyle, Adam Simpson, "Traversing more than Speed Bumps: Green Politics under Authoritarian Regimes in Burma and Iran", *Environmental Politics*, Vol. 15, 2006.

Timothy Doyle, Brian Doherty, "Green Public Spheres and the Green Governance State: The Politics of Emancipation and Ecological Conditionality", *Environmental Politics*, Vol. 15, 2006.

Tokar B. Social Ecology, "Deep Ecology and the Future of Green Political Thought", *Ecologist*, Vol. 18, 1988.

Walker, A., "The Amsterdam Declaration on the Social Quality of Europe", *European Journal of Social Work*, Vol. 1, 1998.

Weston, B. H., Bollier, D., "Green Governance: Ecological Survival, Human Rights, and the Law of the Commons", *American Journal of International Law*, Vol. 108, 2014.

William Maloney, Graham Smith, "Social Capital and Urban Governance: Adding a More Contextualized 'Top-Down' Perspective", *Political Studies*, Vol. 48, 2000.

后　记

　　"美好生活"是人类社会追寻的永恒主题。中国特色社会主义进入了新时代，在我国人民从"生活"走向"美好生活"的进程中，作为一个读书人，我一直在思考，何为"美好生活"？如何实现美好生活？党的十八大以来，从绿色发展出发，在追踪县域绿色发展实践中，尤其是"两山"理论提出后，我渐渐明白了，"绿色"是美好生活的底色，要实现人民美好生活，不能仅靠经济"绿色发展"，更需要从经济绿色发展走向全方位"绿色治理"，并通过绿色治理实现人民美好生活。为此，就迫切需要我们弄清楚"美好生活"的构成要素，并在绿色治理中探寻什么样的城市类型能够把这些美好生活要素都包容进去。带着这种使命和责任，本书在密切追踪我国县域绿色治理实践的过程中，试图找到一条以县域公园城市实现县域人民美好生活的理性路径。

　　"岁月不居，时节如流。"天命之年，忽焉已至。在书稿即将出版之际，感慨颇多。本书是著者 2016 年度教育部人文社科重大委托项目"县级政府绿色治理体系构建与质量测评"研究的结项成果。在这里，首先要感谢教育部社科司领导和相关评审专家，让我有机会获得教育部人文社科重大委托项目立项资助，这是本书得以问世的重要前提。

　　四年多来，我和我的研究团队，一直密切追踪着我国县域绿色发展与绿色治理创新的理论与实践。披星戴月地调研与访谈，夜以继日地挑灯夜战，在收获中体会着读书人的人生百味与研究者的苦辣酸甜。在这里，我要真诚感谢我的课题研究团队成员。他（她）们是四川大学公共管理学院刘晓燕老师、西华大学社会发展学院冉连老师、四川人学公共管理学院孟群老师、四川大学马克思主义学院王元聪老师、重庆工商大学公共管理学院刘晓君老师，以及四川大学公共管理学院倪端梅、刘晴等博士研究生。

以上老师和博士生不仅参与了课题调研，还参与了部分章节的前期撰写工作。四川大学公共管理学院董斌、薛喆等博士研究生和 2016—2019 级行政管理、中外政治制度的部分学术研究生、MPA 学员参与了本课题的问卷调查、深入访谈和数据统计分析工作。

感谢四川大学副校长姚乐野教授、四川大学社会科学研究处处长傅其林教授等领导和行政管理系相关教师给予该项目的关心与支持。来自四川、江苏、重庆、安徽、山东、湖北等 10 个省的 800 余名镇（街办）、村（居）干部和 1400 多名城乡居民接受了我们的问卷调查和深入访谈。没有他（她）们的理解、支持和帮助，我们就无法获取县域绿色治理的第一手资料，更无法对县域绿色治理困境有着科学的认识和深入的思考。

本书的部分内容已作为课题阶段性成果在《中国人民大学学报》《思想战线》《社会科学战线》《社会科学研究》《四川大学学报》《兰州大学学报》《改革》等杂志上公开发表，感谢林坚、廖国强、王永平、陈果、曹玉华、贾宜、王佳宁等编辑们的辛勤付出。在这里，我要特别感谢中国社会科学出版社的王琪编辑，她为本书稿的出版付出了大量的心血。最后，还要感谢我的妻子赵海燕女士和两个懂事的儿子。他（她）们的理解与支持是我最终完成项目并让研究成果成书的重要条件。

本书的研究成果是建立在学界同人对县域绿色发展与绿色治理长期研究基础上的，书中引用和借鉴了学界前辈和同人们的相关研究成果。本书实际上是在学界同人对县域绿色治理研究基础上所做出的一点新探索而已。由于著者学识浅陋，书中肯定还会存在这样那样的缺点与不足，恳请诸位专家和各位读者批评指正！

史云贵

2020 年 7 月 20 日于四川大学